网络规划设计师 5 天修炼

朱小平　施　游　编著

中国水利水电出版社
www.waterpub.com.cn
·北京·

内 容 提 要

  网络规划设计师考试是计算机技术与软件专业技术资格（水平）考试系列中一个重要考试，是计算机专业技术人员获得高级工程师职称的一个重要途径。但网络规划设计师考试涉及的知识点极广，几乎涵盖了本科计算机专业课程的全部内容，考核难度较中级考试更大。

  本书以作者多年从事计算机技术与软件专业技术资格（水平）考试教育培训和试题研究的心得体会为基础，建立了一个5天的复习架构，通过深度剖析考试大纲并综合历年的考试情况，将网络规划设计师考试涉及的各知识点高度概括、整理，以知识图谱的形式将整个考试分解为一个个相互联系的知识点逐一讲解。读者可以通过学习知识图谱快速提高复习效率和准确度，做到复习有的放矢、考试便得心应手。本书还给出了多个论文模板，极大降低了网络规划设计师论文的写作难度。最后还给出了一套全真的模拟试题并作了详细点评。

  本书可作为参加网络规划设计师考试考生的自学用书，也可作为计算机技术与软件专业技术资格（水平）考试培训班的教材。

图书在版编目（ＣＩＰ）数据

网络规划设计师5天修炼 / 朱小平，施游编著. --
北京 ： 中国水利水电出版社，2018.7（2021.6 重印）
ISBN 978-7-5170-6584-5

Ⅰ. ①网… Ⅱ. ①朱… ②施… Ⅲ. ①计算机网络—
资格考试—自学参考资料 Ⅳ. ①TP393

中国版本图书馆CIP数据核字(2018)第129008号

策划编辑：周春元　责任编辑：张玉玲　加工编辑：孙 丹　封面设计：李 佳

书　　名	网络规划设计师 5 天修炼 WANGLUO GUIHUA SHEJISHI 5 TIAN XIULIAN
作　　者	朱小平　施 游　编著
出版发行	中国水利水电出版社 （北京市海淀区玉渊潭南路 1 号 D 座　100038） 网址：www.waterpub.com.cn E-mail：mchannel@263.net（万水） 　　　　sales@waterpub.com.cn 电话：（010）68367658（营销中心）、82562819（万水）
经　　售	全国各地新华书店和相关出版物销售网点
排　　版	北京万水电子信息有限公司
印　　刷	三河市鑫金马印装有限公司
规　　格	184mm×240mm　16 开本　24.25 印张　566 千字
版　　次	2018 年 7 月第 1 版　2021 年 6 月第 5 次印刷
印　　数	12001—15000 册
定　　价	58.00 元

凡购买我社图书，如有缺页、倒页、脱页的，本社营销中心负责调换

编委会成员

前　言

通过网络规划设计师考试已成为 IT 技术人员获得薪水和职称提升的必要条件，在企业和政府的信息化过程中也需要大量拥有网络高级资质的专业人才，同时，随着北京、上海、广州等大城市积分落户制度的实施，计算机技术与软件专业技术资格（水平）考试中级以上职称证书也是获得积分的重要一项。因此，每年都会有大批的考生参加这个考试。

为了帮助"网络规划设计师"们，给合多年来辅导的心得，我想就以历次线下培训的 5 天时间、30 多个学时作为学习时序，取名为"网络规划设计师 5 天修炼"，我们寄希望于考生能在 5 天的时间里有所飞跃。5 天的时间很短，但真正深入学习也挺不容易。真诚地希望考生们能抛弃一切杂念，静下心来，花 5 天的时间，当作一个修炼项目来做，相信您一定会有意外的收获。

然而，高级考试的范围十分广泛，从信息化的基础知识到软件工程、操作系统、项目管理、知识产权、计算机网络基础，再到网络安全技术、网络存储、网络架构、网络测试等领域知识，下午一的案例分析题型有较大的随机性，计算题、填空题、问答题、选择题都有可能出现。下午二考试的论文题涵盖了现阶段网络工程领域中的主流技术和网络规划设计手段，需要考生具有一定的归纳总结能力和网络工程实践经验。

好在考试的知识点都相对集中的，考试的内容还是针对主流的、成熟的网络技术、概念知识；因此，必须根据考试的规律，按图索骥，通过一定的技巧和方法，快速达到通过考试的目的。而且 5 天修炼一书提供了大量的论文框架帮助大家打开写作思路，降低写作难度。

当然我们也要提醒"准网络规划设计师"们，不要只是为了考试而考试，一定是要抱着"修炼"的心态，通过考试只是目标之一，更多是要提高自身水平，将来在工作岗位上有所作为。

此外，要感谢中国水利水电出版社万水分社周春元副总经理、孙丹编辑，他们的辛勤劳动和真诚约稿也是我能编写此书的动力之一。感谢我的同事和助手，是他们帮助我做了大量的资料整理工作，甚至参与了部分编写工作。

然而，虽经多年锤炼，本人毕竟水平有限，敬请各位考生、各位培训师批评指正，不吝赐教。我的联系邮箱是：zhuxiaoping@hunau.net。同时，大家可以关注我们的微信公众号，与我们进行实时互动。我们有专业老师、编辑在其中为大家解答考试相关的问题。

编　者

目 录

第1天

熟悉考纲，掌握技术

◎冲关前的准备

不管基础如何、学历如何，拿到这本书的就算是有缘人。5 天的关键学习并不需要准备太多的东西，不过还是在此罗列出来，以做一些必要的简单准备。

（1）本书。如果看不到本书那真是太遗憾了。

（2）至少 20 张草稿纸。

（3）1 支笔。

（4）处理好自己的工作和生活，以使自己能静下心来培训和学习。

◎考试形式解读

网络规划设计师考试有三场，分为上午一考试、下午一考试、下午二考试。三场考试都过关才能算这个级别的考试过关。

上午考试的内容是网络规划与设计综合知识，考试时间为 150 分钟，笔试，全部是单项选择题，其中含 5 分的英文题。上午考试总共 75 道题，共计 75 分，按 60%计，45 分算过关。

下午一考试的内容是网络系统设计与管理，考试时间为 90 分钟，笔试，问答题。一般为 3 道大题，每道大题 25 分，有若干个问题，总计 75 分，按 60%计，45 分算过关。

下午二考试的内容是网络规划与设计论文，考试时间为 120 分钟，笔试，论文题。一般为 2~3 题，选一题解答。答题分为两部分——摘要和正文部分，总计 75 分，按 60%计，45 分算过关。

◎制定复习计划

5 天的学习对于每个考生来说都是一个挑战，这么多的知识点要在短短的 5 天时间内全部掌握是很不容易的，也是非常紧张的，但也是值得的。学习完这 5 天，相信你会感到非常充实，对考试也会胜券在握。先看看这5天的内容是如何安排的吧（如表0-0-1所列）。

表0-0-1　5天修炼学习计划表

时间		学习内容
第1天　熟悉考纲，掌握技术	第1学时	网络体系结构
	第2学时	物理层
	第3学时	数据链路层
	第4学时	网络层
	第5学时	传输层
	第6学时	应用层
	第7学时	网络安全
	第8学时	无线基础知识
第2天　打好基础，深入考纲	第1学时	存储技术基础
	第2学时	网络规划与设计
	第3学时	计算机硬件知识
	第4学时	计算机软件知识
	第5学时	Windows 管理
	第6学时	Windows 命令
	第7学时	Linux 管理
	第8学时	Linux 命令
第3天　鼓足干劲，逐一贯通	第1~2学时	交换基础
	第3~4学时	交换机进阶知识
	第5学时	路由知识
	第6学时	防火墙知识
第4天　分析案例，框架作文	第1~2学时	高级部分知识
	第3~6学时	下午一经典案例讲解
	第7~8学时	下午二论文讲解
第5天　模拟测试，反复操练	第1~2学时	模拟测试（上午试题）
	第3~6学时	模拟测试（下午一、下午二试题）
	第7学时	模拟测试（上午试题点评）
	第8学时	模拟测试（下午试题点评）

闲话不多说了，开始复习吧。

第1章　网络体系结构

"网络体系结构"是计算机网络技术的基础知识点，是现代网络技术的整体蓝图，是学习和复习网络规划设计师考试的前提。本章考点知识结构图如图 1-0-1 所示。

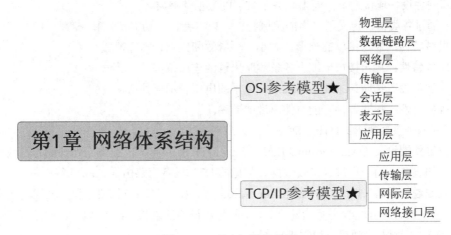

图 1-0-1　考点知识结构图

1.1　OSI 参考模型

本节主要讲述 OSI 参考模型、OSI 各层功能的作用、协议组成等重要基础知识。

设计一个好的网络体系结构是一个复杂的工程，好的网络体系结构使得相互通信的计算终端能够高度协同工作。ARPANET 在早期就提出了分层方法，把复杂的网络协同工作问题分割成若干个小问题来解决。1974 年，IBM 第一次提出了**系统网络体系结构**（System Network Architecture，SNA）概念，SNA 第一个应用了分层的方法。

随着网络飞速发展，用户迫切需要在不同体系结构的网络间交换信息，使不同网络互连起来。**国际标准化组织**（International Standard Organized，ISO）从 1977 年开始研究这个问题，并于 1979 年提出了一个互联的标准框架，即著名的**开放系统互连/参考模型**（Open System Interconnection/Reference Model，OSI/RM），简称 OSI 模型。1983 年形成了 OSI/RM 的正式文件——**ISO 7498 标准**，即常见的七层协议的体系结构。网络体系结构也可以定义为计算机网络各层及协议的集合，这样 OSI 就算不上一个网络体系结构，因为没有定义每一层所用到的服务和协议。体系结构是抽象的概念，实现是具体的概念，实际运行的是硬件和软件。

开放系统互连参考模型分七层，从低到高分别是物理层、数据链路层、网络层、传输层、会话层、表示层和应用层。

1.1.1　物理层

物理层（Physical Layer）位于 OSI/RM 参考模型的最底层，为数据链路层实体提供建立、传输、释放所必需的物理连接，并且提供**透明的比特流传输**。物理层的连接可以是全双工或半双工方式，传输方式可以是异步或同步方式。物理层的数据单位是**比特**，即一个二进制位。物理层构建在物理传输介质和硬件设备连接之上，向上服务于紧邻的数据链路层。

物理层通过各类协议定义了网络的机械特性、电气特性、功能特性和规程特性。

- **机械特性**：规定接口的外形、大小、引脚数和排列、固定位置。
- **电气特性**：规定接口电缆上各条线路出现的电压范围。
- **功能特性**：指明某条线上出现某一电平的电压表示何种意义。
- **规程特性**：指明各种可能事件出现的顺序。

物理层的两个重要概念：DTE 和 DCE。

- **数据终端设备**（Data Terminal Equipment，DTE）：具有一定的数据处理能力和数据收发能力的设备，用于提供或接收数据。常见的 DTE 设备有路由器、PC、终端等。
- **数据通信设备**（Data Communications Equipment，DCE）：在 DTE 和传输线路之间提供信号变换和编码功能，并负责建立、保持和释放链路的连接。常见的 DCE 设备有 CSU/DSU、NT1、广域网交换机、MODEM 等。

两者的区别是：**DCE提供时钟**，而**DTE不提供时钟**；DTE的接头是针头（俗称"公头"），而DCE的接头是孔头（俗称"母头"）。

1.1.2　数据链路层

数据链路层（Data Link Layer）将原始的传输线路转变成一条逻辑的传输线路，实现实体间二进制信息块的正确传输，为网络层提供可靠的数据信息。数据链路层的数据单位是**帧**，具有流量控制功能。**链路**是相邻两结点间的物理线路。数据链路与链路是两个不同的概念。**数据链路**可以理解为数据的通道，是物理链路加上必要的通信协议而组成的逻辑链路。

数据链路层具有以下功能：

- 链路连接的建立、拆除和分离：数据传输所依赖的介质是长期的，但传输数据的实体间的连接是有生存期的。在连接生存期内，收发两端可以进行不等的一次或多次数据通信，每次通信都要经过建立通信联络、数据通信和拆除通信联络这三个过程。
- 帧定界和帧同步：数据链路层的数据传输单元是帧，由于数据链路层的协议不同，帧的长短和界面也不同，所以必须对帧进行定界和同步。
- 顺序控制：对帧的收发顺序进行控制。
- 差错检测、恢复：差错检测多用方阵码校验和循环码校验来检测信道上数据的误码，而帧丢失等用序号检测。各种错误的恢复则常靠反馈重发技术来完成。
- 链路标识、流量/拥塞控制。

局域网中的数据链路层可以分为**逻辑链路控制**（Logical Link Control，LLC）和**介质访问控制**（Media Access Control，MAC）两个子层。其中 LLC 只在使用 IEEE 802.3 格式的时候才会用到，而如今很少使用 IEEE 802.3 格式，取而代之的是以太帧格式，而使用以太帧格式时则不会用 LLC。

1.1.3　网络层

网络层（Network Layer）控制子网的通信，其主要功能是提供**路由选择**，即选择到达目的主机的最优路径，并沿着该路径传输数据包。网络层还应具备的功能有路由选择和中继、激活和终止网络连接、链路复用、差错检测和恢复、流量/拥塞控制等。

1.1.4　传输层

传输层（Transport Layer）利用实现可靠的**端到端的数据传输**，实现数据**分段、传输和组装**，还提供差错控制和流量/拥塞控制等功能。

1.1.5　会话层

会话层（Session Layer）允许不同机器上的用户之间建立会话。会话就是指各种服务，包括对话控制（记录该由谁来传递数据）、令牌管理（防止多方同时执行同一关键操作）、同步功能（在传输过程中设置检查点，以便在系统崩溃后还能在检查点上继续运行）。

建立和释放会话连接还应做以下工作：

- 将会话地址映射为传输层地址。
- 进行数据传输。
- 释放连接。

1.1.6　表示层

表示层（Presentation Layer）提供一种通用的数据描述格式，便于不同系统间的机器进行信息转换和相互操作，如表示层完成 EBCDIC 编码（大型机上使用）和 ASCII 码（PC 机上使用）之间的转换。表示层的主要功能有数据语法转换、语法表示、数据加密和解密、数据压缩和解压。

1.1.7　应用层

应用层（Application Layer）位于 OSI/RM 参考模型的最高层，直接针对用户的需要。应用层向应用程序提供服务，这些服务按其向应用程序提供的特性分成组，并称为服务元素。应用层服务元素又分为公共应用服务元素（Common Application Service Element，CASE）和特定应用服务元素（Specific Application Service Element，SASE）。

下面再介绍几个考试涉及的重要考点及概念：

（1）封装。OSI/RM 参考模型的许多层都使用特定方式描述信道中来回传送的数据。数据在从高层向低层传送的过程中，每层都对接收到的原始数据添加信息，通常是附加一个报头和报尾，这个过程称为封装。

（2）网络协议。网络协议（简称**协议**）是网络中的数据交换建立的一系列规则、标准或约定。协议是控制两个（或多个）对等实体进行通信的集合。

网络协议由**语法、语义和时序关系**三个要素组成。

● 语法：数据与控制信息的结构或形式。

● 语义：根据需要发出哪种控制信息、依据情况完成哪种动作以及作出哪种响应。

● 时序关系：又称为同步，即事件实现顺序的详细说明。

（3）PDU。协议数据单元（Protocol Data Unit，PDU）是指对等层次之间传送的数据单位。如在数据从会话层传送到传输层的过程中，传输层把数据 PDU 封装在一个传输层数据段中。如图1-1-1 所示描述了 OSI 参考模型数据封装流程及各层对应的 PDU。

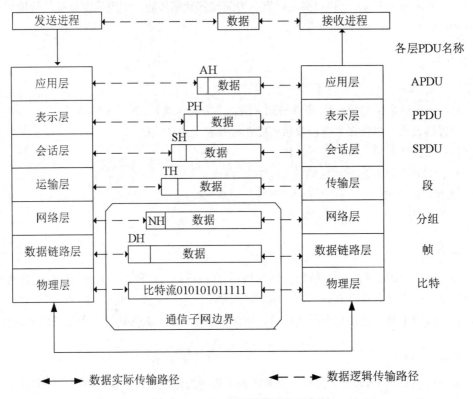

图 1-1-1　OSI 参考模型通信示意图

（4）实体。任何可以接收或发送信息的硬件/软件进程通常是一个特定的软件模块。

（5）服务。在协议的控制下，两个对等实体间的通信使得本层能为上一层提供服务。要实现本层协议，还需要使用下一层所提供的服务。

协议和服务区别是：本层服务实体只能看见服务而无法看见下面的协议。协议是"水平的"，是针对两个对等实体的通信规则；服务是"垂直的"，是由下层向上层通过层间接口提供的。只有能被高一层实体"看见"的功能才能称为服务。

（6）服务原语。上层使用下层所提供的服务必须通过与下层交换一些命令，这些命令就称为服务原语。

（7）服务数据单元。OSI 把层与层之间交换的数据的单位称为服务数据单元（Service Data Unit，SDU）。相邻两层的关系如图 1-1-2 所示。

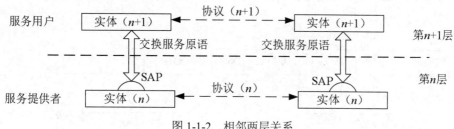

图 1-1-2　相邻两层关系

1.2　TCP/IP 参考模型

本节主要讲述 TCP/IP 参考模型和 TCP/IP 参考模型各层功能的作用等重要基础知识。

OSI 参考模型虽然完备，但是太过复杂，不实用。而之后出现的 TCP/IP 参考模型经过一系列的修改和完善后得到了广泛的应用。TCP/IP 参考模型包含应用层、传输层、网际层和网络接口层。TCP/IP 参考模型与 OSI 参考模型有较多相似之处，各层也有一定的对应关系，具体对应关系如图 1-2-1 所示。

OSI	TCP/IP
应用层	应用层
表示层	
会话层	
传输层	传输层
网络层	网际层
数据链路层	网络接口层
物理层	

图 1-2-1　TCP/IP 参考模型与 OSI 参考模型的对应关系

（1）应用层。TCP/IP 参考模型的应用层包含了所有高层协议。该层与 OSI 的会话层、表示层和应用层相对应。

（2）传输层。TCP/IP 参考模型的传输层与 OSI 的传输层相对应。该层允许源主机与目标主机上的对等体之间进行对话。该层定义了两个端到端的传输协议：TCP 协议和 UDP 协议。

（3）网际层。TCP/IP 参考模型的网际层对应 OSI 的网络层。该层负责为经过逻辑互联网络路径的数据进行路由选择。

（4）网络接口层。TCP/IP 参考模型的最底层是网络接口层，该层在 TCP/IP 参考模型中并没有明确规定。

TCP/IP 参考模型是一个协议簇，各层对应的协议已经得到广泛应用，具体的各层协议对应 TCP/IP 参考模型的哪一层往往是考试的重点。TCP/IP 参考模型主要协议的层次关系如图 1-2-2 所示。

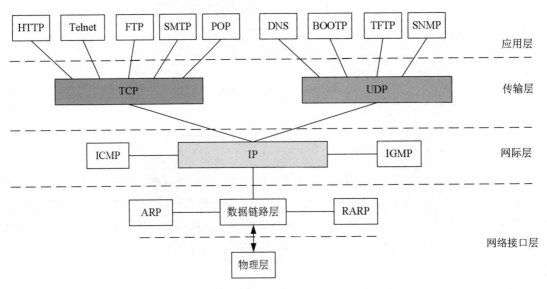

图 1-2-2　TCP/IP 参考模型主要协议的层次关系图

TCP/IP 参考模型与 OSI 参考模型有很多相同之处，都是以协议栈为基础的，对应各层功能也大体相似。当然也有一些区别，如 OSI 模型最大的优势是强化了服务、接口和协议的概念，这样能明确什么是规范、什么是实现，侧重理论框架的完备性。TCP/IP 模型没有区分物理层和数据链路层这两个功能完全不同的层。OSI 模型比较适合理论研究和新网络技术研究，而 TCP/IP 模型真正做到了流行和应用。

第 2 章　物理层

物理层是协议模型的最底层，因此包含相当多的理论知识和应用性技术，是历年考试的核心考点之一。对物理层知识的考查主要集中在上午的考试中，下午的考试更偏向于对综合布线知识、FTTx 以及这些相关技术的优缺点比较等知识点的考查。本章考点知识结构图如图 2-0-1 所示。

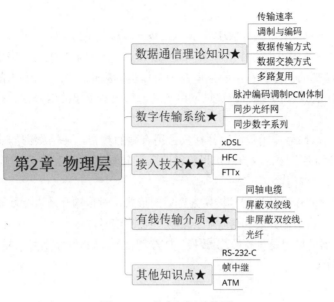

图 2-0-1　考点知识结构图

2.1　数据通信理论知识

本节主要知识点有数据通信基本概念、传输速率、调制与编码、数据传输方式、数据交换方式、多路复用。

通信就是将信息从源地传送到目的地。**通信研究**就是解决从一个信息的源头到信息的目的地整个过程的技术问题。**信息**是通过通信系统传递的内容，其形式可以是声音、动画、图像、文字等。

通信信道上传的电信号编码、电磁信号编码、光信息编码叫作**信号**。信号可以分为模拟信号和数字信号两种。**模拟信号**是在一段连续的时间间隔内，其代表信息的特征量可以在任意瞬间呈现为任意数值的信号；**数字信号**是信息用若干个明确定义的离散值表示的时间离散信号。可以简单地认为，模拟信号值是连续的，而数字信号值是离散的。

传送信号的通路称为**信道**，信道也可以是模拟或数字方式，传输模拟信号的信道叫作**模拟信道**；传输数字信号的信道叫做**数字信道**。

可以对信息传输过程进行抽象，通常称为数据通信系统模型，具体如图 2-1-1 所示。

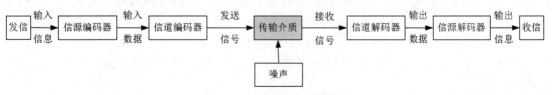

图 2-1-1　数据通信系统模型

（1）发信是信息产生的源头，可以是人，也可以是硬件。

（2）信源编码器的作用是进行**模/数转换**（A/D 转换），即将文字、声音、动画、图像等转换为数字信号。计算机或终端可以看作信源编码器。由计算机或终端产生的数字信号的频谱都是从零开始的，这种**未经调制**的信号所占用的频率范围叫作**基本频带**（这个频带从直流起可以高到数百千赫兹，甚至数千赫兹），简称**基带**。局域网中的信源编码器发出的信号往往是基本频带信号，简称**基带信号**。

另外，当采用模拟信号传输数据时往往只占用**有限的频带**，使用频带传输的信号简称**频带信号**。通过将基带划分为多个频带的方式可以将链路容量分解成两个或更多信道，每个信道可以携带不同的信号，这就是**宽带传输**。

（3）信道编码器的作用是将信号转换为合适的形式，对传输介质进行数据传输。

（4）信道解码器将传输介质和传输数据转换为接收信号。

（5）信源解码器的作用是进行**数/模转换**（D/A 转换），即将数字信号或模拟信号转换为文字、声音、动画、图像等。

2.1.1 传输速率

数字通信系统的有效程度可以用码元传输速率和信息传输速率来表示。

码元：在数字通信中，常用时间间隔相同的符号来表示一个二进制数字，这样的时间间隔内的信号称为二进制码元。另一种定义是，在使用时间域（时域）的波形表示数字信号时，代表不同离散数值的基本波形就称为码元。考试中常用的是第二种定义。

码元速率（波特率）：即单位时间内载波参数（相位、振幅、频率等）变化的次数，单位为波特，常用符号 Baud 表示，简写成 B。

比特率（信息传输速率、信息速率）：指单位时间内在信道上传送的数据量（即比特数），单位为比特每秒（bit/s），简记为 b/s 或 bps。

波特率与比特率有如下换算关系：

$$比特率 = 波特率 \times 单个调制状态对应的二进制位数 = 波特率 \times \log_2^N \qquad (2\text{-}1\text{-}1)$$

式中 N 是码元总数。

带宽：传输过程中信号不会明显减弱的一段频率范围，单位为赫兹（Hz）。对于模拟信道而言，信道带宽计算公式如下：

$$W = 最高频率 - 最低频率 \qquad (2\text{-}1\text{-}2)$$

信噪比与分贝：信号功率与噪声功率的比值称为信噪比，通常将信号功率记为 S，噪声功率记为 N，则信噪比为 S/N。通常人们不使用信噪比本身，而是使用 $\log S/N$ 的值，即分贝（dB 或 decibel）。

$$1\text{dB} = 10 \times \log S/N \qquad (2\text{-}1\text{-}3)$$

无噪声时的数据速率计算：在无噪声情况下，应依据尼奎斯特定理来计算最大数据速率。尼奎斯特定理为：

$$最大数据速率 = 2W \log_2 N = B \log_2 N \qquad (2\text{-}1\text{-}4)$$

式中：W 为带宽；B 为波特率；N 为码元总的种类数。

有噪声时的数据速率计算：在有噪声情况下，应依据香农公式来计算极限数据速率。香农公式为：

$$极限数据速率=带宽\times\log_2(1+S/N) \tag{2-1-5}$$

式中：S 为信号功率；N 为噪声功率。

误码率：指接收到的错误码元数在总传送码元数中所占的比例。

$$P_C = \frac{错误码元数}{码元总数} \tag{2-1-6}$$

2.1.2　调制与编码

由于模拟信号和数字信号的应用非常广泛，日常生活中的模拟数据和数字数据也很多，因此数据通信中就面临模拟数据和数字数据与模拟信号和数字信号之间相互转换的问题，这就要用到调制和编码。**调制**就是用模拟信号承载数字或模拟数据；**编码**就是用数字信号承载数字或模拟数据。

调制可以分为基带调制和带通调制。

- **基带调制**。基带调制只对基带信号波形进行变换，并不改变其频率，变换后仍然是基带信号。

- **带通调制（频带调制）**。带通调制使用载波将基带信号的频率迁移到较高频段进行传输，解决了很多传输介质不能传输低频信息的问题，并且使用带通调制信号可以传输得更远。

（1）模拟信号调制为模拟信号。

由于基带信号包含许多低频信息或直流信息，而很多传输介质并不能传输这些信息，因此需要使用调制器对基带信号进行调制。

模拟信号调制为模拟信号的方法有：

- **调幅（AM）**：依据传输的原始模拟数据信号变化来调整载波的振幅。
- **调频（FM）**：依据传输的原始模拟数据信号变化来调整载波的频率。
- **调相（PM）**：依据传输的原始模拟数据信号变化来调整载波的初始相位。

（2）模拟信号编码为数字信号。

模拟信号编码为数字信号最常见的就是脉冲编码调制（Pulse Code Modulation，PCM）。脉冲编码的过程为采样、量化和编码。

- 采样：对模拟信号进行周期性扫描，把时间上连续的信号变成时间上离散的信号。采样必须遵循奈奎斯特采样定理，才能保证无失真地恢复原模拟信号。

举例：模拟电话信号通过 PCM 编码成数字信号。语音最大频率小于 4kHz（**约为 3.4kHz**），根据采样定理，采样频率要大于 2 倍语音最大频率，即 8kHz（采样周期=125μs），这样就可以无失真地恢复语音信号。

- 量化：利用抽样值将其幅度离散，用先规定的一组电平值把抽样值用最接近的电平值来代替。规定的电平值通常用二进制表示。

举例：语音系统采用 128 级（7 位）量化，采用 8kHz 的采样频率，那么有效数据速率为 56kb/s，又由于在传输时，每 7bit 需要添加 1bit 的信令位，因此语音信道数据速率为 64kb/s。

- 编码：用一组二进制码组来表示每一个有固定电平的量化值。然而实际上量化是在编码过程中同时完成的，故编码过程也称为模/数变换，记作 A/D。

（3）数字信号调制为模拟信号。

模拟信号传输都是在数字载波信号上完成的，与模拟信号调制为模拟信号的方法类似，可以利用调制频率、振幅和相位三种载波特性之一或其组合。基本调制方法有：

- 幅移键控（Amplitude Shift Keying，ASK）：载波幅度随着基带信号的变化而变化，还可称作"通－断键控"或"开关键控"。

如图 2-1-2 所示显示了 ASK 调制器的输入和对应的输出波形，对于输入二进制数据流的每个变化，ASK 波形都有一个变化。对于二进制输入为 1 的整个时间，输出为一个振幅恒定、频率恒定的信号；对于二进制输入为 0 的整个时间，载波处于关闭状态。

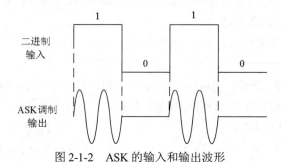

图 2-1-2　ASK 的输入和输出波形

注意：1 和 0 时的 ASK 波形表示方式可以相反。

- 频移键控（Frequency Shift Keying，FSK）：载波频率随着基带信号的变化而变化。

如图 2-1-3 所示显示了 FSK 调制器的输入和对应的输出波形，从中可以发现二进制 0 和 1 的输入对应不同频率的波形输出。

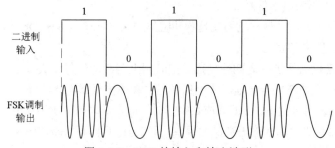

图 2-1-3　FSK 的输入和输出波形

- 相移键控（Phase Shift Keying，PSK）：载波相位随着基带信号的变化而变化。PSK 最简单的形式是 BPSK，载波相位有两种，分别表示逻辑 0 和 1。

如图 2-1-4 所示显示了 BPSK 调制器的输入和对应的输出波形，二进制 1 和 0 分别用不同相位的波形表示，其波形的一个典型特点就是所有 1 的波形都相同，所有 0 的波形也相同。这一点是 BPSK 与 DPSK 在波形图上的一个重要区别。

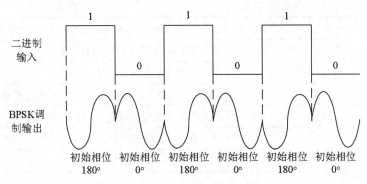

图 2-1-4　BPSK 的输入和输出波形

较为复杂的是高阶 PSK，即用多个输入相位来表示多个信息位。**4PSK** 又称为 QPSK，使用 4 个输出相位表示 2 个输入位；**8PSK** 使用 8 个输出相位表示 3 个输入位；**16 PSK** 使用 16 个输出相位表示 4 个输入位。

DPSK 称为相对相移键控调制，有 2DPSK 和 4DPSK 两种主要调制形式，软考中默认为 2DPSK。信息是通过连续信号之间的载波信号的初始相位是否变化来传输的。

如图 2-1-5 所示显示了 DPSK 调制器的输入和对应的输出波形，对于输入位 0，初始有相位变化；对于输入位 1，初始无相位变化。

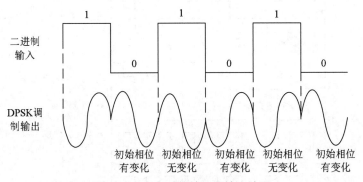

图 2-1-5　DPSK 的输入和输出波形

当然，结合使用振幅、频率和相位方式可以表示更多的信号，QAM 就是其中一种。

- **正交幅度调制（Quadrature Amplitude Modulation，QAM）**：若利用正交载波调制技术传输 ASK 信号，可使频带利用率提高一倍。如果与其他技术结合起来，还可以进一步提高频带利用率。能够完成这种任务的技术称为正交幅度调制，通常有 4QAM、8QAM、16QAM、64QAM 等，如 16QAM 是指包含 16 种符号的 QAM 调制方式。

表 2-1-1 所列总结了常见的调制技术，并给出了对应的码元数。

表 2-1-1　常见调制技术汇总表

调制技术	码元种类/比特位	特性
ASK	2/1	恒定振幅表示 1，载波关闭表示 0；抗干扰性差，容易实现
FSK	2/1	不同的两个频率分别代表 0 和 1
PSK	2/1	不同的两个相位分别代表 0 和 1
QPSK（4PSK）	4/2	+45°、+135°、-45°、-135°分别代表 00、01、10、11
8PSK	8/3	8 个相位分别代表 000,…,111 的 8 个值
2DPSK	2/1	遇到位 0，初始有相位变化；遇到位 1，初始无相位变化
4QAM	4/2	结合了 ASK 和 PSK 的调制方法

（4）数字信号调制为数字信号。

数字信号调制的方法比较多，下面讲述考试所涉及的所有数字信号调制方法，如图 2-1-6 所示。

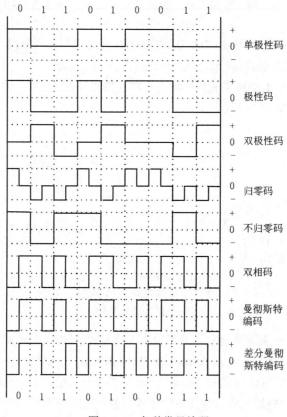

图 2-1-6　各种常见编码

- 极性编码。使用正负电平和零电平来表示的编码。**极性码**使用正电平表示 0，负电平表示 1；**单极性码**使用正电平表示 0，零电平表示 1；**双极性码**使用正负电平和零电平（共 3 个电平）表示信号。典型的信号交替反转编码（Alternate Mark Inversion，AMI）就是一种双极性码，数据流中遇到 1 时，电平在正负电平之间交替翻转；遇到 0 时，则保持零电平。极性编码使用恒定的电平表示数字 0 或 1，因此需要使用时钟信号定时。

- 归零码（Return to Zero，RZ）。码元中间信号回归到零电平，从正电平到零电平表示 0，从负电平到零电平表示 1。这种中间信号都有电平变化的方式，使得编码可以自同步。

- 不归零码（Not Return to Zero，NRZ）。码元中间信号不回归到 0，遇到 1 时，电平翻转；遇到 0 时，电平不翻转。这种翻转的特性称为差分机制。在**不归零反相编码（No Return Zero-Inverse，NRZ-I）**中，编码后电平只有正负电平之分，没有零电平，属于不归零编码。NRZ-I 遇到 0 时，电平翻转；遇到 1 时，电平不翻转。

- 双相码。双相码的每一位中有电平转换，如果中间缺少电平翻转，则认为是违例代码，既可以同步也可以用于检错。负电平到正电平代表 0，正电平到负电平代表 1。

- 曼彻斯特编码。曼彻斯特编码属于一种双相码，负电平到正电平代表 0，正电平到负电平代表 1；也可以是负电平到正电平代表 1，正电平到负电平代表 0，常用于 10M 以太网。传输一位信号需要有两次电平变化，因此编码效率为 50%。

- 差分曼彻斯特编码。差分曼彻斯特编码属于一种双相码，中间电平只起到定时的作用，不用于表示数据。信号开始时有电平变化表示 0，没有电平变化则表示 1。

- 4B/5B、8B/10B、8B/6T 编码。由于曼彻斯特编码的效率不高，只有 50%，因此在高速网络中，这种编码方式显然就不适用了。在高速率的局域网和广域网中采用 m 位比特编码成 n 位比特编码的方式，即 mB/nB 编码。常见的 mB/nB 编码如表 2-1-2 所列。

表 2-1-2　常见的 mB/nB 编码

编码	定义	应用领域
4B/5B	将 4 个比特数据编码成 5 个比特符号的方式。编码效率为 4bit/5bit=80%	FDDI、100Base-TX、100Base-FX
8B/10B	将一组连续的 8 位数据分解成两组数据，一组 3 位，另一组 5 位，经过编码后分别成为一组 4 位的代码和一组 6 位的代码，从而组成一组 10 位的数据发送出去。编码效率为 8bit/10bit=80%	USB 3.0、1394b、Serial ATA、PCI Express、Infini-band、Fiber Channel、RapidIO、千兆以太网
64/66B	将 64 位信息编码为 66 位符号。编码效率为 64bit/66bit=97%	万兆以太网
8B/6T	将 8 位映射为 6 个三进制位	100Base-T4（3 类 UTP）

2.1.3 数据传输方式

数据传输方式可以按多种方式进行分类。

（1）按照信号类型分类。

模拟通信：利用正弦波的幅度、频率或相位的变化，或者利用脉冲的幅度、宽度或位置变化来模拟原始信号，以达到通信的目的。

数字通信：是用数字信号作为载体来传输消息，或用数字信号对载波进行数字调制后再传输的通信方式。

（2）按照一次传输的数据位数分类。

串行通信：串行通信是指使用一条数据线将数据一位一位地依次传输，每一位数据占据一个固定的时间长度。常见的串行通信技术标准有 EIA-232（RS-232）、EIA-422（RS-422）、EIA-485（RS-485）、通用串行总线（Universal Serial Bus，USB）、IEEE 1394。

并行通信：一组数据的各数据位在多条线上同时传输，这种传输方式称为并行通信。常见应用有磁盘并口线和打印机并口。

（3）按照信号传送的方向与时间的关系分类。

单工通信：数据只能在一个方向上流动，如无线电波和有线电视。

半双工：可以切换方向的单工通信，但不能同时或双向通信，如对讲机。

全双工通信：允许数据同时在两个方向上进行传输，如电话和手机通信。

（4）按照数据的同步方式分类。

同步通信：通信双方必须先建立同步，即双方时钟要调整到同一频率。同步方式可以分为两种：一种是使用**全网同步**，用一个非常精确的主时钟对全网所有结点上的时钟进行同步；另一种是使用**准同步**，各结点的时钟之间允许有微小的误差，然后采用其他措施实现同步传输。同步通信是一种连续串行传送数据的通信方式，一次通信只传送一帧信息。这里的信息帧与异步通信中的字符帧不同，通常含有若干个数据字符，它们均由**同步字符**、**数据字符**和**校验字符（CRC）**组成。

异步通信：发送端和接收端可以由各自的时钟来控制数据的发送和接收，这两个时钟源彼此独立、互不同步。发送端可以从任意时刻开始发送字符，因此必须在每一个字符的开始和结束的地方加上标志，即加上起始位和终止位，用于正确接收每一个字符。异步通信中，数据通常以字符或字节为单位组成字符帧传送。

$$异步通信数据速率=每秒钟传输字符数×（起始位+终止位+校验校正+数据位）\quad(2\text{-}1\text{-}7)$$
$$异步通信有效数据速率=每秒钟传输字符数×数据位\quad(2\text{-}1\text{-}8)$$

2.1.4 数据交换方式

通信网络数据的交换方式有多种，主要分为电路交换、报文交换、分组交换和信元交换。具体方式如表 2-1-3 所列。

表 2-1-3　数据交换方式及其特性

数据交换方式		定义	特点
电路交换		通信开始之前，主呼叫和被呼叫之间建立连接，之后建立通信，期间独占整个链路，结束通信时释放链路。电路交换是面向连接的	优点：时延小 缺点：链路空闲率高，不能进行差错控制
报文交换		结点把要发送的信息组织成一个报文（数据包），该报文中含有目标结点的地址，完整的报文在网络中一站一站地向前传送。每一个结点接收整个报文并检查目标结点地址，然后根据网络中的拥塞情况，在适当的时候转发到下一个结点	优点：不用建立专用通路；可以校验，也可以将一个报文发至多个目的地 缺点：中间结点需要先存储，再转发报文，时延较大；中间结点的存储空间也需要较大
分组交换（确定最大报文长度）	数据报	数据报服务类似于邮政系统的信件投递。每个分组都携带完整的源结点和目的结点的地址信息，独立进行传输。每当经过一个中间结点时，都要根据目标地址和网络当前的状态，按一定的路由选择算法选择一条最佳输出线，直至传输到目的结点	优点：不需要建立连接 缺点：每个分组独立选路，不完全走一条路；可靠性差
	虚电路	在虚电路服务方式中，为了进行数据的传输，网络的源主机和目的主机之间要先建立一条逻辑通道，所有报文沿着逻辑通道传输数据。在传输完毕后，还要将这条虚电路释放。虚电路的服务方式是网络层向传输层提供的一种使所有分组按顺序到达目的主机的可靠的数据传送方式。虽然用户感觉到好像占用了一条端到端的物理线路，但实际上并没有真正地占用，即这条线路不是专用的，所以称为"虚电路"。典型应用有 X.25、帧中继、ATM	优点：相对数据报可以进行流控和差错控制，提高了可靠性，适合远程控制和文件传送 缺点：不如数据报方式灵活
信元交换		信元交换又叫 ATM（异步传输模式），是一种面向连接的快速分组交换技术，它是通过建立虚电路来进行数据传输的。信元交换技术是一种快速分组交换技术，它结合了电路交换技术时延小和分组交换技术灵活的优点。信元是固定长度的分组，ATM 采用信元交换技术，其信元长度为 53字节，其中信元头为 5 字节，数据为 48 字节	优点：延迟小；技术灵活

2.1.5　多路复用

多路复用（信道复用）的实质是在发送端将多路信号组合成一路信号，然后在一条专用的物理信道上实现传输，接收端再将复合信号分离出来。多路复用技术有时分复用（Time Division Multiplexing，TDM）、波分复用（Wavelength Division Multiplexing，WDM）、频分复用（Frequency

第 1 天

Division Multiplexing，FDM）。具体各复用的技术特性如表 2-1-4 所列。

表 2-1-4　各类复用及其技术特性

复用技术		特点	应用
时分复用	同步时分复用	固定时隙的时分复用，使无数据传输的各子信道轮流按时间独占带宽	E1、T1、SDH/ SONET、DDN、PON 下行
	统计时分复用	对同步时分复用进行改进，通过动态地分配时隙来进行数据传输	ATM
波分复用		将整个波长频带划分为若干个波长范围，每路信号占用一个波长范围进行传输。属于特殊的频分复用	光纤通信
频分复用		多路信号在频率位置上分开，但同时在一个信道内传输。频分复用信号在频谱上不会重叠，但在时间上是重叠的	宽带有线电视、无线广播、ADSL、无线局域网

2.2　数字传输系统

本节讲述的知识点有脉冲编码调制 PCM 体制、同步光纤网、同步数字系列。

2.2.1　脉冲编码调制 PCM 体制

前面介绍了脉冲编码调制 PCM 的原理，下面讲述 PCM 的两个重要国际标准：欧洲的 30 路 PCM（E1，速率为 2.048Mb/s）和北美的 24 路 PCM（T1，速率为 1.544Mb/s）。

（1）E1。

E1 有成帧、成复帧与不成帧三种方式，考试中主要考考查成复帧方式。

1）E1 的成复帧方式。E1 的一个时分复用帧（长度为 T=125μs）共划分为 32 个相等的时隙，时隙的编号为 CH0～CH31。其中时隙 CH0 用作帧同步，时隙 CH16 用来传送信令，剩下 CH1～CH15 和 CH17～CH31 共 30 个时隙用作 30 个语音话路，E1 载波的控制开销占 6.25%。每个时隙传送 8bit（7bit 编码加上 1bit 信令），因此共用 256bit。每秒传送 8000 个帧，因此 PCM 一次群 E1 的数据率=8000×256/s=2.048Mb/s，其中每个话音信道的数据速率是 64kb/s。

2）E1 的成帧方式。E1 中的第 0 时隙用于传输帧同步数据，其余 31 个时隙可以用于传输有效数据。

3）E1 的不成帧方式。所有 32 个时隙都可用于传输有效数据。

E1 有以下三种使用方法：

- 2M 的 DDN 方式：将整个 2M 用作一条链路。
- CE1 方式：将 2M 用作若干个 64k 线路的组合。

● PRA 信令方式：也是 E1 最原本的用法，把一条 E1 作为 32 个 64k 来用，但是时隙 0 和时隙 16 用作信令，一条 E1 可以传 30 路话音。

我国和欧洲一些国家使用 E1。

（2）T1。

T1 系统共有 24 个语音话路，每个时隙传送 8bit（7bit 编码加上 1bit 信令），因此共用 193bit（192bit 加上 1bit 帧同步位）。每秒传送 8000 个帧，因此 PCM 一次群 **T1 的数据率=8000×193b/s =1.544Mb/s**，其中每个话音信道的数据速率是 **64kb/s**。

美国、加拿大、日本和新加坡使用 T1。

如表 2-2-1 所列给出了 T1 和 E1 的常考点。

表 2-2-1 T1 和 E1 的常考点

名称	总速率	话路组成	每个话音信道的数据速率
T1	1.544Mb/s	24 条语音话路	64kb/s
E1	2.048Mb/s	30 条语音话路和 2 条控制话路	64kb/s

E1 和 T1 可以使用复用方法，4 个一次群可以构成 1 个二次群（分别称为 E2 和 T2）；4 个 E2 可以构成 1 个三次群，称为 E3；7 个 T2 可以构成 1 个三次群，称为 T3。

2.2.2 同步光纤网

由于 PCM 速率不统一（T1 和 E1 共存）、属于准同步方式，因此人们提出同步光纤网（Synchronous Optical Network，SONET）来解决上述问题。SONET 使用非常精确的铯原子钟提供时间同步。

SONET 和 PCM 都是每秒钟传送 8000 帧，STS-1 的帧长为 810 字节，因此基础速率为 8000× 810×8=51.84Mb/s。该速率对电信号称为第 1 级同步传送信号（Synchronous Transport Signal，STS-1）；对光信号称为第 1 级光载波（Optical Carrier，**OC-1**）。

SONET 中，OC-1 为最小单位，值为 51.84Mb/s；OC-N 代表 N 倍的 51.84Mb/s，如 OC-3=OC-1 ×3=155.52Mb/s。

2.2.3 同步数字系列

同步数字系列（Synchronous Digital Hierarchy，SDH）是 ITU-T 以 SONET 为基础制定的国际标准。SDH 和 SONET 的主要不同是基本速率不同，SDH 的基本速率是第 1 级同步传递模块（Synchronous Transfer Module，STM-1）。**STM-1 的速率为 155.2Mb/s**，与 OC-3 的速率相同，STM-N 则代表 N 倍的 STM-1。

当数据传输速率较小时，可以使用 SDH 提供的准同步数字系列（Plesiochronous Digital Hierarchy，PDH）兼容传输方式。**该方式在 STM-1 中封装了 63 个 E1 信道**，可以同时向 63 个用户提供 2Mb/s 的接入速率。PDH 兼容方式有两种接口，一种是传统的 E1 接口，如路由器上的 G.703 转 V.35 接口；另一种是封装了多个 E1 信道的 CPOS（Channel POS）接口。

2.3 接入技术

本节讲述的知识点有 xDSL、HFC、FTTx。

2.3.1 xDSL

xDSL 技术就是利用电话线中的高频信息传输数据，高频信号损耗大，容易受噪声干扰。xDSL 的速率越高，传输距离越近。如表 2-3-1 所列给出了 xDSL 的常见类型。

表 2-3-1 常见 xDSL 类型

名称	对称性	上、下行速率（受距离影响有变化）	极限传输距离	复用技术
ADSL（非对称数字用户线路）	不对称	上行：640～1Mb/s 下行：1～8Mb/s	3～5km	频分复用
VDSL（甚高速数字用户线路）	不对称	上行：1.6～2.3Mb/s 下行：12.96～52Mb/s	0.9～1.4km	QAM 和 DMT
HDSL（高速数字用户线路）	对称	上行：1.5Mb/s 下行：1.5Mb/s	2.7～3.6km	时分复用
G.SHDSL（对称的高比特数字用户环路）	对称	一对线。上行、下行可达192kb/s～2.312Mb/s	3.7～7.1km	时分复用

注：DSL 就是 ISDN 技术，已经被淘汰。

非对称数字用户线路（Asymmetrical Digital Subscriber Line，ADSL）是 xDSL 家族成员中的一员。简单地说，ADSL 是利用分频的技术使低频信号和高频信号分离。3400Hz 以下供电话使用；3400Hz 以上的高频部分供上网使用。目前已经很少使用 ADSL 技术了。

在信号调制技术上，ADSL 调制解调器主要采用无载波调幅调相（Carricerless Amplitude/Phase Modulation，CAP）和离散多音（Discrete Multi-Tone，DMT）技术。而 DMT 方式又分为频分复用和回声抵消方式。

常见的 ADSL 接入方式有以下两种：

（1）ADSL 虚拟拨号。

采用专门的协议 PPP over Ethernet，拨号后直接由验证服务器进行检验，用户需输入用户名和密码，验证通过后就建立起一条高速的数字用户线路并分配相应的动态 IP。

（2）ADSL 专线接入。

类似于专线的接入方式，用户配置好 ADSL Modem 后，PC 设定固定的 IP 地址、掩码、网关之后就可以与局端自动建立起一条链路。

2.3.2　HFC

混合光纤－同轴电缆（Hybrid Fiber-Coaxial，HFC）通常由光纤干线、同轴电缆支线和用户配线网络三部分组成，从有线电视台出来的节目信号先变成光信号在干线上传输，到用户区域后把光信号转换成电信号，经分配器分配后通过同轴电缆送到用户。

常考的 HFC 网络结构如图 2-3-1 所示。

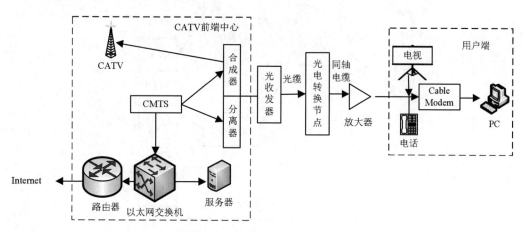

图 2-3-1　常考的 HFC 设计结构

电缆调制解调器（Cable Modem，CM）是用户设备和同轴电缆网络的接口，**是有线电视网络（Cable TV，CATV）网络用户端必须安装的设备**。在下行方向接收前端设备，即电缆调制解调器终端系统（Cable Modem Terminal Systems，CMTS）发送来的 **64QAM** 信号，经解调后传送给 PC 的以太网接口。在上行方向把 PC 发送的以太帧封装在时隙中，经 **QPSK** 调制后，通过上行数据通路传送给 CMTS。

2.3.3　FTTx

FTTx 技术主要用于接入网络光纤，范围从区域电信机房的局端设备到用户终端设备，局端设备为光线路终端（Optical Line Terminal，OLT），用户端设备为光网络单元（Optical Network Unit，ONU）或光网络终端（Optical Network Terminal，ONT）。

（1）FTTx 分类。

根据光纤到用户的距离来分类，可分成光纤到交换箱（Fiber To The Cabinet，FTTCab）、光纤到路边（Fiber To The Curb，FTTC）、光纤到大楼（Fiber To The Building，FTTB）及光纤到户（Fiber To The Home，FTTH）等服务形态。

（2）PON 技术。

无源光纤网络（Passive Optical Network，PON）是指 ODN（光配线网）中不含有任何电子器件和电子电源，ODN 全部由光分路器（Splitter）等无源器件组成，不需要贵重的有源电子设备。一个无源光纤网络包括一个安装于中心控制站的 OLT 及一批配套的安装于用户场所的光网络单元 ONU。OLT 与 ONU 之间的光配线网包含了光纤和无源分光/耦合器。PON 原理拓扑如图 2-3-2 所示。

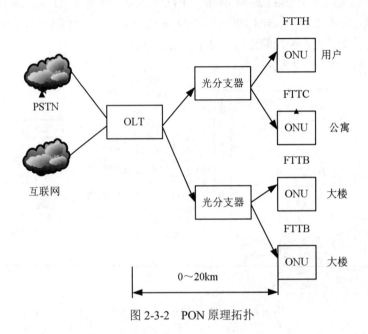

图 2-3-2　PON 原理拓扑

PON 技术主要有：以太网无源光网络（Ethernet Passive Optical Network，EPON）；千兆以太网无源光网络（Gigabit-Capable PON，GPON），它可以实现上下行 1.25Gb/s 的速率。2009 年，IEEE 正式发布了 10G EPON 标准。10G EPON 根据速率定义分为两类，即非对称方式（下行速率为 10Gb/s，上行为 1Gb/s）和对称方式（上/下行对称速率为 10Gb/s）。

无源光网络的优势有：

- 可升级性好、成本低，接入网中去掉了有源设备，从而避免了电磁干扰和雷电影响，减少了线路和外部设备的故障率，降低了相应的运维成本。
- 业务透明性较好，高带宽。
- 可靠性高，提供不同业务优先级的 QoS 保证，适于大规模应用。

注意：基于 ATM 的 PON 技术（即 APON 技术）已经被淘汰。

2.4　有线传输介质

本节讲述的知识点有同轴电缆、屏蔽双绞线、非屏蔽双绞线、光纤。

2.4.1　同轴电缆

同轴电缆由内到外分为四层：中心铜线、塑料绝缘体、网状导电层和电线外皮。电流传导与中心铜线和网状导电层形成回路。同轴电缆因中心铜线和网状导电层为同轴关系而得名。

同轴电缆从用途上分，可分为**基带同轴电缆**和**宽带同轴电缆**（即网络同轴电缆和视频同轴电缆）。同轴电缆分为 50Ω 基带电缆和 75Ω 宽带电缆两类。基带电缆又分**细同轴电缆**和**粗同轴电缆**，基带电缆仅仅用于数字传输，数据率可达 10Mb/s。

2.4.2　屏蔽双绞线

根据屏蔽方式的不同，屏蔽双绞线可分为两类，即 STP（Shielded Twisted-Pair）和 FTP（Foil Twisted-Pair）。STP 是指每条线都有各自屏蔽层的屏蔽双绞线，而 FTP 则是采用整体屏蔽的屏蔽双绞线。

注意：只在整个电缆有屏蔽装置，并且在两端正确接地的情况下才起作用。所以要求整个系统全部是屏蔽器件，包括电缆、插座、水晶头和配线架等，同时建筑物需要有良好的地线系统。

屏蔽双绞线电缆的外层由铝箔包裹以减小辐射，但这并不能完全消除辐射。屏蔽双绞线的价格相对较高，安装时要比非屏蔽双绞线电缆困难。类似于同轴电缆，它必须配有支持屏蔽功能的特殊连接器和相应的安装技术。但屏蔽双绞线有较高的传输速率，100m 内可以达到 155Mb/s，比相应的非屏蔽双绞线高。

2.4.3　非屏蔽双绞线

非屏蔽双绞线由 8 根不同颜色的线分成 4 对绞合在一起，成对扭绞的作用是尽可能减少电磁辐射与外部电磁干扰的影响。双绞线按电气特性可分为三类线、四类线、五类线、超五类线、六类线。网络中最常用的是五类线、超五类线和六类线。

（1）双绞线的线序标有标准 568A 和标准 568B。

标准 568A 线序为绿白、绿、橙白、蓝、蓝白、橙、棕白、棕；**标准 568B** 线序为橙白、橙、绿白、蓝、蓝白、绿、棕白、棕。

在实际应用中，大多使用 568B 标准，通常认为该标准对电磁干扰的屏蔽更好。

（2）交叉线与直连线。

交叉线是指一端是 568A 标准，另一端是 568B 标准的双绞线；**直连线**是指两端都是 568A 或 568B 标准的双绞线。

综合布线中对五类线、超五类线、六类线测试的参数有衰减量、近端串扰、远端串扰、回波损耗、特性阻抗、接线方式。

2.4.4　光纤

光纤是光导纤维的简称，光纤传输介质由可以传送光波的**玻璃纤维或透明塑料**制成，**外包一层比玻璃折射率低的材料**。进入光纤的光波在两种材料的介面上形成**全反射**，从而不断地向前传播。光纤可以分为单模光纤和多模光纤。

光波在光纤中的传播模式与**芯线和包层的相对折射率、芯线的直径**以及**工作波长**有关。如果芯线的直径小到光波波长大小，则光纤就成为波导，光在其中无反射地沿直线传播，这种光纤叫**单模光纤**。

光波在光导纤维中以多种模式传播，不同的传播模式有不同波长的光波及不同的传播和反射路径，这样的光纤叫**多模光纤**。

如表 2-4-1 所列给出了单模光纤和多模光纤的特性。

表 2-4-1　单模光纤和多模光纤的特性

	单模光纤	多模光纤
光源	激光二极管 LD	LED
光源波长	1310nm 和 1550nm 两种	850nm
纤芯直径/包层外径	9/125μm	50/125μm 和 62.5/125μm
距离	2～10km	550m 和 275m
光种类	一种模式的光	不同模式的光

由于光纤本身的缺陷，如制作工艺和石英玻璃材料组分的不均匀性，造成光在光纤中传输时将产生**瑞利散射**；由于机械连接和断裂等原因将造成光在光纤中产生**菲涅尔反射**。

光纤布线系统的测试指标包括最大衰减限值、波长窗口参数和回波损耗限值。考题中还会考单模和多模光纤传输的距离，在 1000Mbps 的传输速率时，通常多模的传输距离为 500m 左右，而单模的传输距离为 500m～几十 km。

2.5　其他知识点

本节讲述的知识点有 RS-232-C、帧中继、ATM。

2.5.1　RS–232–C

RS-232-C 是美国电子工业协会（Electrical Industrial Association，EIA）于 1973 年提出的串行通信接口标准，主要用于 DTE（如计算机和终端等设备）与 DCE（如调制解调器、中继器、多路复用器等）之间通信。RS-232-C 的电气特性采用 V.28 标准电路。信号电平-3V～-15V 代表逻辑 1，+3V～+15V 代表逻辑 0。在传输距离小于 15m 时，最大数据速率为 19.2kb/s；在传输距离小于 50m 时，最大数据速率为 9.6kb/s；在传输距离小于 100m 时，最大数据速率为 1.2kb/s。标准的 RS-232-C 接口使用 25 针 DB 连接器（插头/插座），接口可简化为 9 针和 15 针两种。

2.5.2　帧中继

帧中继最初是作为 ISDN 的一种承载业务而定义的，没有流量控制功能，但具有拥塞控制功能。帧中继在第二层建立虚电路，用帧方式承载数据业务，因而第三层就被简化掉了。帧中继提供虚电路业务，其业务是面向连接的网络服务。在帧中继的虚电路上可以提供不同的服务质量。在帧中继网上，用户的**数据速率可以在一定的范围内变化**，从而既可以**适应流式业务**又可以**适应突发式业务**。帧中继提供两种虚电路：交换虚电路和永久虚电路帧长可变，可以承载各种局域网的数据传输。

2.5.3　ATM

异步传输模式（Asynchronous Transfer Mode，ATM）是一项数据传输技术，是实现 B-ISDN 业务的核心技术之一。ATM 是以信元为基础的一种分组交换和复用技术，是一种为了多种业务设计的、通用的、面向连接的传输模式。ATM 的传送单元是固定长度为 53byte 的 Cell（信元），其中 5B 为信元头，用来承载该信元的控制信息；48B 为信元体，用来承载用户要分发的信息。信头部分包含了选择路由用的 VPI（虚通道标识符）/VCI（虚通路标识符）信息，因而它具有分组交换的特点。

ATM 用户业务分为 4 类：CBR、VBR、ABR 和 UBR。

- 固定比特率（Constant Bit Rate，CBR）：固定比特率业务适于交互式语音和视频流。
- 可变比特率（Variable Bit Rate，VBR）：可变比特率业务适于交互式压缩视频信号。
- 有效比特率（Available Bit Rate，ABR）：有效比特率业务可用于突发通信。
- 不定比特率（Unspecified Bit Rate，UBR）：不定比特率业务可用于传送 IP 分组，包括文件传输、电子邮件业务潜在的应用领域。

第3章　数据链路层

数据链路层是 OSI 参考模型中的第二层，处于物理层和网络层之间。数据链路层在物理层提供的服务的基础上向网络层提供服务，其最基本的服务是将源主机网络层传来的数据可靠地传输到相邻结点的目标机网络层。为达到这一目的，数据链路必须具备一系列相应的功能。在网络规划设计师的考试中主要考查这些功能的特性、技术原理、校验计算等。对数据链路层知识的考查主要集中在上午的考试中。本章考点知识结构图如图 3-0-1 所示。

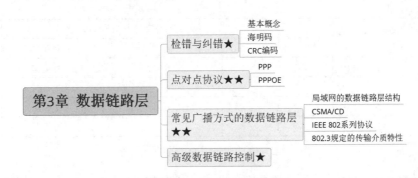

图 3-0-1　考点知识结构图

3.1 检错与纠错

本节讲述的知识点有基本概念、海明码、CRC 编码。

3.1.1 基本概念

通信链路都不是完全理想的。比特在传输的过程中可能会产生**比特差错**，即 1 可能会变成 0，0 也可能变成 1。

一帧包含 m 个数据位（即报文）和 r 个冗余位（校验位）。假设帧的总长度为 n，则有 $n=m+r$。包含数据和校验位的 n 位单元，通常称为 n 位**码字**（codeword）。

海明码距（码距）是两个码字中不相同的二进制位的个数；**两个码字的码距**是一个编码系统中任意两个合法编码（码字）之间不同的二进数位数；**编码系统的码距**是整个编码系统中任意两个码字的码距最小值。**误码率**是传输错误的比特占所传输比特总数的比率。

【例 3-1】如图 3-1-1 所示给出了一个编码系统，用两个比特位表示 4 个不同信息。任意两个码字之间不同的比特位数从 1 到 2 不等，但最小值为 1，故该编码系统的码距为 1。

	二进码字	
	a2	a1
0	0	0
1	0	1
2	1	0
3	1	1

图 3-1-1 码距为 1 的编码系统

如果码字中的一位或多位被颠倒或出错了，那么结果中的码字仍然是合法码字。例如，如果传送信息 10，而被误收为 11，因 11 是合法码字，所以接收方仍然认为 11 是正确的信息。

然而，如果用 3 个二进位来编 4 个码字，那么码字间的最小距离可以增加到 2，如图 3-1-2 所示。

	二进码字		
	a3	a2	a1
0	0	0	0
1	0	1	1
2	1	0	1
3	1	1	0

图 3-1-2 改进后码距为 2 的编码系统

这里任意两个码字间最少有两个比特位不相同。因此，如果信息中的任意一个比特出错，那么将成为一个没有使用的码字，接收方能检查出来。例如信息是 011，因出错成为了 001，001 不是编码系统中规定的合法码字，这样接收方就能发现出错了。

海明研究发现，**检测 *d* 个错误，则编码系统码距≥*d*+1；纠正 *d* 个错误，则编码系统码距>2*d***。

3.1.2　海明码

海明码是一种多重奇偶检错系统，具有检错和纠错的功能。海明码中的全部传输码字是由原来的信息和附加的奇偶校验位组成的，每一个奇偶校验位和信息位被编在传输码字的特定位置上。这种系统组合方式能找出错误出现的位置，无论是原有信息位还是附加校验位。

设海明码校验位为 *k*，信息位为 *m*，则它们之间的关系应满足 $m+k+1\leqslant 2^k$。

下面以原始信息 101101 为例，讲解海明码的推导与校验的过程。

（1）确定海明码校验位长。

m 是信息位长，则 *m*=6。根据关系式 $m+k+1\leqslant 2^k$，得到 $7+k\leqslant 2^k$。解不等式，得到最小 *k* 为 4，即校验位为 4。信息位加校验的总长度为 10 位。

（2）推导海明码（这一部分供学有余力的读者了解，目前的考试中很少考查这个推导过程）。

1）填写原始信息。

从理论上讲，海明码校验位可以放在任何位置，但习惯上校验位被从左至右安排在 1,2,4,8,… 的位置上。原始信息则从左至右填入剩下的位置。如图 3-1-3 所示，校验位处于 B1、B2、B4、B8 位，剩下位为信息位，信息位按从左至右的顺序先行填写完毕。

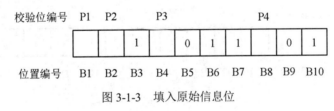

图 3-1-3　填入原始信息位

2）计算校验位。

依据公式得到校验位：

$$P1=B3\oplus B5\oplus B7\oplus B9=1\oplus 0\oplus 1\oplus 0=0$$
$$P2=B3\oplus B6\oplus B7\oplus B10=1\oplus 1\oplus 1\oplus 1=0 \qquad (3\text{-}1\text{-}1)$$
$$P3=B5\oplus B6\oplus B7=0\oplus 1\oplus 1=0$$
$$P4=B9\oplus B10=0\oplus 1=1$$

注意：⊕表示异或运算。

式（3-1-1）很常用，但是死记硬背比较困难，只能换个方式进行理解记忆。

把除去 1、2、4、8（校验位位置值编号）之外的 3、5、6、7、9、10 值转换为二进制位，如表 3-1-1 所列。

表 3-1-1 二进制与十进制转换表

信息位	信息位编号的十进制	信息位编号的二进制			
		第 4 位	第 3 位	第 2 位	第 1 位
B3	3	0	0	1	1
B5	5	0	1	0	1
B6	6	0	1	1	0
B7	7	0	1	1	1
B9	9	1	0	0	1
B10	10	1	0	1	0

对所有信息编号的二进制的第 1 位为 1 的 Bi 进行"异或"操作,指结果填入 P1。即上面讲的 P1=B3⊕B5⊕B7⊕B9=1⊕0⊕1⊕0=0。

对有信息编号的二进制的第 2 位为 1 的 Bi 进行"异或"操作,指结果填入 P2。即上面讲的 P2=B3⊕B6⊕B7⊕B10=1⊕1⊕1⊕1=0。

依此类推,对所有信息编号的二进制的第 3 位为 1 的 Bi 进行"异或"操作,将结果填入 P3;对所有信息编号的二进制的第 4 位为 1 的 Bi 进行"异或"操作,将结果填入 P4。

填入校验位后得到图 3-1-4。

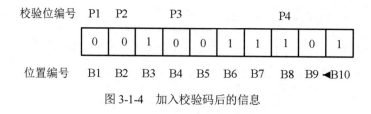

图 3-1-4 加入校验码后的信息

(3)校验。

将所有信息位位置编号 1~10 的值转换为二进制位,如表 3-1-2 所列。

表 3-1-2 二进制与十进制转换表

信息位	信息位编号的十进制	信息位编号的二进制			
		第 4 位	第 3 位	第 2 位	第 1 位
B1	1	0	0	0	1
B2	2	0	0	1	0
B3	3	0	0	1	1
B4	4	0	1	0	0
B5	5	0	1	0	1

续表

信息位	信息位编号的十进制	信息位编号的二进制			
		第 4 位	第 3 位	第 2 位	第 1 位
B6	6	0	1	1	0
B7	7	0	1	1	1
B8	8	1	0	0	0
B9	9	1	0	0	1
B10	10	1	0	1	0

对所有信息编号的二进制的第 1 位为 1 的 Bi 进行“异或”操作，得到 X1。

对所有信息编号的二进制的第 2 位为 1 的 Bi 进行“异或”操作，得到 X2。

对所有信息编号的二进制的第 3 位为 1 的 Bi 进行“异或”操作，得到 X4。

对所有信息编号的二进制的第 4 位为 1 的 Bi 进行“异或”操作，得到 X8。

即公式：

$$
\begin{aligned}
&X1=B1\oplus B3\oplus B5\oplus B7\oplus B9\\
&X2=B2\oplus B3\oplus B6\oplus B7\oplus B10\\
&X4=B4\oplus B5\oplus B6\oplus B7\\
&X8=B8\oplus B9\oplus B10
\end{aligned}
\qquad (3\text{-}1\text{-}2)
$$

得到一个形式为 X8X4X2X1 的二进制，转换为十进制时，结果为 0，则无错；结果非 0（假设为 Y），则错误发生在第 Y 位。

假设起始端发时加了上述校验码信息，目的端收到的信息为 0010111101，如图 3-1-5 所示。

校验位编号	P1	P2		P3				P4		
	0	0	1	0	1	1	1	1	0	1
位置编号	B1	B2	B3	B4	B5	B6	B7	B8	B9	B10

图 3-1-5　接收信息为 0010111101

依据公式（3-1-2），得到

$$X1=B1\oplus B3\oplus B5\oplus B7\oplus B9=0\oplus 1\oplus 1\oplus 1\oplus 0=1$$

$$X2=B2\oplus B3\oplus B6\oplus B7\oplus B10=0\oplus 1\oplus 1\oplus 1\oplus 1=0$$

$$X4=B4\oplus B5\oplus B6\oplus B7=0\oplus 1\oplus 1\oplus 1=1$$

$$X8=B8\oplus B9\oplus B10=1\oplus 0\oplus 1=0$$

则将 X4X3X2X1=0101 的二进制转换为十进制为 5，则错误发生在第 5 位。

3.1.3 CRC 编码

纠错码广泛用于无线通信中，因为无线线路比有线线路噪声更多、更容易出错，有线线路上的错误率非常低，所以对于偶然的错误，利用错误检测和重传机制更有效。数据链路层广泛使用循环冗余校验码（Cyclical Redundancy Check，CRC）进行错误检测。CRC 编码又称为多项式编码（polynomial code）。CRC 的基本思想是把位串看成系数为 0 或 1 的多项式，一个 k 位的帧看成是一个（k-1）次多项式的系数列表，该多项式有 k 项，从 x^{k-1} 到 x^0。这样的多项式就是（k-1）阶多项式，该多项式形为 $A_1x^{k-1}+A_2x^{k-2}+...+A_{n-2}x^1+A_{n-1}x^0$。例如，1101 有 4 位，可以代表一个三阶多项式，系数为 1、1、0、1，即 x^3+x^2+1。

使用 CRC 编码，需要先商定一个**生成多项式（Generator Polynomial）G(x)**。生成多项式的最高位和最低位必须是 1。假设原始信息有 m 位，则对应多项式 M(x)。生成校验码思想就是在原始信息位后追加若干校验位，使得追加的信息能被 G(x)整除。接收方接收到带校验位的信息，然后用 G(x)整除。余数为 0，则没有错误；反之则发生错误。

（1）生成 CRC 校验码。

这里以往年考试题为例，讲述 CRC 校验码生成的过程。假设原始信息串为 10110，CRC 的生成多项式为 $G(x)=x^4+x+1$，求 CRC 校验码。

1）原始信息后"添 0"。

假设生成多项式 G(x)的阶为 r，则在原始信息位后添加 r 个 0，新生成的信息串共 m+r 位，对应多项式设定为 $x^rM(x)$。

$G(x)=x^4+x+1$ 的阶为 4，即 10011，则在原始信息 10110 后添加 4 个 0，新信息串为 10110 0000。

2）使用生成多项式除。

利用模 2 除法，用对应的 G(x)位去除串 $x^rM(x)$对应的位串，得到长度为 r 位的余数。除法过程如图 3-1-6 所示。

$$
\begin{array}{r}
10011\overline{)101100000} \\
\underline{10011} \\
1010000 \\
\underline{10011} \\
11100 \\
\underline{10011} \\
1111
\end{array}
$$

图 3-1-6 CRC 计算过程

得到余数 1111。

注意：余数不足 r，则余数左边用若干个 0 补齐。如求得余数为 11，r=4，则补两个 0 得到 0011。

3）将余数添加到原始信息后。

上例中，原始信息为 10110，添加余数 1111 后，结果为 10110 1111。

（2）CRC 校验。

CRC 校验过程与生成过程类似，接收方接收了带校验和的帧后，用多项式 G(x)来除。余数为 0，则表示信息无错；否则要求发送方进行重传。

注意：收发信息双方需使用相同的生成多项式。

（3）常见的 CRC 生成多项式。

CRC 算法不能保证每一个经过 CRC 验算的帧都绝对正确，其检错率与生成多项式有很大的关系，因此在实际的 CRC 算法中，通常选择一些国际机构推荐的 CRC 生成多项式。

CRC–16=x^{16}+x^{15}+x^2+1。该多项式用于 FR、X.25、HDLC、PPP 中，用于校验除帧标志位外的全帧。

CRC–32=x^{32}+x^{26}+x^{23}+x^{22}+x^{16}+x^{12}+x^{11}+x^{10}+x^8+x^7+x^5+x^4+x^2+x+1。该多项式用于校验以太网（IEEE 802.3）帧（不含前导和帧起始符）、令牌总线（IEEE 802.4）帧（不含前导和帧起始符）、令牌环（IEEE 802.5）帧（从帧控制字段到 LLC 层数据）、FDDI 帧（从帧控制字段到 INFO）、ATM 全帧和 PPP 除帧标志位外的全帧。

3.2　点对点协议

本节讲述的知识点有 PPP 和 PPPoE。

3.2.1　PPP

点到点协议（Point-to-Point Protocol，PPP）提供了一种在点到点链路上封装网络层协议信息的标准方法。PPP 也定义了可扩展的链路控制协议（Link Control Protocol，LCP），使用验证协议磋商在链路上传输网络层协议前验证链路的对端。

PPP 有以下三个主要的组成部分：

● 在串行链路上封装数据报的方法。

● 建立、配置和测试数据链路链接（Data-Link Connection）的 LCP 协议。

● 建立和配置不同网络层协议的一组网络控制协议（Network Control Protocol，NCP）。

为了在点到点链路（Point-to-Point Link）上建立通信，PPP 链路的一端必须在建立阶段（Establishment Phase）首先发送 LCP 包（packets）配置数据链路。链路建立后，在进入到网络层协议阶段前，PPP 提供一个可选择的验证阶段。

PPP 支持两种验证协议：密码验证协议（Password Authentication Protocol，PAP）和挑战—握手验证协议（Challenge Handshake Authentication Protocol，CHAP）。

（1）PAP。

PAP 提供了一种简单的方法，可以使对端（peer）使用两次握手建立身份验证，这个方法仅仅在链路初始化时使用。链路建立阶段完成后，对端不停地发送 ID/Password 对给验证者，一直到验证被响应或连接终止为止。

PAP 不是一个健全的身份验证方法。密码在线路上是明文发送的，并且对回送、重复验证和错误攻击没有保护措施。

（2）CHAP。

CHAP 使用三次握手验证，这种验证可以在链路建立初始化时进行，也可以在链路建立后的任何时间内重复进行。

在链路建立完成后，验证者向对端发送一个 challenge 信息，对端使用一个 one-way-hash 函数计算出的值响应这个信息。验证者使用相同的单向函数计算自己这一端对应的 hash 值校验响应值。如果两个值匹配，则验证通过；否则连接终止。

3.2.2 PPPoE

PPPoE（Point-to-Point Protocol over Ethernet）可以使以太网的主机通过一个简单的桥接设备连接到一个远端的接入集中器上。通过 PPPoE 协议，远端接入设备能够实现对每个接入用户的控制和计费。PPPoE 协议的工作流程包括发现和会话两个阶段，发现阶段是无状态的，目的是获得 PPPoE 终结端（在局端的 ADSL 设备或其他接入设备上）的以太网 MAC 地址，并建立一个唯一的 PPPoE SESSION-ID。发现阶段结束后就进入标准的 PPP 会话阶段。

3.3 常见广播方式的数据链路层

本节讲述的知识点有局域网的数据链路层结构、CSMA/CD、IEEE 802 系列协议、IEEE 802.3 规定的传输介质特性。

3.3.1 局域网的数据链路层结构

IEEE 802 标准把数据链路层分为两个子层：①逻辑链路控制（Logical Link Control，LLC），该层与硬件无关，实现流量控制等功能；②媒体接入控制层（Media Access Control，MAC），该层与硬件相关，提供硬件和 LLC 层的接口。局域网数据链路层结构如图 3-3-1 所示，LLC 层目前不常使用。

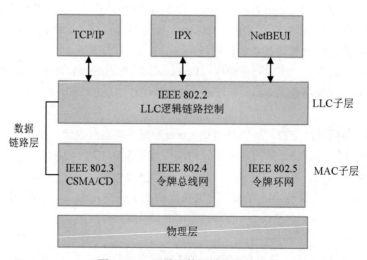

图 3-3-1　局域网数据链路层结构

（1）MAC。

MAC 子层的主要功能包括数据帧的封装/卸装、帧的寻址和识别、帧的接收与发送、链路的管理、帧的差错控制等。MAC 层的主要访问方式有 CSMA/CD、令牌环和令牌总线三种，令牌环和令牌总线已逐渐被淘汰。

以太网发送数据需要遵循一定的格式，以太网中的 MAC 帧格式如图 3-3-2 所示。

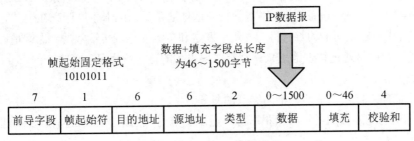

图 3-3-2　MAC 帧格式

帧由 8 个字段组成，每一个字段有一定含义和用途。每个字段长度不等，下面分别进行讲解。

● 前导字段：形为 1010…1010，长度为 7 个字节。
● 帧起始符字段：固定格式为 10101011，长度为 1 个字节。通常前导字段与帧起始符字段不计算在以太帧长度之中。
● 目的地址、源地址字段：可以是 6 个字节。最高位为 0，代表普通地址；最高位为 1，代表组地址；全 1 的目标地址是广播地址。
● 类型字段：标识上一层使用什么协议，以便把收到的 MAC 帧数据上交给上一层协议，也可以表示长度。

类型字段是 DIX 以太网帧的说法，而 IEEE 802.3 帧中的该字段被称为长度字段。由于该字段有两个字节，可以表示 0～65535，因此该字段可以赋予多个含义，0～1500 用于表示长度值，1536～65535（0x0600～0xFFFF）用于描述类型值。考试中，该字段常标识为长度字段。

● 数据字段：上一层的协议数据，长度为 0～1500 个字节。
● 填充字段：确保最小帧长为 64 个字节，长度为 0～46 个字节。
● 校验和字段：32 位的循环冗余码，检验算法见本书的 CRC 部分。

注意：以太网的最小帧长为 64 个字节，是指从**目的地址到校验和**的长度。在一些抓包工具中得到的以太网帧，往往不会显示 CRC 部分的字段。

很多资料中会提到"泛洪"一词，容易与广播混淆。广播和泛洪是不同的概念。广播帧形式为 FF.FF.FF.FF.FF.FF，广播是向子网所有端口（含自身端口）发送广播帧；泛洪是向所有端口（除自身端口）发送普通数据帧。

（2）MAC 地址。

MAC 地址，也叫**硬件地址**，又叫链路地址，**由 48 比特组成**。MAC 地址结构如图 3-3-3 所示。

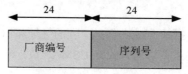

图 3-3-3　MAC 地址结构

MAC 地址的前 24 位是厂商编号，由 IEEE 分配给生产以太网网卡的厂家；后 24 位是序列号，由厂家自行分配，用于表示设备地址。网卡的物理地址通常是由网卡生产厂家在生产时直接写入网卡的 ROM 芯片中，它是网卡的唯一标识，用于发送和接收的终端传输数据。也就是说，在网络底层的物理传输过程中是通过物理地址来识别**第二层设备**的，一般也是全球唯一的。

（3）LLC。

LLC 子层能向上提供以下四种不同类型的服务。

- 不确认的无连接服务：数据报服务，适用于点对点通信、广播通信、多播通信（组播通信）。
- 面向连接服务：虚电路服务，特别适于传送很长的数据文件。
- 带确认的无连接服务：可靠的数据报服务，特别适于过程控制或自动化工厂环境中的告警信息或控制信号的传输。带确认的无连接服务只用在令牌总线网中。
- 高速传送服务：专为城域网使用。

3.3.2　CSMA/CD

载波监听多路访问/冲突检测（Carrier Sense Multiple Access/Collision Detect，CSMA/CD）是一种争用型的介质访问控制协议，起源于美国夏威夷大学开发的 ALOHA 网所采用的争用型协议，并对其进行了改进，具有更高的介质利用率。

CSMA/CD 的工作原理：发送数据前先监听信道是否空闲，若空闲，则立即发送数据。在发送数据时，边发送边继续监听。若监听到冲突，则立即停止发送数据，等待一段随机时间再重新尝试。

CSMA/CD 是一种解决访问冲突的协议，技术上易实现，网络中各工作站处于平等地位，不需要集中控制，不提供优先级控制。**在网络负载较小时，CSMA/CD 协议的通信效率很高；但在网络负载较大时，发送时间增加，发送效率急剧下降。这种网络协议适合传输非实时数据。**如图 3-3-4 所示描述了 CSMA/CD 和令牌环线路利用率与延时的关系。

注意：万兆以太网标准（IEEE 802.3ae）采用全双工方式，彻底抛弃了 CSMA/CD。

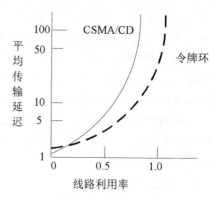

图 3-3-4　CSMA 特性

下面讲解 CSMA/CD 的重要组成和重要概念。

（1）多路访问。

表明多路计算机连接在一根总线上。

（2）载波监听（CSMA）。

表明发送数据前检测总线中是否有数据发送，如果有，则进入类似退避算法的程序，进而反复进行载波监听工作；如果没有，则依据一定的坚持算法决定如何发送。

这里要注意一个重要时间参数，以太网规定了**帧间最小间隔为 9.6μs**，使接收方在接收完数据后清理缓存，做好接收下一帧的准备。

坚持算法可以分为以下三类：

1）**1-持续 CSMA（1-persistent CSMA）**。当信道忙或发生冲突时，要发送帧的站一直持续监听，一旦发现信道有空闲（即在帧间最小间隔时间内没有检测到信道上有信号）便可发送。

特点：有利于抢占信道，减少信道空闲时间；较长的传播延迟和同时监听会导致多次冲突，降低系统性能。

2）**非持续 CSMA**。发送方并不持续侦听信道，而是在出现冲突时等待随机的一段时间 N 再发送。

特点：有更好的信道利用率，由于随机时延后退，从而减少了冲突的概率；然而，可能出现的问题是因后退使信道闲置较长一段时间，使信道的利用率降低，而且增加了发送时延。

3）**p-持续 CSMA（p-persistent CSMA）**。发送方按 P 概率发送帧，即信道空闲时（在帧间最小间隔时间内没有检测到信道上有信号），发送方不一定发送数据，而是按照 P 概率发送。以 $(1-P)$ 概率不发送，若不发送数据，下一时间间隔 τ 仍空闲，同理进行发送；若信道忙，则等待下一时间间隔 τ；若冲突，则等待随机的一段时间重新开始。τ 为单程网络传输时延。

特点：P 的取值比较困难，大了会产生冲突，小了会延长等待时间。假定 n 个发送站等待发送，此时发现网络中有数据传送，当数据传输结束时，则有可能出现 $n \times P$ 个站发送数据。如果 $n \times P > 1$，则必然出现多个站点发送数据，从而导致冲突。有的站传输数据完毕后产生新帧，与等待发送的数据帧竞争，很可能加剧冲突。如果 P 太小，如 $P = 0.01$，表示一个站点中 100 个时间单位才会发送一次数据，这样 99 个时间单位就空闲了，造成浪费。

（3）冲突检测。

CSMA/CD 采用"边发送边监听"方式，即边发送边检测信道信号的电压变化，如果发现信号变化幅度超过一定限度，则认为总线上发生"冲突"。以下介绍几个重要定义和数据：

- **电磁波在 1km 电缆中传播的时延约为 5μs。**
- **冲突检测最长时间为两倍的总线端到端的传播时延（2τ），2τ 称为争用期（Contention Period），又称为碰撞窗口。**经过争用期还没有检测到碰撞时，才能确定发送不会出现碰撞。
- **10M 以太网争用期定为 51.2μs。**对于 10Mb/s 网络，51.2μs 可以发送 512bit 数据，即 64 字节。

- 以太网规定 10Mb/s 以太网最小帧长为 64 字节，最大帧长为 1518 字节（6 字节目的地址字段+6 字节源地址字段+2 字节类型字段+MTU+4 字节校验和字段），最大传输单元（MTU）为 1500 字节。小于 64 字节的都是由于冲突而异常终止的无效帧，接收这类帧时应将其丢弃（千兆以太网和万兆以太网最小帧长为 512 字节）。**以太网数据部分大小为 46-1500 字节，由于数据帧范围为 64-1518 字节，所以最大传输效率为 1500/1518=98.8%。**

- **最小帧长=网络速率×2×（最大段长/信号传播速度）。**

- **吞吐率**：单位时间实际传送的数据位数。

吞吐率=帧长/（传输数据帧所花费的时间+1 帧发送到网络所花费的时间）=帧长/（网络段长/传播速度+1 帧长/网络数据速率）

- **网络利用率=吞吐率/网络数据速率。**

- **强化碰撞**，当发生碰撞时，发送数据的站除了立刻停止发送当前数据外，还需要发送 32bit 或 48bit 的**干扰信号（Jamming Signal）**，所有站都会收到阻塞信息（连续几个字节的全 1）。

- **传输一个数据帧所需时间=一个数据帧传输时间+一个应答帧传输时间=一个数据帧长/传输速率+两站点间传输距离/信号传播速率+应答帧帧长/传输速率+两站点间传输距离/信号传播速率。通常传输速率=200m/μs。**

（4）退避算法。

CSMA 只能减少冲突，不能完全避免冲突，只有当经过争用期还没有检测到碰撞时，才能肯定本次发送的数据不会发生碰撞。以太网使用退避算法中的一种（**截断的二进制指数退避算法**）来解决发送数据的碰撞问题。这种算法规定：发生碰撞的站在信道空闲后并不立即发送数据，而是推迟一个随机时间再进入发送流程。这种方法减少了重传时再次发生碰撞的概率。

算法如下：

1）设定基本退避时间为争用期 2τ。

2）从整数集合 $[0, 2^k-1]$ 中随机取一个整数 r，则 $r×2\tau$ 为发送站等待时间。其中，k=Min[重传次数,10]。

3）重传次数大于 16 次，则丢弃该帧数据并向高层协议报错。

从流程可知，**该算法的特点是网络负载越重，可能后退的时间越长，没有对优先级进行定义，不适合突发性业务和流式业务。该算法考虑了网络负载对冲突的影响，在重负载下能有效化解冲突。**

3.3.3　IEEE 802 系列协议

IEEE 802 协议包含多种子协议，把这些协议汇集在一起即 IEEE 802 协议集。该协议集的组成如图 3-3-5 所示。

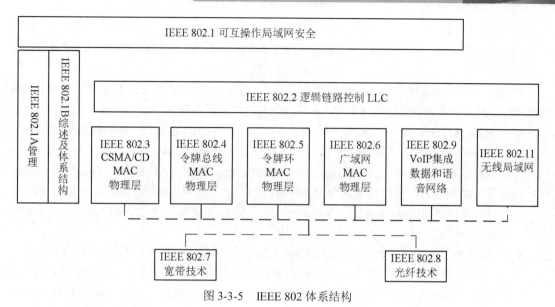

图 3-3-5　IEEE 802 体系结构

（1）IEEE 802.1 系列。

IEEE 802.1 协议提供高层标准的框架，包括端到端协议、网络互连、网络管理、路由选择、桥接和性能测量。

- IEEE 802.1d：生成树协议（Spanning Tree Protocol，STP）。
- IEEE 802.1P：交换机与优先级相关的流量处理的协议。
- IEEE 802.1q：虚拟局域网（Virtual Local Area Network，VLAN）协议定义了 VLAN 和封装技术，包括 GARP 协议及其源码、GVRP 协议及其源码。
- **IEEE 802.1s**：多生成树协议（Multiple Spanning Tree Protocol，MSTP）。
- **IEEE 802.1w**：快速生成树协议（Rapid Spanning Tree Protocol，RSTP）。
- **IEEE 802.1x**：基于端口的访问控制（Port Based Network Access Control，PBNAC）协议起源于 IEEE 802.11 协议，目的是解决无线局域网用户的接入认证问题。IEEE 802.1x 协议提供了一种用户接入认证的手段，并简单地通过控制接入端口的开/关状态来实现，不仅适用于无线局域网的接入认证，还适用于点对点物理或逻辑端口的接入认证。

（2）IEEE 802.2。

IEEE 802.2：逻辑链路控制提供 LAN 和 MAC 子层与高层协议间的一致接口。

（3）IEEE 802.3 系列。

IEEE 802.3 系列是考试的重中之重。IEEE 802.3 是以太网规范，定义 CSMA/CD 标准的媒体访问控制子层和物理层规范。

- **IEEE 802.3ab**：该标准针对实体媒介部分制定的 1000 Base-T 规格，使得超高速以太网不再只限制于光纤介质。这是一个传输介质为 4 对 CAT-5 双绞线、100m 内达到以 1Gb/s 传输数据的标准。

- **IEEE 802.3u**：快速以太网（Fast Ethernet）的最小帧长不变，数据的速率提高了 10 倍，所以发生冲突时槽缩小为 5.12μs。以太网计算冲突时槽时，可以用下面的公式计算：

$$slot \approx 2S/0.7C + 2tphy$$

其中，S 表示网络的跨距（最长传输距离），$0.7C$ 为 0.7 倍光速（信号传播速率），tphy 是发送站物理层时延（由于往返需通过站点两次，所以取其时延的两倍值）。

- **IEEE 802.3z**：千兆以太网（Gigabit Ethernet）标准。定义了一种帧突发方式（frame bursting），这种方式是指一个站可以连续发送多个帧，用以保证传输站点连续发送一系列帧而不中途放弃对传输媒体的控制，该方式仅适用于半双工模式。在成功传输一帧后，发送站点进入突发模式以允许继续传输后面的帧，直到达到每次 65536bit 的突发限制。该标准包含 1000Base-LX、1000Base-SX，1000Base-CX 三种。IEEE802.3z 采用 4B5B 或 8B9B 编码技术。

- **IEEE 802.3ae**：万兆以太网（10 Gigabit Ethernet）标准。仅支持光纤传输，提供两种连接：一种是与以太网连接、速率为 10Gb/s 的物理层设备，即 LAN PHY；另一种是与 SDH/SONET 连接、速率为 9.58464Gb/s 的 WAN 设备，即 WAN PHY。通过 WAN PHY 可以与 SONETOC-192 结合，通过 SONET 城域网提供端到端连接。IEEE 802.3ae 支持 10GBase-S（850nm 短波）、10GBase-L（1310nm 长波）、10GBase-E（1550nm 长波）三种规格，最大传输距离分别为 300m、10km 和 40km。该标准支持 IEEE 802.3 标准中定义的最小帧长和最大帧长，不采用 CSMA/CD 方式，只用全双工方式（**千兆以太网和万兆以太网的最小帧长为 512 字节**）。

（4）**IEEE 802.4**：令牌总线网（Token-Passing Bus）。

（5）**IEEE 802.5**：令牌环线网。

（6）**IEEE 802.6**：城域网 MAN，定义城域网的媒体访问控制子层和物理层规范。

（7）**IEEE 802.7**：宽带技术咨询组，为其他分委员会提供宽带网络技术的建议和咨询。

（8）**IEEE 802.8**：光纤技术咨询组，为其他分委员会提供使用有关光纤网络技术的建议和咨询。

（9）**IEEE 802.9**：集成数据和语音网络（Voice over Internet Protocol，VoIP）定义了综合语音/数据终端访问综合语音/数据局域网（包括 IVD LAN、MAN、WAN ）的媒体访问控制子层和物理层规范。

（10）**IEEE 802.10**：可互操作局域网安全标准，定义局域网互连安全机制。

（11）**IEEE 802.11**：无线局域网标准，定义了自由空间媒体的媒体访问控制子层和物理层规范。

（12）**IEEE 802.12**：按需优先定义使用按需优先访问方法的 100Mb/s 以太网标准。

（13）**没有 IEEE 802.13 标准**：13 不吉利。

（14）**IEEE 802.14**：有线电视标准。

（15）**IEEE 802.15**：无线个人局域网（Personal Area Network，PAN），适用于短程无线通信的标准（如蓝牙）。

（16）**IEEE 802.16**：宽带无线接入（Broadband Wireless Access，BWA）标准。

3.3.4　IEEE 802.3 规定的传输介质特性

前面介绍了以太网传输介质，下面介绍传输介质的选用方案。传输介质一般使用 10Base-T 形式进行描述。其中 10 是速率，即 10Mb/s；Base 表示传输速率，Base 是基带，Broad 是宽带；而 T 则代表传输介质，T 是双绞线，F 是光纤。

常见的传输介质如表 3-3-1 所列。

表 3-3-1　常见的传输介质及其特性

名称	电缆	最大段长	特点
100Base-T4	4 对 3 类 UTP	100m	3 类双绞线，8B/6T，NRZ 编码
100Base-TX	2 对 5 类 UTP 或 2 对 STP	100m	100Mb/s 全双工通信，MLT-3 编码
100Base-FX	1 对光纤	2000m	100Mb/s 全双工通信，4B/5B、NRZI 编码
100Base-T2	2 对 3、4、5 类 UTP	100m	PAM5x5 的 5 电平编码方案
1000Base-CX	2 对 STP	25m	2 对 STP
1000Base-T	4 对 UTP	100m	4 对 UTP
1000Base-SX	62.5μm 多模	220m	模式带宽 160MHz·km，波长 850nm
		275m	模式带宽 200MHz·km，波长 850nm
	50μm 多模	500m	模式带宽 400MHz·km，波长 850nm
		550m	模式带宽 500MHz·km，波长 850nm
1000Base-LX	62.5μm 多模	550m	模式带宽 500MHz·km，波长 850nm
	50μm 多模		模式带宽 400MHz·km，波长 850nm
			模式带宽 500MHz·km，波长 850nm
	单模	5000m	波长 1310nm 或 1550nm
10GBase-S	50μm 多模	300m	波长 850nm
	62.5μm 多模	65m	波长 850nm
10GBase-L	单模	10km	波长 1310nm
10GBase-E	单模	40km	波长 1550nm
10GBase-LX4	单模	10km	波长 1310nm 波分多路复用
	50μm 多模	300m	
	62.5μm 多模		

注 1. 通常用光纤传输信号的速率与其传输长度的乘积来描述光纤的模式带宽特性，用 $B \cdot L$ 表示，单位为 MHz·km。

　2. 多阶基带编码 3（Multi-Level Transmit，MLT-3）

　　该编码信号通常分成三种电位状态，分别为正电位、负电位、零电位。编码规则如下：如果下一比特是 0，则电位输出值与前面的值相同；如果下一比特是 1，则电位输出值就要有一个转变。

3.3.5 高级数据链路控制

高级数据链路控制（High-level Data Link Control，HDLC），是一种同步传输数据、面向比特的链路控制协议，属于思科私有协议，现在近乎淘汰，但仍然属于考试考察对象。

1. HDLC 帧格式

HDLC 帧格式如图 3-3-6 所示。

比特	8	8	8	可变	16	8
	标志F	地址A	控制C	信息I	帧校验FCS	标志F

图 3-3-6 HDLC 帧格式

- 标志字段（F）：该字段为固定值（01111110），标志帧的开始与结束，具备帧同步的功能。不包含标志序列的帧长若小于 32 位，则该帧为无效帧。
- 地址字段（A）：该字段长度为 8 位，可以有 256 个地址编址。
- 控制字段（C）：标示帧类型。用于发送操作命令给从站或者传递从站的应答。
- 信息字段（I）：传输的信息，长度可变。**HDLC 的帧可分为长格式帧和短格式帧**。长格式帧包含信息字段 I，短格式帧则不包含。
- 帧校验序列（FCS）：CRC 校验，用于控制差错。

2. HDLC 站类型

HDLC 定义了三种类型的站。

- 主站：对链路进行控制。
- 从站：在主站控制下进行操作。
- 复合站：具有主站和从站双重功能。

3. HDLC 三种数据响应方式

HDLC 定义给出了三种数据响应方式，具体参见表 3-3-2 所列。

表 3-3-2 HDLC 的链路结构与数据响应方式

链路结构	数据响应方式	拓扑结构	解释
平衡型结构（点对点）	异步平衡方式（ABM）	两个组合站组成	可传输一帧或多帧。一个复合站无须另一个复合站的允许就可开始传输数据
不平衡型结构（点对多点）	正常响应方式（NRM）	一个主站多个从站组成	主站控制整个链路，从站听从主站命令进行数据传输
	异步响应方式（ARM）	一个主站多个从站组成	无须主站明确命令就可以启动数据传输，主站只负责控制线路

4. HDLC 的帧类型

HDLC 有三种类型的帧：

（1）信息帧（I 帧）。该帧可传输数据。

（2）监控帧（S 帧）。该帧实现了请求传输、请求暂停、回答等监控功能。该帧包含接收未准备好、接收准备好、选择发送、请求发送等监控信息。

（3）无编号帧（U 帧）。该帧可以实现链路控制。该帧可以分为传输信息的命令和响应帧；用于链路恢复的命令和响应帧；设置数据传输方式的命令和响应帧；其它命令和响应帧。

第 4 章　网络层

网络层是 OSI 参考模型中的第三层，这部分知识点很多，也很重要。由于网络路由协议知识在上午和下午考试中均会考到，因此该知识点统一放入路由器部分进行集中讲解。本章考点知识结构图如图 4-0-1 所示。

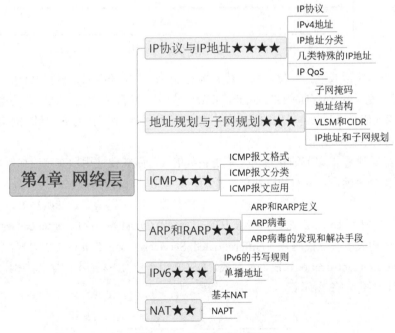

图 4-0-1　考点知识结构图

4.1　IP 协议与 IP 地址

本节讲述的知识点有 IP 协议、IPv4 地址、IP 地址分类、几类特殊的 IP 地址。

4.1.1 IP 协议

网络之间的互连协议（Internet Protocol，IP）是方便计算机网络系统之间相互通信的协议，是各大厂家遵循的计算机网络相互通信的规则。如图 4-1-1 所示给出了 IP 数据报的首部（Packet Header）结构，有些书称其为 IP 数据报头。

图 4-1-1 IP 数据报报头结构

（1）版本。该字段长度为 4 位，标识数据报的 IP 版本号，值为二进制 0100 则表示 IPv4。

（2）头部长度（Internet Header Length，IHL）。该字段长度为 4 位。表示数的单位是 32 位，即 4 字节。常用的值是 5，也是可取的最小值，表示报头为 20 字节；可取的最大值是 15（二进制为 1111），表示报头为 60 字节。

IP 分组首部必须是 4 字节的整数倍，不是整数倍时，则需要使用填充字段加以填充。这样可以保证 IP 数据部分永远在 4 字节的整数倍时开始，实现 IP 协议较为方便。

（3）服务类型（Type of Service，ToS）。该字段长度为 8 位，指定特殊数据处理方式。该字段分为两部分：优先权和 ToS。后来该字段被 IETF 改名为区分服务（Differentiated Services，DS）。该字段的前 6 位构成了区分代码点（Differentiated Services Code Point，DSCP）和显式拥塞通知（Explicit Congestion Notification，ECN）字段，DSCP 用于定义 64 个不同服务类别，而 ECN 用于通知拥塞，具体如图 4-1-2 所示。

图 4-1-2 ECN 字段

（4）总长度（Total Length）。该字段长度为 16 位，单位是字节，指的是首部加上数据之和的长度。所以，数据报的最大长度为 $2^{16}-1=65535$ 字节。由于有 MTU 限制（如以太网单个 IP 数据报就不能超过 1500 字节），所以超过 1500 字节的 IP 数据报就要分段，而总长度是所有分片报文的长度和。

（5）标识符（Identifier）。该字段长度为 16 位。同一数据报分段后，其标识符一致，这样便于重装成原来的数据报。

（6）标记字段（Flag）。该字段长度为 3 位，第 1 位不使用；第 2 位是不分段（DF）位，值为 1 表示不能分片，为 0 表示允许分片；第 3 位是更多分片（MF）位，值为 1 表示之后还有分片，为 0 表示是最后一个分片。

（7）分片偏移字段（Fragment Offset）。该字段长度为 13 位，表示数的单位是 8 字节，即每个分片长度是 8 字节的整数倍。该字段是标识所分片的分组分片之后在原始数据中的相对位置。

（8）生存时间（Time to Live，TTL）。该字段长度为 8 位，用来设置数据报最多可以经过的路由器数，用于防止无限制转发。由发送数据的源主机设置，通常为 16、32、64、128 个。每经过一个路由器，其值减 1，直到为 0 时该数据报被丢弃。

（9）协议字段（Protocol）。该字段长度为 8 位，指明 IP 层所封装的上层协议类型，如 ICMP（值为 1）、IGMP（值为 2）、TCP（值为 6）、UDP（值为 17）等。

（10）头部校验（Header Checksum）。该字段长度为 16 位，是根据 IP 头部计算得到的校验和码。计算方法没有采用复杂的 CRC 编码，而是对头部中每个 16 比特进行二进制反码求和（与 ICMP、IGMP、TCP、UDP 不同，IP 报头不对 IP 报头后面的数据进行校验）。

（11）源地址、目标地址字段（Source and Destination Address）。该字段长度均为 32 位，用来标明发送 IP 数据报文的源主机地址和接收 IP 报文的目标主机地址，都是 IP 地址。

（12）可选字段（Options）。该字段长度可变，从 1 字节到 40 字节不等，用来定义一些任选项，如记录路径、时间戳等。这些选项很少使用，并且不是所有主机和路由器都支持这些选项。可选项字段的长度必须是 32 位（4 字节）的整数倍，如果不足，必须填充 0 以达到此长度要求。

4.1.2　IPv4 地址

IP 地址就好像电话号码：有了某人的电话号码，你就能与他通话了。同样，有了某台主机的 IP 地址，你就能与这台主机通信了。TCP/IP 协议规定，IP 地址使用 32 位的二进制来表示，也就是 4 个字节。例如，采用二进制表示方法的 IP 地址形式为 00010010 00000010 10101000 00000001，这么长的地址，操作和记忆起来太费劲。为了方便使用，经常将 IP 地址写成十进制的形式，中间使用"."符号将字节分开。于是，上面的 IP 地址可以表示为 18.2.168.1。IP 地址的这种表示法叫作**点分十进制表示法**，显然比 1 和 0 容易记忆得多。如图 4-1-3 所示将 32 位的地址映射到用点分十进制表示法表示的地址上。

00010010	00000010	10101000	00000001
18 .	2 .	168 .	1

图 4-1-3　点分十进制与 32 位地址的对应表示形式

4.1.3 IP 地址分类

IP 地址分为五类：A 类用于大型网络，B 类用于中型网络，C 类用于小型网络，D 类用于组播，E 类保留用于实验。每一类有不同的网络号位数和主机号位数。各类地址特征如图 4-1-4 所示。

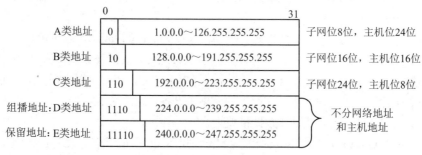

图 4-1-4　五类地址特征

（1）A 类地址。IP 地址写成二进制形式时，A 类地址的第一位总是 0。A 类地址的第 1 个字节为网络地址，其他 3 个字节为主机地址。

A 类地址范围：1.0.0.0～126.255.255.255。

A 类地址中的私有地址和保留地址如下：

1）10.X.X.X 是私有地址，即在互联网上不使用，而只用在局域网络中的地址。网络号为 10，网络数为 1 个，地址范围为 10.0.0.0～10.255.255.255。

2）127.X.X.X 是保留地址，用作环回（Loopback）地址，环回地址（典型的是 127.0.0.1）向自己发送流量。发送到该地址的数据不会离开设备到网络中，而是直接回送到本主机。该地址既可以作为目标地址，又可以作为源地址，是一个虚 IP 地址。

（2）B 类地址。IP 地址写成二进制形式时，B 类地址的前两位总是 10。B 类地址的第 1 和第 2 字节为网络地址，第 3 和第 4 字节为主机地址。

B 类地址范围：128.0.0.0～191.255.255.255。

B 类地址中的私有地址和保留地址如下：

1）172.16.0.0～172.31.255.255 是私有地址。

2）**169.254.X.X 是保留地址。如果将 PC 机上的 IP 地址设为自动获取，而 PC 机又没有找到相应的 DHCP 服务，那么最后 PC 机可能得到保留地址中的一个 IP**。没有获取到合法 IP 后的 PC 机地址分配情况如图 4-1-5 所示。

```
以太网适配器 本地连接 2：

   连接特定的 DNS 后缀 . . . . . . . . . . :
   本地链接 IPv6 地址. . . . . . . . . . : fe80::1823:deb4:819:3d53%15
   自动配置 IPv4 地址 . . . . . . . . . : 169.254.61.83
   子网掩码 . . . . . . . . . . . . . : 255.255.0.0
   默认网关 . . . . . . . . . . . . . :
```

图 4-1-5　在断开的网络中，PC 机被随机分配了一个 169.254.X.X 保留地址

（3）C 类地址。IP 地址写成二进制形式时，C 类地址的前三位固定为 110。C 类地址第 1～3 字节为网络地址，第 4 字节为主机地址。

C 类地址范围：192.0.0.0～223.255.255.255。

C 类地址中的 192.168.X.X 是私有地址，地址范围为 192.168.0.0～192.168.255.255。

（4）D 类地址。IP 地址写成二进制形式时，D 类地址的前四位固定为 1110。D 类地址不分网络地址和主机地址，该类地址用作组播。

D 类地址范围：224.0.0.0～239.255.255.255。其中，224.0.0.1 代表所有主机与路由器；224.0.0.2 代表所有组播路由器；224.0.0.5 代表 OSPF 路由器；224.0.0.6 代表 OSPF 指定路由器/备用指定路由器；224.0.0.7 代表 ST 路由器；224.0.0.8 代表 ST 主机；224.0.0.9 代表 RIP-2 路由器；224.0.0.12 代表 DHCP 服务器/中继代理；224.0.0.14 代表 RSVP 封装；224.0.0.18 代表虚拟路由器冗余协议（Virtual Router Redundancy Protocol，VRRP）。

（5）E 类地址。IP 地址写成二进制形式时，E 类地址的前四位固定为 11110。E 类地址不分网络地址和主机地址。

E 类地址范围：240.0.0.0～247.255.255.255。

4.1.4　几类特殊的 IP 地址

几类特殊的 IP 地址的结构和特性如表 4-1-1 所列。

表 4-1-1　特殊地址特性

地址名称	地址格式	特点	可否作为源地址	可否作为目标地址
有限广播	255.255.255.255（网络字段和主机字段全 1）	广播不被路由，会被送到相同物理网络段上的所有主机	N	Y
直接广播	主机字段全 1，如 192.1.1.255	广播会被路由，并会发送到专门网络上的每台主机	N	Y
网络地址	主机位全 0，如 192.168.1.0	表示一个子网	N	N
全零地址	0.0.0.0	代表任意主机	Y	N
环回地址	127.X.X.X	向自己发送数据	Y	Y

4.1.5　IP QoS

QoS 指一个网络能够利用各种基础技术，为指定的网络通信提供更好的服务能力，是网络的一种安全机制，是用来解决网络延迟和阻塞等问题的一种技术。

QoS 机制的工作原理是，优先于其他通信为某些通信分配资源。要做到这一点，首先必须识别不同的通信。通过"数据包分类"，将到达网络设备的通信分成不同的"流"。然后，每个流的通信被引向转发接口上的相应"队列"，每个接口上的队列都根据一些算法接受"服务"。队列服务算法决定了每个队列通信被转发的速度，进而决定分配给每个队列和相应流的资源。

为提供网络 QoS，必需在网络设备中预备或配置下列各项：

（1）信息分类，让设备把通信分成不同的流。

（2）队列和队列服务算法，处理来自不同流的通信。

通常把这些一起称为"通信处理机制"。单独的通信处理机制并没有用，它们必须按一种统一的方式在很多设备上预备或配置，这种方式为网络提供了有用的端到端"服务"。因此，要提供有用的服务，既需要通信处理机制，也需要预备和配置机制。

QoS 相关技术与服务有如下几种。

1. 集成服务（IntServ）与资源预留协议（RSVP）

集成服务是在传送数据之前，根据业务的 QoS 需求进行网络资源预留，从而为该数据流提供端到端的 QoS 保证。

资源预留协议是 IntServ 的核心，是一种信令协议，用于通知网络结点预留资源。资源预留的过程从应用程序流的源结点发送 Path 消息开始，该消息会沿着流所经路径传到流的目的结点，并沿途建立路径状态；目的结点收到该 Path 消息后，会向源结点回送 Resv 消息，沿途建立预留状态，如果源结点成功收到预期的 Resv 消息，则认为在整条路径上资源预留成功。如果资源预留失败，资源预留协议会向主机发回拒绝消息。

IntServ 能提供端到端的 QoS 保证。但 IntServ 对路由器的要求很高，当数据流数量很大时，路由器的处理能力会遇到很大的压力。IntServ 可扩展性很差，难以在 Internet 核心网络实施。

2. 区分服务（DiffServ）

区分服务是将用户的数据流按照服务质量要求划分等级，任何用户的数据流都可以自由进入网络，但是当网络出现拥塞时，级别高的数据流在排队和占用资源时比级别低的数据流有更高的优先权。

DiffServ 主要通过以下两个机制来完成不同 QoS 业务要求的分类。

（1）DS 标记。DiffServ 起源于 IntServ，但属于相对简单、粗划分的控制系统。DiffServ 取代了 IPv4 的服务类型字段和 IPv6 的通信量类字段，并重新定义为 DS。路由器根据 DS 字段的值来处理分组的转发。因此，利用 DS 字段的不同数值就可以提供不同等级的服务质量。

在使用 DS 字段之前，用户和网络服务提供商（ISP）商定一个服务等级协定（Service Level Agreement，SLA），通过 SLA 约定服务类别（吞吐量、分组丢失率、时延等）和每一类别所允许的通信量。

（2）每跳行为（Per Hop Behavior，PHB）。当数据流通过网络时，路由器会采用每跳行为来处理流内的分组。"行为"可以是"迅速转发这个分组"或"丢弃这个分组"。"每跳"则强调行为只涉及到本路由器转发的这一跳行为，而下一路由器的处理方式与本路由器无关。

4.2 地址规划与子网规划

本节讲述的知识点有子网掩码、IP 地址结构、VLSM 和 CIDR、IP 地址和子网规划。

4.2.1　子网掩码

子网掩码用于区分网络地址、主机地址、广播地址，是表示网络地址和子网大小的重要指标。子网掩码的形式是网络号部分全 1、主机号部分全 0。掩码也能像 IPv4 地址一样使用点分十进制表示法书写，但掩码不是 IP 地址。掩码还能使用"/从左到右连续 1 的总数"的形式表示，这种描述方法称为**建网比特数**。

如表 4-2-1 和表 4-2-2 所列给出了 B 类和 C 类网络可能出现的子网掩码，以及对应网络数量和主机数量。

表 4-2-1　B 类子网掩码特性

子网掩码	建网比特数	子网络数	可用主机数
255.255.255.252	/30	1,6382	2
255.255.255.248	/29	8,192	6
255.255.255.240	/28	4,096	14
255.255.255.224	/27	2,048	30
255.255.255.192	/26	1,024	62
255.255.255.128	/25	512	126
255.255.255.0	/24	256	254
255.255.254.0	/23	128	510
255.255.252.0	/22	64	1022
255.255.248.0	/21	32	2046
255.255.240.0	/20	16	4094
255.255.224.0	/19	8	8190
255.255.192.0	/18	4	16382
255.255.128.0	/17	2	32766
255.255.0.0	/16	1	65534

表 4-2-2　C 类子网掩码特性

子网掩码	建网比特数	子网络数	可用主机数
255.255.255.252	/30	64	2
255.255.255.248	/29	32	6
255.255.255.240	/28	16	14
255.255.255.224	/27	8	30
255.255.255.192	/26	4	62
255.255.255.128	/25	2	126
255.255.255.0	/24	1	254

注意：（1）主机数=可用主机数+2。在考试中，计算可用子网个数时通常不考虑（子网数-2）的情况，但是在某些选择题中出现两个可用答案时，也要考虑（子网数-2），因为早期的路由器在划分子网之后，0 号子网与没有划分子网之前的网络号是一样的，为了避免混淆，通常不使用 0 号子网。路由器上甚至有 IP subnet-zero 这样的指令控制是否使用 0 号子网。

（2）A 类地址的默认掩码是 255.0.0.0；B 类地址的默认掩码是 255.255.0.0；C 类地址的默认掩码是 255.255.255.0。

（3）在 A、B、C 三类地址中，除了主机 bit 为全 1 的广播地址和主机 bit 为全 0 的子网地址之外，都是可以分配给主机使用的主机地址，考试中也常称为单播地址。

4.2.2　地址结构

早期 IP 地址结构为两级地址：

$$IP\ 地址::=\{<网络号>,<主机号>\} \qquad (4\text{-}2\text{-}1)$$

RFC 950 文档发布后增加一个子网号字段，变成三级网络地址结构：

$$IP\ 地址::=\{<网络号>,<子网号>,<主机号>\} \qquad (4\text{-}2\text{-}2)$$

4.2.3　VLSM 和 CIDR

（1）可变长子网掩码（Variable Length Subnet Masking，VLSM）。

传统的 A 类、B 类和 C 类地址使用固定长度的子网掩码，分别为 8 位、16 位、24 位，这种方式比较死板、浪费地址空间。VLSM 则是对部分子网再次进行子网划分，允许一个组织在同一个网络地址空间中使用多个不同的子网掩码。VLSM 使寻址效率更高、IP 地址利用率也更高。所以使用 VLSM 技术来节约 IP 地址，可以将其理解为把大网分解成小网。

（2）无类别域间路由（Classless Inter-Domain Routing，CIDR）。

在进行网段划分时，除了有将大网络拆分成若干个小网络的需求外，也有将小网络组合成大网络的需求。在一个有类别的网络中（只区分 A、B、C 等大类的网络），路由器决定一个地址的类别，并根据该类别识别网络和主机。而在 CIDR 中，路由器使用前缀来描述有多少位是网络位（或称前缀），剩下的位则是主机位。CIDR 显著提高了 IPv4 的可扩展性和效率，通过使用路由聚合（或称超网）可有效地减小路由表的大小，节省路由器的内存空间，提高路由器的查找效率。该技术可以理解为把小网合并成大网。

4.2.4　IP 地址和子网规划

IP 地址和子网规划类的题目可以分为以下几种形式。

（1）给定 IP 地址和掩码，求网络地址、广播地址、子网范围、子网能容纳的最大主机数。

【例 4-1】已知子网地址是 8.1.72.24，子网掩码是 255.255.192.0。计算网络地址、广播地址、子网范围、子网能容纳的最大主机数。

1）计算子网的步骤如图 4-2-1 所示。

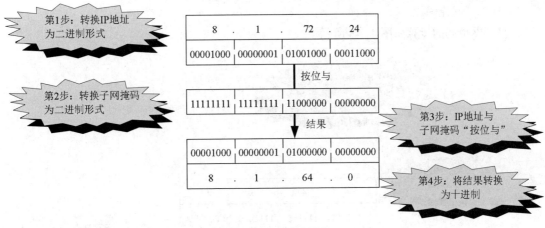

图 4-2-1　计算子网

2）计算广播地址的步骤如图 4-2-2 所示。

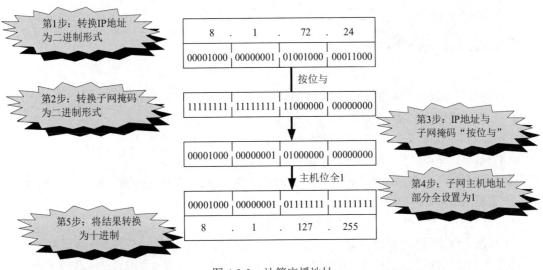

图 4-2-2　计算广播地址

3）计算子网范围。

子网范围=[子网地址]～[广播地址]=8.1.64.0～8.1.127.255。

4）计算子网能容纳的最大主机数。

子网能容纳的最大主机数=$2^{主机位}-2=2^{14}-2=16382$。

（2）给定现有的网络地址和掩码并给出子网数目，计算子网掩码及子网可分配的主机数。

【例 4-2】某公司网络的地址是 200.100.192.0，掩码是 255.255.240.0，要把该网络分成 16 个子网，则对应的子网掩码是多少？每个子网可分配的主机地址数是多少？

49

1）计算子网掩码。

计算子网掩码的步骤如图 4-2-3 所示。

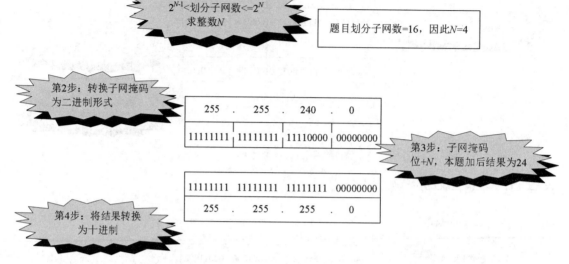

第1步：根据公式 $2^{N-1}<$ 划分子网数 $<=2^N$ 求整数 N

题目划分子网数=16，因此 N=4

第2步：转换子网掩码为二进制形式

| 255 | . | 255 | . | 240 | . | 0 |

| 11111111 | 11111111 | 11110000 | 00000000 |

第3步：子网掩码位 +N，本题加后结果为24

| 11111111 | 11111111 | 11111111 | 00000000 |
| 255 | . | 255 | . | 255 | . | 0 |

第4步：将结果转换为十进制

图 4-2-3　计算子网掩码

可以得到，本题的子网掩码为 255.255.255.0。

2）计算子网可分配的主机数。

子网能容纳的最大主机数=$2^{\text{主机位}}-2=2^8-2=254$。

（3）给出网络类型及子网掩码，求划分子网数。

【例 4-3】一个 B 类网络的子网掩码为 255.255.192.0，则这个网络被划分成了多少个子网？

1）根据网络类型确定网络号的长度。

本题网络类型为 B 类网，因此网络号为 16 位。

2）转换子网掩码为建网比特数。

本题中的子网掩码 255.255.192.0 可以用/18 表示。

3）子网号=建网比特数-网络号，划分的子网个数=$2^{\text{子网号}}$。

本题子网号=18-16=2，因此划分的子网个数=2^2=4。

（4）使用子网汇聚将给出的多个子网合并为一个超网，求超网地址。

【例 4-4】路由汇聚（Route Summarization）是把小的子网汇聚成大的网络，将 172.2.193.0/24、172.2.194.0/24、172.2.196.0/24 和 172.2.198.0/24 子网进行路由汇聚后的网络地址是多少？

1）将所有十进制的子网转换成二进制。

本题转换结果如表 4-2-3 所列。

表 4-2-3　转换结果

	十进制	二进制
子网地址	172.2.193.0/24	**10101100.00000010.11000** 001.00000000
	172.2.194.0/24	**10101100.00000010.11000** 010.00000000
	172.2.196.0/24	**10101100.00000010.11000** 100.00000000
	172.2.198.0/24	**10101100.00000010.11000** 110.00000000
合并后的超网地址	172.2.192.0/21	**10101100.00000010.11000** 000.00000000

2）从左到右找连续的相同位和相同位数。

从表 4-2-3 中可以发现，相同位为 21 位，即 10101100.00000010.11000　000.00000000 为新网络地址，将其转换为点分十进制得到的汇聚网络为 172.2.192.0/21。

4.3　ICMP

本节讲述的知识点有 CMP 报文格式、ICMP 报文分类、ICMP 报文应用。

Internet 控制报文协议（Internet Control Message Protocol，ICMP）是 TCP/IP 协议簇的一个子协议，是网络层协议，用于在 IP 主机和路由器之间传递控制消息。控制消息是指网络通不通、主机是否可达、路由是否可用等网络本身的消息。这些控制消息虽然并不传输用户数据，但是对用户数据的传递起着重要的作用。

4.3.1　ICMP 报文格式

ICMP 报文**封装在 IP 数据报**内传输，封装结构如图 4-3-1 所示。由于 IP 数据报首部校验和并不检验 IP 数据报的内容，因此不能保证经过传输的 ICMP 报文不产生差错。

ICMP 报文格式如图 4-3-2 所示。

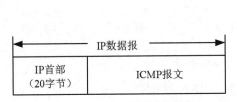

图 4-3-1　ICMP 报文封装结构

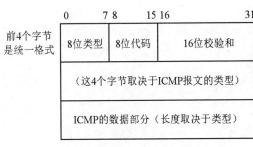

图 4-3-2　ICMP 报文格式

4.3.2　ICMP 报文分类

ICMP 报文分为 **ICMP 差错报告报文**和 **ICMP 询问报文**，具体如表 4-3-1 所列。

表 4-3-1 常考的 ICMP 报文

报文种类	类型值	报文类型	报文定义	报文内容
ICMP 差错报告报文	3	目的不可达	路由器与主机不能交付数据时，就向源点发送目的不可达报文	包括网络不可达、主机不可达、协议不可达、端口不可达、需要进行分片却设置了不分片、源路由失败、目的网络未知、目的主机未知、目的网络被禁止、目的主机被禁止、由于服务类型 TOS 网络不可达、由于服务类型 TOS 主机不可达、主机越权、优先权中止生效
	4	源点抑制	由于拥塞而丢弃数据报时就向源点发送抑制报文，降低发送速率	
	5	重定向（改变路由）	路由器将重定向报文发送给主机，优化或改变主机路由	包括网络重定向、主机重定向、对服务类型和网络重定向、对服务类型和主机重定向
	11	时间超时	丢弃 TTL 为 0 的数据，向源点发送时间超时报文	
	12	参数问题	发现数据报首部有不正确字段时丢弃报文，并向源点发送参数问题报文	
ICMP 询问报文	0	回送应答	收到**回送请求报文**的主机必须回应源主机**回送应答报文**	
	8	回送请求		
	13	时间戳请求	请求对方回答当前日期和时间	
	14	时间戳应答	回答当前日期和时间	

4.3.3 ICMP 报文应用

ICMP 报文应用有 Ping 命令（使用回送应答和回送请求报文）和 Traceroute 命令（使用时间超时报文和目的不可达报文）。

4.4 ARP 和 RARP

本节讲述的知识点有 ARP 和 RARP 定义、ARP 病毒、ARP 病毒的发现和解决手段。

4.4.1 ARP 和 RARP 定义

地址解析协议（Address Resolution Protocol，ARP）是将 32 位的 IP 地址解析成 48 位的以太网地址；而反向地址解析（Reverse Address Resolution Protocol，RARP）则是将 48 位的以太网地址

解析成 32 位的 IP 地址。ARP 报文**封装在以太网帧**中进行发送。ARP 的请求过程如下。

（1）发送 ARP 请求。请求主机以**广播方式**发出 **ARP 请求分组**。ARP 请求分组主要由**主机本身的 IP 地址、MAC 地址**以及**需要解析的 IP 地址**三个部分组成。发送 ARP 请求的具体过程如图 4-4-1 所示，该图要求找到 1.1.1.2 对应的 MAC 地址。

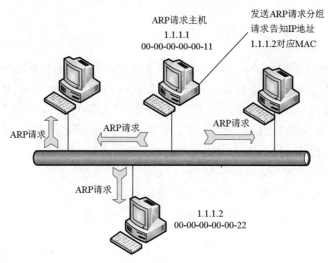

图 4-4-1　发送 ARP 请求分组

（2）ARP 响应。所有主机都能收到 ARP 请求分组，但只有与请求解析的 IP 地址一致的主机响应，并以**单播方式**向 ARP 请求主机发送 ARP 响应分组。ARP 响应分组由**响应方的 IP 地址**和 **MAC 地址**组成。具体过程如图 4-4-2 所示，地址为 1.1.1.2 的主机发出响应报文。

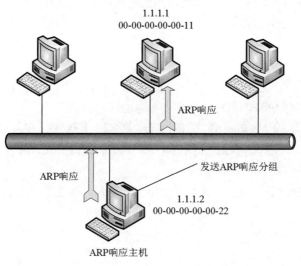

图 4-4-2　发送 ARP 响应分组

（3）A 主机写高速缓存。A 主机收到响应分组后，将 1.1.1.2 和 MAC 地址 00-00-00-00-00-22 的对应关系写入 ARP 高速缓存。**ARP 高速缓存**记录了 IP 地址和 MAC 地址的对应关系，避免了主机进行一次通信就发送一次 ARP 请求分组的情况出现，减少了网络中 ARP 请求带来的广播报文。当然，高速缓存中的每个 IP 地址和 MAC 地址的对应关系都有一定的**生存时间**，大于该时间的对应关系将被删除。

4.4.2 ARP 病毒

ARP 病毒是一种破坏性极大的病毒，利用 ARP 协议设计之初没有任何验证功能这一漏洞而实施破坏。ARP 木马使用 ARP 欺骗手段破坏客户机建立正确的 IP 地址和 MAC 地址的对应关系，把虚假的网关 MAC 地址发送给受害主机，达到盗取用户账户、阻塞网络、瘫痪网络的目的。

ARP 病毒利用感染主机的方法向网络发送大量虚假的 ARP 报文，**主机没有感染 ARP 木马时也有可能导致网络访问不稳定**。例如：向被攻击主机发送的虚假 ARP 报文中，目的 IP 地址为**网关 IP 地址**，目的 MAC 地址为**感染木马的主机 MAC 地址**。这样会将同网段内其他主机发往网关的数据引向发送虚假 ARP 报文的机器，并抓包截取用户口令信息。

ARP 病毒还能在局域网内产生大量的广播包，造成广播风暴。

4.4.3 ARP 病毒的发现和解决手段

网管员经常使用的发现和解决 ARP 病毒的手段有接入交换机端口绑定固定的 MAC 地址、查看接入交换机的端口异常（一个端口短时间出现多个 MAC 地址）、安装 ARP 防火墙、发现主机 ARP 缓存中的 MAC 地址不正确时可以执行 arp-d 命令清除 ARP 缓存、主机使用"arp-s 网关 IP 地址/网关 MAC 地址"命令设置静态绑定。

通常还可以通过安装杀毒软件、为各类终端系统打补丁、交换机启用 ARP 病毒防治功能等组合方式阻挡攻击并去除 ARP 病毒。

4.5 IPv6

本节讲述的知识点有 IPv6 的书写规则和单播地址。

IPv6（Internet Protocol Version 6）是 IETF 设计的用于替代现行 IPv4 的下一代 IP 协议。IPv6 的地址长度为 128 位，但通常写作 8 组，每组为 4 个十六进制数的形式，如 2002:0db8:85a3:08d3:1319: 8a2e:0370:7345 是一个合法的 IPv6 地址。

IPv6 的首部相对 IPv4 首部而言，简化了分组头部格式，改进了对分组头部选项的支持，增加了流标记。

4.5.1 IPv6 的书写规则

（1）任何一个 16 位段中起始的 0 不必写出来；任何一个 16 位段如果少于 4 个十六进制的数

字，就认为其忽略了起始部分的数字 0。

例如：2002:0db8:85a3:08d3:1319:8a2e:0370:7345 的第 2、第 4 和第 7 段包含起始 0。使用简化规则，该地址可以书写为 2002:db8:85a3:8d3:1319:8a2e:370:7345。

注意：只有起始的 0 才能被忽略，末尾的 0 不能被忽略。

（2）任何由全 0 组成的一个或多个 16 位段的单个连续字符串都可以用一个双冒号“::”表示。

例如：2002:0:0:0:0:0:0:0001 可以简化为 2002::1。

注意：双冒号只能用一次。

4.5.2 单播地址

单播地址用于表示单台设备的地址。发送到此地址的数据包被传递给标识的设备。单播地址和多播地址的区别在于高八位不同，多播地址的高八位总是十六进制的 FF。单播地址有以下几类。

（1）**全球单播地址**。全球单播地址是指这个单播地址是全球唯一的，其地址格式如图 4-5-1 所示。

48位	16位	64位
全球路由选择前缀	子网ID	接口ID

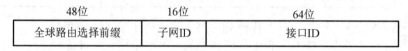

图 4-5-1　全球单播地址格式

当前分配的全球单播地址最高位为 001（二进制）。

（2）**链路本地单播地址**。链路本地单播地址用于邻居发现协议，主要用于启动时链路结点的自动地址配置。该地址的起始 10 位固定为 1111111010（FE80::/10）。

（3）任意播地址。任意播地址更像一种服务，而不是一台设备，并且相同的地址可以驻留在提供相同服务的一台或多台设备中。任意广播地址取自单播地址空间，而且在语法上不能与其他地址区别开来。寻址的接口依据其配置，确定单播和任意广播地址之间的差别。使用任意播地址的好处是路由器总选择到达最近的或代价最低的服务器路由。因此，提供一些通用服务的服务器能够通过一个大型的网络进行传播，并且流量可以由本地传送到最近的服务器，这样可以将流量模型变得更加有效。

任意播地址只可以分配给 IPv6 路由器使用，不可以作为源地址。

（4）组播地址。多播地址标识不是一台设备，而是多台设备组成一个多播组。发送给一个多播组的数据包可以由单台设备发起。一个多播数据包通常包括一个单播地址（作为源地址）和一个多播地址（作为目的地址）。一个数据包中，多播地址从来不会作为源地址出现。IPv6 中的组播在功能上与 IPv4 中的组播类似：表现为一组接口可以同时接受某一类的数据流量。IPv6 的组播地址格式如图 4-5-2 所示。

8位	4位	4位	112位
多播前缀（0xFF）	标记	范围	组ID

图 4-5-2　IPv6 的组播地址格式

第1天

组播分组的前 8 比特设置为 1，十六进制值为 FF。接下来的 4 比特是地址生存期：0 是永久的，1 是临时的。最后 4 比特说明了组播地址范围（分组可以达到多远）：1 为结点、2 为链路、5 为站点、8 为组织、E 为全局（整个因特网）。

如表 4-5-1 所列给出了 IPv6 高位数字代表的地址类型。

表 4-5-1　IPv6 地址类型

地址类型	高位数字（二进制）	高位数字（十六进制）
未指定	00…0	::/128
环回地址	00…1	::1/128
多播地址	11111111	FF00::/8
链路本地单播地址	1111111010	FE80::/10
全球单播地址（当前分配的）	001	2xxx::/4 或者 3xxx::/4
剩下的作为未来全球单播地址分配		

IETF 的 NGTRANS 工作组提出了 IPv4 向 IPv6 过渡的解决技术，主要有：

（1）双协议栈（双栈）技术：IPv4 和 IPv6 网络可共存于同一台设备和同一张网络之中。

（2）隧道技术：IPv6 结点可以借助 IPv4 网络进行通信，或者 IPv4 网络也可以借助 IPv6 网络通信。

（3）翻译技术：纯 IPv4 与纯 IPv6 的结点之间可以通过 IPv4、IPv6 协议互相翻译的方式进行通信。

4.6　NAT

本节讲述的知识点有基本 NAT 和 NAPT。

网络地址转换（Network Address Translation，NAT）将数据报文中的 IP 地址替换成另一个 IP 地址，一般是私有地址转换为公有地址来实现访问公网的目的。这种方式只需要占用较少的公网 IP 地址，有助减轻 IP 地址空间的枯竭。传统 NAT 包括基本 NAT 和 NAPT 两大类。

（1）基本 NAT。

NAT 设备配置多个公用的 IP 地址，当位于内部网络的主机向外部主机发起会话请求时，把内部地址转换成公用 IP 地址。如果内部网络中主机的数目不大于 NAT 所拥有的公开 IP 地址的数目，则可以保证每个内部地址都能映射到一个公开的 IP 地址；否则允许同时连接到外部网络的内部主机的数目受到 NAT 公开 IP 地址数量的限制。也可以使用静态映射的方式把特定内部主机映射为一个特定的全球唯一的地址，保证外部对内部主机的访问。基本 NAT 可以看成一对一的转换。

基本 NAT 又可以分为静态 NAT 和动态 NAT。

1）静态 NAT 是设置起来最简单和最容易实现的一种地址转化方式，内部网络中的每个主机都被永久映射成外部网络中的某个合法地址。

2）动态 NAT 主要应用于拨号和频繁的远程连接，当远程用户连接上之后，动态 NAT 就会分配给用户一个 IP 地址；当用户断开时，这个 IP 地址就会被释放而留待以后使用。

（2）NAPT。

网络地址端口转换（Network Address Port Translation，NAPT）是 NAT 的一种变形，它允许多个内部地址映射到同一个公有地址上，也可称之为**多对一地址转换**或地址复用。NAPT 同时映射 IP 地址和端口号，来自不同内部地址的数据报的源地址可以映射到同一个外部地址，但它们的端口号被转换为该地址的不同端口号，因而仍然能够共享同一个地址，即 NAPT 出口数据报中的内网 IP 地址被 NAT 的公网 IP 地址代替，出口分组的端口被一个高端端口代替。外网进来的数据报根据对应关系进行转换。**NAPT 将内部的所有地址映射到一个外部 IP 地址**（也可以是少数外部 IP 地址），这样做的好处是**隐藏了内部网络的 IP 配置、节省了资源**。

第 5 章　传输层

传输层是 OSI 参考模型中的第四层，重要知识点围绕 TCP 和 UDP 协议展开。本章考点知识结构图如图 5-0-1 所示。

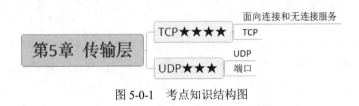

图 5-0-1　考点知识结构图

5.1　TCP

本节讲述的知识点有面向连接和无连接服务、TCP。

5.1.1　面向连接和无连接服务

网络服务分为面向连接的服务和无连接的服务两种方式。

（1）面向连接的服务。

面向连接的服务是双方通信的前提，即先要建立一条通信连接，这个过程分为三步：建立连接、使用连接和释放连接。面向连接服务的工作方式与电话系统类似，其特点也是打电话必须经过建立拨号、通话和挂电话这三个过程。

数据传输过程之前必须经过建立连接、使用连接和释放连接这三个过程，之后，一个虚拟的信道就建立起来了。当数据正式传输时，数据分组不需要再携带目的地址。面向连接需要通信之前建立连接，但是这种方式比较复杂，相对无连接的效率不高。

（2）无连接的服务。

无连接的服务就是通信双方不需要事先建立一条通信连接，而是把每个带有目的地址的数据包（数据分组）送到线路上，由系统选定路线进行传输。IP 协议和 UDP 协议就是一种无连接协议；

邮政系统可以看成一个无连接的系统。

无连接收发双方进行通信时，其下层资源只需在数据传输时动态地进行分配，不需要预留。收发双方只有在传输数据时候才处于激活状态。

无连接服务通信比较迅速、使用灵活、连接开销小，但是这种方式可靠性低，不能防止报文丢失、重复或失序，一旦出现这种差错，需要上层协议来处理。

5.1.2　TCP

传输控制协议（Transmission Control Protocol，TCP）是一种可靠的、面向连接的字节流服务。源主机在传送数据前需要先与目标主机建立连接。然后在此连接上，被编号的数据段按序收发。同时要求对每个数据段进行确认，这样保证了可靠性。如果在指定的时间内没有收到目标主机对所发数据段的确认，源主机将再次发送该数据段。

1. TCP 的三种机制

TCP 建立在无连接的 IP 基础之上，因此使用了三种机制实现面向连接的服务。

（1）使用序号对数据报进行标记。这种方式便于 TCP 接收服务在向高层传递数据之前调整失序的数据包。

（2）TCP 使用确认、校验和定时器系统提供可靠性。当接收者按照顺序识别出数据报未能到达或发生错误时，接收者将通知发送者；当接收者在特定时间没有发送确认信息时，那么发送者就会认为发送的数据包并没有到达接收方，这时发送者就会考虑重传数据。

（3）TCP 使用窗口机制调整数据流量。窗口机制可以减少因接收方缓冲区满而造成丢失数据报文的可能性。

2. TCP 报文首部格式

TCP 报文首部格式如图 5-1-1 所示。

源端口（16）							目的端口（16）
序列号（32）							
确认号（32）							
报头长度（4）	保留(6)	URG	ACK	PSH	RST	SYN	FIN	窗口（16）
校验和（16）							紧急指针（16）
选项（长度可变）							填充
TCP 报文的数据部分（可变）							

图 5-1-1　TCP 报文首部格式

- 源端口（Source Port）和目的端口（Destination Port）。该字段长度均为 16 位。TCP 协议通过使用端口来标识源端和目标端的应用进程，端口号取值范围为 0～65535。

- 序列号（Sequence Number）。该字段长度为 32 位。因此序号范围为$[0, 2^{32}-1]$。序号值是进行 mod 2^{32} 运算的值，即序号值为最大值 $2^{32}-1$ 后，下一个序号又回到 0。

【例 5-1】本段数据的序号字段为 1024，该字段长度为 100 字节，则下一个字段的序号字段值应为 1124。这里序列号字段又称为**报文段序号**。

- 确认号（Acknowledgement Number）。该字段长度为 32 位。期望收到对方下一个报文段的第一个数据字段的序号。

【例 5-2】接收方收到了序号为 100、数据长度为 300 字节的报文，则接收方的确认号应设置为 400。

注意：如果确认号=N，则表示 $N-1$ 之前（包含 $N-1$）的所有数据都已正确收到。

- 报头长度（Header Length）。报头长度又称为数据偏移字段，长度为 4 位，单位 32 位。没有任何选项字段的 TCP 头部长度为 20 字节，最多可以有 60 字节的 TCP 头部。
- 保留字段（Reserved）。该字段长度为 6 位，通常设置为 0。
- 标记（Flag）。该字段包含的字段有：紧急（URG）——紧急有效，需要尽快传送；确认（ACK）——建立连接后的报文回应，ACK 设置为 1；推送（PSH）——接收方应该尽快将这个报文段交给上层协议，无须等缓存满；复位（RST）——重新连接；同步（SYN）——发起连接；终止（FIN）——释放连接。
- 窗口大小（Windows Size）。该字段长度为 16 位。因此序号范围为$[0, 2^{16}-1]$。该字段用来进行流量控制，单位为字节，是作为接收方让发送方设置其发送窗口的依据。这个值是本机期望下一次接收的字节数。
- 校验和（Checksum）。该字段长度为 16 位，对整个 TCP 报文段（即 TCP 头部和 TCP 数据）进行校验和计算，并由目标端进行验证。
- 紧急指针（Urgent Pointer）。该字段长度为 16 位。它是一个偏移量，与序号字段中的值相加表示紧急数据最后一个字节的序号。
- 选项（Option）。该字段长度可变到 40 字节。可能包括窗口扩大因子、时间戳等选项。为保证报头长度是 32 位的倍数，因此还需要填充 0。
- 数据分为两种，一种是带内数据，一种是带外数据。带内数据就是平常传输的数据。带外数据（又称经加速数据），就是连接的某段发生了重要的事情，希望迅速的通知给对端。如果传输带外数据需要将 URG 置为 1。

3．TCP 建立连接

TCP 会话通过**三次握手**来建立连接。三次握手的目标是使数据段的发送和接收同步，同时也向其他主机表明其一次可接收的数据量（窗口大小）并建立逻辑连接。这三次握手的过程可以简述如下。

双方通信之前均处于 **CLOSED** 状态。

（1）**第一次握手**。

源主机发送一个同步标志位 SYN=1 的 TCP 数据段。此段中同时标明初始序号（Initial Sequence Number，ISN）。ISN 是一个随时间变化的随机值，即 **SYN=1, seq=x**。源主机进入 **SYN-SENT** 状态。

若后面没有收到对方的应答，状态变为 **CLOSED**。

（2）**第二次握手**。

目标主机接收到 SYN 包后发回确认数据报文。该数据报文 ACK=1，同时确认序号字段表明目标主机期待收到源主机下一个数据段的序号，即 ACK=$x+1$（表明前一个数据段已收到且没有错误）。

此外，在此段中设置 SYN=1，并包含目标主机的段初始序号 y，**即 ACK=1，确认序号 ack=$x+1$，SYN=1，自身序号 seq=y**。此时目标主机进入 **SYN-RCVD** 状态。（注：ACK 表示 TCP 报文首部的 ACK 位，ack 和 seq 表示序号）

（3）**第三次握手**。

源主机进入 **ESTABLISHED** 状态，然后再回送一个确认数据段，同样带有递增的发送序号和确认序号（**ACK=1，确认序号 ack=$y+1$，自身序号 seq=$x+1$**），当目标主机接收到源主机确认后，进入 **ESTABLISHED** 状态。TCP 会话的三次握手完成。接下来，源主机和目标主机可以互相收发数据。三次握手的过程如图 5-1-2 所示。

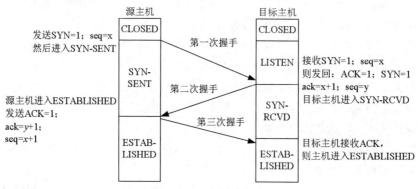

图 5-1-2 三次握手的过程

4. TCP 释放连接

TCP 释放连接可以分为四步，具体过程如下（双方通信之前均处于 **ESTABLISHED** 状态）。

（1）**第一步**：源主机发送一个释放报文（**FIN=1，自身序号 SEQ=x**），源主机进入 **FIN-WAIT** 状态。

（2）**第二步**：目标主机接收报文后发出确认报文（**ACK=1，确认序号 ACK=$x+1$，自身序号 SEQ=y**），目标主机进入 **CLOSE-WAIT** 状态。此时，源主机停止发送数据，但是目标主机仍然可以发送数据，TCP 连接为半关闭状态（**HALF-CLOSE**）。源主机接收到 ACK 报文后等待目标主机发出 FIN 报文，这可能会持续一段时间。

（3）**第三步**：目标主机确定没有数据，向源主机发送后，发出释放报文（**FIN=1，ACK=1，确认序号 ACK=$x+1$，自身序号 SEQ=z**）。目标主机进入 **LAST-ACK** 状态。

注意：由于此时目标主机处于半关闭状态，还会发送一些数据，其序号不一定为 $y+1$，因此可设为 z。而且，目标主机必须重复发送一次确认序号 ACK=$x+1$。

（4）**第四步**：源主机接收到释放报文后，对此发送确认报文（**ACK=1，确认序号 ACK=$z+1$，**

自身序号 **SEQ=x+1**)，在等待一段时间确定确认报文到达后，源主机进入 **CLOSED** 状态。目标主机在接收到确认报文后，也进入 **CLOSED** 状态。释放连接的过程如图 5-1-3 所示。

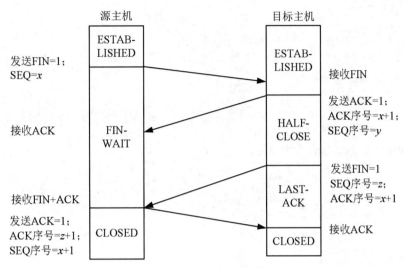

图 5-1-3　释放连接的过程

5. TCP 拥塞控制

TCP 拥塞控制的概念是，每个源端判断当前网络中有多少可用容量，从而知道它可以安全完成传送的分组数。拥塞控制就是防止过多的数据注入网络，避免网络中间设备（如路由器）过载而发生拥塞。

注意：拥塞控制是一个全局性的过程，与流量控制不同，流量控制指点对点通信量的控制。

TCP 拥塞控制机制包括慢启动（Slow Start）、拥塞避免、快重传（Fast Retransmit）、快恢复（Fast Recovery）等。

（1）慢启动与拥塞避免：又称慢开始。发送方维持的拥塞窗口是一个状态变量，网络拥塞程度动态决定 cwnd（congestion window）的值（网络出现拥塞，则 cwnd 值会调小些；反之则调大些），发送方的发送窗口等于拥塞窗口，考虑到接收方的接收能力，发送窗口可能小于拥塞窗口。

慢启动的策略是，主机一开始发送大量数据，有可能引发网络拥塞，因此较好的方法是先探测一下，由小到大逐步增加拥塞窗口 cwnd 的大小。通常，在刚开始发送报文段时，可将 cwnd 设置为一个最大报文段 MSS 的数值。而在每收到一个对新报文段的确认后，将拥塞窗口增加至多一个报文（严格地说是增加一个 MSS 大小的字节）。这种方式下，cwnd 的值是逐步增加的。图 5-1-4 描述了慢启动的过程。

第一步：发送方设置 cwnd=1，并发送报文段 M_1，接收方接收后确认 M_1。

第二步：依据慢启动算法，发送方每收到一个新的报文确认（不计重传），则 cwnd 加 1。所以发送方接收 M_1 确认后，cwnd 由 1 变为 2，并发送报文段 M_2 和 M_3。接收方接收后发回对 M_2 和 M_3 的确认。

第三步：发送方接收到 M_2 和 M_3 确认后，cwnd 由 2 变为 4，并可以发送报文段 M_4～M_7。由此可见，每经过 1 轮（就是 1 个往返时间 RTT），cwnd 值翻倍。

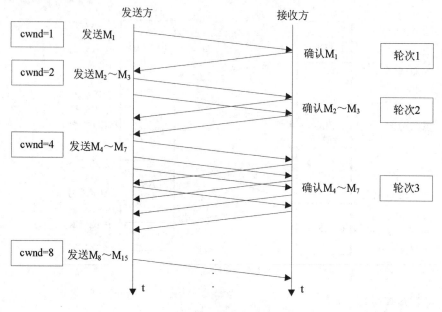

图 5-1-4　慢启动过程

慢启动的"慢"是指初始值小，但其 cwnd 是成倍增加的。 由于 cwnd 倍增速度过快，因此需要使用一个**慢启动门限 ssthresh** 状态变量限制 cwnd 倍增。

①当 cwnd<ssthresh 时，使用慢启动算法。

②当 cwnd>ssthresh 时，改用拥塞避免算法。拥塞避免算法就是每经过 1 轮（就是 1 个往返时间 RTT），cwnd 值加 1，而不是倍增。

③当 cwnd=ssthresh 时，可任选慢启动与拥塞避免算法。

图 5-1-5 为慢启动与拥塞避免示例，描述了控制 cwnd 的增长、设定 ssthresh 阈值的过程和策略。

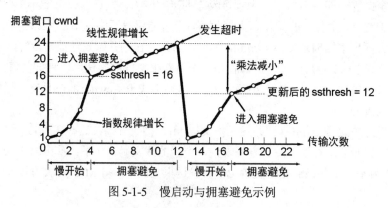

图 5-1-5　慢启动与拥塞避免示例

①TCP 连接初始化，cwnd 设为 1。设置 cwnd 增长的阈值 ssthresh=16。

②当 cwnd<ssthresh 时，执行多轮慢启动算法。

③当 cwnd=ssthresh=16 时，执行拥塞避免算法。拥塞窗口 cwnd 值呈线性增长。

④当 cwnd=24 时，突遇网络拥塞，出现超时。设置拥塞窗口 cwnd=1，增长的阈值 ssthresh=12（执行"乘法减小"，即出现超时的拥塞窗口值 24 的一半），并开始执行多轮慢启动算法。

"乘法减小"表示不管在慢启动阶段还是拥塞避免阶段，只要网络出现超时，慢启动的阈值 ssthresh 减半。

⑤当 cwnd=ssthresh=12 时，执行拥塞避免算法。拥塞窗口 cwnd 值呈线性增长。

注意：拥塞避免并不能完全避免网络拥塞。

（2）快重传和快恢复。

快重传和快恢复是 TCP 拥塞控制机制中，为了进一步提高网络性能而设置的两个算法。

快重传规定：

①接收方在收到一个失序的报文段后立即发出重复确认（目的是使发送方及早知道有报文段没有到达对方），而无须等到接收方发送数据时捎带确认。

②**发送方只要收到三个连续重复确认**，就应当立即重传对方尚未收到的报文段，而无须等待设置的重传计时器的时间到期。

快重传示意图如图 5-1-6 所示。图中，接收方没有收到 M$_3$ 而接收到了 M$_4$，出现了失序，因此重复发送三个 M$_2$ 确认；发送方接收到三个确认后，立刻重传报文 M$_3$。

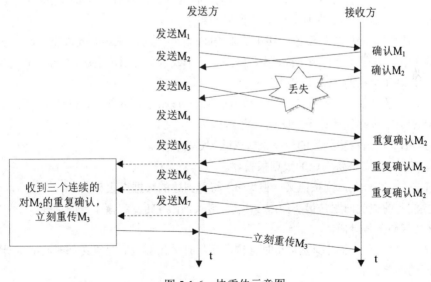

图 5-1-6　快重传示意图

快恢复算法是与快重传算法搭配使用的算法。快恢复算法的要点为：当发送方连续收到三个重复的报文段确认时，慢启动阈值 ssthresh 减半，但之后并不执行慢启动算法，而是执行拥塞避免算法（拥塞窗口 cwnd 值呈线性增加）。执行过程如图 5-1-7 所示。快重传后使用快恢复的方式为"TCP Reno 版本"；而快重传后使用慢启动的方式为"TCP Tahoe 版本"，现在已经废弃不用。

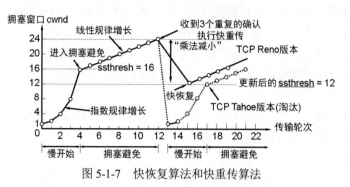

图 5-1-7　快恢复算法和快重传算法

（3）随机早期检测 RED。

另一种 TCP 拥塞控制的方法是预防性分组丢弃，即检测到网络拥塞的早期征兆时（路由器的平均队列长度超过一定的门限值），就用一定的概率 p 丢弃个别分组，从而避免网络全局拥塞，改进网络的性能。

早期路由器采用尾部丢弃策略，但是会出现两个问题：①丢失分组必须重传，增加网络负担，导致 TCP 传输延时明显。②全局同步现象。路由器的丢弃数据行为导致发送方出现超时重传，TCP 进入慢启动状态。这样一段时间内，网络通信量急剧下降；又因为许多 TCP 连接在大约同一时刻进入慢启动，它们也将在大约同一时刻脱离慢启动，而这将引起网络通信量的急剧上升，引发"盛宴与饥荒"的循环。这种情况的 TCP 称为"全局同步"。

为了避免出现"全局同步"现象，路由器采用随机早期检测（Random Early Detection，RED）算法。路由器在输出缓存完全装满之前，就随机丢弃一个或多个分组，避免发生全局性拥塞的现象，使得拥塞控制只是在个别的 TCP 连接上进行。

RED 算法中，路由器的队列维持两个参数，即队列长度最小门限 TH_{min} 和最大门限 TH_{max}。RED 对每一个到达的数据报都先计算平均队列长度 L_{AV}。

①若 $L_{AV}<TH_{min}$，则将新到达的数据报放入队列进行排队。

②若 $L_{AV}>TH_{max}$，则将新到达的数据报丢弃。

③若 $TH_{min}<L_{AV}<TH_{max}$，则按照某一概率 p，将新到达的数据报丢弃。

这里需要注意的关键问题是最小门限 TH_{min}、最大门限 TH_{max} 和概率 p 的选择。

6．TCP 协议的重传时间

TCP 可靠性的一个保证机制就是**超时重传**，而超时重传的核心是**重传超时时间的计算**。计算超时重传时间的参数如下。

（1）**往返时间（Round Trip Time，RTT）**：发送端发送一个数据包给对端，然后接收端返回一个 ACK。发送端计算出这个包来回所需的时间就是 RTT。

RTT=链路层的传播时间+端点协议栈的处理时间+中间设备的处理时间　　　　（5-1-1）

RTT 的前两个部分值相对固定，而中间设备处理时间（例如路由器缓存排队时间）会随着网络拥塞程度的变化而变化，所以 RTT 的变化在一定程度上反应了网络的拥塞程度。

（2）**加权平均往返时间（Smoothed RTT，RTTS）**：又称平滑往返时间，该时间是通过多次 RTT 的样本多次测量的结果。

$$RTTS 的初始值=计算出来的第一个 RTT$$

RTTS 的计算公式如下：

$$新的 RTTS=(1-\alpha)\times(旧的 RTTS)+\alpha\times(新的 RTT 样本) \qquad (5\text{-}1\text{-}2)$$

根据 RFC 推荐，α 值为 1/8，这样计算的 RTTS 更加平滑。

（3）**重传超时时间（Retransmission TimeOut，RTO）**：基于 RTT 计算出的一个定时器超时时间。RTO 的作用是：发送方每发送一个 TCP 报文段，就开启一个**重传计时器**。当计时器超时，还没有收到接收方的确认，就重传该报文段。RTO 的计算公式如下：

$$RTO=RTTS+4\times RTTD \qquad (5\text{-}1\text{-}3)$$

式中：RTTD 的初始值=1/2×RTT 样本值。

RTTD 的计算公式如下：

$$新的 RTTD=(1-\beta)\times(旧的 RTTD)+\beta\times|RTTS-新的 RTT 样本| \qquad (5\text{-}1\text{-}4)$$

根据 RFC 推荐，β 值为 1/4。

5.2　UDP

本节讲述的知识点有 UDP 和端口。

5.2.1　UDP

用户数据报协议（User Datagram Protocol，UDP）是一种不可靠的、无连接的数据报服务。源主机在传送数据前不需要和目标主机建立连接。数据附加了源端口号和目标端口号等 UDP 报头字段后，直接发往目的主机。这时，每个数据段的可靠性依靠上层协议来保证。在传送数据较少且较小的情况下，UDP 比 TCP 更加高效。

如图 5-2-1 所示给出了 UDP 的头部结构。

源端口号（16 位）	目的端口号（16 位）
长度（16 位）	校验和（16 位）
数据	

图 5-2-1　UDP 的头部结构

● 源端口号字段。

该字段长度为 16 位。作用与 TCP 数据段中的端口号字段相同，用来标识源端的应用进程。在需要对方回信时用，不需要时可用全 0。

- 目标端口号字段。

该字段长度为 16 位。作用与 TCP 数据段中的端口号字段相同，用来标识目标端的应用进程。在目标交付报文时必须用到。

- 长度字段。

该字段长度为 16 位。标明 UDP 头部和 UDP 数据的总长度字节。

- 校验和字段。

该字段长度为 16 位。用来对 UDP 头部和 UDP 数据进行校验，有错就丢弃。与 TCP 不同的是，对 UDP 来说，此字段是可选项，而 TCP 数据段中的校验和字段是必须有的一项。

5.2.2　端口

协议端口号（Protocol Port Number，Port）是标识目标主机进程的方法。TCP/IP 使用 16 位的端口号来标识端口，所以端口的取值范围为[0,65535]。

端口可以分为系统端口、登记端口、客户端使用端口。

（1）系统端口。

系统端口的取值范围为[0,1023]，常见协议号如表 5-2-1 所列。

表 5-2-1　常见协议号

协议号	名称	功能
20	FTP-DATA	FTP 数据传输
21	FTP	FTP 控制
22	SSH	SSH 登录
23	TELNET	远程登录
25	SMTP	简单邮件传输协议
53	DNS	域名解析
67	DHCP	DHCP 服务器开启，用来监听和接收客户请求消息
68	DHCP	客户端开启，用于接收 DHCP 服务器的消息回复
69	TFTP	简单 FTP
80	HTTP	超文本传输
110	POP3	邮局协议
143	IMAP	交互式邮件存取协议
161	SNMP	简单网管协议
162	SNMP（Trap）	SNMP Trap 报文

（2）登记端口。

登记端口是为没有熟知端口号的应用程序所用的，端口范围为[1024,49151]。这些端口必须在IANA上登记以避免重复。

（3）客户端使用端口。

客户端使用端口仅在客户进程运行时动态使用，使用完毕后，进程会释放端口。该端口范围为[49152,65535]。

第6章　应用层

本章考点知识结构图如图6-0-1所示。

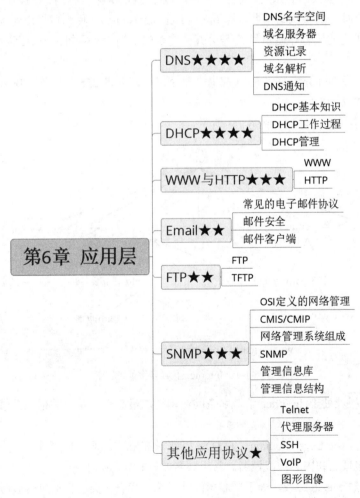

图 6-0-1　考点知识结构图

6.1 DNS

本节讲述的知识点有 DNS 名字空间、域名服务器、资源记录、域名解析、DNS 通知。

域名系统（Domain Name System，DNS）是把主机域名解析为 IP 地址的系统，解决了 IP 地址难记的问题。该系统是由解析器和域名服务器组成的。**DNS 主要基于 UDP 协议，较少情况下使用 TCP 协议，端口号均为 53**。域名系统由三部分构成：DNS 名字空间、域名服务器、DNS 客户机（名字解析器）。

6.1.1 DNS 名字空间

DNS 系统属于分层式命名系统，即采用的命名方法是层次树状结构。连接在 Internet 上的主机或路由器都有一个唯一的层次结构名，即域名（Domain Name）。域名可以由若干个部分组成，每个部分代表不同级别的域名并使用"."号分开。完整的结构为"**主机.……三级域名.二级域名.顶级域名.**"。

注意：域名的每个部分不超过 63 个字符，整个域名不超过 255 个字符。顶级域名后的"."号表示根域，通常可以不用写。

Internet 上域名空间的结构如图 6-1-1 所示。

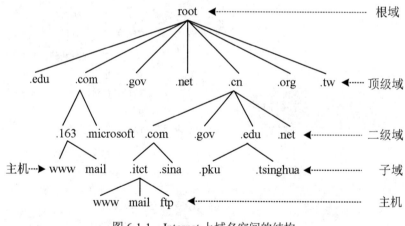

图 6-1-1　Internet 上域名空间的结构

（1）根域：根域处于 Internet 上域名空间结构树的最高端，是树的根，提供根域名服务。根域用"."来表示。

（2）顶级域（Top Level Domain，TLD）：顶级域在根域之下。顶级域名分为三大类：国家顶级域名、通用顶级域名和国际顶级域名。常用域名如表 6-1-1 所列。

（3）主机：属于最低层域，处于域名树的叶子端，代表各类主机提供的服务。

表 6-1-1　常用域名

域名名称	作用
.com	商业机构
.edu	教育机构
.gov	政府部门
.int	国际组织
.mil	美国军事部门
.net	网络组织（如 Internet 服务商和维修商），现在任何人都可以注册
.org	非盈利组织
.biz	商业
.info	网络信息服务组织
.pro	会计、律师和医生
.name	个人
.museum	博物馆
.coop	商业合作团体
.aero	航空工业
国家代码	国家（如 cn 代表中国）

6.1.2　域名服务器

域名服务器的运行模式为客户机/服务器模式（C/S 模式）。

（1）按域名空间层次，服务器可以分为根域名服务器、顶级域名服务器、权限域名服务器、本地域名服务器。具体功能如表 6-1-2 所列。

表 6-1-2　按域名空间层次划分的服务器

名称	定义	作用
根域名服务器	最高层次的域名服务器，该服务器保存了全球所有顶级域名服务器的 IP 地址和域名。全球共 100 多个	本地域名无法解析域名时，直接向根域名服务器请求
顶级域名服务器	管理本级域名（如.cn）上注册的所有二级域名	可以解析本级域名下的二级域名的 IP 地址；提交下一步所寻域名服务器地址
权限域名服务器	一个域可以分为多个区，每一个区都设置服务器，即权限服务器	该区域管理主机的域名和 IP 地址的映射、解析
本地域名服务器	主机发出的 DNS 查询报文最初送到的服务器	查询本地域名和 IP 地址的映射、解析。向上级域名服务器进行域名查询

（2）按域名服务器的作用，服务器可以分为主域名服务器、辅域名服务器、缓存域名服务器、转发域名服务器。具体功能如表 6-1-3 所列。

表 6-1-3　按作用划分的域名服务器

名称	定义	作用
主域名服务器	维护本区的所有域名信息，信息存于磁盘文件和数据库中	提供本区域名解析，是区内域名信息的权威。**具有域名数据库。一个域有且只有一个主域名服务器**
辅域名服务器	主域名服务器的备份服务器提供域名解析服务，信息存于磁盘文件和数据库中	主域名服务器备份，可进行域名解析的负载均衡。**具有域名数据库**
缓存域名服务器	向其他域名服务器进行域名查询，将查询结果保存在缓存中的域名服务器	改善网络中 DNS 服务器的性能，减少反复查询相同域名的时间，提高解析速度，节约出口带宽。**获取解析结果耗时最短，没有域名数据库**
转发域名服务器	负责**非本地和缓存中**无法查到的域名。接收域名查询请求，首先查询自身缓存，如果找不到对应的，则转发到指定的域名服务器查询	负责域名转发，由于转发域名服务器同样可以有缓存，因此可以减少流量和查询次数。**具有域名数据库**

6.1.3　资源记录

DNS 数据库包括 DNS 服务器所使用的一个或多个区域文件，每个区域都拥有一组结构化的资源记录。资源记录的格式为[Domain] [TTL] [class] record-type record-specific-data。

● Domain：资源记录引用的域对象名。可以是单台主机，也可以是整个域。Domain 字串用
　“.”分隔，如果没有用“.”标识结束，就与当前域有关系。
● TTL：生存时间记录字段。以秒为单位定义该资源记录中的信息存放在高速缓存中的时
　间长度。通常该字段为空，表示生存周期在授权资源记录开始时指定。
● class：指定网络的地址类。TCP/IP 网络使用 IN。
● record-type：记录类型。标识这是哪一类资源记录，常见的记录类型如表 6-1-4 所列。
● record-specific-data：指定与这个资源记录有关的数据。这个值是必要的。数据字段的格
　式取决于类型字段的内容。

表 6-1-4　常见资源记录

资源记录名称	作用	举例（Windows 系统下的 DNS 数据库）
A	将 DNS 域名映射到 IPv4 的 32 位地址中	host1.itct.com.cn. IN A 202.0.0.10
AAAA	将 DNS 域名映射到 IPv6 的 128 位地址中	ipv6_ host2.itct.com.cn. IN AAAA 2002:0:1:2:3:4:567:89ab
CNAME	规范名资源记录，允许多个名称对应同一主机	aliasname.itct.com.cn. CNAME truename.itct.com.cn

资源记录 名称	作用	举例 （Windows 系统下的 DNS 数据库）
MX	邮件交换器资源记录，其后的数字首选参数值（0～65535）指明与其他邮件交换服务器有关的邮件交换服务器的优先级。较低的数值被授予较高的优先级	example.itct.com.cn. MX 10 mailserver1.itct.com.cn
NS	域名服务器记录，指明该域名由哪台服务器来解析	example.itct.com.cn. IN NS nameserver1.itct.com.cn.
PTR	指针，用于将一个 IP 地址映为一个主机名	202.0.0.10.in-addr.arpa. PTR host.itct.com.cn

6.1.4 域名解析

域名解析就是将域名解析为 IP 地址。域名解析的方法有递归查询和迭代查询。

（1）递归查询。

递归查询是最主要的域名查询方式。**主机向本地域名服务器的查询一般采用递归查询。**

主机有域名解析的需求时，首先查询本地域名服务器，如果成功，则由本地域名服务器反馈结果；如果失败，则查询上一级域名服务器，然后由上一级域名服务器完成查询。如图 6-1-2 所示是一个递归查询示例，表示主机 123.abc.com 要查询域名为 www.itct.com.cn 的 IP 地址。

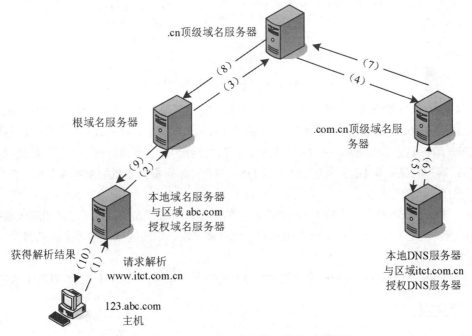

图 6-1-2　本地与区域域名服务器的递归查询

（2）迭代查询。

本地域名服务器向根域名服务器的查询通常采用迭代查询。根域名服务器通常不采用递归查询的原因是，大量的递归查询会导致根服务器过载而影响域名服务。

当主机有域名解析的需求时，首先查询本地域名服务器，如果成功，则由本地域名服务器反馈结果；如果失败，本地域名服务器则直接向根域名服务器发起查询请求，由其给出一个顶级域名服务器的 IP 地址 A.A.A.A。然后，本地域名服务器直接向 A.A.A.A 顶级域名服务器发起查询请求，由其给出一个本地域名服务器（或者权限服务器）地址 B.B.B.B。如此迭代下去，直到得到结果 IP 地址。如图 6-1-3 所示是一个迭代查询示例，表示主机 123.abc.com 要查询域名为 www.itct.com.cn 的 IP 地址。

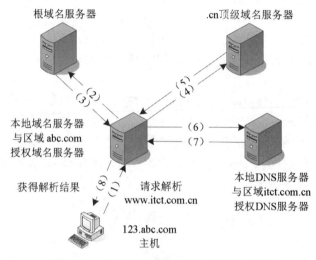

图 6-1-3　本地与区域域名服务器的迭代查询

在考试中，比较常考的一个考点是客户端在进行 DNS 查询时的查询顺序。在部分 Linux 系统中，可以通过修改/etc/host.conf 中的配置"order hosts,bind"调整客户机查询的顺序。但是默认情况下，先在 DNS 客户端找 hosts 文件中的配置，然后再通过 DNS 查询。但是，我们要知道具体的查找顺序：客户机先查找 DNS 缓存，找不到 DNS 缓存时，再根据本机的配置确定是先查找 hosts 文件还是先查找 DNS 服务器。

另外，稳定的 DNS 系统是保证网络正常运行的前提。网络管理员可以通过使用防火墙控制对 DNS 的访问、避免 DNS 的主机信息（HINFO）记录被窃取、限制区域传输等手段来加强 DNS 的安全性。

在 Windows 操作系统中,hosts 文件里面包含一些常用的域名对应的 IP 地址,有助于域名解析。

6.1.5　DNS 通知

DNS 通知的作用是，权威域名服务器向管理区域内发出公告，辅助域名服务器及时更新信息。

DNS 通知是一种安全机制，只有被通知的辅助服务器才能进行区域复制，以防止未授权的服务器非法区域复制。

6.2　DHCP

本节讲述的知识点有 DHCP 基本知识、DHCP 工作过程、DHCP 管理。

BOOTP 是最早的主机配置协议。动态主机配置协议（Dynamic Host Configuration Protocol，DHCP）则是在其基础之上进行了改良的协议，是一种用于简化主机 IP 配置管理的 IP 管理标准。通过采用 DHCP 协议，DHCP 服务器为 DHCP 客户端进行动态 IP 地址分配。同时 DHCP 客户端在配置时不必指明 DHCP 服务器的 IP 地址就能获得 DHCP 服务。当同一子网内有多台 DHCP 服务器时，在默认情况下，客户机采用最先到达的 DHCP 服务器分配的 IP 地址。

6.2.1　DHCP 的基本知识

当需要跨越多个网段提供 DHCP 服务时，必须使用 **DHCP 中继代理**，就是在 DHCP 客户和服务器之间转发 DHCP 消息的主机或路由器。

DHCP 服务端使用 **UDP 的 67 号端**口来监听和接收客户请求消息，保留 **UDP 的 68 号端**口来接收来自 DHCP 服务器的消息回复。

在 Windows 系统中，在 DHCP 客户端无法找到对应的服务器、获取合法 IP 地址失败的前提下，在自动专用 IP 地址（Automatic Private IP Address，APIPA）中选取一个地址作为主机 IP 地址。APIPA 的地址范围为 169.254.0.0～169.254.255.255。

注意：Windows 2000 以前的系统在获取合法 IP 地址失败的前提下，获取的 IP 地址值为 **0.0.0.0**。

6.2.2　DHCP 的工作过程

DHCP 的工作过程如图 6-2-1 所示。

第一步：IP 租用请求（DHCP Discover）
第二步：IP 租用提供（DHCP Offer，含一个有效地址）
第三步：IP 租用选择（选择DHCP Offer发送DHCP Request）
第四步：IP 租用确认（DHCP ACK）

DHCP服务器　　　　　　　　　　　　　　　　DHCP客户端

图 6-2-1　DHCP 的工作过程

（1）DHCP 客户端发送 IP 租用请求。

DHCP 客户机启动后发出一个 DHCP Discover 消息，其封包的源地址为 0.0.0.0，目标地址为 255.255.255.255。

（2）DHCP 服务器提供 IP 租用服务。

当 DHCP 服务器收到 DHCP Discover 数据包后，通过 UDP 的 68 号端口给客户机回应一个 DHCP Offer 信息，其中包含一个还没有被分配的有效 IP 地址，此处也是使用广播的形式。

（3）DHCP 客户端 IP 租用选择。

客户机可能从不止一台 DHCP 服务器收到 DHCP Offer 信息。客户机选择最先到达的 DHCP Offer 并发送 DHCP Request 消息包，此处也是使用广播的形式。

（4）DHCP 客户端 IP 租用确认。

DHCP 服务器向客户机发送一个确认（DHCP ACK）信息，信息中包括 IP 地址、子网掩码、默认网关、DNS 服务器地址以及 IP 地址的租约（默认为 8 天）。

（5）DHCP 客户端重新登录。

获取 IP 地址的 DHCP 客户端再重新联网，不再发送 DHCP Discover，直接发送包含前次分配地址信息的 DHCP Request 请求（此处还是使用广播）。DHCP 服务器收到请求后，如果该地址可用，则返回 DHCP ACK 确认；否则发送 DHCPNACK 信息否认。收到 DHCPN ACK 的客户端需要从第一步开始重新申请 IP 地址。

（6）更新租约。

DHCP 服务器向 DHCP 客户机出租的 IP 地址一般都有一个租借期限，期满后，DHCP 服务器便会收回出租的 IP 地址。如果 DHCP 客户机要延长其 IP 租约，则必须更新 IP 租约。DHCP 客户机启动及 IP 租约期限过一半时，DHCP 客户机会自动向 DHCP 服务器发送更新 IP 租约的信息。

DHCP 的报文类型及用途如表 6-2-1 所列。

表 6-2-1　DHCP 的报文类型及用途

DHCP 的报文类型	说明
DHCP Discover	DHCP 客户端在发送 IP 租用请求时，会在本地网络内以广播方式发送 Discover 请求报文，用于发现 DHCP 服务器
DHCP Offer	DHCP 服务器收到 Discover 报文后，就会在地址池中查找一个合适的 IP 地址，加上相应的租约期限和其他配置信息（如网关、DNS 服务器等信息），构造一个 Offer 报文，发送给 DHCP 客户端
DHCP Request	客户机可能从不止一台 DHCP 服务器收到 DHCP Offer 信息。客户机选择最先到达的 DHCP Offer 并回应一个广播的 DHCP Request 消息包，通告选择的服务器，希望获得所分配的 IP 地址
DHCP ACK	DHCP 服务器收到 Request 请求报文后，根据 Request 报文中携带的用户 MAC 地址来查找有没有相应的租约记录，如果有则发送一个确认（DHCP ACK）信息，信息中包括 IP 地址、子网掩码、默认网关、DNS 服务器地址以及 IP 地址的租约（默认为 8 天）
DHCP NACK	如果 DHCP 服务器收到 Request 请求报文后，没有发现有相应的租约记录或者由于某些原因无法正常分配 IP 地址，则向 DHCP 客户端发送 DHCP NACK 应答报文，通知用户无法分配合适的 IP 地址

续表

DHCP 的报文类型	说明
DHCP Release	当 DHCP 客户端释放分配的 IP 地址时，则向 DHCP 服务器发送 Release 报文，请求 DHCP 服务器释放对应的 IP 地址
DHCP Decline	DHCP 客户端收到 DHCP ACK 应答报文后，发现地址冲突或者地址不可用，则向 DHCP 服务器发送 Decline 报文，通知服务器所分配的 IP 地址不可用，以期获得新的 IP 地址
DHCP Inform	如果 DHCP 客户端需要从 DHCP 服务器端获取更为详细的配置信息，则向 DHCP 服务器发送 Inform 请求报文。目前基本不用这种报文了

6.2.3 DHCP 的管理

由于用户不同，需要租约的 IP 地址时间也不同。因此，分配的 IP 地址需要区别对待。如频繁变化的、出差的、使用远程访问的笔记本、移动设备，就只需要提供较短的租约时间。解决办法是把所有使用 DHCP 协议获取 IP 地址的主机划分为不同的类别进行管理。

1. DHCP Relay

DHCP Relay（DHCP 中继）可以实现在不同子网和物理网段之间处理和转发 DHCP 信息的功能。

DHCP 客户机与 DHCP 服务器在同一个物理网段，则客户机可以正确地获得动态分配的 IP 地址；但如果不在同一个物理网段，则需要开启 DHCP Relay Agent（中继代理）。

2. DHCP Snooping

DHCP Snooping（DHCP 嗅探）对客户端和服务器之间的 DHCP 交互报文进行监视，把用户获取到的 IP 地址、用户 MAC 地址、租约时间等信息，记录到 DHCP Snooping 用户数据库。通过建立和维护 DHCP Snooping，绑定表过滤不可信任的 DHCP 信息。当交换机开启了 DHCP Snooping 后，会对 DHCP 报文进行侦听，并可以从接收到的 DHCP Request 或 DHCP ACK 报文中提取并记录 IP 地址和 MAC 地址信息。另外，DHCP Snooping 允许将某个物理端口设置为信任端口或不信任端口。信任端口可以正常接收并转发 DHCP Offer 报文，而不信任端口会将接收到的 DHCP Offer 报文丢弃。这样可以完成交换机对假冒 DHCP 服务器的屏蔽作用，确保客户端从合法的 DHCP 服务器处获取 IP 地址。

DHCP Snooping 的作用有：

（1）保证 DHCP 客户端从合法的 DHCP 服务器处获取 IP 地址。

（2）记录 DHCP 客户端 IP 地址与 MAC 地址的对应关系。

（3）可解决应用 DHCP 时遇到的各种网络攻击，如中间人攻击、DHCP 仿冒服务器攻击、IP/MAC Spoofing 攻击等。

6.3　WWW 与 HTTP

本节讲述的知识点有 WWW 和 HTTP。

6.3.1　WWW

万维网（World Wide Web，WWW）是一个规模巨大、可以互联的资料空间。该资料空间的资源依靠 URL 进行定位，通过 HTTP 协议传送给使用者，又由 HTML 来进行文档的展现。由定义可以知道，WWW 的核心由三个主要标准构成：URL、HTTP、HTML。

（1）URL。

统一资源标识符（Uniform Resource Locator，URL）是一个全世界通用的、负责给万维网上资源定位的系统。URL 由四个部分组成：<协议>://<主机>:<端口>/<路径>。

- <协议>：表示使用什么协议来获取文档，之后的"://"不能省略。常用协议有 HTTP、HTTPS、FTP。
- <主机>：表示资源主机的域名。
- <端口>：表示主机服务端口，有时可以省略。
- <路径>：表示最终资源在主机中的具体位置，有时可以省略。

（2）HTTP。

超文本传送协议（HyperText Transport Protocol，HTTP）负责规定浏览器和服务器怎样进行互相交流。

（3）HTML。

超文本标记语言（HyperText Markup Language，HTML）是用于描述网页文档的一种标记语言。WWW 采用客户机/服务器的工作模式，工作流程具体如下：

（1）用户使用浏览器或其他程序建立客户机与服务器的连接，并发送浏览请求。

（2）Web 服务器接收到请求后返回信息到客户机。

（3）通信完成后关闭连接。

6.3.2　HTTP

HTTP 是互联网上应用最为广泛的一种网络协议，该协议由万维网协会（World Wide Web Consortium，W3C）和 Internet 工作小组（Internet Engineering Task Force，IETF）共同提出。该协议使用 TCP 的 80 号端口提供服务。

（1）HTTP 工作过程。

HTTP 是工作在客户/服务器（C/S）模式下、基于 TCP 的协议。客户端是终端用户，服务器端是网站服务器。

客户端通过使用 Web 浏览器、网络爬虫或其他工具，发起一个到服务器上指定端口（默认端口为 80）的 HTTP 请求。一旦收到请求，服务器向客户端发回响应消息，消息的内容可能是请求的文件、错误消息或一些其他信息。客户端请求和连接端口需大于 1024。

如图 6-3-1 所示给出了客户端单击 http://www.itct.com.cn/net/index.html 所发生的事件。

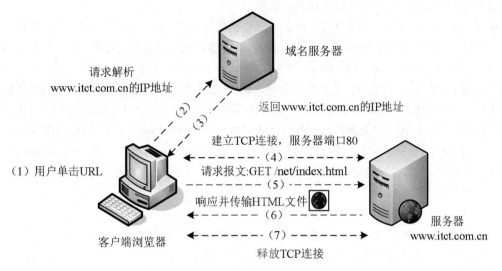

图 6-3-1　单击 URL 的过程

HTTP 使用 TCP 而不是 UDP 的原因在于，打开一个网页必须传送很多数据，而 TCP 协议提供传输控制，可以按顺序组织数据，并且期间可以对错序数据进行纠正。

（2）HTTP 报文。

HTTP 报文分为请求报文（客户端向服务器发送的报文）和响应报文（服务器应答客户端的报文）。

常见的请求报文方法及用途如表 6-3-1 所列。

表 6-3-1　常见的 HTTP 请求报文方法及用途

方法	用途
GET	请求读取 URL 标识的信息
HEAD	请求读取 URL 标识的信息的首部
POST	把消息（如注释）加载到指定网页上，没有 Read 方法
PUT	指明 URL 创建或修改资源，俗称的上传资源
DELETE	删除 URL 所指定的资源
OPTION	请求一些参数信息
TRACE	进行环回测试
CONNECT	用于代理服务器

（3）HTTP 1.1。

Web 服务器往往访问压力较大，为了提高效率，HTTP 1.0 规定浏览器与服务器只保持短暂的连接，浏览器的每次请求都需要与服务器建立一个 TCP 连接，服务器完成请求处理后立即断开 TCP 连接，服务器不跟踪每个客户也不记录过去的请求。

这样访问多图的网页就需要建立多个单独连接来请求与响应，每次连接只是传输一个文档和图像，上一次和下一次请求完全分离。客户端、服务器端的建立和关闭连接比较费事，会严重影响双方的性能。当网页包含 Applet、JavaScript、CSS 等时，也会出现类似情况。

为了克服上述缺陷，HTTP 1.1 支持持久连接，即一个 TCP 连接上可以传送多个 HTTP 请求和响应，减少建立和关闭连接的消耗和延迟。一个包含多图像的网页文件的多个请求与应答可在同一个连接中传输。当然，每个单独的网页文件的请求和应答仍然需要使用各自的连接。HTTP 1.1 还允许客户端不用等待上一次请求结果返回，就可以发出下一次请求，但服务器端必须按照接收到客户端请求的先后顺序依次回传响应结果，以保证客户端能够区分出每次请求的响应内容，这样也减少了整个下载过程所需的时间。

HTTP 1.1 还通过增加更多的请求头和响应头来改进和扩充功能。

1）同一 IP 地址和端口号配置多个虚拟 Web 站点。HTTP 1.1 新增加 Host 请求头字段后，Web 浏览器可以使用主机头名来明确表示要访问服务器上的哪个 Web 站点，这样可以在一台 Web 服务器上用同一 IP 地址、端口号、不同的主机名来创建多个虚拟 Web 站点。

2）实现持续连接。Connection 请求头的值为 Keep Alive 时，客户端通知服务器返回本次请求结果后保持连接；Connection 请求头的值为 Close 时，客户端通知服务器返回本次请求结果后关闭连接。

（4）HTTP 2.0。

HTTP 2.0 兼容 HTTP 1.X，同时大大提升了 Web 性能，进一步减少了网络延迟，减少了前端方面的优化工作。HTTP 2.0 采用了新的二进制格式，解决了多路复用（即连接共享）问题，可对 Header 进行压缩，使用较为安全的 HPACK 压缩算法，重置连接表现更好，有一定的流量控制功能，使用更安全的 SSL。

6.4　E-mail

本节讲述的知识点有常见的电子邮件协议、邮件安全、邮件客户端。

电子邮件（Electronic Mail，E-mail）又称电子信箱，昵称"伊妹儿"，是一种用网络提供信息交换的通信方式。通过网络，电子邮件系统可以以非常低廉的价格、非常快速的方式与世界上任何一个角落的网络用户联系，邮件形式可以是文字、图像、声音等。

电邮地址的格式是"用户名@域名"。其中，@是英文 at 的意思。选择@的理由比较有意思，电子邮件的发明者雷·汤姆林森给出的解释是："它在键盘上那么显眼的位置，我一眼就看中了它。"

电子邮件地址是表示在某部主机上的一个使用者账号。

6.4.1　常见的电子邮件协议

常见的电子邮件协议有简单邮件传输协议、邮局协议和 Internet 邮件访问协议。

（1）简单邮件传输协议（Simple Mail Transfer Protocol，SMTP）。

SMTP 主要负责在底层的邮件系统将邮件从一台机器发送至另外一台机器。该协议工作在 TCP 协议的 25 号端口。

（2）邮局协议（Post Office Protocol，POP）。

目前的版本为 POP3，POP3 是把邮件从邮件服务器中传输到本地计算机的协议。该协议工作在 TCP 协议的 110 号端口。

（3）Internet 邮件访问协议（Internet Message Access Protocol，IMAP）。

目前的版本为 IMAP4，是 POP3 的一种替代协议，提供了邮件检索和邮件处理的新功能。用户可以不必下载邮件正文就能看到邮件的标题和摘要，使用邮件客户端软件就能对服务器上的邮件和文件夹目录等进行操作。IMAP 协议增强了电子邮件的灵活性，同时也减少了垃圾邮件对本地系统的直接危害，同时相对节省了用户查看电子邮件的时间。除此之外，IMAP 协议可以记忆用户在脱机状态下对邮件的操作（如移动邮件、删除邮件等），在下一次打开网络连接时自动执行。该协议工作在 TCP 协议的 143 号端口。

6.4.2　邮件安全

电子邮件在传输中使用的是 SMTP 协议，它不提供加密服务，攻击者可以在邮件传输过程中截获数据。其中的文本格式和非文本格式的二进制数据（如.exe 文件）都可以被轻松地还原。同时还存在发送的邮件是冒充的邮件、邮件误发送等问题。因此对安全电子邮件的需求越来越强烈，安全电子邮件可以解决邮件的加密传输问题、验证发送者的身份验证问题、错发用户的收件无效问题。

1. PGP

PGP（Pretty Good Privacy）是一款邮件加密软件，可以对邮件保密以防止非授权者阅读，还能为邮件加上数字签名，从而使收信人可以确认邮件的发送者，并能确信邮件没有被篡改。PGP 采用了 **RSA 和传统加密的杂合算法**、**数字签名的邮件文摘算法**和加密前压缩等手段，功能强大、加/解密快且开源。

PGP 的具体工作过程如图 6-4-1 所示。

2. S/MIME

安全通用 Internet 邮件扩充（Secure/Multipurpose Internet Mail Extension，S/MIME）是在 Internet 邮件的附件标准（MIME）基础上发展而来的。

MIME 协议是 SMTP/RFC822 框架的扩充，它增加了 MIME 头和 MIME 体两部分，目的是解决 RFC822 模式只能传输文本信息的局限。

IETF 在 RFC 2045～RFC 2049 中给出的 MIME 规定，邮件主体除了 ASCII 字符类型之外，还可以包含其他数据类型。用户可以使用 MIME 增加非文本对象，将各种格式文件加到邮件主体中去。

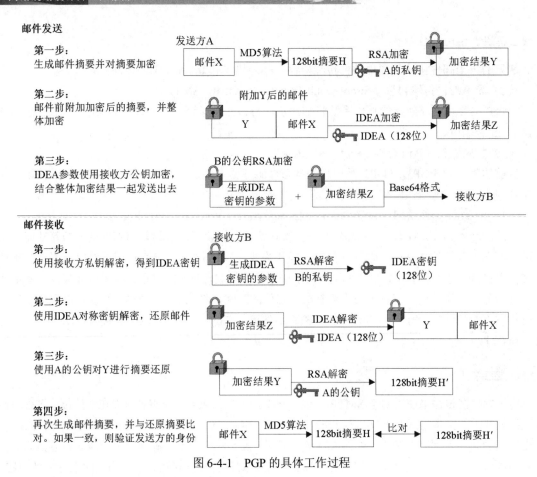

图 6-4-1　PGP 的具体工作过程

具体来说，MIME 允许邮件包括：

● 单个消息中可含多个对象。

● 文本文档不限制一行长度或全文长度。

● 可传输 ASCII 以外的字符集，允许非英语语种的消息。

● 二进制或特定应用程序文件。

● 图像、声音、视频及多媒体消息。

MIME 中的数据类型一般是复合型的。由于允许复合数据，用户可以把不同类型的数据嵌入到同一个邮件主体中。

基于 MIME 标准，S/MIME 在 MIME 体做了安全扩展，在内容类型中增加了新的子类型，可以把 MIME 实体封装成安全对象，用于提供数据保密、完整性保护、认证和鉴定服务等功能。

6.4.3　邮件客户端

常见的电子邮件客户端有 Foxmail、Outlook 等。在阅读邮件时，使用网页、程序、会话方式都有可能运行恶意代码。为了防止电子邮件中的恶意代码，可用纯文本方式阅读电子邮件。

6.5　FTP

本节讲述的知识点有 FTP 和 TFTP。

6.5.1　FTP

文件传输协议（File Transfer Protocol，FTP）简称为"文传协议"，用于在 Internet 上控制文件的双向传输。客户上传文件时，通过服务器 **20 号端口**建立的连接是建立在 TCP 之上的**数据连接**，通过服务器 **21 号端口**建立的连接是建立在 TCP 之上的**控制连接**。

FTP 协议有两种工作方式：主动式（PORT）和被动式（PASV）。**主动与被动是相对于服务器是否首先发起数据连接而言的。**

（1）主动式。

主动式的连接过程：

1）当需要传输数据时，客户端从一个任意的非系统端口 N（$N \geqslant 1024$）连接到 FTP 服务器的 21 号端口（控制连接端口）。

2）客户端开始监听端口 $N+1$ 并发送 FTP 命令"Port $N+1$"到 FTP 服务器。

3）服务器会从 20 号数据端口向客户端指定的 $N+1$ 号端口发送连接请求，并建立一条数据链路来传送数据。

具体流程如图 6-5-1 所示。

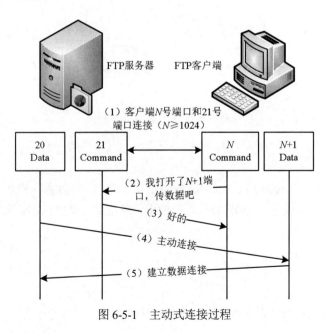

图 6-5-1　主动式连接过程

（2）被动式。

在被动方式中，命令连接和数据连接都由客户端发起，这样就可以解决从服务器到客户端的数据端口的入方向数据连接被客户端所在网络防火墙过滤掉的问题。

被动式的连接过程：

1）当需要传输数据时，客户端从一个任意的非系统端口 N（$N \geqslant 1024$）连接到 FTP 服务器的21 号端口（控制连接端口）。

2）客户端发送 PASV 命令，且服务器响应。

3）服务器开启一个任意的非系统端口 Y（$Y \geqslant 1024$）。

4）客户端从端口 $N+1$ 连接到 FTP 服务器的 Y 号端口。

具体流程如图 6-5-2 所示。

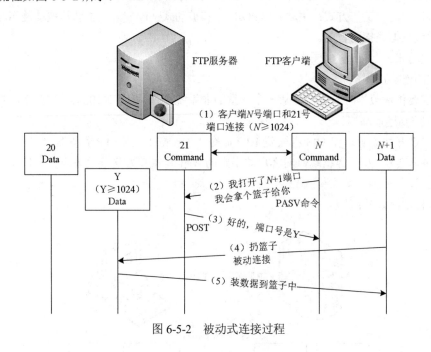

图 6-5-2　被动式连接过程

6.5.2　TFTP

简单文件传送协议（Trivial File Transfer Protocol，TFTP）的功能与 FTP 类似，是一个小而简单的文件传输协议。该协议基于 UDP 协议，一般用于路由器、交换机、防火墙配置文件、iOS 的备份和替换。

6.6　SNMP

本节讲述的知识点有 OSI 定义的网络管理、CMIS/CMIP、网络管理系统组成、SNMP、管理信息库、管理信息结构。

网络管理是对网络进行有效而安全的监控、检查。网络管理的任务就是检测和控制。

6.6.1 OSI 定义的网络管理

OSI 定义的网络管理功能有以下五类。

（1）性能管理（Performance Management）。

在最少的网络资源和最小时延的前提下，网络能提供可靠、连续的通信能力。性能管理的功能有性能检测、性能分析、性能管理、性能控制。

（2）配置管理（Configuration Management）。

配置管理用来定义、识别、初始化、监控网络中的被管对象，改变被管对象的操作特性，报告被管对象状态的变化。配置管理的功能有配置信息收集（信息包含设备的地理位置、命名、记录，维护设备的参数表、及时更新，维护网络拓扑）和利用软件设置参数并配置硬件设备（设备初始化、启动、关闭、自动备份硬件配置文件）。

（3）故障管理（Fault Management）。

故障管理是对网络中被管对象故障的检测、定位和排除。故障管理的功能有故障检测、故障告警、故障分析与定位、故障恢复与排除、故障预防。

（4）安全管理（Security Management）。

安全管理的作用是保证网络不被非法使用。安全管理的功能有管理员身份认证、管理信息加密与完整性、管理用户访问控制、风险分析、安全告警、系统日志记录与分析、漏洞检测。

（5）计费管理（Accounting Management）。

计费管理主要记录用户使用网络资源的情况并核收费用，同时统计网络的利用率。计费管理的功能有账单记录、账单验证、计费策略管理。

6.6.2 CMIS/CMIP

公共管理信息服务/协议（Common Management Information Service/Protocol，CMIS/CMIP）是OSI 提供的网络管理协议簇。CMIS 定义了每个网络组成部件提供的网络管理服务，CMIP 则是实现 CIMS 服务的协议。

6.6.3 网络管理系统组成

网络管理系统由以下四个要素组成。

（1）管理站（Network Manager）。

管理站是位于网络系统主干或者靠近主干的工作站，是网络管理系统的核心，负责管理代理和信息库，定期查询代理信息，确定独立的网络设备和网络状态是否正常。

（2）代理（Agent）。

代理又称为管理代理，位于被管理设备的内部。负责收集被管理设备的各种信息和响应管理站的命令或请求，并将其传输到 MIB 数据库中。代理所在地设备可以是网管交换机、服务器、网桥、路由器、网关及任何合法结点的计算机。

（3）管理信息库（Management Information Base，MIB）。

相当于一个虚拟数据库，提供有关被管理网络各类系统和设备的信息，属于分布式数据库。

（4）网络管理协议。

用于管理站和代理之间传递、交互信息。常见的网络管理协议有 SNMP 和 CMIS/CMIP。

网络管理站通过 SNMP 向被管设备的网络管理代理发出各种请求报文，代理接收这些请求后完成相应的操作，可以把自身信息主动通知给网络管理站。

网络管理各要素的组成结构如图 6-6-1 所示。

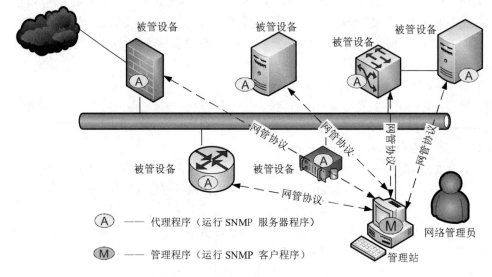

图 6-6-1　网络管理各要素的组成结构

在 SNMPv3 中，把管理站和代理统一叫作 SNMP 实体。SNMP 实体由一个 SNMP 引擎和一个或多个 SNMP 应用程序组成。

6.6.4　SNMP

简单网络管理协议（Simple Network Management Protocol，SNMP）是在应用层上进行网络设备间通信的管理协议，可以进行网络状态监视、网络参数设定、网络流量统计与分析、发现网络故障等。SNMP 基于 UDP 协议，**是一组标准，由 SNMP 协议、管理信息库和管理信息结构组成。**

（1）SNMP PDU。

SNMP 规定了 5 个重要的协议数据单元 PDU，也称为 SNMP 报文。SNMP 报文可以分为从管理站到代理的 SNMP 报文和从代理到管理站的 SNMP 报文（SNMP 报文建议不超过 484 个字节）。常见的 SNMP 报文如表 6-6-1 所列。

表 6-6-1　常见的 SNMP 报文

从管理站到代理的 SNMP 报文		从代理到管理站的 SNMP 报文
从一个数据项取数据	把值存储到一个数据项	
Get-Request（从代理进程处提取一个或多个数据项）	**Set-Request**（设置代理进程的一个或多个数据项）	**Get-Response**（是代理进程作为对 **Get-Request**、**Get-Next-Request**、**Set-Request** 的响应）
Get-Next-Request（从代理进程处提取一个或多个数据项的下一个数据项）		**Trap**（代理进程主动发出的报文，通知管理进程有某些事件发生）

SNMP 协议实体发送请求和应答报文的默认端口号是 161，SNMP 代理发送陷阱报文（Trap）的默认端口号是 162。

目前 SNMP 有 SNMPv1、SNMPv2、SNMPv3 三个版本。各版本的特点如表 6-6-2 所列。

表 6-6-2　三个 SNMP 版本的特点

版本	特点
SNMPv1	易于实现；**使用团体名认证**（属于同一团体的管理站和被管理站才能互相作用）
SNMPv2	可以实现**分布和集中两种方式的管理**；**增加管理站之间的信息交换**；改进管理信息机构（可以一次性取大量数据）；增加多协议支持；引入了信息模块的概念（**包括 MIB 模块、MIB 的依从性声明模块、代理能力说明模块**）
SNMPv3	模块化设计；提供安全的支持；**基于用户的安全模型**

（2）SNMPv2 接收报文和发送报文。

在 SNMPv2 中，一个实体接收到一个报文一般经过以下 4 个步骤：

1）对报文进行语法检查，丢弃出错的报文。

2）把 SNMP 报文部分、源端口号和目标端口号交给认证服务。如果认证失败，发送一个陷阱，丢弃报文。

3）如果认证通过，则把 SNMP 报文转换成 ASN.1 的形式。

4）协议实体对 SNMP 报文做语法检查。如果通过检查，则根据团体名和适当的访问策略作相应的处理。

在 SNMPv2 中，一个实体发送一个报文一般经过以下 4 个步骤：

1）根据要实现的协议操作构造 SNMP 报文。

2）把 SNMP 报文、源端口地址、和目标端口地址及要加入的团体名传送给认证服务，认证服务产生认证码或对数据进行加密，返回结果。

3）加入版本号和团体名构造报文。

4）进行 BER 编码，产生 0/1 比特串并发送出去。

（3）SNMPv3 安全分类。

在 SNMPv3 中有两类安全威胁是一定要提供防护的：主要安全威胁和次要安全威胁。

1）主要安全威胁。

主要安全威胁有两种：修改信息和假冒。修改信息是指擅自修改 SNMP 报文，篡改管理操作，伪造管理对象；假冒就是冒充用户标识。

2）次要安全威胁。

次要安全威胁有两种：修改报文流和消息泄露。修改报文流可能出现乱序、延长、重放的威胁；消息泄露则可能造成 SNMP 之间的信息被窃听。

另外有两种服务不被保护或者无法保护：拒绝服务和通信分析。

（4）SNMP 轮询监控。

SNMP 采用轮询监控方式，管理者按一定时间间隔向代理获取管理信息，并根据管理信息判断是否有异常事件发生。当管理对象发生紧急情况时，可以使用名为 Trap 信息的报文主动报告。轮询监控的主要优点是对代理资源要求不高，缺点是管理通信开销大。SNMP 的基本功能包括网络性能监控、网络差错检测和网络配置。

假定在 SNMP 网络管理中，轮询周期为 N，单个设备轮询时间为 T，网络没有拥塞，则

$$支持的设备数 X=\frac{N}{T} \tag{6-6-1}$$

例如，某局域网采用 SNMP 进行网络管理，所有被管设备在每 15 分钟内轮询一次，网络没有明显拥塞，单个轮询时间为 0.4s，则该管理站最多可支持 $X=N/T=(15\times60)/0.4=2250$ 个设备。

6.6.5 管理信息库

管理信息库指定主机和路由器等被管设备需要保存的数据项和可以对这些数据项进行的操作。换句话说，就是只有 MIB 中的对象才能被 SNMP 管理。目前使用的是 MIB-2，常见的 MIB-2 信息如表 6-6-3 所列。

表 6-6-3 常见的 MIB-2 信息

类别（标号）	描述
system（1）	主机、路由器操作系统
interface（2）	网络接口信息
Address translation（3）	地址转换（已经废弃多年）
ip（4）	IP 信息
icmp（5）	ICMP 信息
tcp（6）	TCP 信息
udp（7）	UDP 信息
egp（8）	EGP 信息
cmot（9）	CMOT 信息（废弃多年）

每个 MIB-2 信息下面包含若干个 MIB 变量，如 system 组下的 sysuptime 表示距上次启动的时间，ip 组下的 ipDefaultTTL 表示 IP 在生存时间字段的值。SNMP MIB 中被管对象的访问方式有**只读、读写、只写和不可访问**四种，不包括可执行。

6.6.6　管理信息结构

管理信息结构（Structure of Management Information，SMI）定义了命名管理对象和定义对象类型（包括范围和长度）的通用规则，以及对对象和对象的值进行编码的规则。SMI 的功能有命名被管理对象、存储被管对象的数据类型、编码管理数据。

SMI 规定，所有被管对象必须在对象命名树（Object Naming Tree）上，如图 6-6-2 所示为对象命名树的一部分。图中结点 IP 下名为 ipInReceives 的 MIB 变量名全称为 iso.org.dod.internet.mgmt.mib.ip.ipInReceives，对应数值为 1.3.6.1.2.1.4.3。

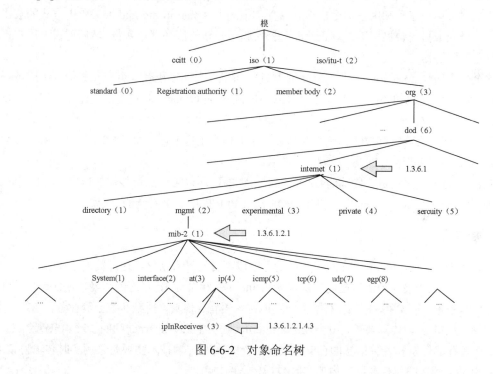

图 6-6-2　对象命名树

6.7　其他应用协议

本节讲述的知识点有 Telnet、代理服务器、SSH、VoIP。

6.7.1　Telnet

TCP/IP 终端仿真协议（TCP/IP Terminal Emulation Protocol，Telnet）是一种基于 TCP 的虚拟终

端通信协议，端口号为 23。Telnet 采用客户端/服务器的工作方式，采用网络虚拟终端（Net Virtual Terminal，NVT）实现客户端和服务器的数据传输，可以实现远程登录、远程管理交换机和路由器。

6.7.2　代理服务器

代理服务器（Proxy Server）处于客户端和需要访问的网络之间，客户向网络发送信息和接收信息均通过代理服务器转发实现。代理服务器的优点有：共享 IP 地址、缓存功能提高访问速度、信息转发、过滤和禁止某些通信，提升上网效率、隐藏内部网络细节以提高安全性、监控用户行为、避免来自 Internet 上病毒的入侵、提高访问某些网站的速度、突破对某些网站的访问限制。

6.7.3　SSH

传统的网络服务程序（如 FTP、POP 和 Telnet）本质上都是不安全的，因为它们在网络上用明文传送数据、用户账号和用户口令，很容易受到中间人（man-in-the-middle）攻击方式的攻击，即存在另一个人或另一台机器冒充真正的服务器接收用户传给服务器的数据，然后再冒充用户把数据传给真正的服务器。

安全外壳协议（Secure Shell，SSH）是目前较可靠、专为远程登录会话和其他网络服务提供安全性的协议。由 IETF 的网络工作小组（Network Working Group）制定，是创建在应用层和传输层基础上的安全协议。

利用 SSH 协议可以有效防止远程管理过程中的信息泄露问题。通过 SSH 可以对所有传输的数据进行加密，也能够避免 DNS 欺骗和 IP 欺骗。

SSH 的另一个优点是其传输的数据是经过压缩的，所以可以加快传输的速度。SSH 有很多功能，既可以代替 Telnet，又可以为 FTP、POP 甚至 PPP 提供一个安全的"通道"。

6.7.4　VoIP

VoIP（Voice over Internet Protocol）就是将模拟声音信号数字化，通过数据报在 IP 数据网络上做实时传递。VoIP 最大的优势是能广泛地采用 Internet 和全球 IP 互连的环境，提供比传统业务更多、更好的服务。VoIP 可以在 IP 网络上便宜地传送语音、传真、视频和数据等业务，如统一消息、虚拟电话、虚拟语音/传真邮箱、查号业务、Internet 呼叫中心、Internet 呼叫管理、电视会议、电子商务、传真存储转发和各种信息的存储转发等。VoIP 实时传输技术主要是采用实时传输协议 RTP。RTP 是提供端到端的包括音频在内的实时数据传送的协议。

6.7.5　图形图像

（1）DPI（Dot Per Inch）。

DPI 表示分辨率，属于打印机的常用单位，是指每英寸长度上的点数，公式像素=英寸×DPI。例如：一张 8×10 英寸、300DPI 的图片。

图片像素宽度=8 英寸×300DPI，图片像素高度=10 英寸×300DPI，图片像素=（8×300）×（10×300）。

（2）PPI（Pixel Per Inch）。

PPI 是图像分辨率所使用的单位，表示图像中每英寸所表达的像素数。$PPI = \dfrac{\sqrt{宽^2 + 高^2}}{对角线长}$，宽

×高为屏幕分辨率。

例如：HVGA 屏的像素为 320×480，对角线一般是 3.5 寸。因此该屏的 $PPI = \dfrac{\sqrt{320^2 + 480^2}}{3.5} = 164$。

第 7 章　网络安全

网络安全是历年考试的重点。对网络安全知识的考查主要集中在上午的考试中。而下午的考试则是考查这些知识点的应用配置，将在后面的章节中介绍。本章考点知识结构图如图 7-0-1 所示。

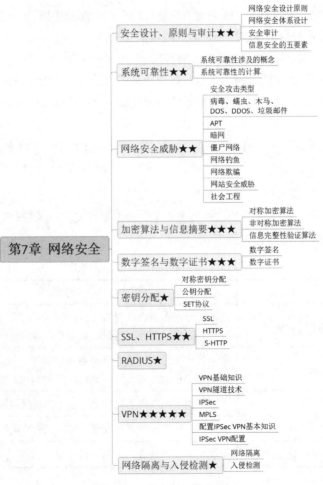

图 7-0-1　考点知识结构图

7.1 安全设计、原则与审计

本节讲述的知识点有网络安全设计原则、网络安全体系设计、安全审计、信息安全的五要素。

7.1.1 网络安全设计原则

网络安全设计是保证网络安全运行的基础，网络安全设计有以下基本设计原则：

（1）充分、全面、完整地对系统的安全漏洞和安全威胁等各类因素进行分析、评估和检测是设计网络安全系统的必要前提条件。

（2）强调安全防护、监测和应急恢复。要求在网络被攻击的情况下，尽快恢复网络信息中心的服务，减少损失。

（3）网络安全的"木桶原则"强调对信息进行均衡、全面的保护。木桶的最大容积取决于最短的一块木板，**因此系统安全性取决于最薄弱模块的安全性**。

（4）良好的等级划分是实现网络安全的保障。

（5）网络安全应以不影响系统的正常运行和合法用户的操作活动为前提。

（6）考虑安全问题应考虑安全与保密系统的设计要与网络设计相结合，同时兼顾性能和价格的平衡。

网络安全设计原则还有易操作性原则、动态发展原则、技术与管理相结合原则。

7.1.2 网络安全体系设计

网络安全体系设计可按层次分为物理环境安全、操作系统安全、网络安全、应用安全、管理安全等多个方面，各类设计的内容如表 7-1-1 所列。

表 7-1-1　网络安全体系设计的内容

分类	层次	手段
物理环境安全	物理层安全	线路安全（备份、管理）、设备安全（备份、备件、抗干扰）、机房安全（温度、湿度、电源、烟监控、除尘设施、防盗、防雷）
操作系统安全	系统层安全	网络操作系统自身安全（系统漏洞补丁、访问控制、身份认证）、系统安全正确配置、防范病毒、防范木马、数据库容灾
网络安全	网络层安全	基于网络层的资源访问控制、基于网络层的身份验证、路由安全性
应用安全	应用层安全	各类应用软件和数据的安全（如数据库容灾）
管理安全	网络管理层安全	建立安全管理制度、加强人员管理

7.1.3　安全审计

安全审计是一个新概念，指由专业审计人员根据有关的法律法规、财产所有者的委托和管理当局的授权，对计算机网络环境下的有关活动或行为进行系统的、独立的检查验证，并作出相应评价。

安全审计分为四个基本要素：

（1）控制目标：企业根据具体的计算机应用，结合单位实际制定出的安全控制要求。

（2）安全漏洞：系统安全的薄弱环节，容易被干扰或破坏的地方。

（3）控制措施：企业为实现其安全控制目标所制定的安全控制技术、配置方法及各种规范制度。

（4）控制测试：将企业的各种安全控制措施与预定的安全标准进行一致性比较，确定各项控制措施是否存在、是否得到执行、对漏洞的防范是否有效，评价企业安全措施的可依赖程度。

7.1.4　信息安全的五要素

信息安全的基本要素主要包括以下五个方面：

（1）机密性：保证信息不泄露给未经授权的进程或实体，只供授权者使用。

（2）完整性：信息只能被得到允许的人修改，并且能够被判别是否已被篡改过。同时一个系统也应该按其原来规定的功能运行，不被非授权者操纵。

（3）可用性：只有授权者才可以在需要时访问该数据，而非授权者应被拒绝访问。

（4）可控性：可控制数据流向和行为。

（5）可审查性：出现问题有据可循。

另外，有人将五要素进行了扩展，增加了可鉴别性和不可抵赖性。

（6）可鉴别性：网络应对用户、进程、系统和信息等实体进行身份鉴别。

（7）不可抵赖性：数据的发送方与接收方都无法对数据传输的事实进行抵赖。

7.2　系统可靠性

本节讲述的知识点有系统可靠性涉及的概念、系统可靠性。

系统可靠性是系统在规定的时间、环境下，持续完成规定功能的能力，即系统无故障运行的概率。

7.2.1　系统可靠性涉及的概念

（1）平均无故障时间（Mean Time To Failure，MTTF）。

MTTF指系统无故障运行的平均时间，取所有从系统开始正常运行到发生故障之间的时间段的平均值。

（2）平均修复时间（Mean Time To Repair，MTTR）。

MTTR指系统从发生故障到维修结束之间的时间段的平均值。

（3）平均失效间隔（Mean Time Between Failure，MTBF）。

MTBF指系统两次故障发生时间之间的时间段的平均值。

三者关系如图7-2-1所示。

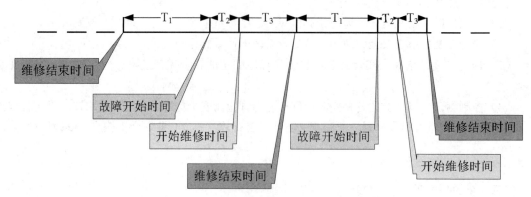

图7-2-1 MTTF、MTTR 和 MFBF 的关系图

$$MTTF=\sum T_1/N$$
$$MTTR =\sum (T_2+T_3)/N$$
$$MTBF=\sum (T_2+T_3+T_1)/N$$
$$MTBF= MTTF+ MTTR \tag{7-2-1}$$

（4）失效率。

单位时间内失效元件和元件总数的比率，用 λ 表示。

$$MTBF=1/\lambda \tag{7-2-2}$$

7.2.2 系统可靠性的计算

系统可靠性是系统正常运行的概率，通常用 R 表示，可靠性和失效率的关系如下：

$$R=e^{-\lambda} \tag{7-2-3}$$

系统可以分为串联系统、并联系统和模冗余系统。

（1）串联系统：由 n 个子系统串联而成，一个子系统失效，则整个系统失效。具体结构如图7-2-2（a）所示。

（2）并联系统：由 n 个子系统并联而成，n 个系统互为冗余，只要有一个系统正常，则整个系统正常。具体结构如图7-2-2（b）所示。

（3）模冗余系统：由 n 个系统和一个表决器组成，通常将表决器视为永远不会损坏的，以多数相同结果的输出作为系统输出。具体结构如图7-2-2（c）所示。

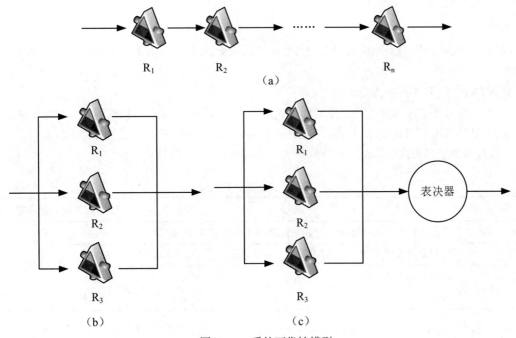

（a）

（b）　　　　　　　　　　（c）

图 7-2-2　系统可靠性模型

系统可靠性和失效率如表 7-2-1 所列。

表 7-2-1　可靠性和失效率计算

	可靠性	失效率
串联系统	$\displaystyle\prod_{i=1}^{n} R_i$	$\displaystyle\sum_{i=1}^{n} \lambda_i$
并联系统	$R = 1 - \displaystyle\prod_{i=1}^{n}(1 - R_i)$	$\dfrac{1}{\dfrac{1}{\lambda}\sum_{j=1}^{n}\dfrac{1}{j}}$
模冗余系统	$R = \displaystyle\sum_{i=n+1}^{m} C_m^i \times R^i \times (1 - R)^{m-i}$	

7.3　网络安全威胁

本节讲述的知识点有安全攻击类型、病毒、蠕虫、木马、DOS、DDOS、垃圾邮件。

7.3.1 安全攻击类型

网络攻击是以网络为手段窃取网络上其他计算机的资源或特权、对其安全性或可用性进行破坏的行为。

根据主动性，攻击可分为以下两类：

（1）主动攻击。涉及修改数据流或创建数据流，包括假冒、重放、修改消息与拒绝服务。

（2）被动攻击。只是窥探、窃取、分析重要信息，但不影响网络、服务器的正常工作。

依据攻击特征，可以将安全攻击分为四类，具体如表 7-3-1 所列。

表 7-3-1 安全攻击的类型

类型	定义	攻击的安全要素
中断	攻击计算机或网络系统，使其资源变得不可用或不能用	可用性
窃取	访问未授权的资源	机密性
篡改	截获并修改资源内容	完整性
伪造	伪造信息	真实性

常见的网络攻击有很多，如连续不停 Ping 某台主机、发送带病毒和木马的电子邮件、暴力破解服务器密码等，也有类似有危害但不是网络攻击的（如向多个邮箱群发一封电子邮件）。

7.3.2 病毒与常见网络攻击

（1）定义。

计算机病毒：是一段附着在其他程序上、可以自我繁殖、有一定破坏能力的程序代码。复制后的程序仍然具有感染和破坏的功能。

蠕虫：是一段可以借助程序自行传播的程序或代码。

木马：是利用计算机程序漏洞侵入后窃取信息的程序，这个程序往往伪装成善意的、无危害的程序。

SYN 攻击：SYN 是 TCP 三次握手中的第一个数据包，而当服务器返回 ACK 后，该攻击者就不对其进行再确认，那这个 TCP 连接就处于挂起状态，也就是所谓的半连接状态，服务器收不到再确认的话，还会重复发送 ACK 给攻击者。这样会浪费服务器的资源。SYN 攻击就对服务器发送非常大量的这种 TCP 连接，由于每一个都没法完成三次握手，最后服务器耗光资源而无法为正常用户提供服务。各种基于 SYN 包的泛洪攻击都将严重影响服务器的工作。UDP 泛洪攻击：通过向目标主机发送大量的 UDP 报文，导致目标主机忙于处理这些 UDP 报文，而无法处理正常的报文请求或响应。

拒绝服务（Denial of Service，DOS）：利用大量合法的请求占用大量网络资源，以达到瘫痪网络的目的。例如，驻留在多个网络设备上的程序在短时间内同时产生大量的请求消息冲击某 Web 服务器，导致该服务器不堪重负，无法正常响应其他合法用户的请求，这种形式的攻击就称为 DOS 攻击。又如，TCP SYN Flooding 建立大量处于半连接状态的 TCP 连接就是一种使用 SYN 分组的 DOS 攻击。

分布式拒绝服务攻击（Distributed Denial of Service，DDOS）：很多 DOS 攻击源一起攻击某台

服务器就形成了 DDOS 攻击。常见的防范 DOS 和 DDOS 的方式有：根据 IP 地址对数据包进行过滤、为系统访问提供更高级别的身份认证、使用工具软件检测不正常的高流量。由于这种攻击并不在被攻击端植入病毒，因此安装防病毒软件无效。

垃圾邮件：未经用户许可就强行发送到用户邮箱中的电子邮件。

Teardrop：工作原理是向被攻击者发送多个分片的 IP 包（IP 分片数据包中包括该分片数据包属于哪个数据包以及在数据包中的位置等信息），某些操作系统收到含有重叠偏移的伪造分片数据包时将会出现系统崩溃、重启等现象。

Ping of Death：攻击者故意发送大于 65535 字节的 IP 数据包给对方。当许多操作系统收到一个特大号的 IP 包时，操作系统往往会宕机或重启。

（2）各类恶意代码的命名规则。

恶意代码的一般命名格式为：恶意代码前缀.恶意代码名称.恶意代码后缀。

恶意代码前缀是根据恶意代码特征起的名字，具有相同前缀的恶意代码通常具有相同或相似的特征。恶意代码的常见前缀名如表 7-3-2 所列。

表 7-3-2　恶意代码的常见前缀名

前缀	含义	解释	例子
Boot	引导区病毒	通过感染磁盘引导扇区进行传播的病毒	Boot.WYX
DOSCom	DOS 病毒	只通过 DOS 操作系统进行复制和传播的病毒	DosCom.Virus.Dir2.2048（DirII 病毒）
Worm	蠕虫病毒	通过网络或漏洞进行自主传播，向外发送带毒邮件或通过即时通信工具（QQ、MSN）发送带毒文件	Worm.Sasser（震荡波）
Trojan	木马	木马通常伪装成有用的程序诱骗用户主动激活，或利用系统漏洞侵入用户计算机。计算机感染特洛伊木马后的典型现象是有未知程序试图建立网络连接	Trojan.Win32.PGPCoder.a（文件加密机）、Trojan.QQPSW
Backdoor	后门	通过网络或者系统漏洞入侵计算机并隐藏起来，方便黑客远程控制	Backdoor.Huigezi.ik（灰鸽子变种 IK）、Backdoor.IRCBot
Win32、PE、Win95、W32、W95	文件型病毒或系统病毒	感染可执行文件（如 .exe、.com）、.dll 文件的病毒。若与其他前缀连用则表示病毒的运行平台	Win32.CIH Backdoor.Win32.PcClient.al，表示运行在 32 位 Windows 平台上的后门
Macro	宏病毒	宏语言编写，感染办公软件（如 Word、Excel），并且能通过宏自我复制的程序	Macro.Melissa、Macro.Word、Macro.Word.Apr30
Script、VBS、JS	脚本病毒	使用脚本语言编写，通过网页传播、感染、破坏或调用特殊指令下载并运行病毒、木马文件	Script.RedLof（红色结束符）、Vbs.valentin（情人节）

续表

前缀	含义	解释	例子
Harm	恶意程序	直接对被攻击主机进行破坏	Harm.Delfile（删除文件）、Harm.formatC．f（格式化 C 盘）
Joke	恶作剧程序	不会对计算机和文件产生破坏，但可能会给用户带来恐慌和麻烦，如做控制鼠标	Joke.CrayMourse （疯狂鼠标）

7.3.3 APT

高级持续性威胁（Advanced Persistent Threat，APT）利用先进的攻击手段和社会工程学方法，对特定目标进行长期持续性网络渗透和攻击。APT 攻击大体上可以分为三个阶段：攻击前的准备阶段、攻击阶段、持续攻击阶段。APT 攻击过程又细分为五步：情报收集、防线突破、通道建立、横向渗透、信息收集及外传，如图 7-3-1 所示。

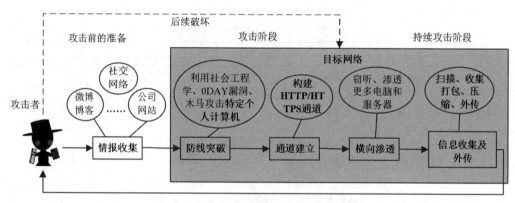

图 7-3-1   APT 攻击过程

7.3.4 暗网

很多人认为网络是一个扁平世界，只有一层，其实网络世界有两层。

（1）**表层网络**：表层网络最大的特点就是通过任何搜索引擎都能抓取并轻松访问。不过，它只占到整个网络的 4%～20%，我们平时访问的就是这类网络。

（2）**深网**：表层网络之外的所有网络。最大的特征是普通搜索引擎无法抓取这类网站。

暗网属于深网的一部分，是指那些存储在网络数据库里，不能通过超链接访问而需要通过动态网页技术访问的资源集合，不属于那些可以被标准搜索引擎索引的表面网络。据估计，暗网比表面网站大几个数量级。

暗网的产生有两层原因：

（1）**技术原因**：由于互联网本身缺少统一规则，很多网站的建设不规范，导致搜索引擎无法识别并抓取网站内容。

（2）管理者出于各种考虑不愿意网站被搜索引擎抓取，如版权保护、个人隐私等。

暗网内容有些是合法的，更多的则藏着不可告人的秘密，如毒品、黑市武器交易、人口贩卖和儿童色情等。

7.3.5　僵尸网络

僵尸网络（Botnet）是指采用一种或多种手段（主动攻击漏洞、邮件病毒、即时通信软件、恶意网站脚本、特洛伊木马）使大量主机感染 bot 程序（僵尸程序），从而在控制者和被感染主机之间形成的一个可以一对多控制的网络。

比较流行的僵尸网络防御方法主要有蜜网（多个蜜罐）技术、网络流量研究以及 IRCserver 识别技术。

7.3.6　网络钓鱼

网络钓鱼（Phishing）是通过大量发送声称来自于银行或其他知名机构的欺骗性垃圾邮件，意图引诱收信人给出敏感信息（如用户名、口令、信用卡详细信息等）的一种攻击方式。

7.3.7　网络欺骗

网络欺骗就是使入侵者相信信息系统存在有价值的、可利用的安全弱点，并具有一些可攻击窃取的资源（当然这些资源是伪造的或不重要的），并将入侵者引向这些错误的资源。常见的网络欺骗有 ARP 欺骗、DNS 欺骗、IP 欺骗、Web 欺骗、E-mail 欺骗。

7.3.8　网站安全威胁

常见的网络安全威胁有如下几种。

（1）SQL 注入。

SQL 注入就是把 SQL 命令插入到 Web 表单提交、域名输入栏、页面请求的查询字符串中，最终达到欺骗服务器执行恶意的 SQL 命令。

```
SELECT * FROM users WHERE name = '" + userName + "'
```

这条语句的目的是获取用户名。如果此时输入的用户名被恶意改造,语句的作用就发生了变化。例如，将用户名设置为 a' or 't'='t 之后，执行的 SQL 语句就变为：

```
SELECT * FROM users WHERE name = 'a' or 't'='t
```

由于该语句中't'='t'恒成立，因此可以做到不用输入正确用户名和密码而达到登录的目的。

另外的注入形式用于获取数据的一些重要信息，如数据库名、表名、用户名等。如典型的"xxx and user>0"，因为 user 是 SQL Server 的一个内置变量，其值是当前连接的用户名，类型为 nvarchar。当构造一个 nvarchar 的值与 int 类型的值 0 比较时，系统会进行类型转换，并在转换过程中出错，显示在网页上，从而获得当前用户的信息。

防范 Sql 注入攻击的常用手段有：部署 WAF 设备；下载 SQL 通用防注入系统的程序；防范注入分析器；使用自带的安全 API；加强用户输入认证；避免特殊字符输入等。

（2）跨站攻击。

跨站攻击（Cross Site Script Execution，XSS）：恶意攻击者往 Web 页面里插入恶意 html 代码，当用户浏览该页时，嵌入到 Web 中的 html 代码会被执行，从而达到恶意用户的特殊目的。

避免跨站攻击的方法有过滤特殊字符、限制输入字符的长度、限制用户上传 Flash 文件、使用内容安全策略（CSP）、增强安全意识个防范措施等。

（3）旁注攻击。

旁注攻击即攻击者在攻击目标时，对目标网站"无从下手"，找不到漏洞，攻击者便可能会通过同一服务器上的其他网站渗透到目标网站，从而获取目标网站的权限。

避免旁注攻击的方法有是提升同一服务器上其他网站的安全性。

（4）失效的身份认证和会话管理。

身份认证常用于系统登录，形式一般为用户名和密码登录方式；在安全性要求更高的情况下，还有验证码、客户端证书、物理口令卡等方式。

会话管理：HTTP 利用会话机制来实现身份认证。HTTP 身份认证的结果往往是获得一个令牌并放在 cookies 中，之后的身份识别只需读授权令牌，而无须再次进行登录认证。

用户身份认证和会话管理属于应用系统的最关键过程，有缺陷的用户身份认证和会话管理的设计会产生退出、密码管理、超时、帐户更新等漏洞。在程序中，如果没有设置会话超时限制、密码找回功能过于简单、用户修改密码不验证用户等，那么就会存在上述相关漏洞。例如应用程序超时设置问题。用户在网吧访问网站，离开时，没有退出登录而是直接关闭浏览器。攻击者在一定时间内可以使用同一浏览器访问网站，而无须再次进行身份认证。

防止失效的身份认证和会话管理有下面几种方法：

（1）区分公共区域和受限区域。

站点的公共区域允许任何用户进行匿名访问。受限区域只能接受特定用户的访问，而且用户必须通过站点的身份验证。例如，浏览零售网站可以使用匿名方式。当添加商品到购物车时，就需要使用会话标志来验证身份。

（2）对 cookies 内容进行加密。

（3）可以禁用和锁定账户：账户多次登录失败，可以在一段时间内禁用该账户；当系统受到攻击时，可以禁用账户。

（4）对密码和会话设置有效期，并使用强密码。

针对网站安全威胁，可以采用 Web 应用防火墙（Web Application Firewall，WAF）进行防御。WAF 部署在 Web 服务器前，可以防御常见针对 Web 应用的攻击，如 SQL 注入、XSS、CSRF、暴力破解、文件上传等。WAF 实现原理大多预置了攻击特征，抓取客户端请求服务器的 http、https 流量，做正则匹配。命中规则后断开连接。

7.3.9　社会工程

社会工程学是利用社会科学（心理学、语言学、欺诈学），结合常识，有效地利用人性的弱点，最终获取机密信息的学科。

信息安全定义的社会工程是使用非计算机手段（如欺骗、欺诈、威胁、恐吓甚至实施物理上的盗窃）得到敏感信息的方法集合。

7.4 加密算法与信息摘要

本节讲述的知识点有对称加密算法、非对称加密算法、信息完整性验证算法。

7.4.1 对称加密算法

加密密钥和解密密钥相同的算法，称为对称加密算法。对称加密算法相对非对称加密算法来说，加密的效率高，适合大量数据加密。常见的对称加密算法有 DES、3DES、RC5、IDEA、RC4、AES，具体特性如表 7-4-1 所列。

表 7-4-1　常见的对称加密算法

加密算法名称	特点
DES	明文分为 64 位一组，密钥 64 位（实际位是 56 位的密钥和 8 位奇偶校验）。注意：考试中填实际密钥位，即 56 位
3DES	3DES 是 DES 的扩展，是执行了三次的 DES。其中，第一、第三次加密使用同一密钥的方式下，密钥长度扩展到 128 位（112 位有效）；三次加密使用不同密钥，密钥长度扩展到 192 位（168 位有效）
RC5	RC5 由 RSA 中的 Ronald L. Rivest 发明，是参数可变的分组密码算法，三个可变的参数是分组大小、密钥长度和加密轮数
IDEA	明文、密文均为 64 位，密钥长度 128 位
RC4	常用流密码，密钥长度可变，用于 SSL 协议。曾经用于 IEEE 802.11 WEP 协议中。也是 Ronald L. Rivest 发明的
AES	明文分为 128 位一组，具有可变长度的密钥（128、192 或 256 位）。

7.4.2 非对称加密算法

加密密钥和解密密钥不相同的算法，称为非对称加密算法，这种方式又称为公钥密码体制，解决了对称密钥算法的密钥分配与发送的问题。在非对称加密算法中，私钥用于解密和签名，公钥用于加密和认证。

（1）加密、解密的表示方法。

式（7-4-1）表示了明文通过加密算法变成密文的方法，其中 K1 表示密钥。

$$Y=E_{K1}(X) \tag{7-4-1}$$

明文 X 通过加密算法 E，使用密钥 K1 变为密文 Y。

式（7-4-2）表示了密文通过解密算法还原成明文的方法，其中 K2 表示密钥。

$$X=D_{K2}(Y) \qquad (7-4-2)$$

密文 Y 通过解密算法 D，使用密钥 K2 还原为明文 X。

（2）RSA。

RSA（Rivest Shamir Adleman）是典型的非对称加密算法，该算法基于大素数分解。RSA 适合进行数字签名和密钥交换运算。

RSA 密钥生成过程如表 7-4-2 所列。

表 7-4-2　RSA 密钥生成过程

选出两个大质数 p 和 q，使得 $p \neq q$
$p \times q = n$
$(p-1) \times (q-1)$
选择 e，使得 $1 < e < z$，并且和 $(p-1) \times (q-1)$ 互为质数
计算解密密钥，使得 $ed = 1 \bmod (p-1) \times (q-1)$
公钥 $= (n, e)$
私钥 $= d$
消除原始质数 p 和 q

注意：质数就是真正因子，只有 1 和本身两个因数，属于正整数，计算中所得到的 $p \times q = n$ 在确定密钥的时候没有用到，但是在加密和解密中是要用到的。

RSA 加密和解密过程如图 7-4-1 所示。

明文 X　　　　　　$Y=X^e \bmod n$　　　密文 Y　　　　$X=Y^d \bmod n$　　　明文 X

图 7-4-1　RSA 加密和解密

【例 7-1】按照 RSA 算法，若选两个奇数 $p=5$，$q=3$，公钥 $e=7$，则私钥 d 为（　　）。

　　A. 6　　　　　　　B. 7　　　　　　　C. 8　　　　　　　D. 9

【解析】

按 RSA 算法求公钥和密钥：

（1）选两奇数 $p=5$，$q=3$。

（2）n$=p \times q = 5 \times 3 = 15$。

（3）$(p-1) \times (q-1) = 8$。

（4）公钥 $e=7$，则依据 $ed = 1 \bmod (p-1) \times (q-1)$，即 $7d = 1 \bmod 8$。

结合四个选项，得到 $d=7$，即 $49 \bmod 8 = 1$。

7.4.3　信息完整性验证算法

报文摘要算法（Message Digest Algorithms）使用特定算法对明文进行摘要，生成固定长度的密文。这类算法的重点在于"摘要"，即对原始数据依据某种规则提取；摘要和原文具有联系性，即被"摘要"数据与原始数据——对应，只要原始数据稍有改动，"摘要"的结果就不同。因此，这种方式可以验证原文是否被修改。

消息摘要算法采用"单向函数"，即只能从输入数据得到输出数据，无法从输出数据得到输入数据。常见报文摘要算法有安全散列标准 SHA1、MD5 系列标准。

（1）SHA1。

安全 Hash 算法（SHA1）也是基于 MD5 的，使用一个标准把信息分为 512 比特的分组，并且创建一个 160 比特的摘要。

（2）MD5。

消息摘要算法 5（MD5），把信息分为 512 比特的分组，并且创建一个 128 比特的摘要。

7.5　数字签名与数字证书

本节讲述的知识点有数字签名和数字证书。

7.5.1　数字签名

数字签名的作用就是确保 A 发送给 B 的信息就是 A 本人发送的，并且没有改动。数字签名和验证的过程如图 7-5-1 所示。

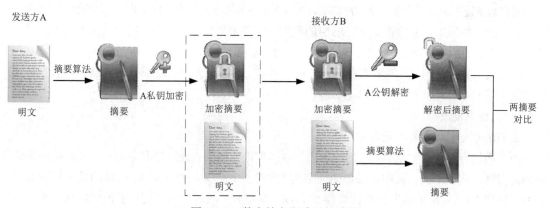

图 7-5-1　数字签名和验证的过程

数字签名的基本过程：

（1）A 使用"摘要"算法（如 SHA-1、MD5 等）对发送信息进行摘要。

（2）使用 A 的私钥对消息摘要进行加密运算，将加密摘要和原文一并发给 B。

验证签名的基本过程：

（1）B 接收到加密摘要和原文后，使用和 A 一样的"摘要"算法对原文再次摘要，生成新摘要。

（2）使用 A 公钥对加密摘要解密，还原成原摘要。

（3）两个摘要对比，一致则说明由 A 发出且没有经过任何篡改。

由此可见，数字签名功能有信息身份认证、信息完整性检查、信息发送不可否认性，但不提供原文信息加密功能，不能保证对方能收到消息，也不对接收方身份进行验证。

7.5.2 数字证书

场景：A 声明自己是某银行办事员向客户索要账户和密码，客户验证了 A 的签名，确认索要密码的信息是 A 发过来的，那么客户就愿意告诉 A 用户名和密码么？

显然不会。因为客户仅仅证明信息确实是 A 发过来的没有经过篡改的信息，但不能确认 A 就是银行职员、做的事情是否合法。这时需要有一个权威中间部门 M（如政府、银监会等），该部门向 A 颁发了一份证书，确认其银行职员身份。这份证书里有这个权威机构 M 的数字签名，以保证这份证书确实是 M 所发。

数字证书采用公钥体制进行加密和解密。每个用户有一个私钥来解密和签名，同时每个用户还有一个公钥来加密和验证。

【例 7-2】说明数字证书、CA 签名、证书公钥的作用。

某网站向证书颁发机构（Certification Authority，CA）申请了数字证书，用户通过 CA 的签名来验证网站的真伪。在用户与网站进行安全通信时，用户可以通过证书中的公钥进行加密和验证，该网站通过网站的私钥进行解密和签名。

（1）X.509 格式。

目前数字证书的格式大多是 X.509 格式，X.509 是由国际电信联盟（ITU-T）制定的数字证书标准。

在 X.509 标准中，包含在数字证书中的数据域有证书、版本号、序列号（唯一标识每一个 CA 下发的证书）、算法标识、颁发者、有效期、有效起始日期、有效终止日期、使用者、使用者公钥信息、公钥算法、公钥、颁发者唯一标识、使用者唯一标识、扩展、证书签名算法、证书签名（发证机构，即 CA 用自己私钥对用户证书进行签名防止篡改）。

（2）证书发放。

证书由 CA 中心发放，无需特别措施。

由于网络存在多个 CA 中心，因此提出了"证书链"概念。证书链服务是一个 CA 扩展其信任范围的机制，实现不同认证中心发放的证书的信息交换。如果用户 UA 从 A 地的发证机构取得了证书，用户 UB 从 B 地的发证机构取得了证书，那么 UA 通过证书链交换了证书信息，则可以与 UB 进行安全通信。

（3）证书吊销。

当用户个人身份信息发生变化或私钥丢失、泄露、疑似泄露时，证书用户应及时向 CA 提出证书的撤销请求，CA 也应及时将此证书放入公开发布的证书撤销列表（Certification Revocation List，CRL）。

证书撤销的流程如下：

1）用户或其上级单位向注册机构（Registration Authority，RA）提出撤销请求。

2）RA 审查撤销请求。

3）审查通过后，RA 将撤销请求发送给 CA 或 CRL 签发机构。

4）CA 或 CRL 签发机构修改证书状态并签发新的 CRL。

当该数字证书被放入 CRL 后，数字证书则被认为失效，而失效并不意味着无法被使用。如果窃取到甲的私钥的乙，用甲的私钥签名了一份文件发送给丙，并附上甲的证书，而丙忽视了对 CRL 的查看，丙就依然会用甲的证书成功验证这份非法的签名，并认为甲对这份文件签过名而接收该文件。

7.6　密钥分配

本节讲述的知识点有对称密钥分配、公钥分配、SET 协议。

密钥分配分为对称密钥分配和公钥分配。

7.6.1　对称密钥分配

Kerberos 一词来源于希腊神话"三个头的狗——地狱之门守护者"。Kerberos 协议主要用于计算机网络的身份鉴别（Authentication），验证对方是合法的，而不是冒充的。同时，Kerberos 协议也是密钥分配中心（Key Distribution Center，KDC）的核心。Kerberos 进行密钥分配时使用 AES 加密。

使用 Kerberos 时，用户只需输入一次身份验证信息，就可以凭借此验证获得的票据（Ticket-Granting Ticket）访问多个服务，即单点登录（Single Sign On，SSO）。由于在每个用户和服务器之间建立了共享密钥，使得该协议具有相当的安全性。

（1）Kerberos 的组成。

Kerberos 使用两个服务器：鉴别服务器（Authentication Server，AS）和票据授予服务器（Ticket-Granting Server，TGS）。

1）验证服务器。AS 就是一个密钥分配中心。同时负责用户的 AS 注册、分配账号和密码，负责确认用户并发布用户和 TGS 之间的会话密钥。

2）票据授予服务器。TGS 是发行服务器方的票据，提供用户和服务器之间的会话密钥。Kerberos 把用户验证和票据发行分开。虽然 AS 只用对用户本身的 ID 验证一次，但为了获得不同的真实服务器票据，用户需要多次联系 TGS。

（2）Kerberos 的工作原理。

Kerberos 的工作原理如图 7-6-1 所示。

第 1 步：用户 A 使用明文向 AS 验证身份。认证成功后，用户 A 与 TGS 联系。

第 2 步：AS 向 A 发送用 A 的对称密钥 K_A 加密的报文，该报文包含 A 和 TGS 通信的会话密钥 K_S 及 AS 发送到 TGS 的票据（该票据使用 TGS 的对称密钥 K_{TGS} 加密）。报文到达 A 时，输入口令则得到数据。

注意：票据包含发送人身份和会话密钥。

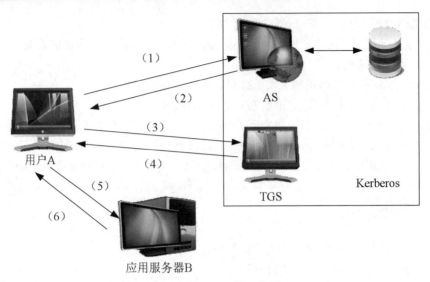

图 7-6-1　Kerberos 的工作原理

第 3 步：转发 AS 获得的票据、要访问的应用服务器 B 的名称及用会话密钥 K_S 加密的时间戳（防止重发攻击）给 TGS。

第 4 步：TGS 返回两个票据，第一个票据包含 B 的名称和会话密钥 K_{AB}，使用 K_S 加密；第二个票据包含 A 和会话密钥 K_{AB}，使用 K_B 加密。

第 5 步：A 将 TGS 收到的第二个票据（包含 A 的名称和会话密钥 K_{AB}，使用 K_B 加密）使用 K_{AB} 加密的时间戳（防止重发攻击）发送给应用服务器 B。

第 6 步：应用服务器 B 进行应答，完成认证过程。

最后，A 和 B 就使用 TGS 发的密钥 K_{AB} 加密。

7.6.2　公钥分配

公钥基础设施（Public Key Infrastructure，PKI）是一种遵循既定标准的密钥管理平台，它能为所有网络应用提供加密和数字签名等密码服务及必需的密钥和证书管理体系。简单来说，PKI 是一组规则、过程、人员、设施、软件和硬件的集合，可以用来进行公钥证书的发放、分发和管理。

典型的 PKI 系统由五个基本部分组成：证书申请者、注册机构、CA 认证中心、证书库和证书信任方。

国际电信联盟 ITU X.509 协议是 PKI 技术体系中应用最广泛、最基础的一个国际标准，它定义了一个规范的数字证书的格式。

7.6.3　SET 协议

电子商务在提供机遇和便利的同时，也面临着一个最大的挑战——交易的安全问题。在网上购物环境中，持卡人希望在交易中保密自己的账户信息，使之不被人盗用；商家则希望客户的定单不

第 1 天

可抵赖，并且在交易过程中，交易双方都希望验明其他方的身份，以防止被骗。针对这种情况，由美国 Visa 和 MasterCard 两大信用卡组织联合国际上多家科技机构，共同制订了应用于 Internet 上的以信用卡为基础进行在线交易的安全标准，即安全电子交易（Secure Electronic Transaction，SET）。它采用公钥密码体制和 X.509 数字证书标准，主要用于保障网上购物信息的安全性。

由于 SET 提供了消费者、商家和银行之间的认证，确保了交易数据的安全性、完整可靠性和交易的不可否认性，特别是保证不将消费者的银行卡号暴露给商家等优点，因此成为目前公认的信用卡/借记卡网上交易的国际安全标准。

SET 协议本身比较复杂、设计比较严格、安全性高，它能保证信息传输的机密性、真实性、完整性和不可否认性。SET 协议是 PKI 框架下的一个典型实现。

7.7　SSL、HTTPS

本节讲述的知识点有 SSL、HTTPS、S-HTTP。

7.7.1　SSL

安全套接层（Secure Sockets Layer，SSL）协议是一个安全传输、保证数据完整的安全协议，之后的传输层安全（Transport Layer Security，TLS）是 SSL 的非专有版本。SSL 处于应用层和传输层之间。

1. SSL 协议组成

SSL 协议主要包括 SSL 记录协议、SSL 握手协议、SSL 告警协议、SSL 修改密文协议等，SSL 协议栈如图 7-7-1 所示。

SSL 握手协议	SSL 修改密文协议	SSL 告警协议	HTTP
SSL 记录协议			
TCP			
IP			

图 7-7-1　SSL 协议栈

2. SSL 协议的工作流程

（1）浏览器向服务器发送请求信息（包含协商 SSL 版本号、询问选择何种对称密钥算法），开始新会话连接。

（2）服务器返回浏览器请求信息，附加生成主密钥所需的信息，确定 SSL 版本号和对称密钥算法，发送服务器证书（包含了 RSA 公钥），并使用某 CA 中心私钥加密。

（3）浏览器对照自己的可信 CA 表判断服务器证书是否在可信 CA 表中。如果不在，则通信中止；如果在，则使用 CA 表中对应的公钥解密，得到服务器的公钥。

（4）浏览器随机产生一个对称密钥，使用服务器公钥加密并发送给服务器。

（5）浏览器和服务器相互发一个报文，确定使用此对称密钥加密；再相互发一个报文，确定浏览器端和服务器端握手过程完成。

（6）握手完成，双方使用该对称密钥对发送的报文加密。

7.7.2　HTTPS

安全超文本传输协议（HyperText Transfer Protocol over Secure Socket Layer，HTTPS）是以安全为目标的 HTTP 通道，简单讲就是 HTTP 的安全版。它使用 SSL 来对信息内容进行加密，使用 TCP 的 443 端口发送和接收报文。其使用语法与 HTTP 类似，使用"HTTPS:// + URL"形式。

7.7.3　S–HTTP

安全超文本传输协议（Secure HyperText Transfer Protocol，S-HTTP）是一种面向安全信息通信的协议，是 EIT 公司结合 HTTP 设计的一种消息安全通信协议。S-HTTP 可提供通信保密、身份识别、可信赖的信息传输服务及数字签名等。

S-HTTP 和 SSL 的异同如表 7-7-1 所列。

表 7-7-1　S-HTTP 和 SSL 的异同

比较方面	SSL	S-HTTP
工作层次	传输层和应用层之间	应用层
处理对象	数据流	应用数据
基于消息的抗抵赖性证明	不可以	可以
加密算法	RC4	可以协商加密算法（如 RSA、DSA、DES）

7.8　RADIUS

本节讲述的知识点有 RADIUS。

远程用户拨号认证系统（Remote Authentication Dial In User Service，RADIUS）是目前应用最广泛的授权、计费和认证协议。通常使用 RADIUS 完成 AAA 认证。

AAA（Authentication Authorization Accounting，验证/授权/计费）是一个负责认证、授权、计费的服务器。

RADIUS 认证过程如图 7-8-1 所示。

（1）用户输入用户名和口令。

（2）客户端根据获取的用户名和口令向 RADIUS 服务器发送认证请求包（Access-Request）。

（3）RADIUS 服务器将该用户信息与 users 数据库的信息进行对比分析，如果认证成功，则将用户的权限信息以认证接受包（Access-Accept）发送给 RADIUS 客户端；如果认证失败，则返回 Access-Reject 响应包。

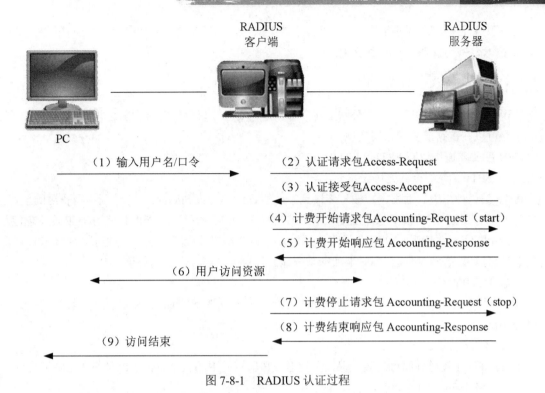

图 7-8-1　RADIUS 认证过程

（4）RADIUS 客户端根据接收到的认证结果接入/拒绝用户。如果可以接入用户，则 RADIUS 客户端向 RADIUS 服务器发送计费开始请求包（Accounting-Request），status-type 取值为 start。

（5）RADIUS 服务器返回计费开始响应包（Accounting-Response）。

（6）此时用户可以访问资源。

（7）RADIUS 客户端向 RADIUS 服务器发送计费停止请求包（Accounting-Request），status-type 取值为 stop。

（8）RADIUS 服务器返回计费结束响应包（Accounting-Response）。

（9）通知访问结束。

7.9　VPN

本节讲述的知识点有 VPN 基础知识、VPN 隧道技术、IPSec、MPLS、配置 IPSec VPN 的基本知识、IPSec VPN 配置。

7.9.1　VPN 基础知识

虚拟专用网络（Virtual Private Network，VPN）是在公用网络上建立专用网络的技术。由于整个 VPN 网络中的任意两个结点之间的连接并没有传统专网所需的端到端的物理链路，而是架构在公用网络服务商所提供的网络平台，所以称之为虚拟网。实现 VPN 的关键技术主要有隧道技术、加/解密技术、密钥管理技术和身份认证技术。

7.9.2　VPN 隧道技术

实现 VPN 的最关键部分是在公网上建立虚信道，而建立虚信道是利用隧道技术实现的，IP 隧道的建立可以在链路层和网络层实现。

VPN 主要隧道协议有 PPTP、L2TP、IPSec、SSL VPN、TLS VPN。

（1）PPTP（点到点隧道协议）。

PPTP 是一种用于让远程用户拨号连接到本地的 ISP，是通过 Internet 安全访问内网资源的技术。它能将 PPP 帧封装成 IP 数据包，以便在基于 IP 的互联网上进行传输。PPTP 使用 TCP 连接创建、维护、终止隧道，并使用 GRE（通用路由封装）将 PPP 帧封装成隧道数据。被封装后的 PPP 帧的有效载荷可以被加密、压缩或同时被加密与压缩。该协议是第 2 层隧道协议。

（2）L2TP 协议。

L2TP 是 PPTP 与 L2F（第二层转发）的综合，是由思科公司推出的一种技术。该协议是第 2 层隧道协议。

（3）IPSec 协议。

IPSec 协议在隧道外面再封装，保证了隧道在传输过程中的安全。该协议是第 3 层隧道协议。

（4）SSL VPN、TLS VPN。

两类 VPN 都使用了 SSL 和 TLS 技术，在传输层实现 VPN 的技术。该协议是第 4 层隧道协议。由于 SSL 需要对传输数据加密，因此 SSL VPN 的速度比 IPSec VPN 慢。但 SSL VPN 的配置和使用又比其他 VPN 简单。

7.9.3　IPSec

Internet 协议安全性（Internet Protocol Security，IPSec）是通过对 IP 协议的分组进行加密和认证来保护 IP 协议的网络传输协议簇（一些相互关联的协议的集合）。IPSec 工作在 TCP/IP 协议栈的网络层，为 TCP/IP 通信提供访问控制机密性、数据源验证、抗重放、数据完整性等多种安全服务。

IPSec 是一个协议体系，由建立安全分组流的密钥交换协议和保护分组流的协议两个部分构成，前者即为 IKE 协议，后者则包含 AH 和 ESP 协议。

（1）IKE 协议。

Internet 密钥交换协议（Internet Key Exchange Protocol，IKE）属于一种混合型协议，由 Internet 安全关联和密钥管理协议（Internet Security Association and Key Management Protocol，ISAKMP）与两种密钥交换协议（OAKLEY 与 SKEME）组成，即 IKE 由 ISAKMP 框架、OAKLEY 密钥交换模式以及 SKEME 的共享和密钥更新技术组成。IKE 定义了自己的密钥交换方式（**手工密钥交换和自动 IKE**）。

注意：ISAKMP 只对认证和密钥交换提出了结构框架，但没有具体定义，因此支持多种不同的密钥交换。

IKE 使用两个阶段的 ISAKMP：①协商创建一个通信信道（IKE SA）并对该信道进行验证，为双方进一步的 IKE 通信提供机密性、消息完整性及消息源验证服务；②使用已建立的 IKE SA 建立 IPSec SA。

（2）AH。

认证头（Authentication Header，AH）是 IPSec 体系结构中的一种主要协议，它为 IP 数据报提供完整性检查与数据源认证，并防止重放攻击。AH 不支持数据加密。AH 常用摘要算法（单向 Hash 函数）MD5 和 SHA1 实现摘要和认证，确保数据完整。

（3）ESP。

封装安全载荷（Encapsulating Security Payload，ESP）可以同时提供数据完整性确认和数据加密等服务。ESP 通常使用 DES、3DES、AES 等加密算法实现数据加密，使用 MD5 或 SHA1 来实现摘要和认证，确保数据完整。

（4）IPSec VPN 的应用场景。

IPSec VPN 的应用场景分为站点到站点、端到端、端到站点三种模式。

1）站点到站点（Site-to-Site）。

站点到站点又称为网关到网关，多个异地机构利用运营商网络建立 IPSec 隧道，将各自的内部网络联系起来。

2）端到端（End-to-End）。

端到端又称为 PC 到 PC，即两个 PC 之间的通信由 IPSec 完成。

3）端到站点（End-to-Site）。

端到站点指两个 PC 之间的通信由网关和异地 PC 之间的 IPSec 会话完成。

（5）IPSec 的工作模式。

IPSec 的两种工作模式分别是**传输模式**和**隧道模式**，具体如图 7-9-1 所示。

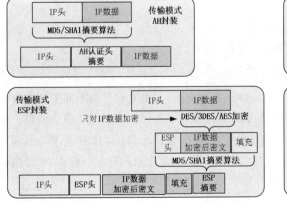
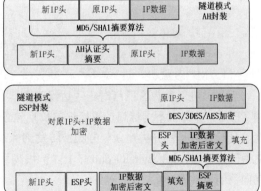

图 7-9-1　IPSec 的两种工作模式

由图 7-9-1 可知，传输模式下的 AH 和 ESP 处理后的 IP 头部不变，而隧道模式下的 AH 和 ESP 处理后需要新封装一个 IP 头。AH 只作摘要，因此只能验证数据完整性和合法性；而 ESP 既做摘要也做加密，因此除了验证数据完整性和合法性之外，还能进行数据加密。

7.9.4　MPLS

多协议标记交换（Multi-Protocol Label Switching，MPLS）是核心路由器利用含有边缘路由器在 IP 分组内提供的前向信息的标签（Label）或标记（Tag），实现网络层交换的一种交换方式。

MPLS 技术主要是为提高路由器转发速率而提出的，其核心思想是利用标签交换取代复杂的路由运算和路由交换。该技术实现的核心就是把 **IP 数据报**封装在 **MPLS** 数据包中。MPLS 将 IP 地址映射为简单、固定长度的标签，这与 IP 中的包转发、包交换不同。

MPLS 根据标记对分组进行交换。以以太网为例，MPLS 包头的位置应插入到以太帧头与 IP 头之间，是属于 2 层和 3 层之间的协议，也称为 2.5 层协议。

注意：考试中应填 2.5 层。

MPLS 的标签结构与体承载结构如图 7-9-2 所示。

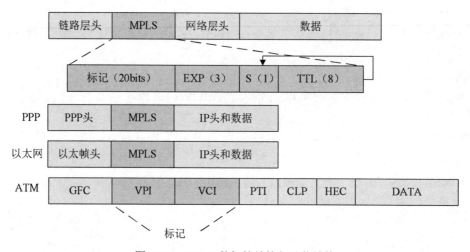

图 7-9-2　MPLS 的标签结构与承载结构

（1）MPLS 流程。

当分组进入 MPLS 网络时，由边缘路由器（Label Edge Router，LER）划分为不同的转发等价类（FEC）并打上不同标记，该标记定长且包含目标地址、源地址、传输层端口号、服务质量、带宽、延长等信息。分类建立，分组被转发到标记交换通路（Label Switch Path，LSP）中，由标签交换路由器（Label Switch Router，LSR）根据标记转发。在出口 LER 上去除标记，使用 IP 路由机制向目的地转发分组。

（2）MPLS VPN。

MPLS VPN 承载平台由 **P 路由器**、**PE 路由器**和 **CE 路由器**组成。

1）P（Provider）路由器。

P 路由器是 MPLS 核心网中的路由器，在运营商网络中，这种路由器只负责**依据 MPLS 标签完成数据包的高速转发**，P 路由器只维护 PE 路由器的路由信息，不维护 VPN 相关的路由信息。P 路由器是不连接任何 CE 路由器的骨干网路由设备，相当于标签交换路由器。

2）PE（Provider Edge）路由器。

PE 路由器是 MPLS 边缘路由器，负责待传送数据包的 **MPLS 标签的生成和去除**，还负责发起根据路由**建立交换标签的动作**，相当于标签边缘路由器。PE 路由器连接 CE 路由器和 P 路由器，是最重要的网络结点。用户的流量通过 PE 路由器流入用户网络，或者通过 PE 路由器流到 MPLS 骨干网。

3）CE（Customer Edge）路由器。

CE 路由器是用户边缘设备，是直接与电信运营商相连的用户端路由器，该设备上不存在任何带有标签的数据包。CE 路由器通过连接一个或多个 PE 路由器为用户提供服务接入。CE 路由器通常是一台 IP 路由器，它与连接的 PE 路由器建立邻接关系。

7.9.5　配置 IPSec VPN 的基本知识

前面介绍了 IPSec 的两种模式，提到了 AH 和 ESP 的基本知识，大体知道了 IPSec 能实现加密、完整性判断。完整的 IPSec 协议由**加密、摘要、对称密钥交换、安全协议**四个部分组成。

两台路由器要建立 IPSec VPN 连接，就需要保证各自采用加密、摘要、对称密钥交换、安全协议的参数一致。但是 IPSec 协议并没有确保这些参数一致的手段。同时，IPSec 没有规定身份认证，无法判断通信双方的真实性，这就有可能出现假冒现象。

因此，在两台 IPSec 路由器交换数据之前就要建立一种约定，这种约定称为安全关联（Security Association，SA），它是单向的，在两个使用 IPSec 的实体（主机或路由器）间建立逻辑连接，定义了实体间如何使用安全服务（如加密）进行通信。**SA 包含安全参数索引（Security Parameter Index，SPI）、IP 目的地址、安全协议（AH 或者 ESP）三个部分。**

使用 IKE 建立 SA 分为两个阶段，即前面提到的"IKE 使用两个阶段的 ISAKMP"。

1. 构建 IKE SA（第一阶段）

协商创建一个通信信道（IKE SA），并对该信道进行验证，为双方进一步的 IKE 通信提供机密性、消息完整性及消息源验证服务，**即构建一条安全的通道**。

第一阶段分为以下几步。

（1）参数协商。

该阶段协商以下几个参数：

- 加密算法。可以选择 DES、3DES、AES 等。
- 摘要（hash）算法。可以选择 MD5 或 SHA1。
- 身份认证方法。可以选择预置共享密钥（pre-share）认证或 Kerberos 方式认证。

- Diffie-Hellman 密钥交换（Diffie-Hellman key exchange，DH）算法。一种确保共享密钥安全穿越不安全网络的方法，该阶段可以选择 DH1（768bit 长的密钥）、DH2（1024bit 长的密钥）、DH5（1536bit 长的密钥）、DH14（2048bit 长的密钥）、DH15（3072bit 长的密钥）、DH16（4096bit 长的密钥）。
- 生存时间（life time）。选择值应小于 86400 秒，超过生存时间后，原有的 SA 就会被删除。

上述参数集合就称为 IKE 策略（IKE Policy），而 IKE SA 就是要在通信双方之间找到相同的策略。

（2）交换密钥。

（3）双方身份认证。

（4）构建安全的 IKE 通道。

2. 构建 IPSec SA（第二阶段）

使用已建立的 IKE SA，协商 IPSec 参数，为数据传输建立 IPSec SA。

构建 IPSec SA 的步骤如下。

（1）参数协商。

该阶段协商以下几个参数：

- 加密算法。可以选择 DES、3DES。
- Hash 算法。可以选择 MD5、SHA1。
- 生存时间。
- 安全协议可以选择 AH 或 ESP。
- 封装模式可以选择传输模式或隧道模式。

上述参数称为变换集（Transform Set）。

（2）创建、配置加密映射集并应用，构建 IPSec SA。

如果第二阶段响应超时，则重新进行第一阶段的 IKE SA 协商。

7.10 网络隔离与入侵检测

本节讲述的知识点有网络隔离和入侵检测。

7.10.1 网络隔离

网络隔离技术的目标是确保把有害的攻击隔离，在保证可信网络内部信息不外泄的前提下，完成网络间数据的安全交换。

Mark Joseph Edwards 对协议隔离进行了归类，他将现有的隔离技术从理论上分为了五类。

（1）第一代隔离技术——完全的隔离。

此技术使得网络处于信息孤岛状态，做到了完全的物理隔离。这种方式需要至少两套网络和系统，更重要的是信息交流的不便和成本的提高，给维护和使用带来了极大的不便。

（2）第二代隔离技术——硬件卡隔离。

在客户端增加一块硬件卡，客户端硬盘或其他存储设备首先连接到该卡，然后再转接到主板上，通过该卡能控制客户端硬盘或其他存储设备。而在选择不同的硬盘时，同时选择了该卡上不同的网络接口以连接到不同的网络。但是，这种隔离产品在大多数情况下仍然需要网络布线为双网线结构，产品存在着较大的安全隐患。

（3）第三代隔离技术——数据转播隔离。

利用转播系统分时复制文件的途径来实现隔离，切换时间非常久，甚至需要手工完成，不仅明显地减缓了访问速度，还不支持常见的网络应用，失去了网络存在的意义。

（4）第四代隔离技术——空气开关隔离。

此技术使用单刀双掷开关，使得内外部网络分时访问临时缓存器来完成数据交换的，但在安全性和性能上存在许多问题。

（5）第五代隔离技术——安全通道隔离。

此技术通过专用通信硬件和专有安全协议等安全机制来实现内外部网络的隔离和数据交换，不仅解决了以前隔离技术存在的问题，有效地把内外部网络隔离开来，而且高效地实现了内外网数据的安全交换，透明地支持多种网络应用，成为当前隔离技术的发展方向。

常见的网络隔离应用技术有以下五种。

（1）防火墙。

通过 ACL 进行网络数据包的隔离是最常用的隔离方法。控制局限于传输层以下的攻击，对病毒、木马、蠕虫等应用层的攻击毫无办法。适合小网络隔离，不合适大型、双向访问业务网络隔离。

（2）多重安全网关。

多重安全网关称为统一威胁管理（Unified Threat Management，UTM），被称为新一代防火墙，能做到从网络层到应用层的全面检测。UTM 的功能有 ACL、防入侵、防病毒、内容过滤、流量整形、防 DOS。

（3）VLAN 划分。

VLAN 划分技术避免了广播风暴，解决了有效数据传递问题，通过划分 VLAN 隔离各类安全性部门。

（4）人工策略。

断开网络物理连接，使用人工方式交换数据，这种方式的安全性最好。

（5）网闸

网闸借鉴了船闸的概念，设计上采用"代理+摆渡"的方式。摆渡的思想是内外网进行隔离，分时对网闸中的存储进行读写，间接实现信息交换；内外网之间不能建立网络连接，不能通过网络协议互相访问。网闸的代理功能是数据的"拆卸"，把数据还原成原始的部分，拆除各种通信协议添加的"包头包尾"，在内外网之间传递净数据。

大部分的攻击需要客户端和服务器之间建立连接并进行通信,而网闸从原理实现上就切断所有的 TCP 连接,包括 UDP、ICMP 等其他各种协议。网闸只传输纯数据,因此可以防止未知和已知的攻击。

依据信息流动方向,网闸可以分为单向网闸和双向网闸。

● 单向网闸:数据只能从一个方向流,不能从另一个方向流。

● 双向网闸:数据是双向可流动的。

依据国家安全要求,涉密网络与非涉密网络互联时,需要进行网闸隔离;非涉密网络与互联网连通时,采用单向网闸;非涉密网络与互联网不连通时,采用双向网闸。

7.10.2　入侵检测

入侵检测(Intrusion Detection)技术是近 20 年来出现的一种主动保护自己免受黑客攻击的新型网络安全技术。入侵检测就是从系统运行过程中产生的或系统所处理的各种数据中查找出威胁系统安全的因素,并对威胁作出相应的处理。入侵检测的软件或硬件称为入侵检测系统(Intrusion Detection System,IDS)。入侵检测被认为是防火墙之后的第二道安全闸门,它在不影响网络性能的情况下对网络进行监测,从而提供对内部攻击、外部攻击和误操作的实时保护。

入侵检测包括两个步骤:**信息收集**和**数据分析**。入侵检测就是分析攻击者留下的痕迹,而这些痕迹会与正常数据混合。入侵检测就是收集这些数据并通过匹配模式、数据完整性分析、统计分析等方法找到痕迹。

入侵检测的常用检测方法有:

(1)模式匹配法。把收集到的信息与模式数据库中的已知信息进行比较,从而发现违背安全策略的行为。

(2)专家系统法。把安全专家的知识表示成规则知识库,再用推理算法检测入侵。

(3)基于状态转移分析的检测法。该方法是将攻击看成一个连续的、分步骤的并且各个步骤之间有一定关联的过程。在网络中发生入侵时要及时阻断入侵行为,防止可能进一步发生的类似攻击行为。在状态转移分析方法中,一个渗透过程可以看作是由攻击者做出的一系列行为,而导致系统从某个初始状态变为最终某个被危害的状态。

入侵检测设备可以部署在 DMZ 中,这样可以查看受保护区域主机被攻击的状态,检测防火墙系统的策略配置是否合理和 DMZ 中被黑客攻击的重点。部署在路由器和边界防火墙之间,可以审计来自 Internet 上对受保护网络的攻击类型。

第 8 章　无线基础知识

本章考点知识结构图如图 8-0-1 所示。

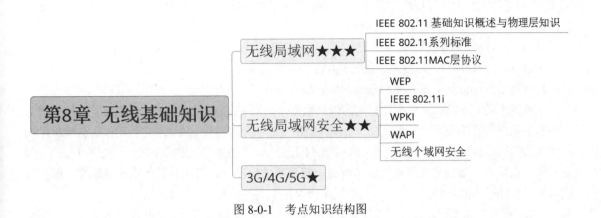

图 8-0-1 考点知识结构图

8.1 无线局域网

本节讲述的知识点有 IEEE 802.11 基础知识概述与物理层知识、IEEE 802.11 系列标准、IEEE 802.11MAC 层协议。

8.1.1 IEEE 802.11 基础知识概述与物理层知识

IEEE 802.11 定义了无线局域网的两种工作模式：**基础设施网络（Infrastructure Networking）和自主网络（Ad Hoc Networking）**。基础设施网络是预先建立起来的，具有一系列能覆盖一定地理范围的固定基站。构建自主网络时，网络组建不需要使用固定的基础设施，仅靠自身就能临时构建网络。自主网络就是一种不需要有线网络和接入点支持的点对点网络，每个结点都有路由能力，该网络使用的路由协议有目的结点序列距离矢量（Destination Sequenced Distance Vector，DSDV）协议。

（1）服务集。

IEEE 802.11 规定无线局域网的最小构件是**基本服务集**（Basic Service Set，BSS），一个基本服务集覆盖的区域为**基本服务区**（Basic Service Area，BSA）。一个接入 AP 可以成为基本服务集中的**基站**（Base Station）。一个服务集通过接入 AP 连接到**分配系统**（Distribution System，DS），然后连接一个基本服务集，这样就构成了**扩展服务集**（Extended Service Set，ESS）。安装 AP 需要给 AP 分配一个不超过 32 字节的**服务集标识符**（Service Set Identifier，SSID）和一个信道。

（2）ISM。

工业、科学和医疗频段（Industrial Scientific Medical Band，**ISM Band**）是国际通信联盟无线电通信局的无线电通信部门（ITU Radio communication Sector，ITU-R）定义的。此频段主要开放给工业、科学和医学三个主要机构使用，属于 Free License，无须授权许可，只需要遵守一定的发射功率（一般低于 1W），只要不对其他频段造成干扰即可。其中，重要的 **2.4GHz 频段**为各国共同的 ISM 频段，因此无线局域网、蓝牙、ZigBee 等无线网络均可工作在 2.4GHz 频段上。在中国区域内，2.4GHz 无线频段分为 13 个信道。

（3）IEEE 802.11 物理层。

IEEE 802.11 物理层比较复杂，最初使用了三种物理层技术。

1）跳频（Frequency-Hopping Spread Spectrum，FHSS）。

扩频技术的基本特征是使用比发送的信息数据速率高很多倍的伪随机码，将载有信息数据的基带信号的频谱进行扩展，形成宽带的低功率频谱密度的信号来发射。简而言之，就是用伪随机序列对代表数据的模拟信号进行调制。它的特点是对无线噪声不敏感、产生的干扰小、安全性较高，但是占用带宽较多。**增加带宽可以在低信噪比、等速率的情况下，提高数据传输的可靠性。**而扩频技术属于跳频技术的一种。

FHSS 系统的基本运作过程：发送端首先把信息数据调制成基带信号，然后进入载波频率调制阶段。此时载波频率受伪随机码发生器控制，在给定的某带宽远大于基带信号的频带内随机跳变，使基带信号的带宽扩展到发射信号使用的带宽，然后跳频信号便由天线发送出去。接收端接收到跳频信号后，首先从中提取出同步信息，使本机伪随机序列控制的频率跳变与接收到的频率跳变同步，这样才能得到数据载波，将载波解调（即扩频解调）后得到发射机发出的信息。

传统无线通信为了节约宝贵频率资源，在保证通信质量的前提下采用最窄带宽，FHSS 则相反，因此安全性较高、带宽消耗较大，占用了比传输信息带宽高许多倍的频率带宽。伪随机序列好比音乐家的指挥棒，而各种乐器好比各种频率，只有在指挥棒指挥各种乐器前提下才能演奏和谐的交响曲。只不过 FHSS 接收方和发送方的指挥棒一定是相同的。

2）红外技术（InfraRed，IR）。

红外线是波长在 750nm～1mm 之间的电磁波，它的频率高于微波而低于可见光，是一种人眼看不到的光线。由于红外线的波长较短，对障碍物的衍射能力差，所以更适合应用在需要短距离无线通信的场合，进行点对点的直线数据传输。红外数据协会将红外数据通信所采用的光波波长的范围限定在 850～900nm 之内。

3）直接序列扩频（Direct Sequence Spread Spectrum，DSSS）。

DSSS 的扩频方式是：首先用高速率的伪噪声（PN）码序列与信息码序列作**模二加（波形相乘）运算**，得到一个复合码序列；然后用这个复合码序列控制载波的相位，从而获得 DSSS 信号。

DSSS 又称为噪声调制扩展，利用通信中的"废物"噪声，窄带信号通过噪声扩展到相当宽的频道上，数据流比特和噪声比特结合成更宽的信号，接收双方只有知道承载的噪声特性才能分析出有效信号。

1999 年，人们又引入了 OFDM 和 HR-DSSS 两种新的扩频技术。

1）正交频分复用技术（Orthogonal Frequency Division Multiplexing，OFDM）。

OFDM 是一种无线环境下的高速传输技术。OFDM 技术的主要思想就是在频域内将给定信道分成许多正交子信道，在每个子信道上使用一个子载波进行调制，且各子载波并行传输。通俗地讲就是 OFDM 使用了多个频率，在 52 个频率中，48 个用于数据，4 个用于同步。由于在 OFDM 的传输过程中可能会同时使用多个不同的频率，这类工作特性说明 OFDM 也是一种扩频技术。

2）高速直接序列扩频（High Rate Direct Sequence Spread Spectrum，HR-DSSS）。

HR-DSSS 是另一种扩频技术，使得在 2.4GHz 频段内达到了 11Mb/s 的速率。HR-DSSS 采用补码键控（CCK）等调制技术。

8.1.2　IEEE 802.11 系列标准

IEEE 802.11 由 IEEE 802.11 工作组制定，该工作组成立于 1990 年，是一个专门研究无线 LAN 技术、开发无线局域网物理层协议和 MAC 层协议的组织。IEEE 在 1997 年推出了 IEEE 802.11 无线局域网（Wireless LAN）标准，经过多年的补充和完善，形成了一个系列（即 IEEE 802.11 系列）标准。目前，该系列标准已经成为无线局域网的主流标准。

IEEE 802.11 系列标准如表 8-1-1 所列。

表 8-1-1　IEEE 802.11 系列标准

标准	运行频段	主要技术	数据速率
IEEE 802.11	2.400～2.483GHz	DBPSK、DQPSK	1Mb/s 和 2Mb/s
IEEE 802.11a	5.150～5.350GHz、5.725～5.850GHz，与 IEEE 802.11b/g 互不兼容	OFDM 调制技术	54Mb/s
IEEE 802.11b	2.400～2.483GHz，与 IEEE 802.11a 互不兼容	CCK 技术	11Mb/s
IEEE 802.11g	2.400～2.483GHz	OFDM 调制技术	54Mb/s
IEEE 802.11n	支持双频段，兼容 IEEE 802.11b 与 IEEE 802.11a 两种标准	MIMO（多进多出）与 OFDM 技术	300～600Mb/s
IEEE 802.11ac	核心技术基于 IEEE 802.11a，工作在 5.0GHz 频段上以保证向下的兼容性	MIMO（多进多出）与 OFDM 技术	可达 1Gb/s

多进多出（Multiple Input Multiple Output，MIMO）技术：发射端和接收端都采用多个天线（或阵列天线）和多个通道。只要其发射端和接收端都采用多个天线（或天线阵列），就构成了一个无线 MIMO 系统。MIMO 无线通信技术采用空时处理技术进行信号处理，在多路径环境下，无线 MIMO 系统可以极大地提高频谱利用率，增加系统的数据传输速率。MIMO 技术非常适合室内环境下的无线局域网系统使用。采用 MIMO 技术的无线局域网系统在室内环境下的频谱效率可以达到 20～40b/s/Hz，而使用传统无线通信技术在移动蜂窝中的频谱效率仅为 1～5b/s/Hz，在点到点的固定微波系统中也只有 10～12b/s/Hz。

8.1.3　IEEE 802.11MAC 层协议

IEEE 802.11 采用类似于 IEEE 802.3 CSMA/CD 协议的载波侦听多路访问/冲突避免协议（Carrier Sense Multiple Access/Collision Avoidance，CSMA/CA），不采用 CSMA/CD 协议的原因有两点：①无线网络中，接收信号的强度往往远小于发送信号，因此要实现碰撞的花费过大；②隐蔽站（隐蔽终端）问题，并非所有站都能听到对方，如图 8-1-1（a）所示，而暴露站的问题是检测信道忙碌但未必影响数据发送，如图 8-1-1（b）所示。

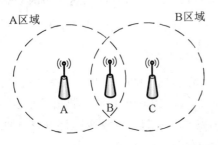 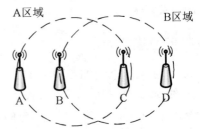

（a）A、C同时向B发送信号，发送碰撞　　　（b）B向A发送信号，避免碰撞，阻止C
　　　　　　　　　　　　　　　　　　　　　　　　　　　　　向D发送数据

图 8-1-1　隐蔽站和暴露站问题

因此，CSMA/CA 的作用是减少碰撞，而不是检测碰撞。

CSMA/CA 的 MAC 层分为 DCF 和 PCF 两层。

（1）分布协调功能（Distributed Coordination Function，DCF）。DCF 没有中心控制，通过争用信道获取信道信息发送权，用于支持突发式通信。

（2）点协调功能（Point Coordination Function，PCF）。PCF 选择接入 AP 集中控制 BSS，支持多媒体应用。

为了避免碰撞，IEEE 802.11 提出帧间隔（InterFrame Space，IFS）。帧间隔的长短取决于发送帧的类型。优先级高的 IFS 时间短，反之则长。IEEE 802.11 规定了三种常用 IFS，如表 8-1-2 所列。

表 8-1-2　IEEE 802.11 的各类帧间隔

类别	定义	长度	优先级	适用范围
SIFS	短帧间间隔	最短	最高	适用 ACK 帧、CTS 帧、过长 MAC 帧后分片数据帧
PIFS	点协调帧间间隔	适中（SIFS+1 个时隙时间）	中	使用点协调 PCF 方式时
DIFS	分布协调功能帧间间隔	最长（SIFS+2 个时隙时间）	低	使用分布式协调 DCF 方式时

CSMA/CA 算法如下：

（1）若站点最初有数据需要发送，并且检测发现传输信道处于空闲状态，则等待时间 DIFS 后发送数据帧。

（2）否则，站点就执行 CSMA/CA 协议的退避算法。期间如果检测到信道忙，就暂停运行退避计时算法。只要信道空闲，退避计时器就继续运行退避计时算法。

（3）当退避计算机时间减少到零时，不管信号是否忙，站点都发送整个数据帧并等待确认。

（4）发送站收到确认就知道已发送的帧完成。这时如果要发送第二帧，就要从步骤（2）开始执行 CSMA/CA 退避算法，随机选定一段退避时间。

若发送站在规定时间内没有收到确认帧 ACK 则必须重传，再次使用 CSMA/CA 协议争用接入信道，直到收到确认，或者经过若干次失败而放弃传送。

注意： 发送第一个数据帧时可以不使用退避算法，其余情况都需要使用退避算法。

8.2　无线局域网安全

本节讲述的知识点有 WEP、IEEE 802.11i、WPKI、WAPI、无线个域网安全。

8.2.1　WEP

IEEE 802.11b 定义了无线网的安全协议（Wired Equivalent Privacy，WEP）。有线等效保密（WEP）协议是对在两台设备间无线传输的数据进行加密的方式，用以防止非法用户窃听或侵入无线网络。WEP 加密和解密使用同样的算法和密钥。WEP 采用的是 RC4 算法，使用 40 位或 64 位密钥，有些厂商将密钥位数扩展到 128 位（WEP2）。由于科学家找到了 WEP 的多个弱点，于是其在 2003 年被淘汰。

8.2.2　IEEE 802.11i

Wi-Fi 保护接入（Wi-Fi Protected Access，WPA）是新一代的 WLAN 安全标准，该协议采用新的加密协议并结合 IEEE 802.1x 实现访问控制。在数据保密方面定义了三种加密机制，具体如表 8-2-1 所列。

表 8-2-1　WPA 的三种加密机制

简写	全称	特点
TKIP	Temporal Key Integrity Protocol	临时密钥完整性技术使用 WEP 机制的 RC4 加密，可通过升级硬件或驱动方式来实现
CCMP	Counter-Mode/CBC-MAC Protocol	使用 AES（Advanced Encryption Standard）加密和 CCM（Counter-Mode/CBC-MAC）认证，该算法对硬件要求较高，需要更换硬件
WRAP	Wireless Robust Authenticated Protocol	使用 AES 加密和 OCB 加密

8.2.3　WPKI

公钥基础设施（PKI）是一个有线网络环境下，利用公钥理论和技术建立的提供信息安全服务的基础设施。

无线公钥基础设施（Wireless Public Key Infrastructure，WPKI）则将 PKI 安全机制引入到无线网络环境中，在移动网络环境中使用公开密钥和数字证书。WPKI 采用优化的 ECC 椭圆曲线加密和压缩的 X.509 数字证书；采用证书管理公钥，通过第三方的可信任机构——认证中心验证用户的身份，从而实现信息的安全传输。

WPKI 包含 RA 注册中心、CA 认证中心、PKI 目录、EE（端实体应用）。其中，与 PKI 不同的是，EE 和 RA 的实现不同，并且需要 PKI 门户。

（1）EE：WAP 终端的优化软件。可以实现的功能有：对用户公钥管理（生成、存储和访问）；证书应用、证书更新请求、证书撤消请求的操作（查找、生成、签名、提交）；生成和验证数字签名。

（2）PKI 门户：具有 RA 功能，负责转换 WAP 客户给 PKI 中 RA 和 CA 发的请求。

一次完整的 WPKI 操作流程如下：

（1）EE 用户向 PKI 门户提出证书申请。

（2）PKI 门户审核该申请，如果批准，则向 CA 发证书申请。

（3）CA 发行证书，并列入有效证书目录。

（4）PKI 门户创建证书 URL（LDAP URL 或者 HTTP URL 两种格式），并发送给 EE 用户。

（5）应用服务器取回证书。

（6）使用证书和密钥、EE 用户和 WAP 网关、应用服务器和 WAP 网关两两间建立安全的 SSL/TLS 会话。

（7）EE 用户使用私钥证书对会话内容签名，结合使用加密技术，实现数据的安全传输。

8.2.4　WAPI

无线局域网鉴别和保密基础结构（Wireless LAN Authentication and Privacy Infrastructure，WAPI）是一种安全协议，同时也是中国无线局域网安全强制性标准。WAPI 是一种认证和私密性保护协议，其作用类似于 WEP，但是能提供更加完善的安全保护。

WAPI 结合了椭圆曲线密码和分组密码，实现了设备的身份鉴别、链路验证、访问控制和用户信息在无线传输状态下的加密保护。

8.2.5　无线个域网安全

1．蓝牙安全

由于蓝牙通信标准是以无线电波作为媒介，第三方可能轻易截获信息，所以蓝牙技术必须采取一定的安全保护机制，尤其在电子交易应用时。

蓝牙的安全结构如图 8-2-1 所示。蓝牙安全体系结构的关键部分是安全管理器，主要完成如下关键任务：

● 存储和安全性相关的服务和设备信息。

● 决定是否应答各个协议层的访问请求。

- 对应用程序连接请求前的链路进行认证和加密。
- 初始化匹配和查询 PIN。

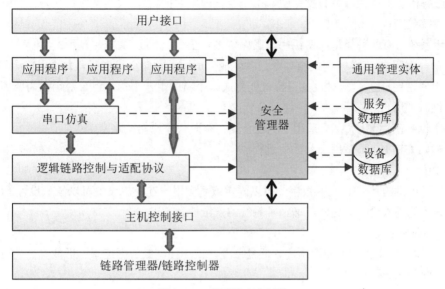

图 8-2-1　蓝牙的安全结构

蓝牙设备和服务有以下几种不同的安全等级。

（1）安全模式。

蓝牙有三种安全模式。

- 安全模式 1：无安全模式。
- 安全模式 2：服务级安全模式。这种模式下，信道建立之后才启动安全管理进程，即在较高的协议层次（L2CAP 层以上）实现。
- 安全模式 3：链路级安全模式。在信道建立之前进行认证或者数据加密，即在较低的协议层次实现。

（2）设备信任级别。

从安全角度看，蓝牙设备的信任级别可以分为三级。

- 可信任设备：通过认证，存储了链路密钥，并在设备数据库中被标识为"可信任设备"。
- 不可信任设备：通过认证，存储了链路密钥，但在设备数据库中没有被标识为"可信任设备"。
- 未知设备：没有设备的安全性信息。

设备信息存储在设备数据库中，由安全管理器维护。

（3）安全服务。

蓝牙提供的服务可以分为三类。

- 需授权服务：只允许可信任设备访问，或者经过授权的不可信任设备访问。

- 需认证服务：要求在使用服务前，远程设备必须经过认证。
- 需加密服务：在使用设备前，链路必须改为加密模式。

这些服务信息保存在服务数据库中，由安全管理器维护。

（4）密钥管理。

在蓝牙系统中有四种类型的密钥用于确保传输安全。

- 单一密钥 K_A：单一密钥由单个设备生成，适用于存储空间少或有大量用户访问的设备。
- 组合密钥 K_{AB}：一对设备组合就能生成一个新的组合密钥，组合密钥在需要更高的安全性时使用。
- 主设备密钥 K_{master}：只适用于当前会话，临时代替原始链路密钥。
- 初始密钥 K_{init}：适用于初始化过程。

（5）PIN。

蓝牙单元提供的 1～16 位的数字，可以固定或者由用户选择。设备可以任意设置 PIN 值，用户对应设置才能进入设备，这样就增加了系统的安全性。

2. ZigBee 安全

ZigBee 技术是一种先进的近距离、低复杂度、低功耗、低数据速率、低成本、高可靠性、高安全性的双向无线通信技术。

ZigBee 的安全性由链接密钥、网络密钥、主密钥提供保证。

ZigBee 的安全特点如下：

（1）提供刷新功能，可以阻止转发攻击。

（2）提供数据包完整性检查功能，可以避免篡改。

（3）提供认证功能，保证数据的发起源真实，避免伪造合法设备的攻击。

（4）提供加密功能，避免数据被侦听。

3. RFID 安全

射频识别（Radio Frequency Identification，RFID）是一种无线通信技术，可通过无线电信号识别特定目标并读写相关数据，而无需识别系统与特定目标之间建立机械或光学接触。

RFID 存在以下三个方面的安全问题：

（1）截获 RFID 标签。RFID 标签是应用的核心，如果被截获，可以进行各种非授权使用。

（2）破解 RFID 标签。破解 RFID 标签的过程不复杂，40 位密钥的产品，通常 1 小时便能破解。

（3）复制 RFID 标签。大多数情况下，复制的 RFID 标签可以对系统进行欺骗。

RFID 系统的安全需求有以下几个。

（1）授权访问。

标签需要对阅读器进行认证。只有合法的读写器才能获取或者更新相应的标签状态。

（2）标签的认证。

阅读器需要对标签进行认证。只有合法的标签才可以被合法的读写器获取或者更新状态信息。

（3）标签匿名性。

信息要经过加密。标签用户的真实身份、当前位置等敏感信息在通信中应该被保密。

（4）可用性。

RFID 系统可以抵御拒绝式攻击。

RFID 系统的安全解决方案有两种：

- 物理安全机制：具体有法拉弟笼（屏蔽电信号，避免标签窃取）、主动干扰、标签销毁等。
- 逻辑安全机制：具体有基于加密算法的安全协议、基于 CRC 的安全协议等。

4．NFC 安全

NFC 近场通信（Near Field Communication，NFC），又称近距离无线通信，是一种短距离的高频无线通信技术，允许电子设备之间进行非接触式点对点数据传输（在 10cm 内）交换数据。这个技术由 RFID 演变而来，并向下兼容 RFID。

目前 NFC 技术在安全性上主要有窃听、数据损坏、克隆等问题。但 NFC 属于近距离通信，在通信距离方面有着不易被窃听和不易被损害数据的优势，加上其他安全问题还需要一定的技术手段才能破解，因此日常使用的安全性还是较高的。

8.3　3G/4G/5G

本节讲述的知识点有 3G 技术、4G 技术、5G 技术。

码分多址（Code-Division Multiple Access，CDMA）技术是近年来在数字移动通信进程中出现的一种先进的无线扩频通信技术，其具有频谱利用率高、话音质量好、容量大、覆盖广等特点。CDMA 系统中使用的多路复用技术是码分多址。

世界三大 3G 标准是 CDMA2000、WCDMA、TD-SCDMA。

（1）CDMA 2000。

CDMA 2000 就是第三代 CDMA。适用于 3G CDMA 的 TIA 规范称为 IS-2000，即 CDMA 2000。目前被广为接纳与使用的 CDMA 2000 1x EV-DO Rev.A 系统理论上能提供下载和上行峰值速率分别为 3.1Mbit/s 和 1.8Mbit/s 的无线数据带宽，但在实际应用中，运营商一般不会提供全部带宽。国内主导运营商是中国电信。

（2）WCDMA。

宽带码分多址存取（Wideband CDMA，WCDMA）可支持 384kb/s～2Mb/s 的数据传输速率。国内主导运营商是中国联通。

（3）TD-SCDMA。

时分同步的码分多址技术（Time Division-Synchronous Code Division Multiple Access，TD-SCDMA）是中国提出与自主主导的 3G 标准，TD-SCDMA 的实际网络速度可达 384kb/s。国内主导运营商是中国移动。

3GPP 长期演进技术（3GPP Long Term Evolution，3GPP LTE）为第三代合作伙伴计划标准，

使用 OFDM 的射频接收技术，以及 2×2 和 4×4 MIMO 的分集天线技术规格。LTE 是 GSM 超越 3G 和 HSDPA 阶段、迈向 4G 的进阶版本。

4G（The 4th Generation communication system，第四代移动通信技术）是第三代技术的延续。4G 可以提供比 3G 更快的数据传输速度。ITU（国际电信联盟）已将 WiMax、HSPA+、LTE、LTE-Advanced 和 WirelessMAN-Advanced 列为 4G 技术标准。

5G 网络作为第五代移动通信网络，其峰值理论传输速度可达每秒数十 Gb，比 4G 网络的传输速度快数百倍，整部超高画质电影可在 1 秒之内下载完成。2017 年 12 月 21 日，在国际电信标准组织 3GPP RAN 第 78 次全体会议上，正式发布 5G NR 首发版本，这是全球第一个可商用部署的 5G 标准。

第 2 天

打好基础，深入考纲

第 9 章　存储技术基础

如今，数据变得越来越重要，数据量变得越来越巨大，因此存储海量数据、安全保护数据、出现问题及时恢复数据是网络规划设计师、网络工程师和网管必备的技能。本章考点知识结构图如图 9-0-1 所示。

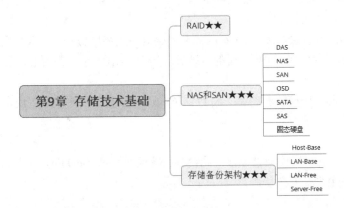

图 9-0-1　考点知识结构图

9.1　RAID

本节讲述的知识点是 RAID 技术。

独立磁盘冗余阵列（Redundant Array of Independent Disk，RAID）是由美国加利福尼亚大学伯克莱分校于 1987 年提出的，利用一个磁盘阵列控制器和一组磁盘组成一个可靠、高速的、大容量的逻辑硬盘。

RAID 常见概念如下。

1. 条带

条带（Strip）就是将连续数据分成若干个大小相同的数据块，将每块数据分别存入阵列中不同磁盘上的方法。条带是一种将多个磁盘合并为一个卷的方法。通常数据条带化由硬件完成。

2. 条带深度

条带深度：就是条带的大小，又称为 Block Size 或 Stripe Length。RAID 条带大小值一般为 2KB、4KB、8KB、16KB 等，调整条带大小的影响如下：

减少条带大小：该情况下，文件被分割更小，数据块可能分散存储到更多硬盘上，这种情况导致传输性能增加，但磁盘定位性能减少。

增加条带大小：这种情况导致传输性能降低，磁盘定位性能增加。

3. 条带宽度

指可以同时读、写带的数量，等于 RAID 中的物理硬盘数量。

RAID 分为很多级别，常见的 RAID 如下。

1. RAID0

无容错设计的条带磁盘阵列（Striped Disk Array without Fault Tolerance）。数据并不是保存在一个硬盘上，而是分成数据块保存在不同驱动器上。因为将数据分布在不同驱动器上，所以数据吞吐率大大提高。如果是 **n 块硬盘，则读取相同数据时间减少为 $1/n$。**由于**不具备冗余技术，**如果一块盘坏了，则阵列数据全部丢失。实现 RAID0 至少需要 2 块硬盘。

2. RAID1

磁盘镜像，可并行读数据，由于在不同的两块磁盘写入相同数据，写入数据比 RAID0 慢一些。安全性最好，但空间利用率为 50%，利用率最低。实现 RAID1 至少需要 2 块硬盘。

3. RAID2

RAID2 使用了海明码校验和纠错。将数据条块化分布于不同硬盘上，现在几乎不再使用。实现 RAID2 至少需要 2 块硬盘。

4. RAID3

RAID3 使用单独的一块校验盘进行奇偶校验。**磁盘利用率=$(n-1)/n$，**其中 n 为 RAID 中的磁盘总数。实现 RAID3 至少需要 3 块硬盘。

5. RAID5

RAID5 具有独立的数据磁盘和分布校验块的磁盘阵列，无专门的校验盘，常用于 I/O 较频繁的事务处理上。RAID5 可以为系统提供数据安全保障，虽然可靠性比 RAID1 低，但是磁盘空间利用率要比 RAID1 高。RAID5 具有与 RAID0 近似的数据读取速度，只是多了一个奇偶校验信息，写入数据的速度比对单个磁盘进行写入操作的速度稍慢。**磁盘利用率=$(n-1)/n$，**其中 n 为 RAID 中的磁盘总数。实现 RAID5 至少需要 3 块硬盘。

RAID5 将数据分别存储在 RAID 各硬盘中，因此硬盘越多，并发数越大。

6. RAID6

RAID6 具有独立的数据硬盘与两个独立的分布校验方案，即存储两套奇偶校验码。因此安全性更高，但构造更复杂。磁盘**利用率=(*n*-2)/*n***，其中 *n* 为 RAID 中的磁盘总数。实现 RAID6 至少需要 4 块硬盘。

7. RAID10

RAID10 是高可靠性与高性能的组合。RAID10 是建立在 RAID0 和 RAID1 基础上的，即为一个条带结构加一个镜像结构，这样既利用了 RAID0 极高的读写效率，又利用了 RAID1 的高可靠性。磁盘利用率为 50%。实现 RAID10 至少需要 4 块硬盘。

9.2 NAS 和 SAN

历年网络规划设计师考试试题涉及本部分的相关知识点有 DAS、NAS、SAN、OSD。

1. 直连式存储（Direct-Attached Storage，DAS）

DAS 是指存储设备直接连接到服务器上，存储设备只与一台独立的主机连接。

2. 网络附属存储（Network Attached Storage，NAS）

NAS 采用独立的服务器，单独为网络数据存储而开发的一种文件服务器来连接所有的存储设备。数据存储至此不再是服务器的附属设备，而成为网络的一个组成部分。

3. 存储区域网络及其协议（Storage Area Network and SAN Protocols，SAN）

SAN 是一种专用的存储网络，用于将多个系统连接到存储设备和子系统。SAN 可以被看作是负责存储传输的后端网络，而前端的数据网络负责正常的 TCP/IP 传输。作为一种新的存储连接拓扑结构，光纤通道为数据访问提供了高速的访问能力，它被用来代替现有的系统和存储之间的 SCSI I/O 连接。

SAN 可以分为 FC SAN 和 IP SAN。FC SAN 的网络介质为光纤通道，而 IP SAN 使用标准的以太网。

在 SAN 中，传输的指令是 SCSI 读写指令，而不是 IP 数据包。iSCSI 是一种在 TCP/IP 上进行数据块传输的标准，该标准可在 IP 网络上运行 SCSI 协议，使其能够在以太网上进行数据存取和备份操作。为了与 FC SAN 区分开来，这种技术被称为 IP SAN。

4. 面向对象的存储（Object-Based Storage Devices，OSD）

OSD 综合了 SAN 和 NAS 的优点，其存储和管理的是对象，而不是数据块。对象可以看作文件和块的结合。块可以快速、直接访问共享数据，而文件属性可以描述存储数据的相关信息。对象兼具两种优点，因此 OSD 具备以下优点：

（1）更适合数据共享。因为对象既存储了用户数据，又存储了数据属性，这样就可以用较少的元数据来保持数据的一致性，更加适合跨平台的数据共享。

（2）更加安全性。与块设备不同，OSD 可以对 I/O 进行认证，因此弥补了 IP SAN 的不足。

（3）更加智能。OSD 具有部分传统文件系统的存储管理功能，可以自行进行备份管理、数据重组、失效处理等操作。

OSD 中的对象是一个具有类似文件接口的存储容器，具有固定格式的访问方法，同时存有描述数据特性的属性值以及阻止未授权访问的安全策略。对象大小不固定,可用来保存整个数据结构，如一个或多个文件、数据库表、图像甚至多媒体信息。

5. SATA

早期的硬盘使用 PATA 硬盘，PATA 叫做并行 ATA 硬盘（Parellel ATA）。该方式下会产生高噪声，为解决该问题需要采用高电压，从而导致生产成本上升。由于数据是并行传输的，受并行技术限制，总体传输率最快只能达到 133Mb/s。

SATA 硬盘，即 SATA（Serial ATA），又被称为串口硬盘。SATA 采用差分信号系统，能有效滤除噪声，因此不需要使用高电压传输去抑制噪声，只需使用低电压操作即可。目前 SATA 3.0 的传输速率可达 600Mb/s。

6. SAS

串行连接 SCSI 接口（Serial Attached SCSI，SAS），即串行连接 SCSI，是新一代的 SCSI 技术，和现在流行的 SATA 相同，都是采用串行技术以获得更高的传输速度，并通过缩短连结线改善内部空间。

SAS 的接口技术可以向下兼容 SATA。具体来说，二者的兼容性主要体现在物理层和协议层的兼容。目前 SAS 的传输速率可达 12Gb/s。

7. 固态硬盘

固态硬盘（Solid State Drives，SSD）是用固态电子存储芯片阵列而制成的硬盘，由控制单元和存储单元（FLASH 芯片、DRAM 芯片）组成。

固态硬盘与传统机械硬盘相比，优点是快速读写、质量轻、能耗低、体积小；缺点是价格较为昂贵、容量较低、一旦硬件损坏数据较难恢复等。

目前，存储系统（尤其是 SAN 架构）中，为了均衡价格、速度、稳定性，构建存储池采用的硬盘往往是 SSD、SAS 等多种硬盘混合形式。这样可以达到数据分级存储的目的，需要高速率存取的数据存放在 SSD 盘中，大容量数据往往存储在机械硬盘中。

9.3 存储备份架构

常见的网络数据备份系统架构有基于主机（Host-Base）结构、基于局域网（LAN-Base）结构、基于 SAN 结构的 LAN-Free 和 Server-Free 结构。

1. Host-Base

Host-Base 是最简单的一种数据保护方案，这种备份大多采用服务器上自带的磁带机或备份硬盘，而备份操作往往是手工操作。

Host-Base 的优点是数据传输速度快、备份管理简单；缺点是不利于备份系统的共享，不适于现在大型的数据备份要求。

2. LAN-Base

LAN-Base 数据的传输以网络为基础。LAN-Base 方式下，会配置一台服务器作为备份服务器，负责整个系统的备份操作。磁带库或者硬盘池则接在某台服务器上，在进行数据备份时，备份对象将数据通过网络传输到磁带库中实现备份。

LAN-Base 的优点是节省投资、磁带库共享、集中备份管理；缺点是对网络传输压力大。

3．LAN-Free

LAN-Free 和 Server-Free 的备份系统基于 SAN。基于 SAN 的备份彻底解决了传统备份方式需要占用 LAN 带宽的问题。

LAN-Free 就是指数据无须通过局域网而直接进行备份，用户只需要把磁带机或磁带库等备份设备连接到 SAN 中，服务器直接把需要备份的数据发送到共享的备份设备上，不需要经过局域网络。

由于数据备份是通过 SAN 网络进行的，局域网只承担各服务器间的通信，而无须承担数据传输的任务。这种方式实现了控制流和数据流分离的目的。

LAN-Free 的优点是数据备份统一管理、备份速度快、网络传输压力小、磁带库资源共享；缺点是少量文件恢复操作繁琐，并且技术实施复杂、投资较高。

4．Server-Free

LAN-Free 备份需要占用备份主机的 CPU 资源。Server-Free 备份方式下，虽然服务器仍然需要参与备份过程，但负担已大大减轻，此时服务器类似于交通警察，只用于指挥方向，不用于装载和运输，不是主要的备份数据通道。

Server-Free 的优点与 LAN-Free 相似，更能缩短备份及恢复所用的时间；缺点是难度大、成本高，而且虽然服务器的负担大大减轻，但仍需要备份软件控制备份过程。元数据必须记录在备份软件的数据库上，仍需要占用 CPU 资源。

第 10 章　网络规划与设计

作为网络规划设计师，在实际项目中需要从宏观角度去设计网络，知道交换机、路由器、防火墙等设备应处于什么位置、什么时候能排上用场、网络设计的流程如何。根据历年考试的情况来看，网络规划与设计知识的考查主要集中在上午考试中，下午考试偶尔考到，但一旦出现就是一道大题。本章考点知识结构图如图 10-0-1 所示。

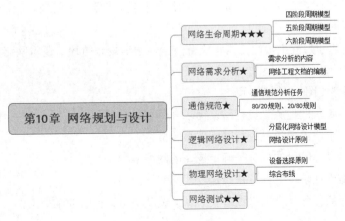

图 10-0-1　考点知识结构图

10.1　网络生命周期

本节讲述的知识点有四阶段周期模型、五阶段周期模型、六阶段周期模型。

网络生命周期就是网络系统从思考、调查、分析、建设到最后淘汰的总过程。常见的网络生命周期是四阶段周期模型、五阶段周期模型、六阶段周期模型。

1．四阶段周期模型

四阶段周期模型的特点是能够快速适应新的需求，强调宏观管理，灵活性较强。适用于成本较低、灵活性高、网络规模较小、需求较为明确、网络结构简单的网络工程。

四阶段周期模型如图 10-1-1 所示。

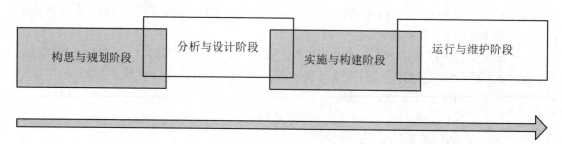

图 10-1-1　四阶段周期模型

（1）构思与规划阶段：主要工作是明确网络设计或改造的需求，同时明确新网络的建设目标。

（2）分析与设计阶段：主要工作是根据网络的需求进行设计，并形成特定的设计方案。

（3）实施与构建阶段：主要工作是根据设计方案进行设备购置、安装、调试，形成可试用的网络环境。

（4）运行与维护阶段：主要工作是提供网络服务，并实施网络管理。

2．五阶段周期模型

五阶段周期模型分为五个阶段：需求规范阶段、通信规范阶段、逻辑网络设计阶段、物理网络设计阶段、实施阶段。

五阶段周期模型如图 10-1-2 所示。

（1）需求规范阶段的任务是进行网络需求分析。

（2）通信规范阶段的任务是进行网络体系分析。

（3）逻辑网络设计阶段的任务是确定逻辑的网络结构

（4）物理网络设计阶段的任务是确定物理的网络结构。

（5）实施阶段的任务是进网络设备安装、调试及网络运行时的维护工作。

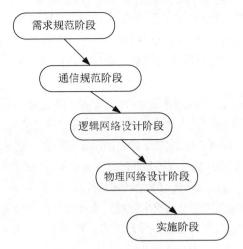

图 10-1-2　五阶段周期模型

3. 六阶段周期模型

六阶段周期模型是对五阶端周期模型的补充，对其灵活性进行改进，通过在实施阶段前后增加相应的测试和优化过程，提高网络建设工程中对需求变更的适应性。

该模型重于网络的测试和优化，测重于网络需求的不断变更，由于其严格的逻辑设计和物理设计规范，适用于大型网络的建设工作。

六阶段周期模型如图 10-1-3 所示。

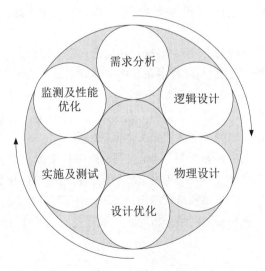

图 10-1-3　六阶段周期模型

（1）需求分析阶段：网络分析人员通过与用户交流来获取新项目目标，然后归纳出当前网络特征，分析出当前和将来的网络通信量、网络性能，包括流量、负载、协议行为和服务质量要求。

（2）逻辑设计阶段：主要完成网络的逻辑拓扑结构、网络编址、设备命名、交换及路由协议选择、安全规划、网络管理等设计工作，并且根据这些设计产生对设备厂商、服务提供商的选择策略。

（3）物理设计阶段：根据逻辑设计的结果，选择具体的技术和产品，使得逻辑设计的成果符合工程设计规范。

（4）设计优化阶段：该阶段完成实施阶段前的方案优化，通过召开专家研讨会、搭建试验平台、网络仿真等多种形式，找出设计方案中的缺陷，并进行方案优化。

（5）实施及测试阶段：根据优化后的方案进行设备的购置、安装、调试与测试，通过测试和试用，发现网络环境与设计方案的偏离，纠正实施过程中的错误，甚至可能需要修改网络设计方案。

（6）监测及性能优化阶段：网络的运营和维护阶段，通过网络管理、安全管理等技术手段，对网络是否正常运行进行实时监控，一旦发现问题，通过优化网络设备配置参数，达到优化网络性能的目的；一旦发现网络性能已经无法满足用户需求，则进入下一次迭代周期。

10.2　网络需求分析

本节讲述的知识点有需求分析的内容和网络工程文档的编制。

需求分析阶段的作用是分析现有网络，与用户从多个角度做深度交流，最后得到比较全面的需求。需求分析阶段的主要工作内容（即了解的各类需求）如下：

（1）功能需求。用户和用户业务具体需要的功能。

（2）应用需求。用户需要的应用类型、地点和网络带宽的需求；对延迟的需求；吞吐量需求。

（3）计算机设备需求。主要是了解各类 PC 机、服务器、工作站、存储等设备以及运行操作系统的需求。

（4）网络需求。网络拓扑结构需求、网络管理需求、资源管理需求、网络可扩展的需求。

（5）安全需求。可靠性需求、可用性需求、完整性需求、一致性需求。

需求分析的几点注意事项：任何网络都不可能是一张能够满足各项功能需求的万能网；采用合适的而不是最先进的网络设备，获得合适的而不是最高的网络性能；网络需求分析不能脱离用户、应用系统等现实因素；考虑网络的扩展性，极大地保护投资。

需求分析完毕后需要编制需求说明书，这是一类网络工程文档。实际上，网络工程的每个阶段完成后都需要生成相关的项目文档。网络工程文档的编制在网络项目开发工作中具有突出的地位，是设计人员在一定阶段内的工作成果和结束标志，有助于提高网络规划人员的设计效率。按照规范要求生成一套文档的过程，就是按照网络分析与设计规范完成网络项目分析与设计的过程。

10.3　通信规范

本节讲述的知识点有通信规范分析任务、80/20 规则、20/80 规则。

10.3.1　通信规范分析任务

通信规范分析就是通过分析网络通信模式和网络的流量特点，发现网络的关键点和瓶颈，为逻辑网络设计工作提供有意义的参考和模型依据，从而避免设计的盲目性。

通信规范分析任务如下：

（1）通信模式分析。

对通信模式进行分析，确定现有网络中的网络通信模式。通信模式有对等通信（P2P）模式、客户机/服务器（C/S）通信模式、浏览器/服务器（B/S）通信模式、分布式计算通信模式四种。

（2）通信边界分析。

确定局域网通信边界（广播域、冲突域）、广域网通信边界（自治区域、路由算法区域和局域网交界）、虚拟专用网络通信边界。

（3）通信流分布分析。

通信流分布分析有时需要汇总所有单个信息流量的大小。

【例 10-1】假设生产管理网络系统采用 B/S 工作方式，经常上网的用户数为 300 个，每个用户每分钟产生 2 个事务处理任务，平均事务量大小为 0.1MB，则这个系统需要的信息传输速率为多少？

$$需要的传输速率=用户数\times每单位时间产生事务的数量\times事务量大小 \qquad (10\text{-}3\text{-}1)$$

$$需要的传输速率=300\times\frac{2}{60}\times0.1\times8=8\text{Mb/s}$$

计算单个信息流量的方式比较复杂，汇总就更加麻烦，因此可以引入一些简单规则，如 80/20 规则、20/80 规则等。

10.3.2　80/20 规则与 20/80 规则

1. 80/20 规则

对于一个网段内部总的通信流量，80%的流量流转在网段内部，而剩下的 20%则是网段外部流量。这个规则适用于内部交流较多而外部访问较少的网络。

2. 20/80 规则

对于一个网段内部总的通信流量，20%的流量流转在网段内部，而剩下的 80%则是网段外部流量。这个规则适用于外部联系较多而内部联系较少的网络，可以较大限度地满足用户的远程联网需求，这个规则适用的网络允许存在具有特殊外部应用的网段。

通信规范分析完毕的同时，网络规划人员需要完成通信规范说明书的编写。

10.4　逻辑网络设计

本节讲述的知识点有分层化网络设计模型和网络设计原则。

逻辑网络设计就是根据需求分析，依据用户分布、特点、数量和应用需求等，形成符合的逻辑网络结构，大致得出网络互联特性及设备分布，但不涉及具体设备和信息点的确定。简而言之，逻辑网络设计阶段的任务是根据需求规范和通信规范，实施资源分配和安全规划。

逻辑网络设计工作主要包括网络结构的设计、物理层技术选择、局域网技术选择与应用、广域网技术选择与应用、地址设计和命名模型、路由选择协议、网络管理和网络安全等。

逻辑网络设计的一个重要概念是分层化网络设计模型。

10.4.1 分层化网络设计模型

分层化网络设计模型可以帮助设计者按层次设计网络结构，并对不同层次赋予特定的功能，为不同层次选择正确的设备和系统。三层网络模型是最常见的分层化网络设计模型，通常划分为接入层、汇聚层和核心层。

（1）接入层。

网络中直接面向用户连接或访问网络的部分称为接入层，接入层的作用是允许终端用户连接到网络，因此接入层交换机具有低成本和高端口密度特性。接入层的其他功能有用户接入与认证、二三层交换、QoS、MAC 地址过滤。

（2）汇聚层。

位于接入层和核心层之间的部分称为汇聚层，汇聚层是多台接入层交换机的汇聚点，必须能够处理来自接入层设备的所有通信流量，并提供到核心层的上行链路。因此汇聚层交换机与接入层交换机相比，需要更高的性能、更少的接口和更高的交换速率。汇聚层的其他功能有访问列表控制、VLAN 间的路由选择执行、分组过滤、组播管理、QoS、负载均衡、快速收敛等。

（3）核心层。

核心层的功能主要是实现骨干网络之间的优化传输，骨干层设计任务的重点通常是冗余能力、可靠性和高速的传输。网络核心层将数据分组从一个区域高速地转发到另一个区域，快速转发和收敛是其主要功能。网络的控制功能尽量少在骨干层上实施。核心层一直被认为是所有流量的最终承受者和汇聚者，所以对核心层的设计及网络设备的要求十分严格。核心层的其他功能有链路聚合、IP 路由配置管理、IP 组播、静态 VLAN、生成树、设置陷阱和报警、服务器群的高速连接等。

10.4.2 网络设计原则

网络设计原则如下：

（1）考虑设备先进性，但不一定必须采用最先进的设备，需要考虑合理性。

（2）应采用开放的标准和技术。

（3）考虑近期目标和远期目标，需考虑其扩展性，为将来扩展考虑。

（4）结合实际情况进行设计。例如在进行金融业务系统的网络设计时，应该优先考虑高可用性原则；在进行小型企业的网络设计时，应该优先考虑经济性原则。

逻辑网络设计完成时，需要生成逻辑设计文档。

10.5　物理网络设计

本节讲述的知识点有设备选择原则和综合布线。

在网络系统设计过程中，物理网络设计阶段的任务是依据逻辑网络设计的要求，确定设备的具体物理分布和运行环境。

10.5.1　设备选择原则

物理网络阶段的设备选择比较关键。下面介绍分层模型下的设备选择原则，具体如表 10-5-1 所列。

表 10-5-1　分层模型下的设备选择原则

层次	设备选择原则
接入层	提供多种固定端口数量搭配供组网选择，可堆叠、易扩展；在满足技术性能要求的基础上，最好价格便宜、使用方便、即插即用、配置简单；支持二层交换和高带宽链路；支持 ACL 和安全接入；具备一定的网络服务质量、控制能力及端到端的 QoS 可选；支持三层交换、远程管理和 SNMP
汇聚层	提供多种固定端口数量搭配供组网选择，可堆叠、易扩展；在满足技术性能要求的基础上，最好价格便宜、使用方便、即插即用、配置简单；支持 IP 路由，提供高带宽链路，保证高速数据转发；具备一定的网络服务质量、控制能力及端到端的 QoS；提供负载均衡的自动冗余链路、远程管理和 SNMP
核心层	数据的高速交换、高稳定性；保证设备的正常运行和管理；支持提供数据负载均衡和自动冗余链路、VLAN 定义与下发、生成树

选择网络设备时还要考虑以下几点：

- 尽可能选取同一厂家的网络设备，这样在设备可互连性、协议互操作性、技术支持、价格等方面都更有优势。
- 尽可能保留并延长用户对原有网络设备的投资，减少资金投入上的浪费。
- 选择性价比高、质量过硬的产品，使资金的投入产出达到最优。
- 根据实际需要进行选择。选择稍好的设备，尽量保留现有设备或降级使用现有设备。
- 要充分考虑网络设备的可靠性。
- 厂商技术支持（即定期巡检、咨询、故障报修、备件响应等服务）是否及时。
- 设备出现故障时，产品备件库是否能及时更换设备。

10.5.2　综合布线

综合布线是支持话音、数据、图形图像应用的布线技术。综合布线支持 UTP、光纤、STP、同轴电缆等各种传输载体，支持话音、图形、图像、数据多媒体、安全监控、传感等各种信息的传输。

综合布线系统由干线子系统、水平子系统、工作区子系统、设备间子系统、管理子系统、建筑群子系统六个部分组成，具体组成如图 10-5-1 所示。

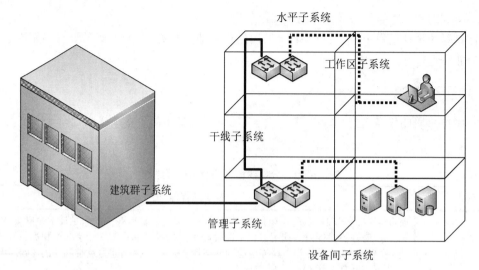

图 10-5-1　综合布线系统

（1）干线子系统：是各水平子系统（各楼层）设备之间的互连系统。

（2）水平子系统：连接干线子系统和用户工作区，是各个楼层配线间的配线架到工作区信息插座之间所安装的线缆。水平子系统的设计步骤包含确定路由；确定信息插座的数量和类型；确定导线的类型和长度，确定线缆的类型；同时还要注意管槽的选择和设计。

（3）工作区子系统：是由终端设备连接到信息插座的连线组成的，包括连接线和适配器。工作区子系统中信息插座的安装位置距离地面 30～50cm。如果信息插座到网卡之间使用无屏蔽双绞线，布线距离最大为 10m。信息插座与电源插座的间距不小于 10cm，暗装信息插座与旁边的电源插座应保持 20cm 的距离。

（4）设备间子系统：位于设备间，并且集中安装了许多大型设备（主要是服务器、管理终端）的子系统。

（5）管理子系统：由互相连接或交叉连接的配线架、信息插座式配线架及相关跳线组成。

（6）建筑群子系统：将一个建筑物中的电缆、光缆和无线延伸到建筑群的另外一些建筑物中的通信设备和装置上。建筑群之间往往采用单模光纤进行连接。

最后一个阶段是实施阶段，该阶段的作用是测试（线路测试、设备测试）、运行和维护，如布线实施后需要进行测试。

在测试线路的主要指标中，近端串扰是指电信号传输时，在两个相邻的线对之间会发生一个线对与另一个线对的信号产生耦合的现象。衰减是指由绝缘损耗、阻抗不匹配、连接电阻等因素造成信号沿链路传输时产生损失。

10.6　网络测试

网络测试的目标是利用现有网络技术或者设备等手段对网络性能、质量进行测试，诊断并排除网络故障，达到改进网络性能、提升网络质量的目的。网络测试还用于对网络系统进行评估。

根据是否向被测试的网络注入流量，网络测试分为主动测试和被动测试。

（1）主动测试：利用工具，主动注入测试流量进入测试网络，并根据测试流量的情况分析网络情况。该方法灵活、主动，但注入流量会带来安全隐患。

（2）被动测试：利用特定工具收集设备或者系统产生的网络信息，通过量化分析实现对网络的性能、功能等方面的测量。该方法不存在注入流量的隐患，但不够灵活、有较大的局限性。

1．线路与设备测试

线路测试是网络测试中的基础测试，需要用户完全清楚网络物理结构、设备构成、线缆分布。

设备测试主要是针对交换机、路由器、防火墙的测试，了解各类设备的性能参数，如地址学习速率、帧丢失率、吞吐量、时延、协议的一致性等，确保设备符合要求。

2．网络系统测试

网络系统测试是针对网络平台的稳定性进行测试。主要进行连通性、传输速率、传输时延、吞吐率、链路层健康状况（链路利用率、各类错误率、广播帧数、组播帧数、碰撞率）等功能测试。

3．网络应用测试

网络应用测试确保各种网络应用能达到用户可接受的性能指标及服务质量。各类基本应用服务指标如表 10-6-1 所列。

表 10-6-1　主要基本应用服务指标

应用服务	指标	指标参数
DHCP	响应时间	≤0.5s
DNS	响应时间	≤0.5s
Web 服务	HTTP 第一响应时间	≤1s
	HTTP 接收速率	≥10000B/s
E-mail 服务	邮件读、写时间	1000 字节邮件的读/写时间≤1s
文件服务（测试文件大小均为 100kB）	服务器连接时间	≤0.5s
	读/写速率	>10000B/s
	删除时间	≤0.5s
	断开时间	≤0.5s

4．测试报告

测试完成之后，应生成一份测试报告。测试报告的内容包含测试目的、测试结论、测试结果汇总、测试内容、测试方法等。

第 11 章　计算机硬件知识

本章涉及的知识点比较广，内容比较多。对这部分知识点的考查主要集中在上午考试中。本章考点知识结构图如图 11-0-1 所示。

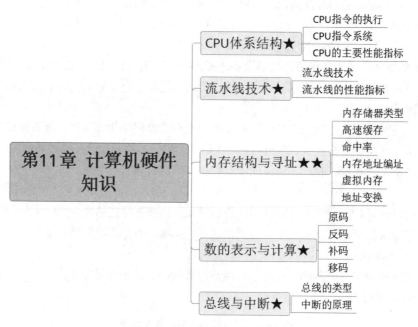

图 11-0-1　考点知识结构图

11.1　CPU 体系结构

本节讲述的知识点有 CPU 体系结构、指令集、各种主要寄存器的作用等。历年考试中对基本寄存器的作用考查比较多。

CPU（Central Processing Unit，中央处理单元）也称为微处理器（Microprocessor），是计算机中最核心的部件，主要由运算器、控制器、寄存器组和内部总线等构成。控制器由程序计数器、指令寄存器、地址寄存器、数据寄存器、指令译码器等组成。

（1）程序计数器（PC）：用于指出下条指令在主存中的存放地址，CPU 根据 PC 的内容去主存处取得指令。由于程序中的指令是按顺序执行的，所以 PC 必须有自动增加的功能，即指向下一条指令的地址。

（2）指令寄存器（IR）：用于保存当前正在执行的这条指令的代码，所以指令寄存器的位数取决于指令字长。

（3）地址寄存器（AR）：用于存放 CPU 当前访问的内存单元地址。

（4）数据寄存器：用于暂存从内存储器中读出或写入的指令或数据。

（5）指令译码器：用于对获取的指令进行译码，产生该指令操作所需要的一系列微操作信号，以控制计算机各部件完成该指令。

运算器由算术逻辑单元、通用寄存器、数据暂存器等组成，程序状态字寄存器接收从控制器送来的命令并执行相应的动作，主要负责对数据的加工和处理。

（1）算术逻辑单元（ALU）：用于进行各种算术逻辑运算（如与、或、非等）、算术运算（如加、减、乘、除等）。

（2）通用寄存器：用来存放操作数、中间结果和各种地址信息的一系列存储单元。常见的通用寄存器如下。

1）数据寄存器。

AX：Accumulator Register，累加寄存器，算术运算的主要寄存器；BX：Base Register，基址寄存器；CX：Count Register，计数寄存器，串操作、循环控制的计数器；DX：Data Register，数据寄存器。

2）地址指针寄存器。

SI：Source Index Register，源变址寄存器；DI：Destination Index Register，目的变址寄存器；SP：Stack Pointer Register，堆栈寄存器；BP：Base Pointer Register，基址指针寄存器。

3）累加寄存器。

累加寄存器（AR）又称为累加器，当运算器的逻辑单元执行算术运算或者逻辑运算时，为 ALU 提供一个工作区。例如，执行减法时，被减数暂时放入 AC，然后取出内存存储的减数，同 AC 内容相减，并将结果存入 AC。运算结果是放入 AC 的，所以运算器至少要有一个 AC。

（3）数据暂存器（DR）：用来暂存从主存储器中读出的数据，这个数据不能存放在通用寄存器中，否则会破坏其原有的内容。

（4）程序状态字寄存器（PSW）：用于保留与算术逻辑运算指令或测试指令的结果对应的各种状态信息。移位器在 ALU 输出端用暂存器存放运算结果，具有对运算结果进行移位运算的功能。

11.1.1　CPU 指令的执行

计算机中的一条指令就是机器语言的一个语句，用一组二进制代码来表示。一条指令由两部分构成：操作码和地址码，如图 11-1-1 所示。

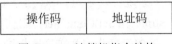

操作码	地址码

图 11-1-1　计算机指令结构

其中，操作码用于说明指令的操作性质及功能；地址码用于说明操作数的地址。一条指令必须有一个操作码，但有可能包含几个地址码。CPU 为了执行给定的指令，必须用指令译码器对操作码进行测试，以便识别所要求的操作。指令寄存器中操作码字段的输出就是指令译码器的输入。操作码经过译码后，即可向操作控制器发出具体操作的对应信号。

CPU 中指令的执行过程分为以下三个步骤。

（1）取指令。

根据程序计数器提供的指令地址，从主存储器中读取指令，送到主存数据缓冲器中。然后送往 CPU 内的指令寄存器中，同时改变程序计数器的内容，使其指向下一条指令地址或紧跟当前指令的立即数或地址码。

（2）取操作数。

如果无操作数指令，则可以直接进入下一个过程；如果需要操作数，则根据寻址方式计算地址，然后到存储器中取操作数；如果是双操作数指令，则需要两个取数周期来取操作数。

（3）执行操作。

执行操作是指根据操作码完成相应的操作，并根据目的操作数的寻址方式保存结果。其中与操作紧密相关的是指令执行的周期，在指令执行过程中要清楚各个周期中机器所完成的工作。

- 取指周期：地址由 PC 给出，取出指令后，PC 内容自动递增。当出现转移情况时，指令地址在执行周期被修改。取操作数周期要解决的是计算操作数地址并取出操作数。
- 执行周期：执行周期的主要任务是完成由指令操作码规定的动作，包括传送结果及记录状态信息。执行过程中要保留状态信息，尤其是条件码要保存在 PSW 中。若程序出现转移，则在执行周期内还要决定转移地址。因此，对不同指令，执行周期的操作也不相同。
- 指令周期：一条指令从取出到执行完成所需要的时间。

指令周期与机器周期和时钟周期的关系如下：指令周期是完成一条指令所需的时间，包括取指令、分析指令和执行指令所需的全部时间。指令周期划分为几个不同的阶段，每个阶段所需的时间称为机器周期，又称为 CPU 工作周期或基本周期，一般来说与取指时间或访存时间是一致的。时钟周期是时钟频率的倒数，也可称为节拍脉冲，是处理操作的最基本的单位。一个指令周期由若干个机器周期组成，每个机器周期又由若干个时钟周期组成。一个机器周期内包含的时钟周期个数决定于该机器周期内完成动作所需的时间。一个指令周期包含的机器周期个数也与指令所要求的动作有关，如单操作数指令只需要一个取操作数周期，而双操作数指令则需要两个取操作数周期。

11.1.2　CPU 指令系统

根据所使用的指令集，CPU 指令系统可以分为 CISC 指令集和 RISC 指令集两种。

（1）复杂指令集（Complex Instruction Set Computer，CISC）处理器中，不仅程序的各条指令是顺序串行执行的，而且每条指令中的各个操作也是顺序串行执行的。顺序执行的优势是控制简单，但计算机各部分的利用率低、执行速度相对较慢。为了能兼容以前开发的各类应用程序，现在仍继续使用这种结构。

（2）精简指令集（Reduced Instruction Set Computer，RISC）技术是在 CISC 指令系统的基础上发展起来的，实际上 CPU 执行程序时，各种指令的使用频率非常悬殊，使用频率最高的指令往往是一些非常简单的指令。因此 RISC 技术不仅精简了指令系统，而且采用超标量和超流水线结构，大大增强了并行处理能力。RISC 的特点是指令格式统一、种类比较少、寻址方式简单，因此处理速度大大提高。但是 RISC 与 CISC 在软件和硬件上都不兼容，当前中高档服务器中普遍采用 RISC 指令系统的 CPU 和 UNIX 操作系统。

这两种不同指令系统的主要区别在于以下几个方面。

（1）指令系统的指令数目。

通常 CISC 的指令数目要比同样功能的 RISC 的指令数目多很多。

（2）编程的便利性。

CISC 系统的编程相对容易一些，因为其可用的指令多、编程方式灵活。而 RISC 指令较少，要实现与 RISC 相同功能的程序代码，一般编程量更大、源程序更长。

（3）寻址方式。

RISC 使用尽可能少的寻址方式以简化实现逻辑，提高效率；CISC 则使用较丰富的寻址方式来为用户编程提供灵活性。

（4）指令的长度。

RISC 指令格式非常规整，绝大部分使用等长的指令；而 CISC 则使用可变长的指令。

（5）控制器的复杂性。

因为 RISC 指令格式整齐划一，指令在执行时间和效率上相对一致，因此其控制器可以设计得比较简单。

11.1.3　CPU 的主要性能指标

（1）主频。

主频也叫时钟频率，单位是 MHz（或 GHz），用来表示 CPU 的运算和处理数据的速度。主频仅仅是 CPU 性能的一个方面，不能代表 CPU 的整体运算能力，但人们还是习惯用主频来衡量 CPU 的运算速度。主频（工作频率）=外频（外部时钟频率）×倍频（主频对外频的倍数）

例如：某处理器外频是 200MHz，倍频是 13，则该款处理器的主频为 200MHz×13=2.6GHz。

（2）位和字长。

位：计算机中采用二进制代码来表示数据，代码只有 0 和 1 两种。无论是 0 还是 1，在 CPU 中都是 1"位"。

字长：CPU 在单位时间内能一次处理的二进制数的位数。通常能一次处理 16bit 数据的 CPU 就叫 16 位的 CPU。

（3）缓存。

缓存是位于 CPU 与内存之间的高速存储器，通常其容量比内存小，但速度却比内存快，甚至接近 CPU 的工作速度。缓存的主要功能是解决 CPU 运行速度与内存读写速度之间不匹配的问题。缓存容量的大小是 CPU 性能的重要指标之一。缓存的结构和大小对 CPU 速度的影响非常大。

通常 CPU 有三个级别缓存：一级缓存、二级缓存和三级缓存。

一级缓存（L1 Cache）是 CPU 的第一层高速缓存，分为数据缓存和指令缓存。受制于 CPU 的面积，L1 通常很小。

二级缓存（L2 Cache）是 CPU 的第二层高速缓存，按芯片所处的位置分为内部和外部两种。内部芯片二级缓存的运行速度与主频接近，而外部芯片二级缓存的运行速度则只有主频的 50%左右。L2 高速缓存容量也会影响 CPU 的性能，理论上芯片的容量是越大越好，但实际上会综合考虑成本与性能等各种因素。CPU 的 L2 高速缓存一般是 2～4MB。

三级缓存（L3 Cache）的作用是进一步降低内存延迟，提升大数据量计算时处理器的性能。因此在数值计算领域的服务器 CPU 上增加 L3 缓存可以在性能方面获得显著的效果。

11.2　流水线技术

本节讲述的知识点有流水线技术和流水线的性能指标。

11.2.1　流水线技术

流水线（Pipeline）是一种将指令分解为多个小步骤，并让几条不同指令的各个操作步骤重叠，从而实现几条指令并行处理以加速程序运行速度的技术。因为计算机中的一个指令可以分解成多个小步骤，如取指令、译码、执行等，而在 CPU 内部，取指令、译码和执行都是由不同的部件来完成的。因此在理想的运行状态下，尽管单条指令的执行时间没有减少，但是由多个不同部件同时工作，同一时间执行指令的不同步骤，从而使总执行时间极大地减少，甚至可以少至这个过程中最慢的那个步骤的处理时间。如果各个步骤的处理时间相同，则指令分解成多少个步骤，处理速度就能提高到标准执行速度的多少倍。

假设执行一条指令需要执行以下 3 个步骤：

（1）取指令。从内存中读取出指令。

（2）译码。将指令翻译出来，指出具体要执行什么动作。

（3）执行。将指令交给运算器，运行出结果。

这 3 个步骤在 CPU 内部对应地需要 3 个执行部件，假设每个部件执行的时间均为 T。若不采用流水线，则执行一条指令需要依次执行这 3 个步骤，总的执行时间为 $3T$。依此类推，要顺序执行 N 条指令，所需要的总时间就是 $3T×N$。可以看到，3 个部件在 $3T$ 时间内总是只有一个部件在运行，其余 2 个部件处于闲置状态，显然这不是一种好方法。

如图 11-2-1 所示，采用流水线执行方式，在第 1 个 T 时间内，第 1 条指令在取指令，其余两个部件空闲。在第 2 个 T 时间内，第 1 条指令完成取指令，直接交给第 2 个部件进行分析，同时取指令部件可以去取第 2 条指令。此时有两条指令在运行，只有执行部件空闲。在第 3 个 T 时间内，第 1 条指令可以直接进入执行部件执行，第 2 条指令直接进入分析部件分析，取指令部件可以去取第 3 条指令。此时 3 个部件都在工作，同时有 3 条指令在运行。

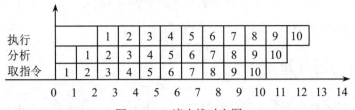

图 11-2-1　流水线时空图

依此类推，可以看到，每经过一个 T 时间，就会有一条指令执行完毕，因此执行 N 条指令的总时间是 $3T+(n-1)\times T$，也就是第 1 条指令从开始执行到执行完毕的总时间是 $3T$，以后每隔一个 T 时间就会多完成一条指令。因此只要再过 $(n-1)\times T$ 时间后，余下的 $n-1$ 条指令都会执行完毕。从上面的分析还可以看出，在线性流水线中，执行时间最长的那段变成了整个流水线的瓶颈。一般来说，将其执行时间称为流水线的周期。所以执行的总时间主要取决于**流水操作步骤中最长时间的那个操作**。

据此得出：设流水线由 N 段组成，每段所需时间分别为 Δt_i（$1 \leqslant i \leqslant N$），完成 M 个任务的实际时间为 $\sum_{i=1}^{n} \Delta t_i + (M-1)\Delta t_j$，其中 Δt_j 为时间最长的那一段的执行时间。

【例 11-1】若指令流水线把一条指令分为取指、分析和执行三部分，且三部分的时间分别是 $t_{取指}=2\text{ns}$、$t_{分析}=2\text{ns}$、$t_{执行}=1\text{ns}$，则 100 条指令全部执行完毕需要多长时间？

从题中可以看出，三个操作中，执行时间最长的操作时间是 $T=2\text{ns}$，因此总时间为 $(2+2+1)+(100-1)\times 2=5+198=203\text{ns}$。

11.2.2　流水线的性能指标

流水线的主要性能指标有吞吐率、加速比和效率。

（1）吞吐率。

吞吐率是指计算机中的流水线在单位时间内可以处理的任务或执行指令的个数。

例 11-1 中执行 100 条指令的吞吐率可以表示为 $\text{TP}=\dfrac{N}{T}=\dfrac{100}{203\times 10^{-9}}$，其中 N 表示指令的条数，T 表示执行完 N 条指令的时间。

（2）加速比。

加速比是指某一流水线采用串行模式的工作速度与采用流水线模式的工作速度的比值。加速比的数值越大，说明这条流水线的工作安排方式越好。

例 11-1 中，若串行执行 100 条指令的时间是 $T_1=5\times 100=500\text{ns}$，采用流水线工作方式的时间 $T_2=203\text{ns}$，则加速比 $R=T_1/T_2=500/203=2.463$。

（3）效率。

效率是指流水线中各个部件的利用率。由于流水线在开始工作时存在建立时间，在结束时存在排空时间，各个部件不可能一直工作，总有某个部件在某一时间处于闲置状态。用处于工作状态的部件和总部件的比值来说明这条流水线的工作效率。

11.3　内存结构与寻址

本节讲述的知识点有存储器类型、高速缓存、命中率、内存地址编址、虚拟内存、地址变换。

计算机中的存储器按用途可分为两类：主存储器和辅助存储器。主存储器也称内存储器，辅助存储器也称外存储器。外存通常是磁性介质或光盘，能长期保存信息（如硬盘、磁带等），其速度相对内存而言要慢很多。近几年的网络规划设计师考试中，很少考查外存储器的相关概念和计算题，因此本节主要讨论内存储器。

11.3.1　内存储器的类型

在计算机中，存储器按照数据的存取方式可以分为五类。

（1）随机存取存储器（Random Access Memory，RAM）。

随机存取是指 CPU 可以对存储器中的数据随机地存取，与信息所处的物理位置无关。RAM 具有读写方便、灵活的特点，但断电后信息全部丢失，因此常用于主存和高速缓存中。

RAM 又可分为 DRAM 和 SRAM 两种。其中 DRAM 的信息会随时间的延长而逐渐消失，因此需要定时对其进行刷新来维持信息不丢失。SRAM 在不断电的情况下，信息能够一直保持而不丢失，也不需要刷新。

（2）只读存储器（Read Only Memory，ROM）。

ROM 也是随机存取方式的存储器，但 ROM 中的信息是固定在存储器内的，只可读出，不能修改，其读取速度通常比 RAM 慢一些。

（3）顺序存取存储器（Sequential Access Memory，SAM）。

SAM 只能按某种顺序存取，存取时间的长短与信息在存储体上的物理位置相关，所以只能用平均存取时间作为存取速度的指标。磁带机就是 SAM 的一种。

（4）直接存取存储器（Direct Access Memory，DAM）。

DAM 采用直接存取方式对信息进行存取，当需要存取信息时，直接指向整个存储器中的某个范围（如某个磁道）；然后在这个范围内按顺序检索，找到目的地后再进行读写操作。DAM 的存取时间与信息所在的物理位置有关，相对 SAM 来说，DAM 的存取时间更短。

（5）相联存储器（Content Addressable Memory，CAM）。

CAM 是一种基于数据内容进行访问的存储设备。当写入数据时，CAM 能够自动选择一个未使用的空单元进行存储；当读出数据时，不直接使用存储单元的地址，而是使用该数据或该数据的一部分内容来检索地址。CAM 能同时对所有存储单元中的数据进行比较，并标记符合条件的数据以供读取。因为比较是并行进行的，所以 CAM 的速度非常快。

11.3.2　高速缓存的概念

在计算机存储系统的层次结构中，介于中央处理器和主存储器之间的高速小容量存储器和主存储器构成一级存储器。高速缓冲存储器和主存储器之间信息的调度和传送是由硬件自动完成的。当 CPU 存取主存储器时，硬件首先自动对存取地址进行译码，以便检查主存中的数据是否在高速缓存中。若要存取的主存储器单元的数据已在高速存储器中，则称为命中，硬件就将存取主存储器的地址映射为高速存储器的地址并执行存取操作；若该单元不在高速存储器中，则称为脱靶，硬件将执行存取主存储器操作，并自动将该单元所在的主存储器单元调入高速存储器中的空闲存储单元中。

11.3.3　高速缓存的命中率

高速缓存中，若直接访问主存的时间为 M 秒，访问高速缓存的时间为 N 秒，CPU 访问内存的平均时间为 L 秒，命中率为 H，则满足公式：$L=M\times(1-H)+N\times H$。

【例 11-2】若主存的读写时间为 30ns，高速缓存的读写时间为 3ns，平均读写时间为 3.27ns，则代入公式 $3.27=30\times(1-H)+3\times H$，解方程可知 $H=0.99$，即命中率为 99%。

11.3.4　内存地址编址

编址就是给"内存单元"编号，通常用十六进制数字表示，按照从小到大的顺序连续编排成为内存的地址。每个内存单元的大小通常是 8bit，也就是 1 个字节。内存容量与地址之间有如下关系：

内存容量=最高地址−最低地址+1

【例 11-3】若某系统的内存按双字节编址，地址从 B5000H 到 DCFFFH 共有多大容量？若用存储容量为 16k×16bit 的存储芯片构成该内存，至少需要多少片芯片？

这种题实际上是考查考生对内存地址表示的理解，属于套用公式的计算型题目。内存容量=DCFFF−B5000+1=28000，转化为十进制为 160k。又因为系统是双字节，所以总容量为 160k×16bit。而存储的容量是 16k×16bit，所以需要 160×16/16×16=10 片芯片才能实现。

11.3.5　虚拟内存

虚拟内存属于计算机内存管理技术。该技术开辟一个逻辑连续的内存（一段连续完整的地址空间），物理上通常被分隔成多个物理内存碎片，还有部分暂时存储在外部磁盘存储器上，只有需要时才进行数据交换。常用的虚拟内存通常由内存和外存两级存储构成。

虚拟存储管理包含作业调入内存、放置（放入分区）、置换等工作。具体如表 11-3-1 所示。

表 11-3-1　虚拟存储管理内容

管理动作	具体解释
调入	确定何时将某一页/段的外存的内容调入主存。通常分为： （1）**请求调入**：需要使用时调入。 （2）**先行调入**：把预计即将使用的页/段先行调入主存。

续表

管理动作	具体解释
放置	调入后，放在主存的什么位置。方法和主存管理方法一致。
置换（swapping）	当内存已满，需要调出（淘汰）一些页面给需要使用内存的页面。具体方法与 Cache 调入方法一致。 （1）最优算法（OPT）：淘汰不用的或最远的将来才用的页。理想方法，难以实现。 （2）随机算法（RAND）：随机淘汰。开销小，但性能不稳定。 （3）先进先出算法（FIFO）：调出最早进入内存的页。 （4）最近最少使用算法（LRU）：选择一段时间内使用频率最少的页。

11.3.6 地址变换

【例 11-4】某计算机系统页面大小为 4k，进程的页面变换表如表 11-3-2 所列。若进程的逻辑地址为 2D16H，该地址经过变换后，其物理地址为（　　）。

表 11-3-2　页面变换表

页号	物理块号
0	1
1	3
2	4
3	6

A．2048H　　　　B．4096　　　　　　C．4D16H　　　　D．6D16H

解析：本题是一道逻辑地址转换为物理地址的计算题。

系统页面大小为 4k，说明系统页面占 3 个十六进制位。

从题目中可知逻辑地址是 2D16H，由页号（1 个十六进制位）和业内地址（3 个十六进制位）组成。所以，页号为 2。查表得该页号对应的物理块号为 4。

物理地址=物理块号（4）+页内地址（D16H）=4D16H。

11.4　数的表示与计算

本节讲述的知识点有原码、反码、补码、移码。

如今在计算机中为了方便计算，数值并不是完全以真值形式的二进制码来表示。计算机中的数大致可以分为定点数和浮点数两类。所谓定点，是指机器数中小数点的位置是固定的。根据小数点固定的位置不同，可以分为定点整数和定点小数。

● 定点整数：指机器数的小数点位置固定在机器数的最低位之后。

● 定点小数：指机器数的小数点位置固定在符号位之后，有效数值部分在最高位之前。

所谓浮点数，就是把一个数的有效数字和数的范围分别用存储单元存放，这种数的范围和精度是分别表示的，数的小数点位置是在一定范围内自由浮动的，因此将用这种表示方法表示的数称为浮点数。定点数在计算机中的主要表示方式有三种：原码、补码和反码。另外为了方便阶码的运算，还定义了移码。

11.4.1　原码

用真实的二进制值直接表示数值的编码叫原码。原码表示法在数值前面增加了一位符号位，通常用 0 表示正数，1 表示负数。8 位原码的表示范围是（–127～–0+0～127），共 256 个。

定点整数的原码表示：

$$[X]_{原} = \begin{cases} X & 0 \leqslant X < 2^n \\ 2^n - X & -2^n < X \leqslant 0 \end{cases}$$

定点小数的原码表示：

$$[X]_{原} = \begin{cases} X & 0 \leqslant X < 1 \\ 1 - X & -1 < X \leqslant 0 \end{cases}$$

【例 11-5】定点整数。

$X_1 = +1001$，则 $[X_1]_{原} = 01001$；

$X_2 = -1001$，则 $[X_2]_{原} = 11001$。

【例 11-6】定点小数。

$X_1 = +0.1001$，则 $[X_1]_{原} = 01001$；

$X_2 = -0.1001$，则 $[X_2]_{原} = 11001$。

注意：用带符号位的原码表示的数在加减运算时可能会出现问题，如例 11-7。

【例 11-7】

$(1)_{10} - (1)_{10} = (1)_{10} + (-1)_{10} = (0)_{10}$ 可以转化为 $(00000001)_{原} + (10000001)_{原} = (10000010)_{原} = (-2)$，显然这是不正确的。因此计算机通常不使用原码来表示数据。

11.4.2　反码

正整数的反码就是其本身，而负整数的反码则通过对其绝对值按位求反来取得。基本规律是：除符号位外的其余各位逐位取反，即可得到反码。反码表示的数和原码相同，且一一对应。

定点整数的反码表示：

$$[X]_{反} = \begin{cases} X & 0 \leqslant X < 2^n \\ 2^{n+1} - 1 + X & -2^n < X \leqslant 0 \end{cases}$$

定点小数的反码表示：

$$[X]_{反} = \begin{cases} X & 0 \leqslant X < 1 \\ 2 - 2^{n-1} - X & -1 < X \leqslant 0 \end{cases}$$

【例 11-8】定点整数。

X_1=+1001，则 $[X_1]_反$=01001；

X_2=−1001，则 $[X_2]_反$=10110。

【例 11-9】定点小数。

X_1=+0.1001，则 $[X_1]_反$=01001；

X_2=−0.1001，则 $[X_2]_原$=10110。

注意：带符号位的负数在运算上也会出现问题，如例 11-10。

【例 11-10】

$(1)_{10}−(1)_{10}=(1)_{10}+(−1)_{10}=(0)_{10}$ 可以转化为 $(00000001)_反+(11111110)_反=(11111111)_反=(−0)$，则结果是−0，也就是 0。但这样反码中就出现了两个 0：$+0(00000000)_反$ 和 $−0(11111111)_反$。

11.4.3　补码

正数的补码与原码一样；负数的补码是对其原码（除符号位外）按各位取反，并在末位补加 1 而得到的。

定点整数的补码表示：

$$[X]_补 = \begin{cases} X & 0 \leqslant X < 2^n \\ 2^{n+1} + X & -2^n \leqslant X < 0 \end{cases}$$

定点小数的补码表示：

$$[X]_补 = \begin{cases} X & 0 \leqslant X < 1 \\ 2 + X & -1 \leqslant X < 0 \end{cases}$$

【例 11-11】定点整数。

X_1=+1001，则 $[X_1]_补$=01001；

X_2=−1001，则 $[X_2]_补$=10111。

【例 11-12】定点小数。

X_1=+0.1001，则 $[X_1]_补$=01001；

X_2=−0.1001，则 $[X_2]_补$=10111。

上面反码的问题出现在(+0)和(−0)上，在现实计算中，零是不分正负的。因此计算机中引入了补码概念。负数的补码就是对反码加一，而正数不变。因此正数的原码、反码和补码都是一样的。在 8 位补码中，用(−128)代替了(−0)，所以 8 位补码的表示范围为（−128～0～127），共 256 个。因此(−128)没有相对应的原码和反码，这里要尤其注意，考试中往往就考这些特殊的数字。

【例 11-13】

$(1)_{10}−(1)_{10}=(1)_{10}+(−1)_{10}=(0)_{10}$

$(00000001)_补+(11111111)_补=(00000000)_补=(0)$

$(1)_{10}−(2)_{10}=(1)_{10}+(−2)_{10}=(−1)_{10}$

$(01)_补+(11111110)_补=(11111111)_补=(−1)$

可以看到，这两个结果都是正确的。

11.4.4　移码

移码又叫增码，是符号位取反的补码，一般用做浮点数的阶码表示，因此只用于整数。目的是保证浮点数的机器零为全零。移码和补码仅仅是符号位相反，如例 11-14。

【例 11-14】

$X=+1001$，则 $[X]_补=01001$，移码 $[X]_移=11001$

$X=-1001$，则 $[X]_补=10111$，移码 $[X]_移=00111$

11.5　总线与中断

本节讲述的知识点有总线的类型和中断的原理。

11.5.1　总线的类型

总线（Bus）是连接计算机有关部件的一组信号线，是计算机中用来传送信息的公共通道。通过总线，计算机内的各部件之间可以相互通信，而不是任意两个部件之间直连，从而大大提高了系统的可扩展性。总线可以分为两类：一类是内部总线，也就是 CPU 内部连接各寄存器的总线；另一类是系统总线，即通常意义上所说的总线，是 CPU 与主存储器及外部设备接口相连的总线。按传输信号的种类，可分为数据总线（Data Bus，DB）、地址总线（Address Bus，AB）和控制总线（Control Bus，CB）。

（1）数据总线：一般情况下是双向总线，用于各个部件之间的数据传输。

（2）地址总线：单向总线，是微处理器或其他主设备发出的地址信号线。

（3）控制总线：用于微处理器与存储器或接口等之间控制信号。

CPU 向地址总线提供访问主存单元或 I/O 接口的地址；向数据总线发送或接收数据，以完成与主存单元或 I/O 接口之间的数据传送，主存和 I/O 设备之间也可以通过数据总线传送数据；通过控制总线向主存或 I/O 设备发送或接收相关的控制信号，I/O 设备也可以向控制总线发出控制信号。

尤其要注意在存储器的地址总线中，地址线的根数与存储器的容量大小之间有密切的关系，若设地址线的根数为 N，则此地址总线可以访问的最大存储容量为 $M=2^N$ 字节，根据需要可以进一步换算成 KB 和 MB 等。

11.5.2　中断的原理

计算机中，**主存与外设间进行数据传输**的控制方法主要有程序控制方式、程序中断控制方式、DMA 等。

程序控制方式是通过 CPU 执行相应的程序代码控制数据的输入/输出，此过程依赖程序代码和 CPU 运算，是效率比较低的一种方式。

中断控制方式是在系统运行过程中有紧急事件发生时，CPU 暂停当前正在执行的程序，先转去处理紧急事件的子程序，此时需要保存 CPU 中各种寄存器的值，称为保存现场；紧急事件处理结束后恢复原来的状态，再继续执行原来的程序。这种对紧急事件的处理方式称为程序中断控制方式，简称**中断**。而中断程序的入口地址称为**中断向量**。

根据计算机系统对中断处理的策略不同，中断可分为单级中断系统和多级中断系统。

（1）单级中断系统：当响应某一中断请求时，执行该中断源的中断服务程序。在此期间，不允许其他中断源再打断。只有该中断服务程序执行完毕之后，才能响应其他中断。

（2）多级中断系统：系统中有多个不同优先级的中断源，优先极高的中断可以打断优先级低的中断，以程序嵌套方式进行工作。这种方式使用**堆栈**保护断电和现场最有效。

中断方式提供了一种让 CPU 处理紧急事件的手段，但是每一次中断的处理都要进行现场的保存和中断的恢复，需要额外占用一定的 CPU 周期，因此效率不是很高。

在 DMA 控制方式下，主存与外设之间建立了直接的数据通路。当 CPU 处理 I/O 事件时有大量数据需要处理，通常不使用中断，而采用 DMA 方式。所谓 DMA 方式，是指在传输数据时从一个地址空间复制到另一个地址空间的过程中，只要 CPU 初始化这个传输动作，传输动作的具体操作由 DMA 控制器来实行和完成，这个过程中不需要 CPU 参与，数据传送完毕后再把信息反馈给 CPU，这样就极大地减轻了 CPU 的负担，节省了系统资源，提高了 I/O 系统处理数据的能力，并减少了 CPU 的周期浪费。

第 12 章 计算机软件知识

本章涉及的知识点比较广，内容非常多。对这部分知识点的考查主要集中在上午考试中。本章考点知识结构图如图 12-0-1 所示。

图 12-0-1　知识体系结构图

12.1　操作系统概念

本节讲述的知识点有操作系统概念和进程。

12.1.1　操作系统概念

1. 操作系统

操作系统是用户与计算机硬件之间的桥梁,用户通过操作系统管理和使用计算机的硬件来完成各种运算和任务。目前流行的操作系统有 Windows、UNIX 和 Linux 三类,最常见的是 Windows 系统。现在流行的 Windows 服务器的版本是由 Windows NT 发展而来的。

UNIX 系统具有多用户分时、多任务处理的特点,因其良好的安全性和强大的网络功能成为了互联网的主流服务器操作系统。

Linux 是在 UNIX 的基础上发展而来的一种完全免费的操作系统,其程序源代码完全向用户免费公开,因此也得到广泛的应用。

2. 应用软件

应用软件是指用户利用计算机的软硬件资源为某一专门的应用目的而开发的软件,通常通过程序设计语言来开发。通过程序设计语言编制程序后,由计算机运行该程序,按设计者的意图对数据进行处理。计算机系统的软件层次示意图如图 12-1-1 所示。

图 12-1-1　计算机系统的软件层次示意图

操作系统是计算机系统中的核心系统软件,负责管理和监控系统中的所有硬件和软件资源,其他系统软件主要是一些编译程序和数据库管理系统等。应用软件包含常见的办公软件、管理软件和某些行业应用的软件等。

12.1.2　进程

简单来说,进程就是操作系统中正在运行的程序以及与之相关的资源的集合。

1. 进程的状态转换

操作系统中进程的运行有三种基本状态: 就绪状态、运行状态和阻塞状态。这三种基本状态在进程的生命周期中是不断变换的, 如图 12-1-2 所示表明了进程中各种状态转换的情况。

从图 12-1-2 中可以看出, 由于调度程序的调度, 可以将就绪状态的进程转入运行状态; 当分配的时间片用完了, 运行的进程也可以转入就绪状态; 由于 I/O 操作完成,

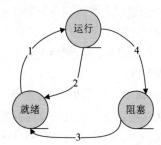

图 12-1-2　进程的状态转换

将阻塞状态的进程从阻塞队列中唤醒，使其进入就绪状态；还有一种情况就是运行状态的进程可能由于 I/O 请求的资源得不到满足而进入阻塞状态。

2. 进程的同步和互斥

进程是操作系统的核心，引进进程的目的就是让程序能并发执行，提高资源利用率和系统的吞吐量。考生需要注意并发和并行是两个完全不同的概念。

（1）并发：是指在一定时间内，物理机器上有两个或两个以上的程序同时处于开始运行却尚未结束的状态，并且次序不是事先确定的。在单处理机系统中同时存在多个并发程序，从宏观上看，这些程序是同时执行的；从微观上看，任何时刻都只有一个程序在执行，这些程序按照分配的时间片在 CPU 上轮流执行。

（2）并行：是指严格意义上的并行（同时执行）在多处理机系统中才可能实现。并发进程间的关系可以是无关的，也可以是相互影响的。

并发进程间无关是指进程是各自独立的，即一个进程的执行不影响其他进程的执行，且与其他进程的运行情况无关，不需要特别的控制。并发进程间的相互影响是指一个进程的执行可能影响其他进程的执行，即一个进程的执行依赖其他进程的运行情况。相互影响的并发进程之间一定会共享某些资源。

进程之间互相竞争某一个资源，这种关系称为进程的互斥。也就是说对于某个系统资源，如果一个进程正在使用，其他的进程就必须等待其用完才能供自己使用，而不能同时供两个以上的进程使用。例如，A 和 B 两个进程共享一台打印机，如果系统已经将打印机分配给了 A 进程，当 B 进程需要打印时，因得不到打印机而等待，只有 A 进程将打印机释放后，系统才将 B 进程唤醒，B 进程才有可能获得打印机。

并发进程使用共享资源时，除了竞争资源之外也有协作，要利用互通消息的办法来控制执行速度，使相互协作的进程正确工作。进程之间相互协作来完成某一任务，这种关系称为进程的同步。例如，A 和 B 两个进程通过一个数据缓冲区合作完成一项任务，A 进程将数据送入缓冲区后通知 B 进程缓冲区中有数据，B 进程从缓冲区中取走数据后通知 A 进程缓冲区已经为空。当缓冲区为空时，B 进程因得不到数据而阻塞，只有当 A 进程将数据送入缓冲区时才唤醒 B 进程；反之，当缓冲区满时，A 进程因不能继续送数据而阻塞，只有当 B 进程取走数据时才唤醒 A 进程。相互影响的并发进程可能会同时使用共享资源，如果对这种情况不加以控制，在使用共享资源时就会出错。

对于进程之间的互斥和同步，操作系统必须采取某种控制手段才可以保证进程安全可靠地执行。对于进程互斥，要保证在临界区内不能交替执行；对于进程同步，则要保证合作进程必须相互配合、共同推进，并严格按照一定的先后顺序。因此，操作系统必须使用信号量机制来保证进程的同步和互斥。

3. 用 PV 原语实现进程的互斥

为了解决进程之间的互斥问题，操作系统设置一个互斥的信号量 S，这个信号量与所有的并发进程都有关，因此称为公有信号量。只要把临界区置于 P(S) 和 V(S) 之间，即可实现进程间的互斥。这种情况下，任何想访问临界资源的进程在进入临界区之前，要先对信号量 S 执行 P 操作，若该资源未被访问，则本次 P 操作成功，该进程便可以进入临界区。这时若再有其他的进程想进入临界区，在其对信号量 S 执行 P 操作后一定会失败而阻塞。当访问临界资源的进程退出临界区后，再对其执行 V 操作，释放该临界资源。

类似于广场上只有一个公共电话机，广场上的所有人都可以去使用这个电话机，但是在任何时刻都只允许一个人使用这个电话机。为了让打电话的人知道电话机的状态，在电话亭上安装一个工作指示灯（相当于信号量 S），在有用户使用电话机时，只要一拿起话筒（相当于执行 P(S)操作），指示灯亮，其他人不可以再使用该电话机。当通话完毕，放下话筒（相当于执行 V(S)操作），指示灯灭，其他人可以使用该电话机。

4. 用 PV 原语实现进程的同步

与进程互斥不同的是，进程同步时的信号量只与制约进程和被制约进程有关，而不与其他的并发进程有关，所以称同步的信号量为私有信号量。

利用 PV 原语实现进程同步的方法是：首先判断进程间的关系是否为同步，若是，则为各并发进程设置各自的私有信号量，并为私有信号量赋初值，然后利用 PV 原语和私有信号量来规定各个进程的执行顺序。

可以通过消费者和生产者进程之间的同步来说明。假设可以通过一个缓冲区把生产者和消费者联系起来。生产者把产品生产出来后送入仓库，并给消费者发信号，消费者收到信号后到仓库取产品，取走产品后给生产者发信号。并且假设仓库中一次只能放一个产品。当仓库满时，生产者不能放产品；当仓库空的时候，消费者不能取产品。

生产者只关心仓库是否为空，消费者只关心仓库是否为满。可设置信号量 empty 和 full，其初始值分别为 1 和 0。full 表示仓库中是否满，empty 表示仓库是否为空。

生产进程和消费者进程是并发执行的进程，假定生产进程先执行且执行 P(empty)成功，把生产的产品放入缓冲区并执行 V(full)操作，使 full=1，表示在缓冲区中已有可供消费者使用的产品，然后执行 P(empty)操作将自己阻塞起来，等待消费进程将缓冲区中的产品取走。当调度程序调度到消费进程执行时，由于 full =1，所以 P(full)成功，可以从缓冲区中取走产品消费并执行 V(empty)操作，将生产进程唤醒，然后返回到进程的开始去执行 P(full)操作，将自己阻塞起来，等待生产进程送来下一个产品，接着又是生产进程执行。这样不断地重复，保证了生产进程和消费进程依次轮流执行，从而实现了两个进程之间的同步操作。

为了便于考生理解这两个概念，这里简单总结一下：进程之间的互斥是进程间竞争共享资源的使用权，这种竞争没有固定的先后顺序关系；而进程同步涉及共享资源的并发进程之间有一种必然的依赖关系。

在网络规划设计师考试中考查较多的是系统中进程资源的分配问题。在进程的互斥资源分配过程中，需保证在极端情况下各个进程都获得其等待的资源，而不致于死锁，这也是系统不死锁的基本条件。所谓的死锁，是指多个进程之间相互等待对方的资源，而在得到对方资源之前又不会释放自己的资源，因此造成相互等待的一种现象。在操作系统中，往往一个进程的死锁会造成系统死锁。

12.2　软件开发

本节讲述的知识点有结构化程序设计、面向对象的基本概念、软件开发模型、软件测试等。

12.2.1　结构化程序设计

结构化程序设计是以模块功能和详细处理过程设计为主的一种传统的程序设计思想，通常采用自顶向下、逐步求精的方式进行。在结构化程序设计中，任何程序都可以由顺序、选择、循环三种基本结构构成。结构化程序往往采用模块化设计的思想来实现，其基本思路是：任何复杂问题都是由若干相对简单的问题构成的。从这个角度来看，模块化是把程序要解决的总目标分解为若干个相对简单的小目标来处理，甚至可以再进一步分解为具体的任务项来实现。每一个小目标就称为一个模块。由于模块间相互独立，因此在模块化的程序设计中，应尽量做到模块之间的高内聚、低耦合。也就是说，功能的实现尽可能在模块内部完成，以降低模块之间的联系，减少彼此之间的相互影响。

12.2.2　面向对象的基本概念

（1）对象。

简单来说，对象就是要研究的任何事物，可以是自然界的任何事物，如一本书、一条流水生产线等，它不仅能表示有形的实体，也能表示抽象的规则、计划或事件等。对象由数据和作用于数据的操作构成一个独立整体。从程序设计者来看，对象是一个程序模块；从用户来看，对象可以提供用户所希望的行为。

（2）类。

类可以看作是对象的模板。类是对一组有相同数据和相同操作的对象的定义，一个类所包含的方法和数据描述一组对象的共同属性和行为。类是在对象之上的抽象；对象则是类的具体化，是类的实例。面向对象的程序设计语言通过类库来代替传统的函数库，程序设计语言的类库越丰富，则该程序设计语言越成熟。面向对象的软件工程可以将多个相关的类构成一个组件。

（3）消息和方法。

对象之间进行通信的机制叫作消息。在对象的操作过程中，当一个消息发送给某个对象时，消息包含接收对象去执行某种操作的信息。发送一条消息至少要包括接收消息的对象名、发送给该对象的消息名等基本信息，通常还要对参数加以说明。参数一般是认识该消息的对象所知道的变量名。类中操作的实现过程叫作方法，一个方法有方法名、参数等信息。

（4）软件复用。

软件复用是指在两次或多次不同的软件开发过程中重复使用相同或相似软件元素的过程。软件元素包括程序代码、测试用例、设计文档、设计过程、需求分析文档甚至领域知识。

根据复用跨越的问题领域，软件复用可分为垂直式复用和水平式复用。

垂直式重用：指在一类具有较多公共性的应用领域之间进行软件重用，大多数软件组织采用这种重用形式。

水平式重用：重用不同应用领域中的软件元素，例如数据结构、分类算法、人机界面构件等。标准函数库属于水平式重用。

12.2.3 面向对象的主要特征

（1）继承性。

继承性是子类自动共享父类的数据结构和方法的一种机制。在定义和实现一个类时，可以在一个已经存在的类的基础上进行，把这个已经存在的类所定义的内容作为自己的内容，并加入若干新的内容。继承性是面向对象程序设计语言不同于其他语言的最重要的特点。在类层次中，若子类只继承一个父类的数据结构和方法，则称为单重继承；若子类继承多个父类的数据结构和方法，则称为多重继承。在软件开发中，类的继承性使所建立的软件具有开放性和可扩充性。它简化了对象和类的创建工作量，增加了代码的可重用性。

（2）多态性。

多态性是指相同的操作、函数或过程可作用于多种不同类型的对象上，并获得不同的结果。不同的对象收到同一个消息可以产生不同的结果，这种现象称为多态性。多态性允许每个对象以适合自身的方式去响应共同的消息，也增强了软件的灵活性和重用性。

（3）封装性。

封装是一种信息隐蔽技术，它体现在类的说明，是对象的一种重要特性。封装使数据和加工该数据的方法变为一个整体以实现独立性很强的模块，使得用户只能见到对象的外部特性，而对象的内部特性对用户是隐蔽的。封装的目的在于把对象的设计者和使用者分开，使用者不必知道行为实现的细节，只需用设计者提供的消息来访问该对象即可。

12.2.4 面向对象的开发方法

面向对象的开发方法主要有 Booch 方法、Coad 方法和 OMT 方法等。

（1）Booch 方法。

Booch 方法最先探讨面向对象的软件开发方法中的基础问题，认为面向对象开发是一种根本不同于传统的功能分解的设计方法，软件分解应该最接近人对客观事务的理解。Booch 方法可分为逻辑设计和物理设计，其中逻辑设计包含类图文件和对象图文件；物理设计包含模块图文件和进程图文件，用以描述软件系统结构。Booch 方法中的基本概念如下。

1）类图：描述类与类之间的关系。

2）对象图：描述实例和对象间传递的消息。

3）模块图：描述构件。

4）进程图：描述进程分配处理器的情况。

Booch 方法也可划分为静态模型和动态模型，其中静态模型表示系统的构成和结构；动态模型表示系统执行的行为，动态模型又包含时序图和状态转换图。

1）时序图：描述对象图中不同对象之间的动态交互关系。

2）状态图：描述一个类的状态变化。

（2）Coad 方法。

Coad 方法是多年来开发大系统的经验与面向对象概念的有机结合，在对象、结构、属性和操作的认定方面提出了一套系统的原则。Coad 方法可分为面向对象分析（OOA）和面向对象设计（OOD）两部分。在 OOA 中建立概念模型，由类与对象、属性、服务、结构和主题五个分析层次组成。

1）类与对象：从问题域和文字出发，寻找并标识类与对象。

2）属性：确定对象信息及其之间的关系。可分为原子概念层的单个数据和类结构中的公有属性与特定属性。

3）服务：标识消息连接和所有服务说明。

4）结构：标识类层次结构，确定类之间的整体部分结构与通用特定结构。

5）主题：主题是比结构更高层次的模块，与相关类一起控制着系统的复杂度。

面向对象设计就是根据已建立的分析模型，运用面向对象技术进行系统软件设计，它将 OOA 模型直接变成 OOD 模型。

（3）OMT 方法。

OMT 方法认为开发工作的基础是对真实世界的对象建模，然后围绕这些对象使用分析模型来进行独立于语言的设计，面向对象的建模和设计促进了开发人员对需求的理解，有利于开发更清晰、更容易维护的软件系统。

12.2.5　软件规模度量

准确的软件规模度量是科学地进行项目工作量估算、计划进度编制和成本预算的前提。软件规模度量有助于开发人员把握开发时间、费用等。常用的方法有以下几种。

（1）代码行。

代码行（line of code）指所有可执行的源代码行数。此方法的问题是只能等软件开发完毕之后才能准确地计算，而且越是高级的语言，实现同样功能的代码行越多，因此现在已经很不准确了，在现代软件工程中不再使用此方法。

（2）功能点分析法。

功能点分析法（Function Point Analysis，FPA）是在软件需求分析阶段依据系统功能的一种规模估算方法，由 IBM 的研究人员提出，随后被国际功能点用户协会（The International Function Point Users' Group，IFPUG）提出的 IFPUG 方法继承。从系统的复杂性和特性两个角度来度量软件的规模，根据具体方法和编程语言的不同，功能点可以转换为代码行。

（3）德尔菲法。

德尔菲法（Delphi Technique）是最流行的一种专家评估技术，适用于评定过去与将来、新技术与特定程序之间的差别。评定结果会受专家的影响，利用德尔菲技术可以尽量减少这种影响。

（4）构造性成本模型。

构造性成本模型（Constructive Cost Model，COCOMO）是一种精确的、易于使用的、基于模型的成本估算方法。该模型按其详细程度分为三种：基本模型、中间模型和详细模型。基本模型是一个静态模型；中间模则在基本模型的基础上，再参考产品、硬件、人员等因素的影响来调整工作量的估算；详细模型在中间模型的基础上，应用中间模型相关影响因素调整工作量估算时，还要考虑对软件工程过程中的分析和设计等的影响。

12.2.6　UML

UML 最早由著名的 Jim Rumbaugh、Ivar Jacobson 和 Grady Booch 创造，因为他们各自的建模方法（分别是 OMT、OOSE 和 Booch）彼此之间存在竞争。最终，他们一起创造了一种开放的标准。UML 成为标准建模语言主要是因为它与程序设计语言无关，而且 UML 符号集只是一种语言，而不是一种方法学。因为是一种语言，所以可以在不做任何更改的情况下，很容易地适应各种业务运作方式。

UML 提供了多种类型的模型描述图（Diagram），当使用这些图时，UML 使得开发中的应用程序更易理解。这些最常用的 UML 图包括用例图、类图、序列图、状态图、活动图、组件图和部署图。

（1）用例图。

用例图描述了系统提供的一个功能单元，帮助开发人员以一种可视化的方式理解系统的功能需求。

（2）类图。

类图表示不同的实体如何彼此相关，换句话说，它显示了系统的静态结构。类图可用于表示逻辑类（通常就是业务人员所谈及的事物种类）和实现类（程序员处理的实体）。

（3）序列图。

序列图显示具体用例的详细流程。它几乎是自描述的，并且显示了流程中不同对象之间的调用关系，同时还可以很详细地显示对不同对象的不同调用。

（4）状态图。

状态图表示某个类所处的不同状态和该类的状态转换信息。

（5）活动图。

活动图表示在处理某个活动时，两个或多个类对象之间的过程控制流。活动图可用于在业务单元的级别上对更高级别的业务过程进行建模，或者对低级别的内部类操作进行建模。

（6）组件图。

组件图提供系统的物理视图，显示系统中的软件对其他软件的依赖关系。

（7）部署图。

部署图表示该软件系统如何部署到硬件环境中。用于显示该系统不同的组件将在何处运行，以及彼此间如何进行通信。

12.2.7 软件开发模型

软件开发模型（Software Development Model）是指软件开发的全部过程、活动和任务的结构框架。其主要过程包括需求、设计、编码、测试及维护阶段等环节。软件开发模型使开发人员能清晰、直观地表达软件开发的全过程，明确了解要完成的主要活动和任务。对于不同的软件，通常会采用不同的开发方法和不同的程序设计语言，并运用不同的管理方法和手段。软件开发过程中，常用的软件开发模型可以概括为以下六类。

（1）瀑布模型。

瀑布模型是最早出现的软件开发模型，它将软件生命周期分为制订计划、需求分析、软件设计、程序编写、软件测试和运行维护六个基本活动，并且规定了它们自上而下、相互衔接的固定次序，如同瀑布流水，逐级落下，因此形象地称其为瀑布模型。在瀑布模型中，软件开发的各项活动严格按照线性方式组织，当前活动依据上一项活动的工作成果完成所需的工作内容。当前活动的工作成果需要进行验证，若验证通过，则该成果作为下一项活动的输入继续进行下一项活动；否则返回修改。尤其要注意瀑布模型强调文档的作用，并在每个阶段都进行仔细验证。由于这种模型的线性过程太过理想化，已不适合现代的软件开发模式。

（2）快速原型模型。

快速原型模型首先建立一个快速原型，以实现客户与系统的交互，用户通过对原型进行评价，进一步细化软件的开发需求，从而开发出令客户满意的软件产品。因此快速原型法可以克服瀑布模型的缺点，减少由于软件需求不明确带来的风险。因此快速原型的关键在于尽可能快速地建造出软件原型，并能迅速修改原型以反映客户的需求。

（3）增量模型。

增量模型又称演化模型，增量模型认为软件开发是通过一系列的增量构件来设计、实现、集成和测试的，每一个构件由多种相互作用的模块构成。增量模型在各个阶段并不交付一个完整的产品，而仅交付满足客户需求子集的一个可运行产品。整个产品被分解成若干个构件，开发人员逐个构件地交付以适应需求的变化，用户可以不断地看到新开发的软件，从而降低开发的风险。但是需求的变化会使软件过程的控制失去整体性。

（4）螺旋模型。

螺旋模型结合了瀑布模型和快速原型模型的特点，尤其强调了风险分析，特别适合于大型复杂的系统。螺旋模型沿着螺线进行若干次迭代以实现系统的开发，是由风险驱动的，强调可选方案和约束条件，从而支持软件的重用，因此尤其注重软件质量。

（5）喷泉模型。

喷泉模型也称为面向对象的生存期模型，相对传统的结构化生存期而言，其增量和迭代更多。生存期的各个阶段可以相互重叠和多次反复，而且在项目的整个生存期中还可以嵌入子生存期。就像喷泉水喷上去又可以落下来，可以落在中间，也可以落在最底部一样。

（6）RUP 模型。

软件统一过程（Rational Unified Process，RUP）也是具有迭代特点的模型。RUP 强调采用螺旋和增量的方式来开发软件，这样做的好处是在软件开发的早期就可以对关键的、影响大的风险进行处理。

依据时间顺序，RUP 生命周期分为四个阶段。

- 初始阶段（Inception）：确定项目边界，关注业务与需求风险。
- 细化阶段（Elaboration）：分析项目，构建软件结构、计划。该阶段应确保软件结构、需求、计划已经稳定；项目风险低，预期能完成项目；软件结构风险已经解决。
- 构建阶段（Construction）：构件与应用集成为产品，并通过详细测试。
- 交付阶段（Transition）：确保最终用户可使用该软件。

12.2.8　软件开发方法

软件开发方法是在软件系统开发过程中使用的方法。与软件开发模型不同的是，开发模型强调规划，即规划软件开发的流程；而软件开发开发方法强调软件系统的具体实现。

常用的软件开发方法如下：

1. 结构化方法

结构化方法把系统开发分为若干阶段。相邻两阶段中，前阶段是后阶段的工作前提。结构化方法的主要特点如下：

- 用户至上原则，用户必须参与系统建设各阶段的工作。
- 严格区分工作阶段，每个阶段都有明确任务、成果。
- 强调系统整体性和开发过程的顺序，开发过程工程化。
- 文档资料标准化。

结构化方法的主要原则有：**"用户全程参与""先逻辑，后物理""自顶向下""工作成果描述标准化"。** 结构化方法的主要应用有面向数据流分析。

2. 原型法（又称快速原型法）

一般来说，用户需求较难把握，因此可以使用"原型"来捕获用户的需求。原型法获取**基本的需求**，快速构建原型，通过用户试用、补充、修改，构成新系统。重复这一过程，形成最终系统。原型法用于**解决需求不明确**的情况。原型法的主要特点如下：

- 原型开发是实际可行的。
- 具有最终系统的基本特征。
- 构造快速、廉价。

原型还可以分为演化式原型和抛弃式原型。

（1）演化式原型：原型的构造从目标系统的部分基本需求出发，通过修改和完善功能的过程逐渐演化成最终的目标系统。

（2）抛弃式原型：在真正捕获用户的需求后就放弃不用的原型。

3. 面向对象方法

面向对象方法是指把面向对象思想应用到软件开发中，简称 OO 方法。该方法分为分析、设计、实现三个阶段。

4. Jackson 方法

Jackson 方法是一种面向数据结构的软件设计方法，是面向数据流的分析方法。

5. 敏捷开发方法

敏捷开发方法是一种以人为核心、迭代、循序渐进的开发方法。其最基本的特征是：轻量和简单、增量、协作、直接、适应性强。

移动互联网行业发展速度快，需求模糊并不断变化，产品更新迭代的频率高，而敏捷软件开发相对于传统软件工程方法而言，更适应互联网软件需求模糊、快速变更的特点。

敏捷开发的原则如下：

（1）最优先要做的是尽早地、持续地交付有价值的软件，让客户满意。

（2）即使到了开发的后期，也欢迎改变需求。敏捷过程利用变化来为客户创造竞争优势。

（3）经常性地交付可以工作的软件，交付的间隔可以从几个星期到几个月，交付的时间间隔越短越好。

（4）项目开发期间，业务人员和开发人员必须一起工作；在团队内部，最具有效果、效率的交流方法，是面对面的交谈。

（5）提倡可持续的开发速度。责任人、开发者和用户应保持一个长期恒定的开发速度。

（6）不断地关注优秀的技能和优秀的设计可增强敏捷能力。

（7）简单是最根本的要求。

主流的敏捷开发方法如下。

（1）极限编程（Extreme Programming, XP）：轻量级的、灵巧的软件开发方法。XP 方法强调设计与开发团队与业务专家的配合，强调面对面沟通比书面文档重要，频繁交付，更注重人的作用（发挥人的优点，避免人的缺点）。

（2）水晶方法（Crystal）：水晶方法论由 Alistair Cockburn 提出，目的是提出一种灵活的方法，即包含核心的共性元素，又包含具有各种特性的过程、产品、经验。水晶方法提供一组经过证明，针对不同类型项目较为有效的策略、约定和方法论。

（3）并列争球法（Scrum）：Scrum 是橄榄球争球的意思，是一种迭代增量式的软件开发过程。Scrum 将需求按照优先级进行划分，分为多次迭代和多个增量，每次迭代时间 2~6 周（看成一次冲刺）；每次迭代版本会转换为每天"立会"（每天 15 分钟站立会议）上的进度跟踪与问题解决。立会必须回答明天计划、当天进度、当前存在的问题。Scrum 法有明确的最高目标：发布产品的重要性高于一切。

（4）自适应软件开发（ASD）：着眼于人员协作和团队自我组织。ASD 的生命周期阶段分别是思考、协作、学习。

12.2.9　CMM 模型

能力成熟度模型（Capability Maturity Model for Software，CMM）是对软件组织在定义、实施、度量、控制和改善其软件过程的实践中各个发展阶段的描述。最早是在美国国防部的指导下，由软件开发团体和软件工程学院（SEI）等共同开发的。CMM 的核心是把软件开发视为一个过程，并根据这一原则对软件开发和维护进行过程监控和研究，以使其更加科学化、标准化，使企业能够更好地实现商业目标。

CMM 是一种用于评价软件承包能力并帮助其改善软件质量的方法，侧重于软件开发过程的管理及工程能力的提高与评估。在软件开发机构中，CMM 被广泛用来指导软件过程改进。

CMM 分为五个等级：一级为初始级；二级为可重复级；三级为已定义级；四级为已管理级；五级为优化级。

（1）初始级：这个级别的特点是无秩序，甚至是混乱。整个软件开发过程中没有一个标准的规范或步骤可以遵循，所开发的软件产品能否取得成功往往取决于个别人的努力或机遇。初始级的软件过程是一种无定义的随性过程，项目的执行也很随意。

（2）可重复级：这个级别已经建立了最基本的项目管理过程，可以对成本、进度等进行跟踪管理。对类似的软件项目，可以借鉴之前的成功经验来获取成功。也就是说，在软件管理过程中，一个可以借鉴的成功的过程是一个可重复的过程，并且重复能逐渐完善和成熟。

（3）可定义级：这个级别已经用于管理和工程的软件过程标准化，并形成相应的文档进行管理。各种项目都可以采用结合实际情况修改后的标准软件过程来进行操作。此级别中的过程管理可以遵照形成了标准的文档执行，各种开发的项目都需要根据这个标准进行操作。

（4）可管理级：这个级别通过详细的度量标准来衡量软件过程和产品质量，实现了质量和管理的量化。

（5）优化级：这个级别通过将新方法、新技术等各种有用信息进行定量分析，从而持续地对软件过程和管理进行改进。

12.2.10　软件测试

软件测试是软件开发过程中的一个重要环节，其主要目的是检验软件是否符合需求，尽可能多地发现软件中潜在的错误并加以改正。测试的对象不仅有程序部分，还有整个软件开发过程中各个阶段产生的文档，如需求规格说明、概要设计文档等。

软件测试一般分为动态测试和静态测试两个大类。前者通过运行程序发现错误，包括边界值分析、逻辑覆盖、基本路径等方法；后者采用人工和计算机辅助静态分析的手段对程序进行检测，包括桌面检查、代码审查、代码走查等方法。

根据动态测试在软件开发过程中所处的阶段和作用，动态测试可分为单元测试、集成测试、系统测试、验收测试和回归测试。

（1）单元测试。

单元测试是对软件中的基本组成单位进行的测试，如一个模块、一个过程等，是最微小规模的测试。它是软件动态测试最基本的部分，也是最重要的部分之一，其目的是检验软件基本组成单位的正确性。一个软件单元的正确性是相对于该单元的规约而言的，因此单元测试以被测试单位的规约为基准。典型的由程序员而非测试员来做，因为它需要工作人员知道内部程序设计和编码的细节知识。

（2）集成测试。

集成测试是指一个应用系统的各个部件的联合测试，以决定其能否在一起共同工作而没有冲突。部件可以是代码块、独立的应用、网络上的客户端或服务器端程序。这种类型的测试尤其与客户服务器和分布式系统有关。一般在集成测试前单元测试已经完成。集成测试是单元测试的逻辑扩展。其最简单的形式是：两个已经测试过的单元组合成一个组件，并且测试它们之间的接口。从这一层意义上讲，组件是指多个单元的集成聚合。

集成测试的**组装策略**可以分为一次性组装和增量式组装（包括自顶向下、自底向上及混合式）两种。

在现实方案中，许多单元组合成组件，而这些组件又聚合成程序的更大部分。方法是测试片段的组合并最终扩展进程，将模块与其他组的模块一起测试。最后，将构成进程的所有模块一起测试。此外，如果程序由多个进程组成，应该对其进行成对测试，而不是同时测试所有进程。集成测试识别组合单元时出现的问题。通过使用要求在组合单元前测试每个单元，并确保每个单元的生存能力的测试计划，可以知道在组合单元时所发现的任何错误很可能与单元之间的接口有关。这种方法将可能发生的情况数量减少到更简单的分析级别系统测试。

（3）系统测试。

系统测试的对象不仅包括需要测试的产品系统的软件，还包括软件所依赖的硬件、外设甚至某些数据、某些支持软件及其接口等。因此，必须将系统中的软件与各种依赖的资源结合起来，在系统实际运行环境下进行测试。

（4）验收测试。

验收测试是指系统开发生命周期方法的一个重要阶段，也是部署软件之前的最后一个测试操作。测试目的就是确保软件准备就绪，并且可以让最终用户能执行该软件的实现既定功能和任务。测试中，相关的用户或独立测试人员根据测试计划和结果对系统进行测试和接收，让系统用户决定是否接收系统。它是一项确定产品是否能够满足合同或用户所规定的需求的测试。验收测试一般有三种策略：正式验收、非正式验收、α 测试、β 测试。

1）正式验收。

正式验收测试是一项管理严格的过程，它通常是系统测试的延续。计划和设计这些测试的周密和详细程度甚至超过系统测试。正式验收测试一般是开发组织与最终用户组织的代表一起执行的。也有一些完全由最终用户组织执行。

2）非正式验收。

在非正式验收测试中，执行测试过程的限制不如正式验收测试中那样严格。测试过程中，主要是确定并记录要研究的功能和业务任务，但没有可以遵循的特定测试用例。测试内容由各测试员决定。这种验收测试方法不像正式验收测试那样组织有序，并且主观性比较大。

3）α测试（Alpha Testing）。

α测试又称 Alpha 测试，是由一个用户在开发环境下进行的测试，也可以是公司内部的用户在模拟实际操作环境下进行的受控测试。α测试不能由该系统的程序员或测试员完成。在系统开发接近完成时对应用系统进行的测试；测试后仍然会有少量的设计变更。这种测试一般由最终用户或其他人员来完成，不能由程序员或测试员完成。

4）β测试（Beta Testing）。

β测试又称 Beta 测试、用户验收测试（UAT）。β测试是软件的多个用户在一个或多个用户的实际使用环境下进行的测试。开发者通常不在测试现场，不能由程序员或测试员完成。β测试是当开发和测试基本完成时所做的测试，而最终的错误和问题需要在发行前找到。这种测试一般由最终用户或其他人员完成，不能由程序员或测试员完成。

（5）回归测试。

回归测试是指在发生修改之后、重新测试之前的测试，以保证修改的正确性。理论上，软件产生新版本都需要进行回归测试，验证之前发现和修复的错误是否在新软件版本上再次出现。根据修复好的缺陷再重新进行测试。回归测试的目的在于验证之前出现过但已经修复好的缺陷不再重新出现。一般指对某已知修正的缺陷再次围绕它原来出现时的步骤重新测试。通常确定所需的再测试范围是比较困难的，特别当临近产品发布日期时。因为了修正某缺陷必须更改源代码，因而有可能影响这部分源代码所控制的功能。所以在验证修好的缺陷时，不仅要服从缺陷原来出现时的步骤重新测试，而且要测试有可能受影响的所有功能。因此应当对所有回归测试用例进行自动化测试。

此外，考生还需要掌握白盒测试和黑盒测试等概念。

● 白盒测试（White Box Testing）。

白盒测试又称结构测试或逻辑驱动测试。它是把测试对象看作一个能打开、可以看见内部结构的盒子。利用白盒测试法对软件进行动态测试时，主要测试软件产品的内部结构和处理过程，而不关注软件产品的功能。白盒测试法中对测试的覆盖标准主要有逻辑覆盖、循环覆盖和基本路径测试。由于知道产品内部的工作过程，因此白盒测试可以检测产品内部动作是否按照规格说明书的规定正常进行，按照程序内部的结构测试程序，检验程序中的每条通路是否都能按预定要求正确工作而不顾它的功能。白盒测试的主要方法有逻辑驱动、基路测试等，通常用于软件验证。

● 黑盒测试（Black Box Testing）。

黑盒测试又称功能测试或数据驱动测试，是根据软件的规格进行的测试。这类测试把软件看作一个不能打开的盒子，因此不考虑软件内部的运作原理。软件测试人员以用户的角度，通过各种输入和对应的输出结果来发现软件存在的缺陷，而不关心程序具体是如何实现的。

● **软件测试驱动模型——V 模型**

V 模型如图 12-2-1 所示，是软件测试过程中常见的一种模型，反映了开发和测试过程之间的对应关系。

V 模型中，需求分析需要通过验收测试；概要设计需要通过系统测试；详细设计需要通过集成测试；编码需要通过单元测试。

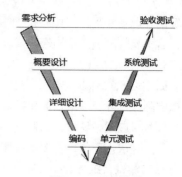

图 12-2-1 V 模型

- 软件性能测试通常分为负载、压力、强度及容量测试等多种类型。

强度测试用于测试在系统资源特别少的情况下考查软件系统运行情况，它总是在异常的资源配置下运行，以反映软件系统对异常情况的抵抗能力。

容量测试在其主要功能正常运行的情况下测试反映软件系统应用特征的某项指标的极限值（如最大并发用户数和数据库记录数等）。

12.2.11 系统分析与需求分析

系统分析就是问题求解，主要工作是研究系统可以划分为哪些组成部分，研究各组成部分的联系与交互；让项目组全面地概括地、主要从业务层面了解所要开发的项目。

系统分析的步骤：构建当前系统的"物理模型"；抽象出当前系统的"逻辑模型"；分析得到目标系统的"逻辑模型"；具体化逻辑模型得到目标系统的"物理模型"。

需求分析是搞清楚待开发的系统**"做什么"**的问题。需求分析主要确定功能需求、性能需求、环境需求、界面需求、数据需求、可靠性需求等。

需求分析过程就是不断重复地需求获取与定义、编写文档记录、需求演化与验证的过程，具体包含需求获取、需求分析与协商、系统建模、需求归纳总结、需求验证、需求管理等步骤。

软件需求分析阶段的输出包括数据流图、实体联系图、数据字典等。

12.2.12 系统设计

系统设计是解决系统**"怎么做"**的问题，系统设计是把软件需求变成软件表示的过程。系统设计可以分为概要设计和详细设计。

（1）**概要设计**：是把软件需求转换成软件系统结构及数据结构。例如，将系统划分为多个模块的组成，并确定模块之间的联系。

（2）**详细设计**：细化概要设计，得到算法与更详细的数据结构。比如：对具体模块进行设计。

12.3 项目管理基础

本节讲述的知识点有关键路径、甘特图、项目管理基础知识。

12.3.1 关键路径

我们用一道典型例题来完整讲解网络图结点表示，包括 ES、LS、EF、LF 推导以及关键路径的推导。

【例 12-1】某系统集成项目的建设方要求必须按合同规定的期限交付系统，承建方项目经理李某决定严格执行项目进度管理，以保证项目按期完成。他决定使用关键路径法来编制项目进度网络图。在对工作分解结构进行认真分析后，李某得到一张包含了活动先后关系和每项活动初步历时估计的工作列表，如表 12-3-1 所列。

表 12-3-1　工作列表

活动代号	前序活动	活动历时（天）	活动代号	前序活动	活动历时（天）
A	—	5	E	B、C	8
B	A	3	F	C、D	5
C	A	6	G	D	6
D	A	4	H	E、F、G	9

（1）画出该系统集成项目建设的网络图。

（2）标记各结点的 ES、LS、EF、LF。

（3）求该网络图关键路径。

网络图中求各结点的 ES、LS、EF、LF 及求关键路径的方法一般分为如下四步。

1．解题第 1 步——将工作表转换网络图

在网络图中，最常使用前导图法（Precedence Diagramming Method，PDM）来描述各活动结点、表达各结点关系、找出项目中的关键路径。

前导图法使用矩形代表活动，活动间使用箭线连接，表示之间的逻辑关系。PDM 存在四种依赖关系，如图 12-3-1 所示。

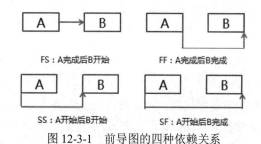

图 12-3-1　前导图的四种依赖关系

（1）FS（结束—开始）：表示前序活动结束后，后续活动开始。

（2）FF（结束—结束）：表示前序活动结束后，后续活动结束。

（3）SS（开始—开始）：表示前序活动开始后，后续活动开始。

（4）SF（开始—结束）：表示前序活动开始后，后续活动结束。

用 PDM 表示的活动如图 12-3-2 所示。

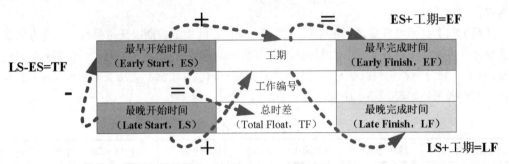

图 12-3-2 用 PDM 表示的活动

其中，结点中各时间的关系如下：

（1）ES（最早开始时间）+工期=EF（最早完成时间）。

（2）LS（最晚开始时间）+工期=LF（最晚完成时间）。

（3）LS（最晚开始时间）-ES（最早开始时间）=TF（总时差）=LF（最晚完成时间）-EF（最早完成时间）。

将例 12-1 的工作列表转换为网络图，如图 12-3-3 所示。

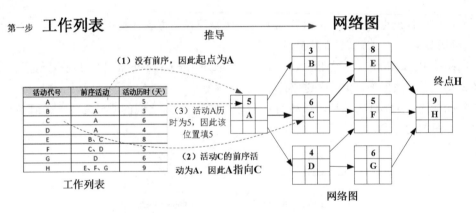

图 12-3-3 工作列表转为网络图

- 确定起点：活动 A 没有前序活动，因此活动 A 为起点。
- 确定终点：活动 H 没有后续活动，因此活动 H 为终点。
- 确定依赖关系：工作列表给出活动 B 的前序为 A，因此在网络图中，有一条从 A 到 B 的射线。
- 确定工期：工作表给出的活动历时，即为各项活动的工期。

2. 解题第 2 步——从左至右求各结点的最早开始时间

如图 12-3-4 所示，结点 B 的所有前序结点的 MAX{最早开始时间+工期}，即为结点 B 的最早开始时间。

第二步 从**起点**开始，从**左至右**求最早开始时间，填入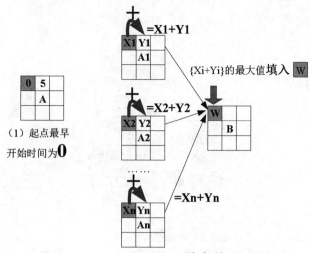

（1）起点最早
开始时间为**0**

{Xi+Yi}的最大值填入 W

（2）结点最早开始时间=**最大值**所有前序结点
{最早开始时间+活动历时}

图 12-3-4　求 ES

根据上述逻辑，得到例 12-1 对应网络图所有结点的最早开始时间，如图 12-3-5 所示。

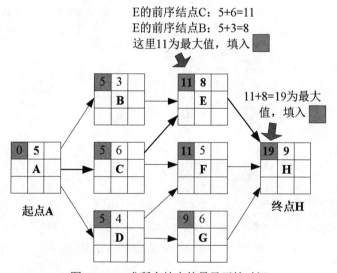

E的前序结点C：5+6=11
E的前序结点B：5+3=8
这里11为最大值，填入

11+8=19为最大
值，填入

起点A　　　　　　　　　终点H

图 12-3-5　求所有结点的最早开始时间

3. 解题第 3 步——从右至左求各结点的最晚完成时间

如图 12-3-6 所示，结点 A 的所有后继结点的 MIN{最晚完成时间−工期的最大值}，即为结点 A 的最晚完成时间。

第三步　从**终点**开始，**从右至左**求最晚完成时间，填入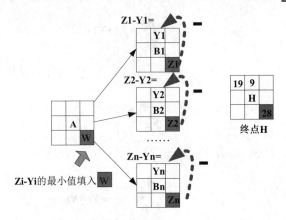

（2）结点最晚完成时间=
MIN后继结点{最晚完成时间-活动历时}

（1）终点最晚完成时间=最早
开始时间+活动历时

图 12-3-6　求 LF

根据上述逻辑得到例 12-1 对应网络图所有结点的最晚完成时间，如图 12-3-7 所示。

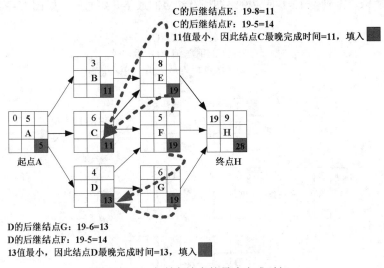

C的后继结点E：19-8=11
C的后继结点F：19-5=14
11值最小，因此结点C最晚完成时间=11，填入 ■

D的后继结点G：19-6=13
D的后继结点F：19-5=14
13值最小，因此结点D最晚完成时间=13，填入 ■

图 12-3-7　求所有结点的最晚完成时间

4．解题第 4 步——求最早完成时间、最晚开始时间、关键路径

根据结点时间关系，求最早完成时间、最晚开始时间、时间差。其中，ES=LS 或者 EF=LF 的结点均可视为关键路径结点。尝试连接这些结点，能从起点连接到终点的就是关键路径。

根据上述逻辑得到例 12-1 对应网络图所有结点的最早完成时间、最晚开始时间、关键路径，如图 12-3-8 所示。

第四步　求最早完成时间、最晚开始时间、关键路径

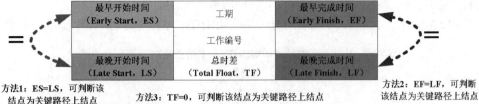

方法1：ES=LS，可判断该结点为关键路径上结点　　方法3：TF=0，可判断该结点为关键路径上结点　　方法2：EF=LF，可判断该结点为关键路径上结点

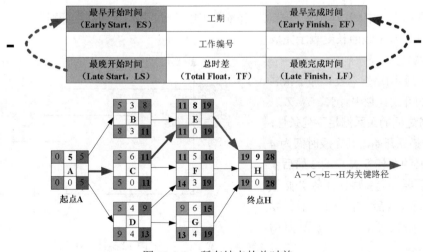

图 12-3-8　所有结点的最早完成时间、最晚开始时间，获得关键路径

5. 解题第 5 步——求总时差

总时差是指不影响总工期的前提下所具有的机动时间。每个活动总时差（机动时间）用完后，必须马上开始，否则将会耽误工期。关键路径上的结点总时差为 0。

总时差公式：TF=LS-ES=LF-EF。

根据上述逻辑得到例 12-1 对应网络图所有结点的总时差，如图 12-3-9 所示。

第五步　求总时差

图 12-3-9　所有结点的总时差

6. 解题第 6 步——自由时差

自由时差是指不影响后继结点最早开始时间的本结点的机动时间。

如图 12-3-10 所示，结点 A 的所有后继结点的 MIN{ES}-本结点的 EF，即为结点 A 的自由时差。

第六步 从找到后继结点的MIN{ES}-本结点的EF，得到自由时差

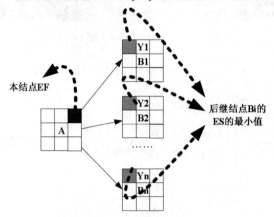

图 12-3-10 所有结点的自由时差

12.3.2 甘特图

甘特图基本是一条线条图，横轴表示时间，纵轴表示活动，线条表示在整个期间计划和实际的活动完成情况。它直观地表明任务计划在什么时候进行，以及实际进展与计划要求的对比；也可以表示子任务之间的并行和串行关系。管理者由此极为便利地弄清一项任务还剩下哪些工作要做，并可以评估工作进度。但是甘特图不能清晰地描述任务之间的依赖关系，也不能清晰地指出关键任务在哪里。

在甘特图的表示中，往往用水平线表示任务的工作阶段，其起点和终点分别对应任务的开始时间和完成时间，水平线的长度表示完成任务的时间。

【例 12-2】网络规划设计师小张制定的某项目的开发计划中有 X、Y、Z 三个任务，任务之间的关系满足下列条件：任务 X 必须最先开始，其完成时间为 4 周；任务 Y 必须在任务 X 启动 2 周后才能开始，且需要 3 周完成；任务 Z 必须在任务 X 全部完成后才能开始，且需要 2 周完成。则此项目的甘特图如图 12-3-11 所示。

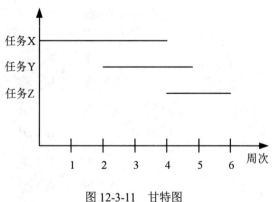

图 12-3-11 甘特图

12.3.3 项目管理基础知识

1. 项目的定义

作为项目经理、程序员，或是美工、工程师，总会不断地从事项目的研发，比如一个人事管理系统、一栋大楼的建设等，那么到底什么样的情况才是一个项目呢？可能很多人都没想清这个问题，下面进行详细讲解。

项目是为达到特定的目的，使用一定资源，在确定的期间内为特定发起人提供独特的产品、服务或成果而进行的一次性努力。项目管理则是要把各种知识、技能、手段和技术应用于项目活动之中，以达到项目的要求。

从项目的定义可以看出，无论是"工作""过程"还是"努力"，都包含以下三层含义：

（1）项目是一项**有待努力完成的任务，有特定的环境与要求**。

（2）项目任务是**有限**的，要满足一定的**性能、功能、质量、数量、技术指标等要求**。

（3）项目是在一定的组织机构内，利用**有限的人、财、物等资源**，在**规定的时间内完成**的任务。

由项目的定义可以看出，项目可以是建造一栋大楼、修建一条大道、开发一种产品，也可以是某项课题的研究、某种流程的设计、某类软件的开发，还可以是某个组织的建立、某类活动的举办、某项服务的实施等。项目是建立一个新企业、新组织、新产品、新工程、新流程，或规划实施一项新活动、新系统、新服务的总称。项目的外延是广泛的，大到我国的南水北调工程建设，小到组织一次聚会。所以有人说："一切都是项目，一切也将成为项目。"

项目目标的描述通常包含在**项目建议书**中。项目的目标特性有：①项目的目标有不同的优先级；②项目的目标具有层次性；③项目具有**多目标性**；④项目的目标常体现为**成果性目标、约束性目标**。

清晰的项目目标最可能提供判断项目成功与否的标准，最可能降低项目风险。成本、进度、质量、技术的要求都可以成为项目的目标。而上述要求的量化就是项目的具体目标。

项目目标分为成果性目标和约束性目标。成果性目标（项目目标）指通过项目开发出的满足客户要求的产品、系统、服务或成果；约束性目标（管理性目标）包括时间、费用等。

项目目标需遵循 SMART 原则：

S（Specific）表示目标明确；

M（Measurable）表示目标可度量；

A（Attainable）表示目标可实现；

R（Relevant）表示目标与工作相关；

T（Time-based）表示有时间限制。

项目具有以下特点：

（1）**临时性**。有明确的开始时间和结束时间。

（2）**独特性**。世上没有两个完全相同的项目。

（3）**渐进明细性**。前期只能粗略定义，然后逐渐明朗、完善和精确，这也就意味着变更不可避免，所以要控制变更。

2．项目经理

项目经理要担当**领导者**和**管理者**的双重角色。领导者要解决的是本组织发展中的根本性问题，同时还要对组织的未来进行一定程度的预见。总地来说，其工作要具有概括性、创新性、前瞻性，为成员指明方向，并让大家朝着共同的方向努力。管理者要做的是具体化的东西，需要在已有规划指导下做好细部工作，为组织日常工作做出贡献，管理者要研究的不是变革，而是如何维持目前的良好状态并使之保持稳定，将已出现的问题很好地解决。总地来说，其工作具有具体性、重复性、现实性。

从项目经理承担的工作来看，需要项目经理有广博的知识，不仅仅是 IT 技术领域知识，还有客户的业务领域知识、项目管理知识等；要有丰富的经验和经历；具有良好的沟通与协调能力；具有良好的职业道德；具有一定的领导和管理能力。

3．项目干系人

项目干系人包括项目当事人，以及其利益受该项目影响的（受益或受损）个人和组织，也可以把他们称为项目的**利害关系者**。对所有项目而言，主要的项目干系人包括以下几种。

（1）**项目经理**：负责管理项目的个人。

（2）**用户**：使用项目成果的个人或组织。

（3）**项目执行组织**：项目组成员，直接实施项目的各项工作，包括可能影响他们工作投入的其他社会人员。

（4）**项目发起者**：执行组织内部或外部的个人或团体，他们以现金和实物的形式为项目提供资金资源。

（5）职能经理：为项目经理提供专业技术支持，为项目提供资源保障。

（6）项目管理办公室（Project Management Office，PMO）：如设立该办公室，则直接或间接对项目结果负责。PMO 监控项目、大型项目或各类项目组合的管理。PMO 分为以下三种。

- 支持型。PMO 充当顾问角色，提供模版、培训、经验支持，项目控制度低。
- 控制型。提供项目支持，并要求项目服从其管理策略，项目控制度中等。
- 指令型。直接管理、控制项目，项目控制度高。

（7）影响者：不直接购买项目产品的个人和团队，但可能会影响项目进程。

管理项目干系人的各种期望有时比较困难。这是因为各个项目干系人常有不同的目标，这些目标可能会发生冲突。例如，对于一个需求新管理信息系统的部门，部门领导可能要求成本最低，而系统设计者则可能强调技术最好，而编制程序的承包商最感兴趣的是获得最大利润。

项目一开始，项目干系人就以各自不同的方式不断地给项目组施加压力或侧面影响，企图项目向有利于自己的方向发展。由于项目干系人之间的利益往往相互矛盾，项目经理又不可能面面俱到，所以项目管理中最重要的就是平衡，平衡各方的利益关系，尽可能消除项目干系人对项目的不利影响。

4．项目管理十大知识领域

项目管理知识体系（Project Management Body Of Knowledge，PMBOK）把项目管理归纳为十大知识领域，如图 12-3-12 所示。

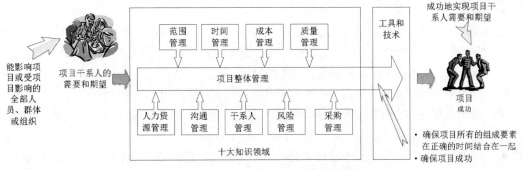

图 12-3-12   项目管理的十大知识领域

（1）**项目范围管理**。是为了实现项目的目标，对项目的工作内容进行控制的管理过程。项目范围管理有以下过程：**范围管理计划编制（又称规划范围管理）、收集需求、范围定义、创建 WBS、范围确认、范围控制。**

- 范围管理计划编制是定义、确认和控制项目范围的过程。该过程在整个项目中是管理范围的指南。
- 收集需求是确定、记录并管理干系人需求的过程，收集需求目的就是为了实现项目目标。
- 范围定义就是定义项目的范围，即根据范围规划阶段定义的范围管理计划，采取一定的方法，逐步得到精确的项目范围。
- 工作分解结构（Work Breakdown Structure，WBS）：以可交付成果为导向对项目要素进行的分组，它归纳和定义了项目的整个工作范围每下降一层代表对项目工作的更详细定义。
- 项目范围确认是客户等项目干系人正式验收并接受已完成的项目可交付物的过程。
- 项目范围控制是指当项目范围变化时对其采取纠正措施的过程，以及为使项目朝着目标方向发展而对项目范围进行调整的过程，即监督项目和产品的范围状态，管理范围基准变更的过程。

（2）**项目时间管理（项目进度管理）**。是为了确保项目最终按时完成的一系列管理过程。项目进度管理的过程有规划进度管理、**活动定义、活动排序、活动资源估算**、估算活动持续时间、**制订进度计划、进度控制。**

- 规划进度管理是为规划、编制、管理、执行和控制项目进度而制订政策、程序和文档的过程。
- 活动定义过程是确定完成项目各项可交付成果而需开展的具体活动。
- 活动排序过程是识别和记录计划活动之间相互逻辑关系的过程。
- 活动资源估算过程是估算完成各项计划活动所需资源类型和数量，以及何时用于项目的过程。
- 估算活动持续时间过程估算完成单项计划活动的时间。
- 制订进度计划过程分析计划活动顺序、计划活动持续时间、资源要求和进度制约因素，制订项目进度表的过程。

- 进度控制过程是控制项目进度变更的过程。主要交付物是更新的进度基准、绩效衡量等。

（3）**项目成本管理**。是为了保证完成项目的实际成本、费用不超过预算成本、费用的管理过程。项目成本管理包括资源的配置、成本和费用的预算、费用的控制等工作。项目成本管理的过程有规划成本管理、**成本估算、成本预算、成本控制**。

- 规划成本管理在整个项目中为如何管理项目成本提供指南、指明方向。
- 成本估算过程要对完成项目所需的成本进行估计和计划，是项目计划中一个重要的、关键的、敏感的部分。
- 成本预算过程要把估算的总成本分配到项目的各个工作细目，建立成本基准计划以衡量项目绩效。
- 成本控制过程保证各项工作在各自的预算范围内进行。

（4）**项目质量管理**。是为了确保项目达到客户所规定的质量要求所实施的一系列管理过程。项目质量管理包括规划质量管理、质量保证质量控制等。

- 规划质量管理主要是制订质量计划。质量计划确定适合于项目的质量标准并决定如何满足这些标准。
- 质量保证用于有计划、系统的质量活动，确保项目中的所有过程满足项目干系人的期望。质量保证是贯穿整个项目全生命周期的、有计划的、系统的活动，经常针对整个项目质量计划的执行情况进行评估、检查与改进工作。质量保证包括与满足一个项目相关的质量标准有关的所有活动，它的另一个目标是不断地改进质量。
- 质量控制监控具体项目结果以确定其是否符合相关质量标准，制定有效方案，以消除产生质量问题的因素。质量控制是对阶段性的成果进行检测、验证，为质量保证提供参考依据。质量控制是一个计划、执行、检查、改进的循环过程，它通过一系列的工具与技术来实现。

（5）**人力资源管理**。是为了保证所有项目干系人的能力和积极性都得到最有效的发挥和利用所做的一系列管理措施。

项目人力资源管理的过程有人力资源计划编制（规划人力资源管理）、项目团队组建、项目团队建设、项目团队管理。

- 人力资源计划编制：建立项目角色与职责、项目组织图，以及包含人员招募和遣散时间表的人员配备管理计划。
- 项目团队组建：根据项目人力资源计划，通过有效手段获得项目所需的人员，组建项目团队。获得适合的项目人员是对 IT 项目人力资源管理最关键的挑战。
- 项目团队建设：提高项目团队成员的技能，以加强他们完成项目任务的能力；增进团队成员之间的信任感和凝聚力，以提高团队协作的能力，达到提高生产力的目的。
- 项目团队管理：通过跟踪团队成员绩效，分析反馈信息，解决问题并协调各类变更，特别是人力资源需求的变更，提高项目绩效。

（6）**项目沟通管理**。是为了确保项目的信息合理收集和传输所需要实施的一系列措施。项目沟通管理包括规划沟通管理、管理沟通、控制沟通等过程。

- 规划沟通管理编制沟通计划作为项目沟通管理的第一个过程，其核心是了解项目干系人的需求，制订项目沟通管理计划，这个计划是整个项目管理计划的一部分。虽然每个项目都需要交流项目信息，但对信息的需求和分发方式却差异很大。应该通过沟通计划来确定项目干系人的信息和沟通需求，包括确定哪些人是项目干系人、他们对项目收益水平的影响程度如何、谁需要信息、需要什么信息、何时需要信息，以及如何传递给他们。
- 管理沟通促进项目干系人之间实现有效率且有效果的沟通。
- 控制沟通随时确保所有沟通参与者之间的信息流动的最优化。

（7）**项目干系人管理**。识别能影响项目或受项目影响的全部人员、群体或组织，分析干系人对项目的期望和影响，制订合适的管理策略来有效调动干系人参与项目决策和执行。该过程包括识别干系人、编制项目干系人管理计划、管理干系人参与、控制项目干系人参与。新版考纲中，项目沟通管理和项目干系人管理统称为项目沟通管理和干系人管理。

（8）**项目风险管理**。涉及项目可能遇到的各种不确定因素。项目风险管理包括制订**风险管理计划、风险识别、风险定性分析、风险定量分析、风险应对计划编制、风险监控**。

- 制订风险管理计划是用来确定项目风险管理相关的活动计划安排的工作，是项目风险管理的首要工作。
- 风险识别是对项目进行风险管理，首先必须对存在的风险进行识别，以明确对项目构成威胁的因素，便于制定规避风险和降低风险的计划和策略。
- 风险定性分析是指对已识别风险的可能性及影响大小的评估过程，该过程按风险对项目目标潜在影响的轻重缓急进行优先级排序，并为定量风险分析奠定基础。定性风险分析过程需要使用风险管理规划过程和风险识别过程的成果。定性风险分析过程完成后，可进入定量风险分析过程或直接进入风险应对规划过程。
- 在定性风险分析之后，为了进一步了解风险发生的可能性到底有多大、后果到底有多严重，就需要对风险进行定量的分析。定量风险分析也分析项目总体风险的程度。
- 应对项目风险有多种策略，比较常见的有减轻、预防、转移、规避、接受和采用后备措施等。应该为每项风险选择最有可能产生效果的策略或策略组合，可通过风险分析工具（如决策树分析方法）选择最适当的应对方法。

（9）**项目采购管理**。是为了从项目实施组织之外获得所需资源或服务所采取的一系列管理措施。项目采购管理包括采购计划、采购与征购、资源的选择、合同的管理等工作。

项目采购管理是围绕合同进行的。项目采购管理的过程包括规划采购、实施采购、控制采购、结束采购。

（10）**项目整体管理（整合管理）**。指为确保项目各项工作能够有机地协调和配合所展开的综合性和全局性的项目管理工作和过程。项目整体管理包括项目集成计划的制定、项目集成计划的实施、项目变动的总体控制等。

项目整体管理的主要过程是：**制订项目章程**；制订项目管理计划，定义、准备和协调所有子计划，并将其整合为一个协调一致的项目计划；指导与管理项目工作，领导和执行项目管理计划，并实施已批准的变更的过程；**监控项目工作**是跟踪、审查和报告项目进展，以实现项目管理计划中确定的绩效目标的过程；实施**整体变更控制**，包括调整与控制整个项目的变更，并对变更处理结果进行沟通；结束项目或阶段，完成项目过程中的所有活动，以正式结束一个项目或项目阶段。

12.4 软件知识产权

本节讲述的知识点有软件著作权主题、著作权的基本权利、权利的保护期限、如何判断侵权等。

著作权法主要保护文学、艺术和科学作品作者的著作权及与著作权有关的权益。著作权法中涉及到的作品的概念是文学、艺术和自然科学、社会科学、工程技术等作品。具体来说，这些作品包括以下九类。

（1）文字作品：包括小说、散文、诗词和论文等表现形式的作品。

（2）口述作品：如演说、辩论等以口头形式表现的作品。

（3）音乐、戏剧、曲艺、舞蹈、杂技艺术作品。

（4）美术、建筑作品、摄影作品。

（5）电影作品和以类似摄制电影的方法创作的作品。

（6）工程设计图、产品设计图、地图、示意图等图形作品和模型作品。

（7）地图、示意图等图形作品。

（8）计算机软件。

（9）法律、行政法规规定的其他作品。

计算机软件著作权是指软件的开发者或其他权利人依据有关著作权法律的规定，对软件作品所享有的各项专有权利。就权利的性质而言是一种民事权利，具备民事权利的基本特征。著作权是知识产权中的一种特殊情况，因为著作权的取得无须经过他人确认，这就是所谓的"自动保护原则"。软件经过登记后，软件著作权人即享有发表权、开发者身份权、使用权、使用许可权和获得报酬权。

12.4.1 著作权人及其权利

著作权法中的著作权人包括作者或能合法取得著作权的公民、法人或组织。著作权的人身权和财产权就是所谓的版权，包括以下具体权力。

（1）发表权：决定是否公之于众的权利。

（2）署名权：表明作者身份，在作品上署名的权利。

（3）修改权：修改或者授权他人修改作品的权利。

（4）保护作品完整权：保护作品不受篡改的权利。

（5）复制权：以印刷、复印、录音、录像、翻拍等方式将作品制作一份或多份的权利。

（6）发行权：以出售或者赠与方式向公众提供作品的原件或复制件的权利。

（7）出租权：有偿许可他人临时使用电影作品或以类似摄制电影的方法创作的作品的权利。

（8）展览权：公开陈列美术作品、摄影作品的原件或复制件的权利。

（9）表演权：公开表演作品，以及用各种手段公开播送作品的表演的权利。

（10）放映权：通过放映机、幻灯机等技术设备公开再现美术、摄影、电影和以类似摄制电影的方法创作的作品等权利。

（11）广播权：以无线方式公开广播，以有线传播或转播的方式向公众传播广播的作品的权利。

（12）信息网络传播权：以有线或无线方式向公众提供作品，使公众可以在其个人选定的时间和地点获得作品的权利。

（13）摄制权：以摄制电影或者以类似摄制电影的方法将作品固定在载体上的权利。

（14）改编权：改变作品，创作出具有独创性的新作品的权利。

（15）翻译权：将作品从一种语言文字转换成另一种语言文字的权利。

（16）汇编权：将作品或作品的片段通过选择或者编排汇集成新作品的权利。

创作作品的公民是作者。由法人或其他组织主持，代表法人或其他组织意志创作，并由法人或其他组织承担责任的作品，法人或其他组织视为作者。通常在作品上署名的公民、法人或其他组织为作者。

12.4.2　权利的保护期限

著作权利中作者的署名权、修改权、保护作品完整权的保护期不受限制。公民的作品，其发表权及其他相关权利的保护期为作者终生及其死亡后五十年，截止于作者死亡后第五十年的 12 月 31 日；若是合作作品，则截止于最后死亡的作者死亡后第五十年的 12 月 31 日。

法人或者其他组织的作品、著作权（署名权除外）由法人或者其他组织享有的职务作品，其发表权及其他相关权利的保护期为五十年，截止于作品首次发表后第五十年的 12 月 31 日，但作品自创作完成后五十年内未发表的不再保护。

电影作品和以类似摄制电影的方法创作的作品、摄影作品，其发表权及其他相关权利的保护期为五十年，截止于作品首次发表后第五十年的 12 月 31 日，但作品自创作完成后五十年内未发表的，不再保护。

12.4.3　权利的限制

在下列情况下使用作品可以不经著作权人许可，不向其支付报酬，但应当指明作者姓名和作品名称，并且不得侵犯著作权人依照本法享有的其他权利：

（1）为个人学习、研究或者欣赏，使用他人已经发表的作品。

（2）介绍、评论某一作品或者说明某一问题，在作品中适当引用他人已经发表的作品。

（3）报道时事新闻，在报纸、期刊、电台等媒体中不可避免地再现或者引用已经发表的作品。

（4）报纸、期刊、广播电台、电视台等媒体刊登或者播放其他报纸、期刊、广播电台、电视台等媒体已经发表的关于政治、经济、宗教问题的时事性文章，但作者声明不许刊登、播放的除外。

（5）报纸、期刊、广播电台、电视台等媒体刊登或者播放在公众集会上发表的讲话，但作者声明不许刊登、播放的除外。

（6）为学校课堂教学或科学研究翻译或者少量复制已经发表的作品，供教学或科研人员使用，但不得出版发行。

（7）国家机关为执行公务在合理范围内使用已经发表的作品。

（8）图书馆、档案馆、纪念馆、博物馆、美术馆等为陈列或者保存版本的需要，复制本馆收藏的作品。

（9）免费表演已经发表的作品，该表演未向公众收取费用，也未向表演者支付报酬。

（10）对设置或陈列在室外公共场所的艺术作品进行临摹、绘画、摄影、录像。

（11）将中国公民、法人或其他组织已经发表的以汉语言文字创作的作品翻译成少数民族语言文字作品在国内出版发行。

（11）将已经发表的作品改成盲文出版。

以上规定适用于对出版者、表演者、录音录像制作者、广播电台、电视台的权利的限制。为实施九年制义务教育和国家教育规划而编写出版教科书，除作者事先声明不许使用的外，可以不经著作权人许可，在教科书中汇编已经发表的作品片段，短小的文字作品、音乐作品或单幅的美术作品、摄影作品，但应当按照规定支付报酬，指明作者姓名和作品名称，并且不得侵犯著作权人的其他权利。

12.4.4 侵权的判断

网络规划设计师考试中对著作权的考查，往往是以案例的形式考查考生是否掌握判断侵权行为的方法。因此本节中提到的侵权行为必须要充分掌握。对计算机软件侵权行为的认定，实际是指对发生争议的某一个计算机程序与具有明确权利的正版程序的对比和鉴别。

凡是侵权人主观上具有故意或过失对著作权法和计算机软件保护条例保护的软件人身权和财产权实施侵害行为的，都构成计算机软件的侵权行为。对著作权侵权行为的判断主要基于以下几个方面：

（1）未经软件著作权人的同意而发表其软件作品。软件著作人享有对软件作品的公开发表权，未经允许，著作权人以外的任何人都无权擅自发表特定的软件作品。这种行为侵犯了著作权人的发表权。

（2）将他人开发的软件当作自己的作品发表。这种行为的构成主要是行为人欺世盗名，剽窃软件开发者的劳动成果，将他人开发的软件作品假冒为自己的作品而署名发表。只要行为人实施了这种行为，不管其发表该作品是否经过软件著作人的同意都构成侵权。这种行为侵犯了著作权人的身份权和署名权。

（3）未经合作者的同意将与他人合作开发的软件当作自己独立完成的作品发表。这种侵权行为发生在软件作品的合作开发者之间。合作开发的软件，软件作品的开发者身份为全体开发者，软件作品的发表权也应由全体开发者共同行使。如果未经其他开发者同意，将合作开发的软件当作自己的独创作品发表即构成侵权。

（4）在他人开发的软件上署名或者涂改他人开发的软件上的署名。这种行为是在他人开发的软件作品上添加自己的署名，替代软件开发者署名或者将软件作品上开发者的署名进行涂改。这种行为侵犯了著作权人的身份权和署名权。

（5）未经软件著作权人的同意修改、翻译、注释其软件作品。这种行为侵犯了著作权人的使用权中的修改权、翻译权与注释权。对不同版本的计算机软件，新版本往往是旧版本的提高和改善。这种提高和改善应认定是对原软件作品的修改和演绎。这种行为应征求原版本著作权人的同意，否则构成侵权。如果征得软件作品著作人的同意，因修改和改善新增加的部分，创作者应享有著作权。对是职务作品的计算机软件，参与开发的人员离开原单位后，如对原单位享有著作权的软件进行修改、提高，应经过原单位许可，否则构成侵权。软件程序员接受第一个单位委托开发完成一个软件，又接受第二个单位委托开发功能类似的软件，仅将受第一个单位委托开发的软件略作改动即算完成提交给第二个单位，这种行为也构成侵权。

（6）未经软件著作权人的同意，复制或部分复制其软件作品。这种行为侵犯了著作权人的使用权中的复制权。计算机软件的复制权是计算机软件最重要的著作财产权，也通常是计算机软件侵权行为的对象。这是由于软件载体价格相对低廉，复制软件简单易行、效率极高，而销售非法复制的软件可获得高额利润。因此，复制是最为常见的侵权行为，非法复制的软件产品是防止和打击的主要对象。当软件著作权经当事人的约定合法转让给转让者后，软件开发者未经允许不得复制该软件，否则也构成侵权。

（7）未经软件著作权人同意，向公众发行、展示其软件的复制品。这种行为侵犯了著作权人的发行权与展示权。

（8）未经软件著作权人同意，向任何第三方办理软件权利许可或转让事宜。这种行为侵犯了著作权人的许可权和转让权。

软件的复制品持有人不知道也没有合理理由应当知道该软件是侵权复制品的，不承担赔偿责任；但是，应当停止使用、销毁该侵权复制品。停止使用并销毁该侵权复制品将给复制品使用人造成重大损失的，复制品使用人可以在向软件著作权人支付合理费用后继续使用。

第13章　Windows 管理

本章考点知识结构图如图 13-0-1 所示。

图 13-0-1　考点知识结构图

13.1　域与活动目录

网络规划设计师考试中对 Windows 部分知识的考查较少。本节讲述的知识点有域和活动目录。本书采用 Windows Server 2008 作为蓝本来阐述 Windows 相关知识点。

13.1.1　域

域（Domain）是 Windows 网络中共享公共账号数据库和数据安全策略的一组计算机的逻辑集合，其中有一台服务器可以为集合内的计算机提供登录验证服务，并且这个逻辑集合拥有唯一的域名与其他的域区别。这个逻辑集合可以看作一个资源的集合体，通过服务器控制网络上的其他计算机能否加入这个组合。

在没有使用域的工作组上，所有计算机的相关设置都是存储在本机上的，不涉及网络中的其他计算机。而在域模式下，至少有一台服务器为域中的每一台计算机或用户提供验证，这台服务器就是本域的域控制器（Domain Controller，DC）。

域控制器上包含了这个域的所有账号、密码以及属于本域的计算机信息的数据库。一旦某台计算机要加入到域中，其访问网络的各种策略便都由域控制器统一设置，其用户名和密码等都要发送到网络中的域控制器上进行验证。这是域与工作组的一个最大区别。Windows 网络中常见的域模型有单域模型、主域模型、多主域模型和完全信任模型等。

（1）单域模型。网络中只有一个域，适用于用户较少的网络。

（2）主域模型。主域模型是由于某种原因需要将网络分成多个域，仅在一个称为主域的域中创建网络中的所有用户和全局组，而其他的域都信任主域，并且可以使用在主域中定义的用户和全局组的一种模式。在这种模型下，主域通常是账户域，负责管理用户账户；网络中的其他域是资源域，负责提供各种资源给网络中的用户使用，适用于网络中用户和组的数量不太多的情况。

（3）多主域模型。网络中有多个主域和多个资源域，其中主域作为账户域，所有的用户账户和组都创建在主域中，各个主域之间相互信任，其他的所有资源域都信任主域。这种模型的缺点是：如果一个全局组需要保存来自两个或两个以上域的用户，则每个主域都要创建一个全局组，而在其他域模型中只使用一个全局组。这种模型适用于网络中用户众多且有专门的管理部门的情况。

（4）完全信任模型。网络中具有多个主域，每个域中都有自己的用户和全局组，且这些域都相互信任。这种模型适用于网络中用户众多且没有专门的管理部门的情况。

在企业网络中，管理员通常会根据实际情况选择合适的域模型实现高效的管理。尤其要注意的是，如果要在不同的域间相互访问，则需要通过建立域间的信任关系来实现，当一个域与其他域建立了信任关系后，这两个域之间的计算机就可以进行资源共享。但是，每个域管理员只能管理本域的内部资源，除非其他的域明确赋予本域相应的管理权限，才能够管理其他的域。

13.1.2　活动目录

活动目录（Active Directory）是 Windows 2000 及之后版本的服务器中提供的一种目录服务。

活动目录中使用了一种结构化的数据存储方式存储有关网络对象的信息，并且让管理员和用户能够轻松地查找和使用这些信息，同时也能对目录信息进行灵活的逻辑分层组织。

目录数据都存储在被称为域控制器的服务器上，并且可以被网络应用程序或服务所访问。一个域可能拥有一台以上的域控制器，但是只能有一台主域控制器，其他都是备份域控制器。每一台域控制器都拥有其所在域的一个目录副本。

Windows Server 2008 中的活动目录数据复制有以下两种方式：

（1）单主机复制模式。对目录的任何修改都是从主域控制器复制到域中的其他域控制器上的。

（2）多主机复制模式。多个域控制器没有主次之分。域中每个域控制器都能接收其他域控制器对目录的改变信息，也可以把自己改变的信息复制到其他域控制器上。

由于目录可以被复制，而且所有的域控制器都拥有目录的一个可写副本，所以用户和管理员便可以非常方便地在域的任何位置获得所需的目录信息。在各台域控制器之间进行复制的目录数据有以下三种：

（1）域数据。域数据包含了与域中对象有关的信息，如用户、计算机账户属性等信息。

（2）配置数据。配置数据描述了目录的拓扑结构，包括所有域及域控制器的位置等信息。

（3）架构数据。架构是对目录中存储的所有对象和属性数据的正式定义。定义了多种对象类型，如用户和计算机账户、组、域及安全策略等。

活动目录的工作组分为以下几种：

（1）全局组。可以跨越域边界访问资源的工作组，全局组的访问权限可以达到域林中的任何信任域。创建全局组是为了合并工作职责相似的用户账户。

只能将本域的用户和组添加到全局组，在多域环境中不能合并其他域中的用户。能授权其访问整个域中的资源，可以把全局组嵌入到其他域的本地组中，访问其他域资源。

（2）域本地组。域本地组的访问权限仅限于本地域，通常是基于本地资源的权限指派来构建域本地组。域本地组代表的是对某个资源的访问权限。

（3）通用组。通用组与全局组的作用大致相同，作用是根据用户职责合并用户。但与全局组不同的是，在多域环境中通用组能够合并其他域中的域用户账户，比如把两个域中的账户添加到一个通用组中。

为了方便用户访问其他域的资源，可以使用以下组策略：

（1）A-G-DL-P 策略。该策略是将用户账号添加到全局组中，将全局组添加到域本地组中，然后为域本地组分配资源权限。

（2）A-G-U-DL-P 策略。该策略用于在多域环境中创建相应用户账户；将职责一致的用户账户添加到全局组；将各个域的全局组添加到通用组；将通用组添加到本地组；授权本地域组对某个资源的访问。

其中，A 表示用户账号；G 表示全局组；U 表示通用组；DL 表示域本地组；P 表示资源权限。此外还有 A-G-G-DL-P 策略等。

考试中与活动目录相关的概念如下：

（1）名字空间。

简单来说，就是任何给定名字的解析边界。所谓边界，就是指这个名字所关联或者映射的所有信息范围。Windows 中的活动目录就是一个名字空间。要在活动目录中查找一个名字为"张三"的用户，如果服务器上已经给这个用户定义了用户名、密码、权限级别、联系方式等，则服务器上所定义的这些信息的综合就是"张三"这个名字的名字空间。

（2）对象。

对象是活动目录中具体的信息实体，是对某具体事物属性的显著性命名，如用户、打印机或应用程序等。通过属性描述实体的基本特征，如一个用户账号。

（3）容器。

容器是活动目录名字空间的一部分，与活动目录一样都是有属性的，但是它不表示任何具体的实体，而是表示存放对象的空间，是名字空间的子集。例如"张三"，它的容器就只有用户名和密码，而其他信息不属于张三的容器范围。

（4）目录树。

在任何一个名字空间中，由容器和对象构成的树型层次结构就称为目录树，树的叶子结点是对象，树的非叶子结点是容器。目录树描述了对象的连接方式，也显示了从一个对象到另一个对象的路径。

（5）域。

域是 Windows 网络系统的安全性边界。每个域都有自己的安全策略和与其他域的信任关系。当多个域通过信任关系连接起来之后，活动目录可以被多个信任域共享。

（6）组织单元。

包含在域中的目录对象类型就是组织单元。组织单元可以将用户、组、计算机等放入活动目录的容器中，但不能包括来自其他域的对象。组织单元是可以指派组策略设置或委派管理权限的最小作用单位，类似于 Windows 网络中工作组的概念。

（7）域树。

域树由多个域组成，这些域共享一个配置，形成一个连续的名字空间。树中的域是通过信任关系建立连接的，活动目录中包含一个或多个域树。域树的表示方式采用标准域名，其中的域层次越深级别越低，通常用"."表示一个层次，如 lib.hunau.net 就比 hunau.net 的域级别低。域树中的域是通过双向可传递信任关系连接在一起的。由于这些信任关系是双向且可传递的，因此在域树中新创建的域可以立即与域树中的其他域建立信任关系。

（8）域林。

域林由一个或多个没有形成连续名字空间的域树组成。域林中的所有域树共享同一个配置和全局目录。所有的域树都通过 Kerberos 建立信任关系，不同的域树可以交叉引用其他域树中的对象。根域是域林中创建的第一个域。

（9）域控制器。

域控制器是使用活动目录安装向导配置的 Windows Server 的计算机。域控制器存储着目录数据并管理用户域的交互关系。一个域可有一个或多个域控制器。

13.2 用户与组

本部分的相关知识点有用户账号和组账号。

13.2.1 用户账号

在 Windows Server 2008 中，系统安装完之后会自动创建一些默认用户账号，常用的是 Administrator、Guest 及其他一些基本的账号。为了便于管理，系统管理员可以通过对不同的用户账号和组账号设置不同的权限，从而大大提高系统的访问安全性和管理的效率。

（1）Administrator 账户。

Administrator 账号是服务器上 Administrators 组的成员，具有对服务器的完全控制权限，可以根据需要向用户分配权限。不可以将 Administrator 账户从 Administrators 组中删除，但可以重命名或禁用该账号。若此计算机加入到域中，则域中 domain admins 组的成员会自动加入到本机的 Administrators 组中。因此域中 domain admins 组的成员也具备本机 Administrators 的权限。

（2）Guest 账号。

Guest 账号是 Guests 组的成员，一般由在这台计算机上没有实际账号的人使用。如果已禁用但还未删除某个用户的账号，那么该用户也可以使用 Guest 账号。Guest 账号默认是禁用的，可以手动启用。

（3）IUSR

IUSR 账号是安装了 IIS 之后系统自动生成的账号，IUSR 通常称为"Web 匿名用户"账号或"Internet 来宾"账号。**当匿名用户访问 IIS 时，实际上系统是以"IUSR"账号在访问。**其对应的组为 IIS_IUSERS 组。

13.2.2 组账号

组账号是具有相同权限的用户账号的集合。组账号可以对组内的所有用户赋予相同的权利和权限。在安装运行 Windows Server 2008 操作系统时会自动创建一些内置的组，即默认本地组。具体的默认本地组如下：

（1）Administrators 组。

Administrators 组的成员对服务器有完全控制权限，可以为用户指派用户权利和访问控制权限。

（2）Guests 组。

Guests 组的成员拥有一个在登录时创建的临时配置文件，注销时将删除该配置文件。"来宾账号"（默认为禁用）也是 Guests 组的默认成员。

（3）Power Users 组。

Power Users 组的成员可以创建本地组，并在已创建的本地组中添加或删除用户，还可以在 Power Users 组、Users 组和 Guests 组中添加或删除用户。

（4）Users 组。

Users 组的成员可以运行应用程序，但是不能修改操作系统的设置。

（5）Backup Operators 组。

该组成员不管是否具有访问该计算机文件的权限，都可以运行系统的备份工具，对这些文件和文件夹进行备份和还原。

（6）Network Configuration Operators 组。

该组成员可以在客户端执行一般的网络设置任务（如更改 IP 地址），但是不能设置网络服务器。

（7）Everyone 组。

任何用户都属于这个组，因此当 Guest 被启用时，该组的权限设置必须严格限制。

（8）Interactive 组。

任何本地登录的用户都属于这个组。

（9）System 组。

该组拥有系统中最高的权限，系统和系统级服务的运行都是依靠 System 赋予的权限，从任务管理器中可以看到很多进程是由 System 开启的。System 组只有一个用户（即 System），它不允许其他用户加入，在查看用户组的时候也不显示出来。默认情况下，只有系统管理员组用户（Administrator）和系统组用户（System）拥有访问和完全控制终端服务器的权限。

13.3　文件系统与分区管理

本部分的相关知识点有文件管理和 Windows 分区文件系统。

13.3.1　文件系统

Windows 的文件系统采用树型目录结构。在树型目录结构中，根结点就是文件系统的根目录，所有的文件作为叶子结点，其他所有目录均作为树型结构上的结点。任何数据文件都可以找到唯一一条从根目录到自己的通路，从树根开始，将全部目录名与文件名用"/"连接起来，构成该文件的绝对路径名，且每个文件的路径名都是唯一的，因此可以解决文件重名问题。但是在多级的文件系统中使用绝对路径比较麻烦，通常使用相对路径名。当系统访问当前目录下的文件时，就可以使用相对路径名以减少访问目录的次数，提高效率。

系统中常见的目录结构有三种：一级目录结构、二级目录结构和多级目录结构。

（1）一级目录的整个目录组织成线型结构，整个系统中只建立一张目录表，系统为每个文件分配一个目录项表示即可。尽管一级目录结构简单，但是查找速度过慢，且不允许出现重名，因此较少使用。

（2）二级目录结构是由主文件目录（Master File Directory，MFD）和用户目录（User File Directory，UFD）组成的层次结构，可以有效地将多个用户隔离开，但是不便于多用户共享文件。

（3）多级目录结构，允许不同用户的文件可以具有相同的文件名，因此适合共享。

Windows 共享文件权限有共享权限和 NTFS 权限，它们之间的联系和区别如下：

1）共享权限是基于文件夹的，即只可在文件夹上设置共享权限，不能在文件上设置共享权限；NTFS 权限是基于文件的，可在文件夹或文件上设置。

2）共享权限只针对网络访问用户访问共享文件夹时才起作用，如果用户是本地登录计算机则共享权限不起作用；NTFS 权限无论用户是通过网络还是本地登录都会起作用，**只不过当用户通过网络访问文件时它会与共享权限联合起作用，规则是取最严格的权限设置**。比如共享权限为只读，NTFS 权限是写入，那么最终权限是完全拒绝，即两个权限的交集为完全拒绝。

3）共享权限与文件操作系统无关，只要设置共享就能够应用共享权限；NTFS 权限必须是 NTFS 文件系统，否则不起作用。

13.3.2　Windows 分区文件系统

Windows 系列操作系统中最常用的文件系统是 FAT16、FAT32、NTFS。其中 FAT16 和 FAT32 均是文件配置表（File Allocation Table，FAT）方式的文件系统。

（1）FAT16。

FAT16 是使用较久的一种文件系统，其主要问题是大容量磁盘利用率低。因为在 Windows 中，磁盘文件的分配以簇为单位，而且一个簇只分配给一个文件使用，因此不管多么小的文件也要占用一个簇，剩余的簇空间就浪费了。

（2）FAT32。

由于分区表容量的限制，FAT16 分区被淘汰，微软在 Windows 95 及以后的版本中推出了一种新分区格式 FAT32，采用 32 位的文件分配表，突破了 FAT16 分区 2GB 容量的限制。它的每个簇都固定为 4kB，与 FAT16 相比，大大提高了磁盘的利用率。但是 FAT32 不能保持向下兼容。

（3）NTFS。

随着 Windows NT 操作系统推出了新的 NTFS 文件系统，使文件系统的安全性和稳定性大大提高，成为了 Windows 系统中的主要文件系统。Windows 的很多服务和特性都依赖于 NTFS 文件系统，如活动目录就必须安装在 NTFS 中。NTFS 文件系统的主要优势是能通过 NTFS 许可权限保护网络资源。在 Windows Server 2008 下，网络资源的本地安全性就是通过 NTFS 许可权限实现的，它可以为每个文件或文件夹单独分配一个许可，从而提高访问的安全性。另一个显著特点是使用 NTFS 对单个文件和文件夹进行压缩时，可提高磁盘的利用率。

第 14 章　Windows 命令

本章主要学习 Windows 命令相关知识。作为最为常见的网络操作系统，Windows 系统中提供了非常多的命令，可以分为与 IP 网络有关的命令、与系统服务及管理有关的命令、与故障诊断和系统监控相关的命令。本章考点知识结构图如图 14-0-1 所示。

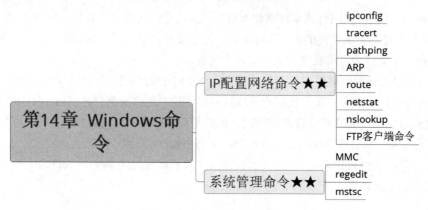

图 14-0-1　考点知识结构图

14.1　IP 配置网络命令

注意本书涉及的各类配置命令参数太多，因此只讲重要的、常考的参数。

14.1.1　ipconfig

ipconfig 是 Windows 网络中最常使用的命令，用于显示计算机中网络适配器的 IP 地址、子网掩码及默认网关等信息。这仅是 ipconfig 不带参数的用法，在考试中主要考查的是带参数用法的题，尤其是下面将讨论的基本参数，必须熟练掌握。

命令基本格式：

ipconfig [**/all** | **/renew** [*adapter*] | **/release** [*adapter*] | **/flushdns** | **/displaydns** | **/registerdns**]]

ipconfig 基本参数如表 14-1-1 所列。

表 14-1-1　ipconfig 基本参数表

参数	参数作用	备注
/all	显示所有网络适配器的完整 TCP/IP 配置信息	尤其是查看 MAC 地址信息、DNS 服务器等配置
/release adapter	释放全部（或指定）适配器的、由 DHCP 分配的动态 IP 地址，仅用于 DHCP 环境	DHCP 环境中的释放 IP 地址
/renew adapter	为全部（或指定）适配器重新分配 IP 地址。常与 release 结合使用	DHCP 环境中的续借 IP 地址
/flushdns	清除本机的 DNS 解析缓存	
/registerdns	刷新所有 DHCP 的租期和重注册 DNS 名	DHCP 环境中的注册 DNS
/displaydns	显示本机的 DNS 解析缓存	

在 Windows 中可以选择"开始"→"运行"命令并输入 CMD，进入 Windows 的命令解释器，然后输入各种 Windows 提供的命令；也可以执行"开始"→"运行"命令后，直接输入相关命令。在实际应用中，为了完成一项工作往往会连续输入多个命令，最好直接进入命令解释器界面。

常见的命令显示效果如图 14-1-1 所示。

```
Ethernet adapter 无线网络连接:

        Connection-specific DNS Suffix  . :
        Description . . . . . . . . . . . : Intel(R) Wireless WiFi Link
4965AG
        Physical Address. . . . . . . . . : 00-1F-3B-CD-29-DD
        Dhcp Enabled. . . . . . . . . . . : Yes
        Autoconfiguration Enabled . . . . : Yes
        IP Address. . . . . . . . . . . . : 192.168.0.235
        Subnet Mask . . . . . . . . . . . : 255.255.255.0
        Default Gateway . . . . . . . . . : 192.168.0.1
        DHCP Server . . . . . . . . . . . : 192.168.0.1
        DNS Servers . . . . . . . . . . . : 202.103.96.112
                                            211.136.17.108
        Lease Obtained. . . . . . . . . . : 20xx年10月6日 10:59:50
        Lease Expires . . . . . . . . . . : 20xx年10月6日 11:29:50
```

图 14-1-1　ipconfig/all 显示效果图

从 ipconfig 命令中不仅可以知道本机的 IP 地址、子网掩码和默认网关，还可以看到系统提供的 DHCP 服务器地址和 DNS 服务器地址。从图 14-1-1 中最后两项还可以看到 DHCP 服务器设置的租期是半个小时。

14.1.2　tracert

tracert 是 Windows 网络中 Trace Route 功能的缩写。基本工作原理是：通过向目标发送不同 IP 生存时间（TTL）值的 ICMP ECHO 报文，在路径上的每个路由器转发数据包之前，将数据包上的 TTL 减 1。当数据包上的 TTL 减为 0 时，路由器返回给发送方一个超时信息。

在 tracert 工作时，先发送 TTL 为 1 的回应报文，并在随后的每次发送过程中将 TTL 增加 1，直到目标响应或 TTL 达到最大值为止，通过检查中间路由器超时信息确定路由。

以下命令是考试中最常使用的检查数据包路由路径的命令：

tracert [**-d**] [**-h** *maximumhops*] [**-w***timeout*] [**-R**] [**-S***srcAddr*] [**-4**][**-6**] *targetname*

其中各参数的含义如下：

● -d：禁止 tracert 将中间路由器的 IP 地址解析为名称，这样可加速显示 tracert 的结果。

● -h maximumhops：指定搜索目标的路径中存在结点数的最大数（默认为 30 个结点）。

● -w timeout：指定等待"ICMP 已超时"或"回显答复"消息的时间。如果在超时的时间内未收到消息，则显示一个星号（*）（默认的超时时间为 4000 毫秒）。

● -R：指定 IPv6 路由扩展标头来将"回显请求"消息发送到本地计算机，使用目标作为中间目标，并测试反向路由。

● -S：指定在"回显请求"消息中使用的源地址，仅当跟踪 IPv6 地址时才使用该参数。

● -4：指定 IPv4 协议。

- -6：指定 IPv6 协议。
- targetname：指定目标，可以是 IP 地址或计算机名。

【例 14-1】tracert 应用实例。为了提高其回显的速度，可以使用-d 选项，tracert 不会对每个 IP 地址都查询 DNS。命令显示如下：

```
C:\Documents and Settings\Administrator>tracert  -d  61.187.55.33
Tracing route to 61.187.55.33 over a maximum of 30 hops
  1    <1 ms    <1 ms    <1 ms   172.28.27.254
  2     1 ms    <1 ms    <1 ms   10.0.1.1
  3     3 ms     3 ms     3 ms   61.187.55.33
Trace complete.
```

从命令返回的结果可以看到，数据包必须通过两个路由器 172.28.27.254 和 10.0.1.1 才能到达目标计算机 61.187.55.33，同时也可以知道本计算机的默认网关是 172.28.27.254。另外，若是内部的网络地址使用了地址转换，则地址转换之后的地址范围一般就是与 61.187.55.33 同一网络的地址。

如果要查找从本地出发、经过 3 个跳步到达名为 www.hunau.net 的目标主机的路径，则其命令显示如下：

```
C:\Documents and Settings\Administrator>tracert -h 3 www.hunau.net
Tracing route to www.hunau.net [61.187.55.40]
over a maximum of 3 hops:
  1     3 ms     4 ms     4 ms   10.1.0.1
  2    16 ms    39 ms     3 ms   222.240.45.188
  3     5 ms     4 ms     4 ms   61.187.55.40
Trace complete.
```

14.1.3　pathping

要跟踪路径并为路径中的每个路由器和链路提供网络延迟和数据包丢失等相关信息，应该使用 pathping 命令。其工作原理类似于 tracert，并且会在一段指定的时间内定期将 ping 命令发送到所有路由器，并根据每个路由器的返回数值生成统计结果。命令行下返回的结果有两部分内容，第一部分显示到达目的地经过了哪些路由；第二部分显示路径中源和目标之间的中间结点处的滞后信息和网络丢失信息。pathping 在一段时间内将多个回应请求消息发送到源和目标之间的路由器，然后根据各个路由器返回的数据包计算结果。因为 pathping 显示在任何特定路由器或链接处的数据包的丢失程度，因此用户可据此确定存在故障的路由器或子网。

命令基本格式：

pathping[-**g** *host-list*] [-**h** *maximum_hops*] [-**i** *address*] [-**n**] [-**p** *period*] [-**q** *num_queries*] [-**w** *timeout*] [-**4**] [-**6**] *targetname*

其中各参数的含义如下：

- -g host-list：与主机列表一起的松散源路由。
- -h maximum_hops：指定搜索目标路径中的结点最大数（默认值为 30 个结点）。
- -i address：使用指定的源地址。
- -n：禁止将中间路由器的 IP 地址解析为名字，可以提高 pathping 显示速度。

- -p period：两次 ping 之间等待的时间（单位为毫秒，默认值为 250 毫秒）。
- -q num_queries：指定发送到路径中每个路由器的回响请求消息数。默认值为 100 查询。
- -w timeout：指定等待每个应答的时间（单位为毫秒，默认值为 3000 毫秒）。
- -4：强制使用 IPv4。
- -6：强制使用 IPv6。
- targetname：指定目的端，它既可以是 IP 地址，也可以是计算机名。

pathping 参数要区分大小写。实际使用中要注意：为了避免网络拥塞，影响正在运行的网络业务，应以足够慢的速度发送 ping 信号。

【例 14-2】pathping 应用实例。

```
C:\Documents and Settings\Administrator>pathping 61.187.55.33
Tracing route to 61.187.55.33 over a maximum of 30 hops
0    1be2f61eecdb4fc [172.28.27.249]
1    172.28.27.254
2    10.0.1.1
3      *         *         *
Computing statistics for 75 seconds...
Source to Here    This Node/Link       Hop      RTT       Lost/Sent = Pct      Lost/Sent = Pct Address
0    1be2f61eecdb4fc   [172.28.27.249]               0/ 100 =  0%   |
1    0ms      0/ 100 =  0%    0/ 100 =  0%   172.28.27.254        0/ 100 =  0%   |
2    0ms      0/ 100 =  0%    0/ 100 =  0%   10.0.1.1            100/ 100 =100%  |
3    ---     100/ 100 =100%   0/ 100 =  0%   1be2f61eecdb4fc [0.0.0.0]
Trace complete.
```

若带有-n 参数，则上例中的"0　1be2f61eecdb4fc [172.28.27.249]"位置不会解析 172.28.27.249 对应的机器名，也可以提高命令回显的速度。当运行 pathping 时，将首先显示路径信息。此路径与 tracert 命令所显示的路径相同。接着将显示约 75 秒的繁忙消息，这个时间随着中间结点数的变化而变化。在此期间，命令会从先前列出的所有路由器及其链接之间收集信息，结束时将显示测试结果。

在例 14-2 中，This Node/Link、Lost/Sent = Pct 和 Lost/Sent = Pct Address 列显示出 172.28.27254 与 10.0.1.1 之间的链接丢失了 0%的数据包。在 Lost/Sent = Pct Address 列中显示的链接丢失速率表明造成路径上转发数据包丢失的链路拥挤状态；路由器所显示的丢失速率表明这些路由器已经超载。

14.1.4　ARP

在以太网中规定，同一局域网中的一台计算机要与另一台计算机进行直接通信，必须知道目标计算机的 MAC 地址。而在 TCP/IP 协议中，网络层和传输层只考虑目标计算机的 IP 地址。因此在以太网中使用 TCP/IP 协议时，必须能根据目的计算机的 IP 地址获得对应的 MAC 地址，这就是ARP 协议。另一种情况是，当发送计算机和目的计算机不在同一个局域网中时，必须经过路由器才可以通信。因此，发送计算机通过 ARP 协议获得的不是目的计算机的 MAC 地址，而是作为网关路由器接口的 MAC 地址。所有发送给目的计算机的帧都将先发给该路由器，然后通过它发给目标计算机，这就是 ARP 代理（ARP Proxy）。

由于 ARP 在工作过程中无法响应数据的来源、进行真实性验证，导致很多基于 ARP 的攻击出现，解决的基本方法是绑定 IP 和 MAC，或者使用专门的 ARP 防护软件。具体做法就是由管理员在网内把客户计算机和网关用静态命令对 IP 和 MAC 绑定。

命令基本格式：

（1）**ARP -s** inet_addr eth_addr [if_addr]。

（2）**ARP -d** inet_addr [if_addr]。

（3）**ARP -a** [inet_addr] [**-N** if_addr]。

参数说明：

- -s：静态指定 IP 地址与 MAC 地址的对应关系。
- -a：显示所有的 IP 地址与 MAC 地址的对应，使用-g 的参数与-a 是一样的，尤其注意一下这个参数。
- -d：删除指定的 IP 地址与 MAC 地址的对应关系。
- -N if_addr：只显示 if_addr 这个接口的 ARP 信息。

【例 14-3】arp 应用示例。

在主机上设置命令"arp -s 172.28.27.249 AA-BB-AA-BB-AA-BB"后，通过执行 arp -a 可以看到相关提示：

Internet Address	Physical Address	Type
172.28.27.249	AA-BB-AA-BB-AA-BB	static

而在 arp 默认的动态解析情况下看到的是：

Internet Address Physical	Address	Type
172.28.27.249	AA-BB-AA-BB-AA-BB	dynamic

这种方式对于计算机数量比较大的网络而言是非常不便的，因为每次重启之后均要重新设置，因此网络中通常使用防护软件来自动设置。

14.1.5　route

route 命令主要用于手动配置静态路由并显示路由信息表。

基本命令格式：

route [**-f**] [**-p**] *command* [*destination*] [**mask** *netmask*] [*gateway*] [**metric** *metric*] [**if interface**]

参数说明：

（1）-f：清除所有不是主路由（子网掩码为 255.255.255.255 的路由）、环回网络路由（目标为 127.0.0.0 的路由）或多播路由（目标为 224.0.0.0，子网掩码为 240.0.0.0 的路由）的条目路由表。如果它与命令 Add、Change 或 Delete 等结合使用，路由表会在运行命令之前清除。

（2）-p：与 add 命令共同使用时，指定路由被添加到注册表，并在启动 TCP/IP 协议的时候初始化 IP 路由表。默认情况下，启动 TCP/IP 协议时不会保存添加的路由，与 print 命令一起使用时，则显示永久路由列表。

（3）command：该选项下可用以下几个命令。

1）print：用于显示路由表中的当前项目，由于用 IP 地址配置了网卡，因此所有这些项目都是自动添加的。

【例 14-4】route print 应用示例。

```
C:\route print   172.*
显示 IP 路由表中以 172.开始的所有路由
```

2）add：用于向系统当前的路由表中添加一条新的路由表条目。

【例 14-5】route add 应用示例。

```
C:\route add 210.43.230.33 mask 255.255.255.224 202.103.123.7 metric 5
设定一个到目的网络 210.43.230.33 的路由，中间要经过 5 个路由器网段，首先要经过本地网络上的一个路由器，其
IP 为 202.103.123.7，子网掩码为 255.255.255.224
```

3）delete：从当前路由表中删除指定的路由表条目。

【例 14-6】route delete 应用示例。

```
C:\route delete 10.41.0.0 mask 255.255.0.0
删除到目标子网 10.41.0.0，掩码为 255.255.0.0 的路由
C:\route delete 10.*
删除所有以 10.起始的目标子网的 IP 路由表
```

4）change：修改当前路由表中已经存在的一个路由条目，但不能改变数据的目的地。

【例 14-7】route change 应用示例。

```
C:\route change 210.43.230.33 mask 255.255.255.224 202.103.123.250 metric 3
命令将数据的路由改到另一个路由器，它采用一条包含 3 个网段的更近的路径
```

（4）destination：指定路由的网络目标地址。目标地址对于计算机路由是 IP 地址，对于默认路由是 0.0.0.0。

（5）mask subnetmask：指定网络目标地址的子网掩码。子网掩码对于 IP 网络地址可以是一个适当的子网掩码，对于计算机路由是 255.255.255.255，对于默认路由是 0.0.0.0。如果将其忽略，则使用子网掩码 255.255.255.255。

（6）gateway：指定超过由网络目标和子网掩码定义的可达到的地址集的前一个或下一个结点 IP 地址。对于本地连接的子网路由，网关地址分配给该子网，用于连接到外部网络接口的 IP 地址。

（7）metric：为路由指定所需结点数的整数值（范围是 1～9999），用来在路由表里的多个路由中选择与转发包中的目标地址最为匹配的路由。所选的路由具有最少的结点数。

（8）if interface：指定目标可以到达的接口索引。

14.1.6　netstat

netstat 是一个监控 TCP/IP 网络的工具，它可以显示路由表、实际的网络连接、每一个网络接口设备的状态信息，以及与 IP、TCP、UDP 和 ICMP 等协议相关的统计数据。一般用于检验本机各端口的网络连接情况。

若计算机接收到的数据报导致出现出错数据或故障，TCP/IP 容许这些类型的错误，并能够自动重发数据报。

netstat 基本命令格式：

netstat [-a] [-e] [-n] [-o] [-p *proto*] **[-r] [-s] [-v] [interval]**

参数说明：

- -a：显示所有连接和监听端口。
- -e：用于显示关于以太网的统计数据。它列出的项目包括传送的数据报的总字节数、错误数、删除数、数据报的数量和广播的数量。这些统计数据既有发送的数据报数量，也有接收的数据报数量。此选项可以与 -s 选项组合使用。
- -n：以数字形式显示地址和端口号。
- -o：显示与每个连接相关的所属进程 ID。
- -p proto：显示 proto 指定协议的连接；proto 可以是下列协议之一：TCP、UDP、TCPv6 或 UDPv6。如果与-s 选项一起使用，则显示按协议统计信息。
- -r：显示路由表，与 route print 的显示效果一样。
- -s：显示按协议统计信息。默认显示 IP、IPv6、ICMP、ICMPv6、TCP、TCPv6、UDP 和 UDPv6 的统计信息。
- -v：与-b 选项一起使用时，将显示包含为所有可执行组件创建连接或监听端口的组件。
- interval：重新显示选定统计信息，每次显示之间暂停的时间间隔（以秒计）。按 Ctrl+C 组合键停止重新显示统计信息。如果将其省略，则 netstat 只显示一次当前配置信息。

【例 14-8】netstat 示例 1。

以数字方式显示系统所有的连接和端口，显示结果如下：

```
C:\Documents and Settings\Administrator>netstat -an
Active Connections

  Proto  Local Address          Foreign Address        State
  TCP    0.0.0.0：135           0.0.0.0：0             LISTENING
  TCP    0.0.0.0：445           0.0.0.0：0             LISTENING
  TCP    127.0.0.1：1028        127.0.0.1：1029        ESTABLISHED
  TCP    127.0.0.1：1029        127.0.0.1：1028        ESTABLISHED
```

常见的 TCP 连接状态有 ESTABLISHED（正在通信）、TIME_WAIT（主动关闭）、CLOSE_WAIT（被动关闭）。

【例 14-9】netstat 示例 2。

显示以太网统计信息，显示结果如下：

```
C:\Documents and Settings\Administrator>netstat -e
Interface Statistics

                        Received            Sent
Bytes                   243559830           37675026
Unicast packets         360118              341200
Non-unicast packets     178339252           39836
Discards                0                   0
```

| Errors | 0 | 75 |
| Unknown protocols | 33074 | |

【例 14-10】 netstat 示例 3。

显示系统的路由表，功能同 route print，显示结果如下：

```
C:\Documents and Settings\Administrator>netstat -r
Route Table
===========================================================================
Interface List
0x1 ......................... MS TCP Loopback interface
0x20006 ...00 19 21 d3 3b 05 ...... Realtek RTL8139 Family PCI Fast Ethernet NIC
===========================================================================
Active Routes:
Network Destination        Netmask          Gateway       Interface  Metric
          0.0.0.0          0.0.0.0    172.28.27.254  172.28.27.249     20
        127.0.0.0        255.0.0.0        127.0.0.1      127.0.0.1      1
       172.28.27.0    255.255.255.0    172.28.27.249  172.28.27.249     20
     172.28.27.249  255.255.255.255        127.0.0.1      127.0.0.1     20
    172.28.255.255  255.255.255.255    172.28.27.249  172.28.27.249     20
         224.0.0.0        240.0.0.0    172.28.27.249  172.28.27.249     20
   255.255.255.255  255.255.255.255    172.28.27.249  172.28.27.249      1
Default Gateway:       172.28.27.254
===========================================================================
Persistent Routes:
  None
```

14.1.7　nslookup

nslookup（name server lookup）是一个用于查询 Internet 域名信息或诊断 DNS 服务器问题的工具。Windows 下的 nslookup 命令格式比较丰富，可以直接使用带参数的形式，也可以使用交互式命令设置参数。

（1）非交互式查询。

简单查询时可以使用非交互式查询，基本命令格式：

nslookup [-*option*] [{*name*| [-*server*]}]

参数说明：

- -option：在非交互式中可以使用选项直接指定要查询的参数，具体如下。
  - ➤ -timeout=x：指明系统查询的超时时间，如-timeout=10 表示超时时间是 10 秒。
  - ➤ -retry=x：指明系统查询失败时重试的次数。
  - ➤ -querytype=x：指明查询的的资源记录的类型，x 可以是 A、PTR、MX、NS 等。
- name：要查询的目标域名或 IP 地址。若 name 是 IP 地址，并且查询类型为 A 或 PTR 资源记录类型，则返回计算机的名称。
- -server：使用指定的 DNS 服务器解析，而非默认的 DNS 服务器。

【例 14-11】nslookup 应用示例。

```
C: >nslookup  -querytype=mx   hunau.net
Server:   ns1.hn.chinamobile.com
Address:   211.142.210.98
Non-authoritative answer:
hunau.net            MX preference = 5, mail exchanger = mail.hunau.net
hunau.net            nameserver = ns.timeson.com.cn
hunau.net            nameserver = db.timeson.com.cn
mail.hunau.net       internet address = 61.187.55.38
db.timeson.com.cn        internet address = 202.103.64.139
ns.timeson.com.cn        internet address = 202.103.64.138
```

由此可以看出，本机的默认 DNS 服务器是 211.142.210.98。查询 hunau.net 的 mx 记录可以知道，邮件服务器的名字是 mail.hunau.net，优先级是 5。hunau.net 注册的名字服务器是 ns.timeson.com.cn 和 db.timeson.com.cn，这两台 DNS 服务器的 IP 地址分别是 202.103.64.139 和 202.103.64.138。

（2）交互式查询。

使用交互式时，基本命令格式为 **nslookup**。

直接使用 nslookup 命令且不带任何参数，即进入 nslookup 的交互式模式查询界面。可以使用的交互命令如下：

● NAME：显示域名为 NAME 的域的相关信息。

● server NAME：设置查询的默认服务器为 NAME 所指定的服务器。

● exit：退出 nslookup。

● set option：设置 nslookup 的选项，nslookup 有很多选项，用于查找 DNS 服务器上相关的设置信息。下面对这些选项进行仔细讲解。

 ➢ all：显示当前服务器或主机的所有选项。

 ➢ domain=NAME：设置默认的域名为 NAME。

 ➢ root=NAME：设置根服务器的 NAME。

 ➢ retry=x：设置重试次数为 x。

 ➢ timeout=x：设置超时时间为 x 秒。

 ➢ type=x：设置查询的类型，可以是 A、ANY、CNAME、MX、NS、PTR、SOA、SRV 等。

 ➢ querytype=x：与 type 命令的设置一样。

【例 14-12】查询 hunau.net 域名信息，此时查询 PC 的 DNS 服务器是 211.142.210.98。

```
C:>nslookup
Default Server:   ns1.hn.chinamobile.com
Address:   211.142.210.98
#当前的 DNS 服务器，可用 server 命令改变。设置查选条件为所有类型记录（A、MX 等）查询域名
> set querytype=ns
> hunau.net
#交互式命令，先输入查询的类型，再输入要查询的域名
Non-authoritative answer:
```

```
#非权威回答，出现此提示表明该域名的注册主 DNS 非提交查询的 DNS 服务器
hunau.net          nameserver = db.timeson.com.cn
hunau.net          nameserver = ns.timeson.com.cn
#查询域名的名字服务器
> set querytype=soa
> hunau.net
Server:   ns1.hn.chinamobile.com
Address:   211.142.210.98
Non-authoritative answer:
hunau.net   #返回 hunau.net 的信息
primary name server = ns.timeson.com.cn
#主要名字服务器
responsible mail addr = admin. hunau.net
#联系人邮件地址 admin@hunau.net
serial = 2001082925
#区域传递序号，又叫文件版本，当发生区域复制时，该域用来指示区域信息的更新情况
refresh = 3600（1 hours）
#重刷新时间，当区域复制发生时，指定区域复制的更新时间间隔
retry = 900    (15 mins)
#重试时间，区域复制失败时，重新尝试的时间
expire = 1209600    （14 days）
#有效时间，区域复制在有效时间内不能完成，则终止更新
default TTL =43200    （12 hour）
#TTL 设置
hunau.net          nameserver = ns.timeson.com.cn
hunau.net          nameserver = db.timeson.com.cn
db.timeson.com.cn        internet address = 202.103.64.139
ns.timeson.com.cn        internet address = 202.103.64.138
#域名注册的 DNS 服务器
```

关于 DNS 服务器，考试中需要注意以下情况：任何合法有效的域名都必须有至少一个主名字服务器。当主名字服务器失效时，才会使用辅助名字服务器。

DNS 中的记录类型有很多，分别起到不同的作用，常见的有 A、MX、CNAME、SOA 和 PTR 等。一个有效的 DNS 服务器必须在注册机构注册，这样才可以进行区域复制。所谓区域复制，就是把自己的记录定期同步到其他服务器上。当 DNS 接收到非法 DNS 发送的区域复制信息后，会将其丢弃。

14.1.8　FTP 客户端命令

FTP 是一个 Windows 机器常使用的命令。

（1）FTP 基本命令格式。

FTP [**-v**] [**-n**][**-s**:*filename*] [**-a**] [**-A**] [**-x**:*send sockbuf*] [**-r**:*recv sockbuf*] [**-b**:*async count*] [**-w**:*windowsize*] [**host**]

参数说明：

- -v：显示远程服务器的所有响应信息。
- -n：禁止在初始连接时自动登录。
- -s:filename：指定一个包含 FTP 命令的文本文件，这些命令会在 FTP 开始之后自动运行。

- -a：可以使用任意的本地接口绑定数据连接。
- -A：以匿名用户（Anonymous）身份登录。
- -x:send sockbuf：覆盖默认的 SO_SNDBUF 大小 8192。
- -r:recv sockbuf：覆盖默认的 SO_RCVBUF 大小 8192。
- -b:async count：覆盖默认的异步计数 3。
- -w:windowsize：覆盖默认的传输缓冲区大小 65535。
- host：FTP 服务器的 IP 地址或主机名。

（2）内部命令。

使用 FTP 命令连接主机之后，还可以使用内部命令进行操作，常见方法如下。

- ![cmd[args]]：在本地主机中执行交互 shell 命令，exit 回到 ftp 环境，如!dir *.zip。
- ascii：数据传输使用 ascii 类型传输方式。
- bin：数据传输使用二进制文件传输方式。
- bye：退出 FTP 会话过程。
- cd remote-dir：进入远程主机目录。
- close：中断与远程服务器的 FTP 会话（与 open 对应）。
- delete remote-file：删除远程主机文件。
- dir[remote-dir][local-file]：显示远程主机目录，并将结果存入本地文件 local-file 中。
- get remote-file[local-file]：将远程主机的文件 remote-file 传至本地硬盘 local-file 中。
- lcd[dir]：将本地工作目录切换至 dir。
- mdelete[remote-file]：删除远程主机文件。
- mget remote-files：传输多个远程文件。
- mkdir dir-name：在远程主机中建一个目录。
- mput local-file：将多个文件传输至远程主机。
- open host[port]：建立指定 FTP 服务器连接，可指定连接端口。
- passive：进入被动传输方式。
- put local-file[remote-file]：将本地文件 local-file 传送至远程主机。
- pwd：显示远程主机的当前工作目录。
- rmdir dir-name：删除远程主机目录。
- user user-name[password]：向远程主机表明自己的身份，需要口令时必须输入口令，如 user anonymous xp@hunau.net。

14.2 Windows 系统管理命令

本节主要讲解考试中最常考查的 Windows 系统管理相关的命令。这部分**只要掌握命令的基本作用即可。**

14.2.1 MMC

微软从 Windows 2000 开始使用管理控制台（Microsoft Management Console，MMC）的思想来管理计算机中的系统设置。在 MMC 中，用户可以添加不同的控制台组件，利用这些组件就可以对系统进行设置。通过 MMC 组件，所有设置都可以在统一的界面中完成，降低了设置的难度。启动 MMC 可以在运行中输入 MMC 并按 Enter 键，第一次运行的控制台是空白的，用户可以按照自己的需要添加各种管理单元进去，方法是执行"文件"→"添加/删除管理单元"命令。系统本身已经带有很多可以添加的管理单元，并且在安装某些具有管理功能的第三方软件之后，只要软件支持，也可以把该软件添加到控制台中。

14.2.2 regedit

regedit 是 Windows 系统的注册表编辑器，其操作界面与 Windows 资源管理器很像。注册表将系统中的每一种信息都分门别类地保存在不同的目录下，每一个目录分支下保存相关的配置信息，如 HKEY_LOCAL_MACHINE\SOFTWARE\Microsoft\Windows\CurrentVersion\Run 就保存了系统启动时需要自动执行的一系列程序的名字。

14.2.3 mstsc

mstsc 是 Windows 远程桌面启动命令。Windows 远程桌面的默认端口是 3389。

第 15 章 Linux 管理

本章主要学习 Linux 管理所涉及的重要知识点。本章考点知识结构图如图 15-0-1 所示。

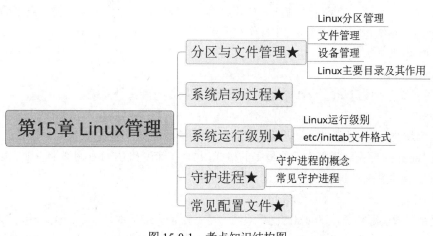

图 15-0-1 考点知识结构图

15.1　分区与文件管理

本部分的相关知识点有 Linux 分区管理、文件管理、设备管理、Linux 主要目录及其作用。

15.1.1　Linux 分区管理

Linux 系统相关的管理和配置指令是考试中一个比较重要的知识点。大部分考生对 Linux 并不是特别熟悉，因此我们主要掌握 Linux 系统最基本的知识点，包括系统的安装、分区格式、常用系统管理命令和网络配置命令等。

1. Linux 分区概述

在安装 Linux 时，也要像安装 Windows 一样对硬盘进行分区，为了能更好地规划分析，我们必须对硬盘分区的相关知识有所了解。

为了区分每个硬盘上的分区，系统分配了 1～16 的序列号码，用于表示硬盘上的分区，如第一个 IDE 硬盘的第一个分区就用 hda1 表示，第二个分区就用 hda2 表示。因为 Linux 规定每一个硬盘设备最多能有 4 个主分区（包含扩展分区），任何一个扩展分区都要占用一个主分区号码，也就是在一个硬盘中，主分区和扩展分区一共最多有 4 个。主分区的作用就是使计算机可以启动操作系统的分区，因此每一个操作系统启动的引导程序都应该存放在主分区上。

Linux 的分区不同于其他操作系统的分区，一般 Linux 至少需要两个专门的分区 Linux Native 和 Linux Swap，通常安装 Linux Native 硬盘分区。

- Linux Native 分区是存放系统文件的地方，它能用 EXT2 和 EXT3 等分区类型。对 Windows 用户来说，操作系统的文件必须装在同一个分区里。而 Linux 可以把系统文件装入几个区，也可以装在同一个分区中。
- Linux Swap 分区的特点是不用指定"载入点"（Mout Point），既然作为交换分区并为其指定大小，它至少要等于系统实际内存容量。一般来说，取值为系统物理内存的 2 倍比较合适。系统也支持创建和使用一个以上的交换分区，最多支持 16 个。

2. Linux 常见分区格式

（1）ext。

ext 是第一个专门为 Linux 设计的文件系统类型，叫作扩展文件系统。

（2）ext2。

ext2 是为解决 ext 文件系统的缺陷而设计的一种高性能的文件系统，又称为二级扩展文件系统。ext2 是目前 Linux 文件系统类型中使用最多的格式，并且在速度和 CPU 利用率上表现突出，是 Linux 系统中标准的文件系统，其特点是存取文件的性能极好。

（3）ext3。

ext3 是由开放资源社区开发的日志文件系统，是 ext2 的升级版本，尽可能地方便用户从 ext2fs 向 ext3fs 迁移。ext3 在 ext2 的基础上加入了记录元数据的日志功能，因此 ext3 是一种日志式文件系统。

（4）ISO 9660。

ISO 9660 是一种基于光盘的标准文件系统，允许长文件名。

（5）NFS。

NFS 是 Sun 公司推出的网络文件系统，允许多台计算机之间共享同一个文件系统，易于从所有计算机上存取文件。

（6）HPFS。

HPFS 是高性能文件系统，能访问较大的硬盘驱动器、提供更多的组织特性并改善文件系统的安全特性，是 Microsoft 的 LAN Manager 中的文件系统，同时也是 IBM 的 LAN Server 和 OS/2 的文件系统。

15.1.2　文件管理

每种操作系统都有自己独特的文件系统，用于对本系统的文件进行管理，文件系统包括了文件的组织结构、处理文件的数据结构、操作文件的方法等。Linux 文件系统采用多级目录的树型层次结构管理文件。

（1）树型结构的最上层是根目录，用 "/" 表示。

（2）在根目录下是各层目录和文件。在每层目录中可以包含多个文件或下一级目录，每个目录和文件都有由多个字符组成的目录名或文件名。

系统所处的目录称为当前目录。这里的目录是一个驻留在磁盘上的文件，称为目录文件。

15.1.3　设备管理

Linux 中只有文件的概念，因此系统中的每一个硬件设备都映射到一个文件。对设备的处理简化为对文件的处理，这类文件称为设备文件，如 Linux 系统对硬盘的处理就是每个 IDE 设备指定一个由 hd 前缀组成的文件、每个 SCSI 设备指定一个由 sd 前缀组成的文件。系统中的第一个 IDE 设备指定为 hda，第二个 SCSI 设备定义为 sdb。

15.1.4　Linux 主要目录及其作用

（1）/：根目录。

（2）/boot：包含操作系统的内核和在启动系统过程中所要用到的文件。

（3）/home：用于存放系统中普通用户的宿主目录，每个用户在该目录下都有一个与用户同名的目录。

（4）/tmp：系统临时目录，很多命令程序在该目录中存放临时使用的文件。

（5）/usr：用于存放大量的系统应用程序及相关文件，如说明文档、库文件等。

（6）/var：系统专用数据和配置文件，即用于存放系统中经常变化的文件，如日志文件、用户邮件等。

（7）/dev：终端和磁盘等设备的各种设备文件，如光盘驱动器、硬盘等。

（8）/etc：用于存放系统中的配置文件，Linux 中的配置文件都是文本文件，可以使用相应的命令查看。

（9）/bin：用于存放系统提供的一些二进制可执行文件。

（10）/sbin：用于存放标准系统管理文件，通常也是可执行的二进制文件。

（11）/mnt：挂载点，所有的外接设备（如 CD-ROM、U 盘等）均要挂载在此目录下才可以访问。

在考试中，只需要知道常见的目录及其作用即可。

15.2　系统启动过程

Linux 从加电自检后就要从硬盘上开始引导操作系统，具体过程如下。

（1）引导加载程序 GRUB/LILO。

当机器引导操作系统时，首先读取硬盘主引导记录（MBR）中的信息，找到主引导加载程序，加载操作系统即可。在单一的 MBR 中只能存储一个操作系统的引导记录，因此同时安装多个操作系统时就必须使用引导加载程序。Linux 中的引导加载程序有两个，分别是 GRUB 和 LILO，通过它们的引导，操作系统可以顺利地启动。

GRUB 相对 LILO 而言有更多的优势，如支持网络引导、交互式命令界面等。且 GRUB 不需要像 LILO 一样将引导的操作系统位置的信息存储在 MBR 中，因而可以避免由于错误配置 MBR 导致系统无法引导的故障。现在的系统基本倾向于 GRUB 引导。

（2）加载内核。

内核映像不是一个可执行的内核，而是一个经过压缩的内核映像。通常它是一个 zImage 或 bzImage 文件，将其加载到内存之后，内核就开始执行。

（3）执行 init 进程。

init 进程作为系统的第一个进程，是所有进程的发起者和控制者。init 的进程 ID（PID）为 1，它完成系统的初始化工作并维护系统的各种运行级别，包括系统的初始化、系统结束、单用户运行模式和多用户运行模式。由于 init 进程是系统所有进程的起点，内核在完成核内引导后就开始加载 init 程序。

init 进程有两个作用：第一个作用是终结父进程。因为 init 进程绝对不会被终止，所以系统总能使用 init 并以它为参照。如果某个进程在它衍生出来的全部子进程结束之前被终止，此时就必须以 init 为参照进程，所有失去父进程的子进程就都会以 init 作为父进程；第二个作用是在进入某个特定的运行级别（Runlevel）时运行相应的程序，以此对各种运行级别进行管理。它的这个作用是由/etc/inittab 文件定义的。

（4）通过/etc/inittab 文件进行初始化。

init 的工作是根据/etc/inittab 来执行相应的脚本，进行系统初始化。考试通常以 RedHat 为蓝本，因此本节主要讨论 RedHat 的执行顺序。RedHat 的基本执行步骤如下。

1）执行/etc/rc.d/rc.sysinit。

这是由 init 执行的第一个脚本，其主要功能是完成各个不同运行级别中相同部分的初始化工作，包括设置初始的$PATH 变量、配置网络等。

2）执行/etc/rc.d/rcx.d/下的脚本。

在系统目录/etc/rc.d/init.d 下有许多服务器脚本程序，一般称为服务，在系统初始化启动时会选择性地执行这些脚本程序的一部分。在/etc/rc.d 目录下有 7 个名为 rcx.d 的目录，对应系统的 7 个运行级别，这里的 x 是不同运行级别的级别数，实际中使用相应运行级别的数字代替，如运行级别 3，则执行的是/etc/rc.d/rc3.d/下的脚本。

这些脚本实际上都是一些连接文件，而不是真正的 rc 启动脚本，存放在/etc/rc.d/init.d 子目录中的、被符号连接上的命令脚本程序才是真正的程序，是它们完成了启动或者停止各种服务的操作过程。

这个脚本程序的连接文件命名形式为"K+xx+服务名"或"S+xx+服务名"，其中 xx 是一个两位数字，K（Kill）表示结束，S（Start）表示启动。

通常这些命令脚本程序的执行顺序很重要，基本规则是先终止 K 开头的服务，然后启动 S 开头的服务，再根据字母 S 或 K 后面这个两位数字的大小来决定执行顺序，数值小比数值大的先执行，如/etc/rc.d/rc3.d/S50inet 就会在 /etc/rc.d/rc3.d/S55named 之前执行。以字母 K 开头的命令脚本程序会传递 Stop 参数；类似地，以字母 S 开头的命令脚本程序会传递 Start 参数，同时也能接收Restart、Status 等参数。

root 用户可以用 init x 命令改变当前运行级别，如可以将 init 0 用作关机指令、init 6 用作重启系统的指令。

3）执行/etc/rc.d/rc.local。

RedHat 中的运行模式 2、3、5 都会将/etc/rc.d/rc.local 作为最后一个运行的初始化脚本，所以用户可以在这个文件中添加脚本指令，以实现在系统开机后，自动运行某个程序或者执行某项常规操作的功能。如要在系统开机启动后自动执行 pptpd 服务，则可以在/etc/rc.d/rc.local 中增加一行启动 pptptd 的指令。

（5）执行/bin/login。

login 程序检验用户的输入账号和密码，若通过，则为使用者进行初始化环境，并将控制权交给 shell，即等待用户登录，启动过程完成。

15.3　系统运行级别

本部分的相关知识点有 Linux 运行级别和 etc/inittab 文件格式。

15.3.1　Linux 运行级别

运行级别，简单来说就是操作系统当前正在运行的功能级别。Linux 系统的级别**从 0～6**，每个级别都具有不同的功能。这些级别在/etc/initab 文件中有详细的定义。init 程序也是通过寻找 initab

文件来使相应的运行级别有相应的功能，通常每个级别最先运行的服务是放在/etc/rc.d 目录下的文件。Linux 下共有 7 个运行级别。

- 0：系统停机状态，系统默认运行级别不能设置为 0，否则不能正常启动，从而导致机器直接关闭。
- 1：单用户工作状态，仅有 root 权限，用于系统维护，不能远程登录，类似 Windows 的安全模式。
- 2：多用户状态，但不支持 NFS，也不支持网络功能。
- 3：完整的多用户模式，支持 NFS，登录后可以使用控制台命令行模式。
- 4：系统未使用，该级别一般不用，在一些特殊情况下使用。
- 5：X11 控制台，登录后进入图形用户界面 XWindow 模式。
- 6：系统正常关闭并重启，默认运行级别不能设为 6，否则不能正常启动。运行 init 6 时，机器会重启。

标准的 Linux 运行级别为 3 或 5。

15.3.2　etc/inittab 文件格式

/etc/inittab 文件控制系统启动过程中运行哪些程序。文件中的每一行都有以下相同格式：

id:runlevel:action:process

（1）id 是指入口标识符。它是一个字符串，只要保证唯一即可，但是对于 getty 或 mingetty 等 login 程序项，要求 id 与 tty 后面的编号相同，否则 getty 程序将不能正常工作。

（2）runlevel 是 init 所处运行级别的标识，一般使用 0~6、S 或 s 表示。其中 0、1、6 运行级别被系统保留做特殊用途：0 为 shutdown，1 为重启至单用户模式，6 为重启；S 和 s 意义相同，表示单用户模式，且无需 inittab 文件支持，所以可以不在 inittab 中出现。而实际上，进入单用户模式时，init 直接在控制台（/dev/console）上运行/sbin/sulogin。runlevel 可以是并列的多个值，以匹配多个运行级别，对大多数 action 来说，仅当 runlevel 与当前运行级别匹配成功后才会执行。

（3）action 用来描述其后 process 的运行方式。action 可取的值比较多，表 15-3-1 给出了 action 选项及解释。

表 15-3-1　action 选项及解释

选项	解释
respawn	表示 init 应该监视这个进程，只要进程一停止就重新启动
wait	进程只运行一次，init 将一直等待它结束，再执行下一步操作
once	init 控制这个进程只运行一次
boot	系统引导进程中，运行该进程时，init 将忽略运行等级这段
bootwait	系统引导过程中，进程运行，init 将等待进程结束
off	不采取任何行动，功能相当于将这行注释掉

续表

选项	解释
initdefault	系统设置默认运行级别。process 字段被忽略。当 init 由核心激活以后，从本项取得 runlevel 并作为当前的运行级别
sysinit	只要系统引导，该进程便运行，优先于 boot 与 bootwait
powerwait	当 init 接收到 SIGPWR 信号时进程开始运行，一般为电源故障时运行
powerfail	与 powerwait 相同，但 init 不会等待进程完成
powerokwait	当电源故障修复时运行
ctrialdel	当 init 收到 SIGNT 信号时（按 Ctrl+Alt+Delete 组合键），进程运行

（4）process 是具体的执行程序，后面可以带参数。该进程采用的格式与在命令行下运行该进程的格式一样，因此 process 字段都以该进程的名字开头，然后是运行时要传递给该进程的参数，如/sbin/shutdown -t3 -r now。该进程在按下 Ctrl+Alt+Delete 组合键时执行，在命令行下也可以直接按这三个键来重新启动系统。

下面给出系统实际的 inittab 的配置，并进行详细解释。

```
id:3:initdefault:
#表示系统默认的运行级别是 3
# System initialization
si::sysinit:/etc/rc.d/rc.sysinit
#调用执行了/etc/rc.d/rc.sysinit，而 rc.sysinit 是一个 bash shell 的脚本，主要完成一些系统初始化的工作。rc.sysinit 是
每一个运行级别都要首先运行的重要脚本。若管理员需要让 Linux 开机之后自动运行某个程序，就可以在 rc.sysinit 中增加
相应的指令
l0:0:wait:/etc/rc.d/rc 0
l1:1:wait:/etc/rc.d/rc 1
l2:2:wait:/etc/rc.d/rc 2
l3:3:wait:/etc/rc.d/rc 3
l4:4:wait:/etc/rc.d/rc 4
l5:5:wait:/etc/rc.d/rc 5
#当运行级别为 5 时，以 5 为参数运行/etc/rc.d/rc 脚本，也就是执行/etc/rc.d/rc5.d，init 将等待其返回（wait）
l6:6:wait:/etc/rc.d/rc 6
# Trap CTRL-ALT-DELETE
ca::ctrlaltdel:/sbin/shutdown -t3 -r now
#在启动过程中允许按 Ctrl+Alt+Delete 组合键重启系统
# When our UPS tells us power has failed，assume we have a few minutes
# of power left. Schedule a shutdown for 2 minutes from now.
# This does,of course,assume you have powerd installed and your
# UPS connected and working correctly.
pf::powerfail:/sbin/shutdown -f -h +2 "Power Failure; System Shutting Down"
# If power was restored before the shutdown kicked in,cancel it.
pr:12345:powerokwait:/sbin/shutdown -c "Power Restored; Shutdown Cancelled"
# Run gettys in standard runlevels
1:2345:respawn:/sbin/mingetty tty1
2:2345:respawn:/sbin/mingetty tty2
```

```
3:2345:respawn:/sbin/mingetty tty3
4:2345:respawn:/sbin/mingetty tty4
5:2345:respawn:/sbin/mingetty tty5
6:2345:respawn:/sbin/mingetty tty6
```
#在 2、3、4、5 级别上以 ttyX 为参数执行/sbin/mingetty 程序，打开 ttyX 终端用于用户登录，如果进程退出，则再次运行 mingetty 程序（respawn）
```
# Run xdm in runlevel 5
x:5:once:/etc/X11/prefdm –nodaemon
```
#在第 5 运行级别上运行 xdm

15.4 守护进程

本部分主要讲述 Linux 的守护进程。相关知识点有守护进程的概念和常见守护进程。

15.4.1 守护进程的概念

守护进程即是通常所说的 Daemon 进程，Linux 系统中的后台服务多种多样，每个服务都运行一个相应程序，这些后台服务程序对应的进程就是守护进程。守护进程常常在系统引导时自动启动，在系统关闭时才终止，平时并没有一个程序界面与之对应。系统中可以看到很多如 DHCPD 和 HTTPD 之类的进程，这里的结尾字母 D 就是 Daemon 的意思，表示守护进程。

在早期的 Linux 版本中，有一种称为 inetd 的网络服务管理程序，也叫作"超级服务器"，就是监视一些网络请求的守护进程，它根据网络请求调用相应的服务进程来处理连接请求。inetd.conf 则是 inetd 的配置文件，它告诉 inetd 监听哪些网络端口，为每个端口启动哪个服务。在任何网络环境中使用 Linux 系统，要做的第一件事都是了解服务器到底要提供哪些服务。不需要的服务应该被禁止，这样可以提高系统的安全性。用户可以通过打开/etc/inetd.conf 文件，了解 inetd 提供和开放了哪些服务，以根据实际情况进行相应的处理。

而在 7.x 版本中则使用 xinetd（扩展的超级服务器）的概念对 inetd 进行了扩展和替代。xinetd 的默认配置文件是/etc/xinetd.conf，其语法与/etc/inetd.conf 不兼容。

除了 xinetd 这个超级服务器之外，Linux 系统中的每个服务都有一个相应的守护进程。考生必须了解一些基本的守护进程。

15.4.2 常见守护进程

Linux 系统的常见守护进程有以下几种：

- dhcpd：动态主机控制协议（Dynamic Host Control Protocol，DHCP）的服务守护进程。
- crond：是 UNIX 下的一个传统程序，该程序周期性地运行用户调度的任务。比起传统的 UNIX 版本，Linux 版本添加了不少属性，而且更安全、配置更简单。类似于 Windows 中的计划任务。
- httpd：Web 服务器 Apache 守护进程，可用来提供 HTML 文件及 CGI 动态内容服务。

- iptables：iptables 防火墙守护进程。
- named：DNS（BIND）服务器守护进程。
- pppoe：ADSL 连接守护进程。
- sendmail：邮件服务器 sendmail 守护进程。
- smb：Samba 文件共享/打印服务守护进程。
- snmpd：简单网络管理守护进程。
- squid：代理服务器 squid 守护进程。
- sshd：SSH 服务器守护进程。Secure Shell Protocol 可以实现安全地远程管理主机。

15.5　常见配置文件

考试中涉及本部分的相关知识点有配置文件及作用。

1. ifcfg-ethx 配置文件

用于存放系统 eth 接口的 IP 配置信息，类似于 Windows 中"本地连接"的属性界面能修改的参数。文件位于/etc/sysconfig/networking/ifcfg-ethx 中，x 可以是 0 或 1，代表不同的网卡接口。

具体内容如下：

```
DEVICE=eth0
BOOTPROTO=static
BROADCAST=220.169.45.255
HWADDR=4C:00:10:59:6B:20
IPADDR=220.169.45.188
NETMASK=255.255.255.0
NETWORK=220.169.45.0
ONBOOT=yes
TYPE=Ethernet
GATEWAY=220.169.45.254
```

一般情况下，系统默认读取 etc/sysconfig/network 为默认网关。若不生效，则需要首先检查配置文件内容是否正确；其次检查/etc/sysconfig/networking/devices/ifcfg-eth0 中是否设置了 GATEWAY=，如果设置了，就会以 ifcfg-eth0 中的 GATEWAY 为默认网关，network 中的设置便失效。

2. /etc/sysconfig/network 配置文件

用于存放系统基本的网络信息，如计算机名、默认网关等，与 ifcfg-ethx 配置文件配合使用。实际的 network 文件配置如下：

```
[root@hunau ～]# vi /etc/sysconfig/network
NETWORKING=yes
HOSTNAME=hunau
GATEWAY=220.169.45.254
#配置文件中 networking=yes，表明启用了网络功能
```

3. /etc/host.conf 配置文件

用于保存系统解析主机名或域名的解析顺序。

```
[root@hunau ～]#   Vi host.conf
order hosts，bind
#用于配置本机的名称解析顺序，本例是先检查本机 hosts 文件中的名字与 IP 的对应关系，找不到再用 DNS 解析
```

4. /etc/hosts 配置文件

用于存放系统中的 IP 地址和主机对应关系的一个表，在网络环境中使用计算机名或域名时，系统首先会去/etc/host.conf 文件中寻找配置，确定解析主机名的顺序。实际的 hosts 文件配置如下：

```
[root@hunau ～]#   Vi   /etc/hosts
# Do not remove the following line，or various programs
# that require network functionality will fail.
127.0.0.1 hunau.net localhost.localdomain localhost
#配置基本的主机名与 IP 地址的对应关系，在访问主机名时，配合 host.conf 的配置可以直接从本文件中获取对应的
IP 地址，也可以到 DNS 服务中查询
```

5. /etc/resolv.conf 配置文件

用于存放 DNS 客户端设置文件。

```
[root@hunau ～]# vi /etc/resolv.conf
#用于存放 DNS 客户端配置文件
[root@hunau ～]# vi /etc/resolv.conf
nameserver    10.8.9.125
#此文件设置本机的 DNS 服务器是 10.8.9.125
```

第 16 章　Linux 命令

本章主要学习 Linux 命令相应的知识点。**注意本书中涉及的各类配置命令参数太多，因此只讲重要的、常考的参数。**

图 16-0-1　考点知识结构图

16.1　系统与文件管理命令

本节主要讲解 Linux 系统管理命令、文件系统的概念、文件系统的管理与维护等。

常见的 Linux 系统管理命令如下。

（1）ls [list] 命令。

基本命令格式：**ls** [*OPTION*] [*FILE*]

这是 Linux 控制台命令中最重要的几个命令之一，其作用相当于 dos 下的 dir，用于查看文件和目录信息的命令。ls 最常用的参数有三个：-a、-l、-F。

- ls -a：Linux 中以 "."开头的文件被系统视为隐藏文件，仅用 ls 命令是看不到的，而用 ls -a 指令除了能显示一般文件名外，连隐藏文件也会显示出来。

- ls -l：可以使用长格式显示文件内容，通常要查看详细的文件信息时，就可以使用 ls -l 指令。

【例 16-1】ls -l 示例。

[root@hunau ～]# ls -l							
文件属性	文件数	拥有者	所属的组	文件大小	建档日期	文件名	
drwx------	2	Guest	users	1024	Nov 11 20:08	book	/
brwx--x--x	1	root	root	69040	Nov 19 23:46	test	*
lrwxrwxrwx	1	root	root	4	Nov 3 17:34	zcat->gzip	@
-rwxr-x---	1	root	bin	3853	Aug 10 5:49	javac	*

第一列：表示文件属性。Linux 的文件分为三个属性：可读（r）、可写（w）、可执行（x）。从上例可以看到，一共有十个位置可以填。第一个位置表示类型，可以是目录或连接文件，其中 d 表示目录，l 表示连接文件，"-"表示普通文件，b 表示块设备文件，c 表示字符设备文件。剩下的 9 个位置以每 3 个为一组。因为 Linux 是多用户多任务系统，所以一个文件可能同时被多个用户使用，所以管理员一定要设好每个文件的权限。上图中 javac 文件的权限位置排列顺序是 rwx（Owner）---（Group）r-x（Other）。

第二列：表示文件个数。如果是文件，这个数就是 1；如果是目录，则表示该目录中的文件个数。

第三列：表示该文件或目录的拥有者。

第四列：表示所属的组（group）。每一个使用者都可以拥有一个以上的组，但是大部分的使用者应该都只属于一个组。

第五列：表示文件大小。文件大小用 byte 来表示，而空目录一般都是 1024byte。

第六列：表示创建日期。以"月，日，时间"的格式表示。

第七列：表示文件名。

- ls -F：使用这个参数表示在文件的后面多添加表示文件类型的符号，如*表示可执行，/表示目录，@表示连接文件。

（2）">"输入/输出重定向和管道命令。

基本命令格式：cmd1 > cmd2

在 Linux 命令行模式中，如果命令所需的输入不是来自键盘，而是来自指定的文件，这就是输入重定向。同理，命令的输出也可以不显示在屏幕上，而是写入指定文件中，这就是输出重定向。

【例 16-2】输入重定向示例。

[root@hunau ～]# **wc** xx.txt

将文件 xx.txt 作为 wc 命令的输入，统计出 xx.txt 的行数、单词数和字符数。所输入的信息不再是键盘，而是文件 xx.txt。

【例 16-3】输出重定向示例。

```
[root@hunau ~]# ls> xx.txt
```

ls 命令的输出不再显示在屏幕上，而是保存在一个名为 xx.txt 的文件中。如果 ">" 符号后边的文件已存在，则直接覆盖该文件。

（3）"|" 管道命令。

基本命令格式：cmd1 | cmd2 | cmd3

利用 Linux 提供的管道符 "|" 将两个命令隔开，管道符左边命令的输出就会作为管道符右边命令的输入。连续使用管道意味着第一个命令的输出会作为第二个命令的输入，第二个命令的输出又会作为第三个命令的输入，依此类推。

【例 16-4】一个管道示例。

```
[root@hunau ~]# rpm -qa|grep gcc
```

这条命令使用管道符 "|" 建立了一个管道。管道将 rpm -qa 命令输出系统中所有安装的 RPM 包作为 grep 命令的输入，从而列出带有 gcc 字符的 RPM（RedHat Package Manager）包。

多个管道示例如下：

```
[root@hunau ~]# cat /etc/passwd | grep /bin/bash | wc -l
```

这条命令使用了两个管道，利用第一个管道使 cat 命令显示 passwd 文件的内容输出送给 grep 命令，grep 命令找出含有 "/bin/bash" 的所有行；第二个管道将 grep 的输出送给 wc 命令，wc 命令统计出输入中的行数。这个命令的功能在于找出系统中有多少个用户使用 bash。

（4）chmod 命令。

基本命令格式：**chmod** *modefile*

Linux 中文档的存取权限分为三级：文件拥有者、与拥有者同组的用户、其他用户，不管权限位如何设置；root 用户都具有超级访问权限。利用 chmod 可以精确地控制文档的存取权限。默认情况下，系统将创建的普通文件的权限设置为-rw-r-r-。

Mode：权限设定字串，格式为[ugoa...][[+-=][rwxX]...][,...]，其中 u 表示该文档的拥有者，g 表示与该文档的拥有者同一个组者，o 表示其他的人，a 表示所有的用户。

如图 16-1-1 所示，"+" 表示增加权限；"-" 表示取消权限；"=" 表示直接设定权限；"r" 表示可读取；"w" 表示可写入；"x" 表示可执行；"x" 表示只有当该文档是个子目录或者已经被设定为可执行。此外，chmod 也可以用数字来表示权限。

图 16-1-1　文件权限位示意图

数字权限基本命令格式：**chmod** *abc file*

其中，a、b、c 各为一个数字，分别表示 User、Group 及 Other 的权限。其中各个权限对应的数字为 r=4，w=2，x=1。因此对应的权限属性如下：

属性为 rwx，则对应的数字为 4+2+1=7；

属性为 rw-，则对应的数字为 4+2=6；

属性为 r-x，则对应的数字为 4+1=5。

命令示例如下：

```
chmod a=rwx file 和 chmod 777 file 效果相同
chmod ug=rwx, o=x file 和 chmod 771 file 效果相同
```

（5）cd 命令。

基本命令格式：**cd** [*change directory*]

其作用是改变当前目录。

注意：Linux 的目录对大小写是敏感的。

【例 16-5】cd 命令示例。

```
[root@hunau  ～]# cd /
[root@hunau /]#
```

此命令将当前工作目录切换到"/"目录。

（6）mkdir 和 rmdir 命令。

基本命令格式：

● **mkdir** [*directory*]

● **rmdir** [*option*] [*directory*]

mkdir 命令用来建立新的目录，rmdir 用来删除已建立的目录。其中 rmdir 的参数主要是-p，该参数在删除目录时，会删掉指定目录中的每个目录，包括其中的父目录。如"rmdir -p a/b/c"的作用与"rmdir a/b/c a/b a"的作用类似。

【例 16-6】mkdir 和 rmdir 命令示例。

```
[root@hunau /]# mkdir testdir
```

在当前目录下创建名为 testdir 的目录。

```
[root@hunau /]# rmdir testdir
```

在当前目录下删除名为 testdir 的目录。

（7）cp 命令。

基本命令格式：**cp-r** 源文件（source）目的文件（target）

主要参数-r 是指连同源文件中的子目录一同复制，在复制多级目录时特别有用。

cp-a 命令相当于将整个文件夹目录备份。

【例 16-7】cp 命令示例。

```
[root@hunau etc]# mkdir /backup/etc
[root@hunau etc]# cp -r /etc /backup/etc
```

该命令的作用是将/etc 下的所有文件和目录复制到/backup/etc 下作为备份。

（8）rm 命令。

基本命令格式：**rm** [*option*] *filename*

作用是删除文件，常用的参数有-i、-r、-f。"-i"参数系统会加上提示信息，确认后才能删除；"-r"操作可以连同这个目录下面的子目录都删除，功能与 rmdir 相似；"-f"操作是进行强制删除。

【例 16-8】rm 命令示例。

```
[root@hunau etc]# rm -i /backup/etc/etc/mail.rc
rm:     remove regular file `/backup/etc/etc/mail.rc'? n
[root@hunau etc]# rm -f /backup/etc/etc/mail.rc
```

带"-i"参数系统会提示是否删除，而带"-f"参数就直接删除了。

（9）**mv** 命令。

基本命令格式：**mv** [*option*] *source dest*

移动目录或文件，可以为目录或文件重命名。当使用该命令移动目录时，它会连同该目录下面的子目录一同移动。常用参数"-f"表示强制移动，覆盖之前也不会提示。

【例 16-9】mv 命令示例。

```
[root@hunau etc]# mv -f /etc /test
```

将/etc 下的所有文件和目录全部移动到/test 目录下，若/test 中有同名文件则会被直接覆盖。

（10）cat 命令。

基本命令格式：**cat** [*option*] [*file*]

它的功能是显示或连结一般的 ascii 文本文件，类似于 DOS 下面的 type。cat 可以结合重定向符号一起使用，如 cat file1 file2>file3，把 file1 和 file2 的内容结合起来，再"重定向（>）"到 file3 文件中。若 file3 不存在，则自动创建；若 file3 已经存在，则被覆盖。

【例 16-10】cat 命令示例。

```
[root@hunau etc]# cat /etc/hosts
# Do not remove the following line，or various programs
# that require network functionality will fail.
127.0.0.1 hunau localhost.localdomain localhost
```

例 16-10 中输入 cat /etc/hosts 命令，则直接显示/etc/hosts 文件的内容。

（11）pwd 命令。

基本命令格式：**pwd**

用于显示用户的当前工作目录。

【例 16-11】pwd 命令示例。

```
[root@hunau etc]# pwd
/etc
```

显示目前所在工作目录的绝对路径名称是/etc。

（12）ln [link]。

基本命令格式：**ln** *soure_file* **-s** *des_file*

该命令的作用是为某一个文件在另一个位置建立一个不同的链接，常用的参数是-s，要注意两个问题：①ln 命令会保持每一处链接文件的同步性，也就是说，无论改动了哪一处，其他文件都会发生相同的变化。②ln 的链接有软链接和硬链接两种，软链接是 ln -s **，只会在选定的位置上生成一个文件的镜像，不会占用磁盘空间；硬链接是 ln ** **，没有参数-s，会在选定的位置上生成一个和源文件大小相同的文件。无论是软链接还是硬链接，文件都必须保持同步变化。

【例 16-12】ln 命令示例。

```
[root@hunau ～]# ln   /etc/hosts -s /root/hosts
```

在/root 目录下创建一个名为 hosts 的软链接文件，对应到/etc/hosts 文件。

（13）grep 命令。

基本命令格式：**grep** [*option*] *string*

grep 命令用于查找当前文件夹下的所有文件内容，列出包含 string 中指定字符串的行并显示行号。

option 参数主要有：

- -a：将 binary 文件以 text 文件的方式搜寻数据。
- -c：计算找到 string 的次数。
- -I：忽略大小写的不同，即大小写视为相同。

【例 16-13】grep 命令示例。

```
[root@hunau ～]# grep -a  '127'
```

在当前目录下的所有文件中查找"127"这个字符串。

（14）mount 命令。

基本命令格式：**mount -t** *typedev dir*

用于将分区作为 Linux 的一个"文件"挂载到 Linux 的一个空文件夹下，从而将分区和/mnt 目录联系起来，因此我们只要访问这个文件夹就相当于访问该分区了。

注意：必须将光盘、U 盘等放入驱动器再实施挂载操作，不能在挂载目录下实施挂载操作，至少上一级不能在同一目录下挂载两个以上文件系统。

【例 16-14】mount 命令示例。

```
[root@hunau ～]# mount -t iso9660 /dev/cdrom /mnt/cdrom   #挂载光盘
[root@hunau ～]# umount /mnt/cdrom   #卸载光盘
[root@hunau ～]# mount /dev/sdb1 /mnt/usb#挂载 U 盘
```

（15）rpm 命令。

基本命令格式：**rpm** [*option*] name

RPM 最早是由 RedHat 开发的，现在已经是公认的行业标准了，用于查询各种 RPM 包的情况。这里不对参数做详细讲解，主要讲解使用-q 参数实现查询，如常用的查询有以下几项：

```
[root@hunau ～]# rpm -q bind          #查询 bind 软件包是否安装
[root@hunau ～]#rpm –qa               #查询系统安装的所有软件包
[root@hunau ～]#rpm -qa|grep bind     #查询系统安装的所有软件包，并从中过滤出 bind
```

（16）ps 命令。

基本命令格式：**ps** [*option*]

用于查看进程，常用 option 选项如下。

- -aux：用于查看所有静态进程。

- -top：用于查看动态变化的进程。
- -A：用于查看所有的进程。
- -r：表示只显示正在运行的进程。
- -l：表示用长格式显示。

用 ps 查看的进程通常有以下几种状态：

- D：不间断休眠。
- R：正在运行中。
- S：处于休眠状态。
- T：停止或被追踪。
- W：进入内存交换。
- Z：僵死进程。

【例 16-15】ps 命令示例。

F S	UID	PID	PPID	C	PRI	NI	ADDR	SZ	WCHAN	TTY	TIME	CMD
[root@hunau ～]# ps -Al												
4 S	0	1	0	0	76	0	-	436	-	?	00:00:02	init
1 S	0	2	1	0	94	19	-	0	ksofti	?	00:00:46	ksoftirqd/0
5 S	0	3	1	0	-40	-	-	0	-	?	00:00:00	watchdog/0
1 S	0	4	1	0	70	-5	-	0	worker	?	00:00:00	events/0
1 S	0	5	1	0	71	-5	-	0	worker	?	00:00:00	khelper
4 R	0	2754	1760	0	78	0	-	1110	-	pts/1	00:00:00	ps

（17）kill 命令。

基本命令格式：**kill** *signal PID*

其中 PID 是进程号，可以用 ps 命令查出；signal 是发送给进程的信号，TERM（或数字 9）表示"无条件终止"。

【例 16-16】kill 命令示例。

```
[root@hunau ～]# kill 9 2754
```

表示无条件终止进程号为 2754 的进程。

（18）chkconfig 命令。

基本命令格式：**chkconfig** [**-add**] [**-del**] [**-list**] [*系统服务*]或 **chkconfig** [**-level**<*等级代号*>] [*系统服务*] [**on/off/reset**]

chkconfig 命令提供一种简单的方式来设置一个服务的运行级别，也可以用来检查系统的各种服务。基本参数如下：

- -add：增加所指定的系统服务，在系统启动的配置文件中增加相关配置。
- -del：删除所指定的系统服务，在系统启动的配置文件内删除相关配置。
- -level <等级代号>：指定该系统服务要在哪一个执行等级中开启或关闭。

【例 16-17】chkconfig 命令示例。

```
[root@hunau ～]#chkconfig --list
```

用于列出所有的系统服务

[root@hunau ～]#**chkconfig** --add httpd

增加 httpd 服务

[root@hunau ～]#chkconfig --level httpd 2345 on

httpd 在运行级别为 2～5 的情况下都是启用的状态

（19）passwd 命令。

基本命令格式：**passwd** [*option*] <accountName>

主要参数说明：

- -l：锁定口令，即禁用账号。
- -u：口令解锁。
- -d：使账号无口令。
- -f：强迫用户下次登录时修改口令。

如果默认用户名，则修改当前用户的口令。

Linux 系统中的/etc/passwd 文件用于存放用户密码的重要文件，这个文件对所有用户都是可读的，系统中的每个用户在/etc/passwd 文件中都有一行对应的记录。/etc/shadow 保存着加密后的用户口令。而/etc/group 是管理用户组的基本文件，在/etc/group 中，每行记录对应一个组，包括用户组名、加密后的组口令、组 ID 和组成员列表。可以通过 passwd 指令直接修改用户的密码。

【例 16-18】passwd 命令示例。

[root@hunau ～]# passwd

Changing password for user root.

New UNIX password:

Retype new UNIX password:

passwd: all authentication tokens updated successfully.

直接修改当前登录用户的口令

可以通过 vi /etc/passwd 查看系统中的用户信息，下面列出系统的部分用户信息。

[root@hunau ～]# vi /etc/passwd

root:x:0:0:root:/root:/bin/bash

bin:x:1:1:bin:/bin:/sbin/nologin

daemon:x:2:2:daemon:/sbin:/sbin/nologin

adm:x:3:4:adm:/var/adm:/sbin/nologin

（20）useradd 命令。

基本命令格式：useradd [*option*] username

此命令的作用是在系统中创建一个新用户账号，创建新账号时要给账号分配用户号、用户组、主目录和登录 Shell 等资源。

参数说明：

- -c comment：指定一段注释性描述。
- -d 目录：指定用户主目录，如果此目录不存在，则同时使用-m 选项可以创建主目录。
- -g 用户组：指定用户所属的用户组。
- -G 用户组：指定用户所属的附加组。

- -s Shell 文件：指定用户的登录 Shell。
- -u 用户号：指定用户的用户号，如果同时有-o 选项，则可以重复使用其他用户的标识号。
- username：指定新账号的登录名，保存在/etc/passwd 文件中，同时更新其他系统文件，如/etc/shadow、/etc/group 等。

【例 16-19】useradd 命令示例。

[root@hunau ～]# useradd -d　/usrs/sam -m sam

创建了一个用户账号 sam，-d 和-m 选项用来为登录名 sam 产生一个主目录/usrs/sam，其中/usrs 是默认的用户主目录所在的父目录。

[root@hunau ～]# useradd -s /bin/sh -g apache –G admin,root test

新建了一个用户 test，该用户的登录 Shell 是/bin/sh，属于 apache 用户组，同时又属于 admin 和 root 用户组。

类似的命令还有 userdel 和 usermod，分别用于删除和修改用户账号的信息。

（21）groupadd 命令。

基本命令格式：groupadd [*option*] groupname

主要参数：

- -g gid：用于指定组的 ID，这个 ID 值必须是唯一的，且不可以是负数，在使用-o 参数时可以相同。通常 0～499 是保留给系统账号使用的，新建的组 ID 都是从 500 开始往上递增。组账户信息存放在/etc/group 中。
- -r：用于建立系统组号，它会自动选定一个小于 499 的 gid。
- -f：用于在新建一个已经存在的组账号时，系统弹出错误信息，然后强制结束 groupadd。避免对已经存在的组进行修改。
- -o：用于指定创建新组时，gid 不使用唯一值。

【例 16-20】groupadd 命令示例。

[root@hunau ～]#groupadd -r apachein

创建一个名为 apachein 的系统组，其 gid 是系统默认选用的 0～499 之间的数值。

也可以通过 vi /etc/group 看到系统中的组，下面列出系统部分组。

root:x:0:root
bin:x:1:root,bin,daemon
daemon:x:2:root,bin,daemon
sys:x:3:root,bin,adm

16.2　网络配置命令

本部分主要讲解 Linux 系统基本网络配置命令及其应用。

Linux 系统中的网络命令与 Windows 系统中的网络命令有一部分是一致的，因此本小节不作详细讨论。这里主要讨论 Linux 系统与 Windows 系统中不同的网络命令。

1. ifconfig 命令

ifconfig 是一个用来查看、配置、启用或禁用网络接口的工具，这个工具极为常用。类似于 Windows 中的 ipconfig 指令，但是其功能更为强大，在 Linux 系统中可以用这个工具来配置网卡的 IP 地址、掩码、广播地址、网关等。

常用的方式有查看网络接口状态和配置网络接口信息两种。

（1）查看网络接口状态。

```
[root@hunau ～]# ifconfig
eth0 Link encap:Ethernet HWaddr 00:00:1F:3B:CD:29:DD
inet addr:172.28.27.200 Bcast:172.28.27.255 Mask:255.255.255.0
inet6 addr: fe80::203:dff:fe21:6C45/64 Scope:Link
UP BROADCAST RUNNING MULTICAST MTU:1500 Metric:1
RX packets:618 errors:0 dropped:0 overruns:0 frame:0
TX packets:676 errors:0 dropped:0 overruns:0 carrier:0
collisions:0 txqueuelen:1000
RX bytes:409232 (409.7 KiB) TX bytes:84286 (84.2 KiB)
Interrupt:5 Base address:0x8c00
lo Link encap:Local Loopback
inet addr:127.0.0.1 Mask:255.0.0.0
inet6 addr: ::1/128 Scope:Host
UP LOOPBACK RUNNING MTU:16436 Metric:1
RX packets:1694 errors:0 dropped:0 overruns:0 frame:0
TX packets:1694 errors:0 dropped:0 overruns:0 carrier:0
collisions:0 txqueuelen:0
RX bytes:3203650 (3.0 MiB) TX bytes:3203650 (3.0 MiB)
```

如果 ifconfig 不接任何参数，就会输出当前网络接口的情况。上面命令结果中的具体参数说明：

- eth0：表示第一块网卡，其中 HWaddr 表示网卡的物理地址，可以看到目前这个网卡的物理地址是 00:00:1F:3B:CD:29:DD。
- inet addr：用来表示网卡的 IP 地址，此网卡的 IP 地址是 172.28.27.200，广播地址 Bcast 是 172.28.27.255，掩码地址 Mask 是 255.255.255.0。lo 表示主机的回环地址，一般用来作测试用。

若要查看主机所有网络接口的情况，可以使用下面指令：

```
[root@hunau ～]#ifconfig -a
```

若要查看某个端口状态，可以使用下面命令：

```
[root@hunau ～]#ifconfig eth0
```

这样就可以查看 eth0 的状态。

（2）配置网络接口信息。

ifconfig 可以用来配置网络接口的 IP 地址、掩码、网关、物理地址等。

ifconfig 的基本命令格式：**ifconfig** if_num IPaddres hw MACaddres **netmask** *mask* **broadcast** *broadcast_address* [**up/down**]

【例 16-21】命令示例。

[root@hunau ～]#**ifconfig** eth0 **down**

ifconfig eth0 down 表示如果 eth0 是激活的，就把它 down 掉。此命令等同于 ifdown eth0。

[root@hunau ～]#**ifconfig** eth0 192.168.1.99 **broadcast** 192.168.1.255 **netmask** 255.255.255.0

用 ifconfig 配置 eth0 的 IP 地址、广播地址和网络掩码。

[root@hunau ～]#**ifconfig** eth0 **up**

用 ifconfig eth0 up 激活 eth0。此命令等同于 ifup eth0。

（3）ifconfig 配置虚拟网络接口。

有时为了满足不同的应用需求，Linux 系统允许配置虚拟网络接口，如用不同的 IP 地址运行多个 Web 服务器，就可以用虚拟地址。虚拟网络接口是指为一个网络接口指定多个 IP 地址，虚拟接口的常见形式是 eth0:0,eth0:1,eth0:2,...,eth0:N。

【例 16-22】命令示例。

[root@hunau ～]#**ifconfig** eth1:0 172.28.27.199 **hw** ether   00:19:21:D3:6C:46 **netmask** 255.255.255.0 **broadcast** 172.28.27.255 **up**

考试中经常考到 ifconfig，需要认真对待。

2. ifdown 和 ifup 命令

ifdown 和 ifup 命令是 Linux 系统中的两个常用命令，其作用类似于 Windows 系统中对本地连接的启用和禁用。这两个命令是分别指向/sbin/ifup 和/sbin/ifdown 的符号连接，这是该目录下唯一可以直接调用执行的脚本。为了一致，这两个符号连接放在如下目录中，可以用 ls -l 命令看到。

[root@hunau network-scripts]# ls -l
lrwxrwxrwx 1 root root 20 7 月 23 22:34 ifdown -> ../../../sbin/ifdown
lrwxrwxrwx 1 root root 18 7 月 23 22:34 ifup -> ../../../sbin/ifup

若要关闭 eth0 接口，可以直接使用下面命令：

[root@hunau network-scripts]# ifdown eth0

此时 eth0 关闭，用 ifconfig 无法查看 eth0 的信息。要开启 eth0，只需将 ifdown 改成 ifup 即可。

3. route 命令

Linux 系统中 route 命令的用法与 Windows 系统中的用法有一定的区别，因此在学习的过程中要注意区分。

基本命令格式：#route [-add][-net|-host] targetaddress [-netmask mask] [dev] If]

#route [-delete] [-net|-host] targetaddress [gw Gw] [-netmask mask] [dev] If]

基本参数说明：

● -add：用于增加路由。

● -delete：用于删除路由。

● -net：表明路由到达的是一个网络，而不是一台主机。

● -host：表明路由到达的是一台主机，与-net 选项只能选其中一个使用。

● -netmask mask：指定目标网络的子网掩码。

- gw：指定路由所使用的网关。
- [dev] If：指定路由使用的接口。

【例 16-23】命令示例。

```
[root@hunau  ~]# route
Kernel IP routing table
Destination     Gateway         Genmask           Flags   Metric   Ref    Use Iface
220.169.45.160  *               255.255.255.224   U       0        0      0 eth1
172.28.164.0    *               255.255.255.0     U       0        0      0 eth0
210.43.224.0    172.28.164.254  255.255.224.0     UG      0        0      0 eth0
172.16.0.0      172.28.164.254  255.240.0.0       UG      0        0      0 eth0
default         220.169.45.163  0.0.0.0           UG      0        0      0 eth1
```

直接使用 route 命令且不带任何参数时，则显示系统当前的路由信息。此路由表中各列的意义也是考试中常考的知识点，下面对各项进行详细解释。

- Destination：路由表条目中目标网络的范围。如果一个 IP 数据包的目的地址是目标列中的某个网络范围内，则这个数据包按照此路由表条目进行路由。
- Gateway：到指定目标网络的数据包必须经过的主机或路由器。通常用星号 "*" 或是默认网关地址表示。星号表示目标网络就是主机接口所在的网络，因此不需要路由。默认网关将所有去往非本地的流量都发送到一个指定的 IP。
- Flags：一些单字母的标识位，一共有 9 个，是路由表条目的信息标识。
- U：表明该路由已经启动，是一个有效的路由。
- H：表明该路由的目标是一个主机。
- G：表明该路由到指定目标网络需要使用 Gateway 转发。
- R：表明使用动态路由时，恢复路由的标识。
- D：表明该路由是由服务功能设定的动态路由。
- M：表明该路由已经被修改。
- !：表明该路由将不会被接收。
- Metric：到达指定网络所需的跳数，在 Linux 内核中没有用。
- Ref：表明对这个路由的引用次数，在 Linux 内核中没有用。
- Use：表明这个路由器被路由软件查询的次数，可以粗略估计通向指定网络地址的网络流量。
- Iface：表明到指定网络的数据包应该发往哪个网络接口。

若某服务器到达 172.28.27.0/24 网络可以通过一个地址为 172.28.3.254 的路由器，则可以通过下列命令实现添加静态路由：

```
[root@hnnau  ~]# route add –net 172.28.27.0 netmask 255.255.255.0 gw 172.28.3.254
```

若要添加一条默认路由，则可以使用下面命令：

```
[root@hnnau  ~]# route add –net 0.0.0.0    netmask 0.0.0.0 gw 172.28.3.254
```

4. traceroute 命令

此命令的作用与 Windows 系统中的 tracert 的作用类似，用于显示数据包从源主机到达目的主机的中间路径，帮助了解数据包的传输路径。

基本命令格式：traceroute [-dFlnrvx][-f<firstTTL>][-g<gw>][-I<ifname>][-m<TTL>][-p<port>] [-s<src IP>][-t <tos>][-w <timeout>][dst ip] [packetsize]

参数说明：

- -d：使用 Socket 层级的排错功能。
- -f<firstTTL>：设置第一个检测数据包的存活数值 TTL 的大小。
- -g <gw>：设置来源路由网关，最多可设置 8 个。
- -I <ifname>：使用指定的网络接口名发送数据包。
- -I：使用 ICMP 回应取代 UDP 资料信息。
- -m <TTL>：设置检测数据包的最大存活数值 TTL 的大小。
- -n：直接使用 IP 地址，而非主机名称。
- -p <port>：设置 UDP 传输协议的通信端口。
- -r：忽略普通的 Routing Table，直接将数据包送到远端主机上。
- -s<src ip>：设置本地主机送出数据包的 IP 地址。
- -t <tos>：设置检测数据包的 ToS 数值。
- -v：详细显示指令的执行过程。
- -w <timeout>：设置等待远端主机回报的时间。
- -x：开启或关闭数据包的正确性检验。

【例 16-24】命令示例。

```
[root@hunau～]# traceroute -i eth0 61.187.55.33
traceroute to 61.187.55.33 (61.187.55.33), 30 hops max, 38 byte packets
1    172.28.164.254 (172.28.164.254)   0.739 ms   0.637 ms   0.601 ms
2    10.0.1.1 (10.0.1.1)   1.028 ms   0.979 ms   0.956 ms
3    10.0.0.10 (10.0.0.10)   0.328 ms   0.419 ms   0.260 ms
4    61.187.55.33 (61.187.55.33)   0.321 ms   0.912 ms   0.420 ms
```

5．iptables 命令

iptables 是 Linux 系统中一个常用的 IP 包过滤功能，使用比较广泛，作为网络规划设计师，实际应用中可能会多次用到，考试中出现的频率不高，建议有兴趣的读者学习。鉴于 iptables 的功能和命令参数都非常复杂，本书着重介绍实际应用中出现较频繁的应用。

了解 iptables 的功能之前，先了解 IP 数据包经过 Linux 的 iptables 的路径，当源地址是外部主机地址时，发送的目标地址是本机，也就是安装有 iptables 的 Linux 的数据。在图 16-2-1 中，由本机产生的包可以看作是从"本地进程"开始，自上而下经过最左边路径；而当源地址是外部主机，目标地址也是外部主机的数据包时，则自上而下经过图中最右边路径。由于 Mangle 规则表不常用，并且 iptables 多处理从外部来到外部去的数据，因此流程可以简化为如图 16-2-2 所示的路径。

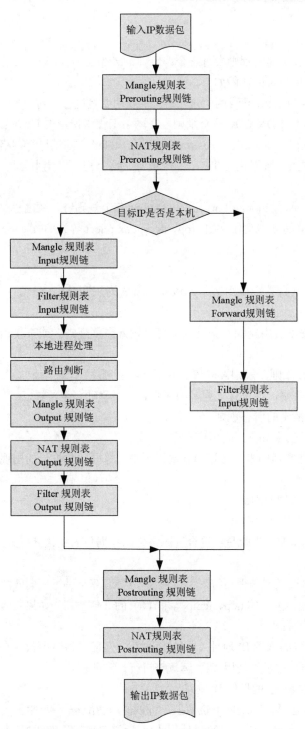

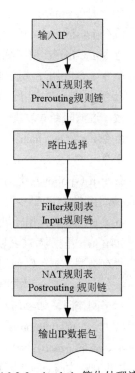

图 16-2-1　iptabels 中数据包的处理流程　　　　图 16-2-2　iptabels 简化处理流程

iptables 基本语法如下：

iptables [**-t** table] command [match] [**-j** target/jump]

其中[-t table] 指定规则表，在 iptables 中建的规则表有三个：NAT、Mangle 和 Filter。当命令省略[-t table]时，默认的是 Filter。这三个规则表的功能如下。

- NAT：此规则表拥有 Prerouting 和 Postrouting 两个规则链，主要功能是进行一对一、一对多、多对多等地址转换工作（SNAT、DNAT），这个规则表在网络工程中使用得非常频繁。
- Mangle：此规则表拥有 Prerouting、Forward 和 Postrouting 三个规则链。除了进行网络地址转换外，还在某些特殊应用中改写数据包的 TTL、ToS 值等。这个规则表使用得很少，因此在这里不作过多讨论。
- Filter：此规则表是默认规则表，拥有 Input、Forward 和 Output 三个规则链。顾名思义，Filter 规则表用来进行数据包过滤的处理动作（如 drop、accept 或 reject 等），通常的基本规则都建立在此规则表中。

command 常用命令列表：

- 命令-a（-append）：用于新增规则到某个规则链中，该规则将成为规则链中的最后一条规则。
- 命令-d（-delete）：用于从某个规则链中删除一条规则，可以输入完整规则，或直接指定规则编号加以删除。
- 命令-r（-replace）：用于取代现行规则，规则被取代后并不会改变顺序。
- 命令-i（-insert）：用于插入一条规则，该位置上原本的规则将向后移动一个位置。
- 命令-l（-list）：用于列出某规则链中的所有规则。
- 命令-f（-flush）：用于删除 Filter 表中 Input 链的所有规则。
- 命令-z（-zero）：用于将数据包计数器归零。数据包计数器用来计算同一数据包的出现次数，过滤阻断式攻击。
- 命令-n（-new-chain）：用于定义新的规则链。
- 命令-x（-delete-chain）：用于删除某个规则链。
- 命令-p（-policy）：用于定义过滤策略，也就是不符合过滤条件的数据包的默认处理方式。

match 常用数据包匹配参数：

- -p（-protocol）：用于匹配通信协议类型是否相符，可以使用"！"运算符进行反向匹配，如-p !tcp 是指除 TCP 以外的其他类型，如 udp、icmp 等非 TCP 的其他协议。如果要匹配所有类型，则可以使用 all 关键词。
- -s（-src,-source）：用来匹配数据包的来源 IP 地址（单机或网络），匹配网络时用数字来表示子网掩码，如-s 192.168.0.0/24，也可以使用"！"运算符进行反向匹配。
- -d（-dst,-destination）：用来匹配数据包的目的 IP 地址。
- -i（-in-interface）：用来匹配数据包是从哪块网卡进入的，可以使用通配符"+"来做大范围匹配，如-i eth+表示所有的 ethernet 网卡，也可以使用"！"运算符进行反向匹配。

- -o（-out-interface）：用来匹配数据包要从哪块网卡送出。
- -sport（-source-port）：用来匹配数据包的源端口，可以匹配单一端口或一个范围，如--sport 22:80 表示从 22 到 80 端口之间都算符合条件。如果要匹配不连续的多个端口，则必须使用--multiport 参数。
- --dport（--destination-port）：用来匹配数据包的目的地端口号。

-j target/jump 常用的处理动作：

-j：用来指定要进行的处理动作，常用的处理动作包括 accept、reject、drop、redirect、masquerade、log、snat、dnat、mirror 等。

- accept：将数据包放行，进行完此处理动作后将不再匹配其他规则，直接跳往下一个规则链（nat postrouting）。
- reject：阻拦该数据包并传送数据包通知对方，进行完此处理动作后将不再匹配其他规则，直接中断过滤程序。
- drop：丢弃数据包不予处理，进行完此处理动作后将不再匹配其他规则，直接中断过滤程序。
- redirect：将数据包重新导向到另一个端口（pnat），进行完此处理动作后将继续匹配其他规则。
- masquerade：改写数据包的源 IP 地址为自身接口的 IP 地址，可以指定 port 对应的范围，进行完此处理动作后直接跳往下一个规则链（Mangle Postrouting）。这个功能与 SNAT 不同的是，当进行 IP 伪装时不需要指定伪装成哪个 IP 地址，这个 IP 地址会自动从网卡读取，尤其是当使用 DHCP 方式获得地址时 masquerade 特别有用。
- log：将数据包相关信息记录在/var/log 中，进行完此处理动作后将继续匹配其他规则。
- snat：改写数据包的源 IP 为某特定 IP 或 IP 范围，可以指定 port 对应的范围，进行完此处理动作后将直接跳往下一个规则（Mangle Postrouting）。
- dnat：改写数据包目的 IP 地址为某特定 IP 或 IP 范围，可以指定 port 对应的范围，进行完此处理动作后将直接跳往下一个规则链（Filter:Input 或 Filter:Forward）。

iptables 的命令参数非常多，考试中主要用到 IP 地址伪装和数据包过滤的相关参数，如例 16-25 和例 16-26 所示。

【例 16-25】IP 伪装命令示例。

[root@hunau sbin]#iptables -t nat -A POSTROUTING -s 172.28.27.0/24 -o eth0 -j SNAT --to 61.187.55.36

将所有来自 172.28.27.0/24 数据包的源 IP 地址改为 61.187.33.36，实现内部私有地址转换为公网地址，能够连接 Internet 上的资源。

[root@hunau sbin]#iptables -t nat -A POSTROUTING -o ppp0 -j MASQUERADE

对于出口 IP 地址是动态获取的情况，适合 IP 伪装的形式。作用是将内部的私有地址伪装成 PPP0 接口动态获取的公网 IP 地址，实现地址转换上网。

在实际的网络工程中，往往需要将一台内部私有地址的服务器映射到公网的 IP 地址上，实现

Internet 的服务，此时就要用到 IP 地址映射。可以使用以下命令实现：

```
[root@hunau sbin]#iptables -A PREROUTING -i eth0 -d 61.187.55.35 -j DNAT --to 172.28.27.100
[root@hunau sbin]#iptables -A POSTROUTING -o eth0 -s 172.28.27.100 -j SNAT --to 61.187.55.35
```

因为通信是双向的，所以 iptables 先将接收到的目的 IP 为 61.187.55.35 的所有数据包进行目的 NAT（DNAT），然后对接收到的源 IP 地址为 172.28.27.100 的数据包进行源 NAT（SNAT）。这样，所有目的 IP 为 61.187.55.35 的数据包都将被转发给 172.28.27.100，而所有来自 172.28.27.100 的数据包都将被伪装成 61.187.55.35，从而实现 IP 映射。

【例 16-26】数据包过滤命令示例。

用 iptables 建立包过滤防火墙，以实现对内部的 WWW 和 FTP 服务器进行保护。基本规则如下：

```
[root@hunau sbin]# iptables -f   #先清除 input 链的所有规则
[root@hunau sbin]# iptables -p forward drop   #设置防火墙 forward 链的策略为 drop，也就是防火墙的默认规则是先禁
止转发任何数据包，然后依据规则允许通过的包
[root@hunau sbin]# iptables -a forward -p tcp -d 172.28.27.100 --dport www -i eth0 -j accept   #开放服务端口为 TCP 协议
80 端口的 WWW 服务
[root@hunau sbin]# iptables -a forward -p tcp -d 172.28.27.100 --dport ftp -i eth0 -j accept   #开放 FTP 服务，其余的服务依
此类推即可。这里要特别注意的是，设置服务器的包过滤规则时，要保证服务器与客户机之间的通信是双向的，因此不仅
要设置数据包流出的规则，还要设置数据包返回的规则。下面是内部数据包流出的规则
[root@hunau sbin]# iptables -a forward -s 172.28.27.0/24 -i eth1 -j accept   #接收来自整个内部网络的数据包并使之通过
```

第3天
鼓足干劲，逐一贯通

第 17 章　交换基础

本章主要学习交换基础知识。本章考点知识结构图如图 17-0-1 所示。

图 17-0-1　考点知识结构图

注意：交换机配置和原理结合一起讲解往往更能方便读者理解和记忆，不过考试中很少会考具体的设备配置，对配置部分较为熟悉的读者可以跳过阅读。

17.1　交换机概述

本部分的相关知识点有交换机分类、冲突域与广播域、吞吐量与背板带宽、交换机端口。

交换机（Switch）是一种信号转发的设备，可以为交换机自身的任意两端口间提供独立的电信号通路，又称多端口网桥。常见的交换机有以太网交换机、电话语音交换机等，考试只考查以太网交换机。

17.1.1　交换机分类

（1）以管理划分。

以管理划分，交换机可分为网管交换机（智能机）和非网管交换机（傻瓜交换机）。能进行管理和配置的交换机都称为网管交换机，网管交换机**都有 console 口**；不能进行管理和配置的交换机都称为非网管交换机。

（2）以工作层次划分。

以工作层次划分，交换机可以分为 2 层交换机、3 层交换机和 4 层交换机。

1）2 层交换机。

工作在数据链路层的交换机通常称为 2 层交换机。2 层交换机**根据 MAC 地址进行交换**。如表 17-1-1 所列指出了各类交换机的交换依据。

表 17-1-1　交换机交换依据

交换机类别	交换依据
2 层交换机	MAC 地址
3 层交换机	IP 地址
4 层交换机	TCP/UDP 端口
帧中继交换机	虚电路号（DLCI）
ATM 交换机	虚电路标识 VPI 和 VCI

2）3 层交换机。

带有路由功能的交换机工作在网络层，称为 3 层交换机。3 层交换机能加快数据交换，可以实现路由，能够做到"一次路由，多次转发"（Route Once，Switch Thereafter），即在第 3 层对数据报进行第一次路由，之后尽量在第 2 层交换端到端的数据帧。数据转发由高速硬件实现，路由更新、路由计算、路由确定等则由软件实现。3 层交换机根据 IP 地址进行交换，可以转发不同 VLAN 之间的通信。

多层交换（MultiLayer Switching，MLS）为交换机提供基于硬件的第 3 层高性能交换。它采用先进的专用集成电路（ASIC）交换部件完成子网间的 IP 包交换，可以大大减轻路由器在处理数据包时所引起的过高的系统开销。MLS 是一种用硬件处理包交换和重写帧头，从而提高 IP 路由性能的技术。MLS 支持所有传统路由协议，而原来由路由器完成的帧转发和重写功能现在已经由交换机的硬件完成。MLS 将传统路由器的包交换功能迁移到第 3 层交换机上，这首先要求交换的路径必须存在。

3）4 层交换机。

2 层和 3 层交换机分别基于 MAC 和 IP 地址交换，数据传输率较高，但无法根据端口主机的应用需求来自主确定或动态限制端口的交换过程和数据流量，即缺乏第 4 层智能应用交换需求。

4 层交换机除了具有 2 层和 3 层交换机的功能外，还能依据传输层的端口进行数据转发。4 层交换机支持传输层以下的所有协议，可识别至少 80 个字节的数据包包头长度，可根据 TCP/UDP 端口号来区分数据包的应用类型，从而实现应用层的访问控制和服务质量保证。4 层交换机是以软件构建为主、以硬件支持为辅的网络管理交换设备。

（3）以网络拓扑结构划分。

以网络拓扑结构划分，交换机可分为接入层交换机、汇聚层交换机、核心层交换机。

1）接入层交换机。

接入层交换机的端口固定，一般拥有 8/16/24/48 个百兆或者千兆以太网口，用于实现把用户的计算机和终端接入网络。老式的接入层交换机不带网管功能，现在越来越多的接入层交换机带网管功能。**MAC 层过滤和 IP 地址绑定在接入层交换机完成。**

2）汇聚层交换机。

汇聚层交换机将接入层交换机汇聚起来，与核心交换机连接。汇聚层交换机可以是固定配置，也可以是模块配置，千兆光纤口较多。汇聚层交换机一般都带有网管功能。**数据包过滤、协议转换、流量负载和路由应在汇聚层交换机完成。**

3）核心层交换机。

核心层交换机属于高端交换机，背板带宽和包转发率高，且采用模块化设计。**核心层交换机可作为网络骨干构建高速局域网。**

（4）以交换方式划分。

以太网交换机的交换方式有三种：直通式交换、存储转发式交换、无碎片转发交换。

1）直通式交换（Cut-Through）：只要信息有目标地址，就可以开始转发。这种方式没有中间错误检查的能力，但转发速度快。

2）存储转发式交换（Store-and-Forward）：先将接收到的信息缓存，检测其正确性，确定正确后才开始转发。这种方式的中间结点需要存储数据，时延较大。

3）无碎片转发交换（Fragment Free）：接收到 64 字节之后才开始转发。

在一个设计正确的网络中，在源发送 64 个字节之前会出现冲突，随后源会停止继续发送，但是这一段小于 64 字节的不完整以太帧已经被发送出去了且没有意义，所以检查 64 字节以前就可以把这些"碎片"帧丢弃掉，这也是"无碎片转发"名字的由来。

有些交换机只支持存储转发或直通转发，有些交换机支持多种模式。例如支持直通式交换和存储转发式交换的交换机，在每个交换端口设置一个错误值，超过时就自动调制模式，从直通转发切换到存储转发；低于某值时，又恢复到直通转发。

17.1.2　冲突域与广播域

（1）冲突域。

冲突域是物理层的概念，是指会发生物理碰撞的域。可以理解为连接在同一导线上的所有工作站的集合，也是同一物理网段上所有结点的集合，可以看作是以太网上竞争同一物理带宽或物理信道的结点集合。**单纯复制信号的集线器和中继器是不能隔离冲突域的。**使用第 2 层技术的设备能分割 CSMA/CD 的设备，可以隔离冲突域。**网桥、交换机、路由器能隔离冲突域。**

（2）广播域。

广播域是数据链路层的概念，是能接收同一广播报文的结点集合，如设备广播的 ARP 报文能接收到的设备都处于同一个广播域。隔离广播域需要使用第 3 层设备。**路由器、3 层交换机都能隔离广播域。**

17.1.3 吞吐量与背板带宽

（1）包转发率。

包转发率是单位时间内网络中通过数据包的数量。对交换机而言，要实现满负荷运行，最小吞吐量计算公式如下：

包转发率（Mp/s）=万兆端口数量×14.88Mp/s+千兆端口数量×1.488Mp/s+百兆端口数量×0.1488 Mp/s。

如果交换机实际工作速率小于交换机标准包转发率，则交换机能实现线速交换。

这里的 14.88Mp/s、1.488Mp/s、0.1488Mp/s 是如何得到的呢？这是通过用固定的数据速率除以最小帧长得到的，结果实际上就是单位时间内发送 64byte 数据包的个数。

由于以太网中的每个帧之间都要有帧间隙，即每发完一个帧之后要等待一段时间再发另外一个帧，在以太网标准中规定最小帧间隙是 12 个字节，加上前导码（7 字节）、帧起始定界符（1 字节），因此 64byte 的数据包在数据链路层封装后变成(64+8+12)=84byte。

这样千兆端口下数据包个数=1000Mb/s÷8bit÷(64+8+12)byte≈1.488Mp/s

（2）背板带宽。

带宽是交换机接口处理器或接口卡和数据总线间所能吞吐的最大数据量。全双工交换机背板带宽计算公式如下：

背板带宽（Mb/s）=万兆端口数量×10000Mb/s×2+千兆端口数量×1000Mb/s×2+百兆端口数量×100Mb/s×2+其他端口×端口速率×2

17.1.4 交换机端口

交换机端口有很多，主要分为光纤端口、以太网端口，光口类型有 GBIC、SFP 等。

（1）光纤端口。

- 100Base-FX 光纤端口，速率为 100Mb/s，接多模光纤。
- 1000Base-SX 光纤端口，速率为 1000Mb/s，接多模光纤。

（2）以太网端口。

- 100Base-TX 以太网端口，速率为 100Mb/s，接双绞线。
- 1000Base-T 以太网端口，速率为 1000Mb/s，接双绞线。

（3）GBIC。

GBIC（Gigabit Interface Converter）是将千兆位电信号转换为光信号的接口器件，是千兆以太网连接标准。GBIC 在设计上可以为热插拔使用。目前 GBIC 基本被 SFP 取代。只要使用 GBIC 模块，就能连接双绞线、单模光纤、多模光纤的介质。

- 1000Base-T GBIC 模块，接超五类和六类双绞线。
- 1000Base-SX GBIC 模块，接多模光纤。
- 1000Base-LX/LH GBIC 模块，接单模光纤。
- 1000Base-ZX GBIC 模块，接长波光纤，适合长距离传输，可达 100km。

GBIC 还可以作为级联模块，用于交换机的级联和堆叠。

（4）SFP。

SFP（Small Form-factor Pluggables）是 GBIC 的替代和升级版本，是小型的、新的千兆接口标准。另外，SFP 还有 10GBase-KX4（并行方式）和 10GBase-KR（串行方式），用于背板。

（5）万兆模块（SFP+）。

万兆模块是万兆的接口标准，万兆接口模块有多种，具体如表 17-1-2 所列。

表 17-1-2　万兆接口模块

模块名称	连接介质	可传输距离
10GBase-CX4	CX4 铜缆（属于屏蔽双绞线）	15m
10GBase-SR	多模光纤	200～300m，传输距离为 300m，则需要使用 50μm 的优化多模（Optimized Multimode 3，OM3）
10GBase-LX4	单模、多模光纤	多模 300m，单模 10km
10GBase-LR	单模光纤	2km～10km，可达 25km
10GBase-LRM	多模光纤	使用 OM3 可达 260m
10GBase-ER	单模光纤	2km～40km
10GBase-ZR	单模光纤	80km
10GBase-T	屏蔽或非屏蔽双绞线	100m

由于目前光纤接口使用越来越频繁，华为设备支持丰富的光模块类型以满足不同的应用场景，因此需要对华为交换机光模块类型与特点有基本了解。主要类型有以下几种。

（1）SFP 光模块：小型可插拔型封装。SFP 光模块支持 LC 光纤连接器，支持热插拔。

（2）eSFP（Enhanced Small Form-factor Pluggable）光模块：增强型 SFP，有时也将 eSFP 称为 SFP。指的是带电压、温度、偏置电流、发送光功率、接收光功率监控功能的 SFP。

（3）SFP+（Small Form- factor Pluggables）光模块：指速率提升的 SFP 模块，因为速率提升，所以对 EMI 敏感。

（4）XFP（10-GB Small Form-factor Pluggable）光模块："X" 是罗马数字 10 的缩写，所有的 XFP 模块都是 10G 光模块。XFP 光模块支持 LC 光纤连接器，支持热插拔。相比 SFP+ 光模块，XFP 光模块的尺寸更宽更长。

（5）QSFP+（Quad Small Form-factor Pluggable）光模块：四通道小型可热插拔光模块。QSFP+ 光模块支持 MPO 光纤连接器，与 SFP+ 光模块相比尺寸更大。

17.2　交换机的工作原理

1．2 层交换机的工作流程

2 层交换机具体的工作流程如下：

（1）交换机的某端口接收到一个数据包后，将源 MAC 地址与交换机端口对应关系动态存放到 MAC 地址表中，很多设备默认 5 分钟更新一次。MAC 地址表存放 MAC 地址和端口对应关系，一个端口可以有多个 MAC 地址。

（2）读取该数据包头的目的 MAC 地址，并在交换机地址对应表中查 MAC 地址表。

（3）如果查找成功，则直接将数据转发到结果端口上。

（4）如果查找失败，则 ARP 广播该数据到交换机所有端口上。如果有目的机器回应广播消息，则将该对应关系存入 MAC 地址表供以后使用。

2 层交换机具有识别数据中的 MAC 地址和转发数据到端口的功能，便于硬件实现。使用 ASIC 芯片可以实现高速数据查询和转发。

2．3 层交换机的工作流程

3 层交换机并非路由器和 2 层交换机的简单物理组合，而是一个严谨的逻辑组合，且 3 层交换机往往不支持 NAT。某源主机发出的数据进行第 3 层交换后，相关信息保存到 MAC 地址与 IP 地址的映射表中。当同源数据再次交换时，3 层交换机则根据映射表直接转发到目的地址所在端口，无须通过路由计算。

这种方式简单、高效，相比"路由器+二层交换机"方式，配置更少、硬件空间更小、性能更高、管理更加方便。

第 18 章　交换机进阶知识

本章主要学习交换配置知识。本章考点知识结构图如图 18-0-1 所示。本章配置部分只帮助读者理解知识，可以跳过阅读。

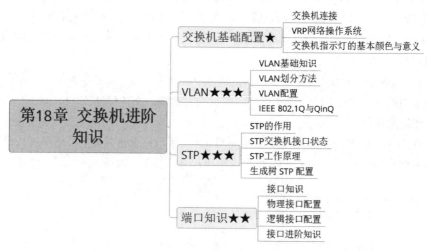

图 18-0-1　考点知识结构图

18.1　交换机基础配置

本部分的相关知识点有交换机连接、VRP网络操作系统、交换机指示灯的基本颜色与意义。

18.1.1　交换机连接

刚出厂的华为交换机没有基础配置，只有出厂配置，所有的端口都属于VLAN1，并且没有划分其他的VLAN信息，有些设备没有相关的管理IP的设置信息，因此必须先通过Console口进行配置。将主机的串口通过随机配置的电缆与以太网交换机的Console口连接。

在主机上运行终端仿真程序（如Windows的超级终端、PuTTY等），设置终端通信参数：波特率为9600bit/s、8位数据位、1位停止位、无校验和无流控。使用Windows中的超级终端，通常单击"还原为默认值"即可连接设备。配置的界面如图18-1-1所示。

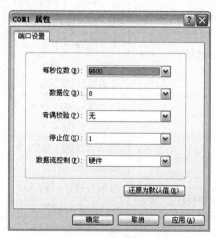

图18-1-1　超级终端配置

以太网交换机上电，终端上显示以太网交换机自检信息，自检结束后提示用户按"回车"键，之后将出现命令行提示符<huawei>。

输入命令，配置以太网交换机或查看以太网交换机的运行状态。需要帮助时可以随时输入"?"。

18.1.2　VRP网络操作系统

通用路由平台（Versatile Routing Platform，VRP）是华为所有基于IP/ATM构架的数据通信产品操作系统平台。

在使用命令行配置华为交换机的过程中，不同的视图能执行的命令是不一样的，因此也需要在常用的视图之间切换，尤其是用户视图和系统视图中的命令有较大区别。常用的视图及其之间的切换方式如表18-1-1所列。

表 18-1-1　华为设备常用的视图

视图名称	提示符示例	进入视图命令	功能
用户视图	<HUAWEI>	从终端成功登录至设备即进入用户视图	查看设备简单的运行状态和统计信息等功能
系统视图	[HUAWEI]	在用户视图下，输入命令 system-view	用户可以配置系统参数以及通过该视图进入其他的功能配置
以太网端口视图	[HUAWEI-Ethernet0/0/1]	在系统视图下输入 interface Ethernet0/0/1	配置百兆以太网端口
	[HUAWEI-Gigabitethernet0/0/1]	在系统视图下输入 interface Gigabitethernet0/0/1	配置千兆以太网端口
	[HUAWEI-XGigabitethernet0/0/1]	在系统视图下输入 interface XGigabitethernet0/0/1	配置万兆以太网端口
LoopBack 接口视图	[HUAWEI-LoopBack0]	在系统视图下输入 interfaceLoopBack 0	配置 LoopBack0 端口
Eth-Trunk 接口视图	[HUAWEI-Eth-Trunk1]	在系统视图下输入 interfaceEth-Trunk1	配置 Eth-Trunk 端口
VLAN 视图	[HUAWEI-vlan1]	在系统视图下输入 vlan 1	配置 VLAN 参数
VLAN 接口视图	[HUAWEI-vlanif1]	在系统视图下输入 interface vlanif 1	配置 VLAN 接口参数
基本 ACL 视图	[HUAWEI-acl-basic-2000]	在系统视图下输入 acl number 2000	定义基本 ACL（取值范围为 2000～2999）
高级 ACL 视图	[HUAWEI-acl-adv-3000]	在系统视图下输入 acl number 3000	定义基本 ACL（取值范围为 3000～3999）
二层 ACL 视图	[HUAWEI-acl-L2-4000]	在系统视图下输入 acl number 4000	定义基本 ACL（取值范围为 4000～4999）
路由协议视图	[Huawei-isis-1]	在系统视图下使用路由协议进程运行命令，例如 isis	配置 IS-IS、OSPF、RIP 等路由协议

18.1.3　交换机指示灯的基本颜色与意义

华为设备的指示灯颜色分为红、黄、绿、蓝四种，表述的基本意义如表 18-1-2 所列。

表 18-1-2　华为设备的指示灯颜色及含义

颜色	含义	说明
红色	故障/告警	需要关注和立即采取行动
黄色	次要告警/临界状态	情况有变或即将发生变化

续表

颜色	含义	说明
绿色	正常	正常或允许进行
蓝色	指定用意	部分交换机中有 ID 指示灯，用来远端定位交换机。

华为设备指示灯的位置及含义如表 18-1-3 所列。

表 18-1-3　华为设备指示灯的位置及含义

指示灯位置	接口指示灯	状态指示灯
机箱面板	业务接口指示灯（电口/光口） 其他接口指示灯（USB 接口/ETH 管理接口/Console 接口/Mini USB 接口）	电源状态指示灯（PWR） 系统状态指示灯（SYS） 模式状态指示灯（STAT 模式/SPEED 模式/STACK 模式/PoE 模式）
插卡	业务接口指示灯（电口/光口）	插卡状态指示灯（STAT）

使用 V200R001 之前版本的设备，电源状态灯和系统状态灯有单独对应的指示灯及丝印，SPEED/PoE/STACK 等模式状态灯合为一个灯，通过灯的不同颜色查看对应模式；之后版本的设备，每个状态指示灯都有单独对应的指示灯及丝印，其中 SPEED/STACK/PoE 等模式状态灯仍是通过按动模式按钮切换查看。其中 RPS 表示使用外部备份电源（RPS）供电。

18.2　VLAN

本部分的相关知识点有 VLAN 基础知识、VLAN 划分方法、VLAN 配置、IEEE 802.1Q 与 QinQ。

18.2.1　VLAN 基础知识

虚拟局域网（Virtual Local Area Network，VLAN）是一种将局域网设备从逻辑上划分成一个个网段，从而实现虚拟工作组的数据交换技术。这一技术主要应用于 3 层交换机和路由器中，但主流应用还是在 3 层交换机中。

VLAN 是基于物理网络上构建的逻辑子网，所以构建 VLAN 需要使用支持 VLAN 技术的交换机。当网络之间的不同 VLAN 进行通信时，就需要路由设备的支持。这时就需要增加路由器、3 层交换机之类的路由设备或者做单臂路由。

一个 VLAN 内部的广播流量和单播流量都不会转发到其他 VLAN 中，这样有助于控制流量、减少设备投资、简化网络管理、提高网络的安全性。VLAN 内部的单播流量可以通过路由转发到其他 VLAN 中。

18.2.2　VLAN 划分方法

VLAN 的划分方式有多种，但并非所有交换机都支持，而且只能选择一种应用。

（1）根据端口划分。

这种划分方法是依据交换机端口来划分 VLAN 的，是最常用的 VLAN 划分方式，属于静态划分。例如，A 交换机的 1~12 号端口被定义为 VLAN1，13~24 号端口被定义为 VLAN2，25~48 号端口和 C 交换机上的 1~48 端口被定义为 VLAN3。VLAN 之间通过 3 层交换机或路由器保证通信。

（2）根据 MAC 地址划分。

这种划分方法是根据每个主机的 MAC 地址来划分的，即对每个 MAC 地址的主机都配置其属于哪个组，属于**动态划分 VLAN**。这种方法的最大优点是当设备的物理位置移动时，VLAN 不用重新配置；缺点是初始化时，所有的用户都必须进行配置，配置工作量大，网卡更换或设备更新时又需重新配置。而且这种划分方法也导致了交换机的端口可能存在很多个 VLAN 组的成员，无法限制广播包，从而导致广播太多，影响网络性能。

（3）根据网络层上层协议划分。

这种划分方法是根据每个主机的网络层地址或协议类型（如果支持多协议）划分的，**属于动态划分 VLAN**。这种划分方法根据网络地址（如 IP 地址）划分，但与网络层的路由毫无关系。优点是用户的物理位置改变了，不需要重新配置所属的 VLAN，而且可以根据协议类型来划分，这对网络管理者来说很重要。此外，这种方法不需要附加帧标签来识别 VLAN，这样可以减少网络的通信量。缺点是效率低，因为检查每一个数据包的网络层地址是需要消耗处理时间的（相对于前面两种方法），一般的交换机芯片都可以自动检查网络上数据包的以太网帧头，但要让芯片能检查 IP 帧头，则需要更高的技术，同时也更费时。

（4）根据 IP 组播划分 VLAN。

IP 组播实际上也是一种 VLAN 的定义，即认为一个组播组就是一个 VLAN。这种划分方法将 VLAN 扩展到了广域网，因此这种方法具有更强的灵活性，而且也很容易通过路由器进行扩展。当然这种方法不适合局域网，主要是因为效率不高。该方式属于**动态划分 VLAN**。

（5）基于策略的 VLAN。

根据管理员事先制定的 VLAN 规则，自动将加入网络中的设备划分到正确的 VLAN。该方式属于**动态划分 VLAN**。

18.2.3　VLAN 配置

VLAN 的基本原理在之前已经详细讲述过，这里只讨论华为设备中涉及的概念和基本配置。

华为设备中划分 VLAN 的方式有基于接口、基于 MAC 地址、基于 IP 子网、基于协议、基于策略（MAC 地址、IP 地址、接口）。其中基于接口划分 VLAN 是最简单、最常见的划分方式。基于接口划分 VLAN 指的是根据交换机的接口来划分 VLAN。需要网络管理员预先给交换机的每个接口配置不同的 PVID，当一个数据帧进入交换机时，如果不带 VLAN 标签，该数据帧就会被打上接口指定 PVID 的 Tag，然后数据帧将在指定 PVID 中传输。

华为交换设备中以太网端口有三种链路类型：Access、Hybrid 和 Trunk。

（1）Access 端口只能属于单个 VLAN，一般用于连接计算机的端口。

（2）Trunk 端口可以允许多个 VLAN 通过，可以接收和发送多个 VLAN 的报文，一般用于交换机之间连接的端口；也可以连接终端，但需要在 Trunk 端口打上 PVID。

（3）Hybrid 端口是华为设备中的一种新的端口类型，其特点是可以允许多个 VLAN 通过，可以接收和发送多个 VLAN 的报文，既可以用于交换机之间连接，也可以用于连接用户的计算机。

但是 Hybrid 端口和 Trunk 端口是有区别的。在接收数据时，Hybrid 端口和 Trunk 端口处理方法是一样的，唯一不同之处在于发送数据时，Hybrid 端口可以允许多个 VLAN 的报文发送时不打标签，而 Trunk 端口只允许默认 VLAN 的报文发送时不打标签。

华为交换设备的重要概念就是默认 VLAN。通常 Access 端口只属于 1 个 VLAN，所以它的默认 VLAN 就是它所在的 VLAN，无须设置。而 Hybrid 端口和 Trunk 端口可以属于多个 VLAN，因此需要设置默认 VLAN ID。默认情况下，Hybrid 端口和 Trunk 端口的默认 VLAN 为 VLAN 1。

当端口接收到不带 VLAN Tag 的报文后，则将报文转发到属于默认 VLAN 的端口（如果设置了端口的默认 VLAN ID）。当端口发送带有 VLAN Tag 的报文时，如果该报文的 VLAN ID 与端口默认的 VLAN ID 相同，则系统将去掉报文的 VLAN Tag，然后再发送该报文。

在配置 VLAN 时要注意以下几点：

（1）默认情况下所有端口都属于 VLAN 1，并且端口是 Access 端口，一个 Access 端口只能属于一个 VLAN。

（2）如果端口是 Access 端口，则把端口加入到另外一个 VLAN 的同时，系统自动把该端口从原来的 VLAN 中删除掉。

（3）除了 VLAN1 外，如果 VLAN XX 不存在，在系统视图下输入 VLAN XX，则创建 VLAN XX 并进入 VLAN 视图；如果 VLAN XX 已经存在，则进入 VLAN 视图。

接下来，通过一个简单的案例帮助大家理解华为交换机 Hybrid 端口模式工作的特点。基础配置命令如下：

```
[Switch-Ethernet0/1]interface   Ethernet 0/1      //进入 Ethernet 0/1 接口
[Switch-Ethernet0/1]port   link-type hybrid        //设置接口类型为 Hybrid
[Switch-Ethernet0/1]port   hybrid   pvid  vlan 10  //接口的 PVID 是 VLAN10
[Switch-Ethernet0/1]port   hybrid   vlan  10   20   untagged  //对 VLAN 为 10、20 的报文，剥掉 VLAN Tag
[Switch-Ethernet0/1] interface   Ethernet 0/2
[Switch-Ethernet0/2]port link-type hybrid
[Switch-Ethernet0/2]port hybrid pvid vlan 20
[Switch-Ethernet0/2]port hybrid vlan 10 20 untagged
```

此时 Interface e0/1 和 Interface e0/2 下所接的 PC 是可以互通的，但两台 PC 通信时数据所基于的往返 VLAN 是不同的。

用 Interface e0/1 接口的 PC1 访问 Interface e0/2 接口的 PC2 进行分析。

- PC1 发出的数据，由 Interface 0/1 所在的 PVID VLAN10 封装 VLAN10 的标记后送入交换机，交换机发现 Interface e0/2 允许 VLAN 10 的数据通过，于是数据被转发到 Interface e0/2 上。由于 Interface e0/2 上 VLAN 10 设置为 untagged，于是交换机此时去除数据包上 VLAN10 的标记，以普通包的形式发给 PC2，此时 PC1 到 PC2 的通信是基于 VLAN10 的。

- PC2 返回给 PC1 的数据包，由 Interface 0/2 所在的 PVID VLAN20 封装 VLAN20 的标记后送入交换机，交换机发现 Interface e0/1 允许 VLAN 20 的数据通过，于是数据被转发到 Interface e0/1 上，由于 Interface e0/1 上 VLAN 20 设置为 untagged，于是交换机此时去除数据包上 VLAN20 的标记，以普通包的形式发给 PC1，此时 PC2 到 PC1 使用的是 VLAN20 进行通信的。

接下来的命令行是在交换机上创建 VLAN2 和 VLAN3，并将指定的接口加入到 VLAN 中的配置命令行。

```
<HUAWEI> system-view
[HUAWEI] sysname SwitchA
[SwitchA] vlan batch 2 3        //批量创建 VLAN 2 和 VLAN 3
[SwitchA] interface gigabitethernet 1/0/1
[SwitchA-GigabitEthernet1/0/1] port link-type access        //与接入设备相连的接口类型必须是 Access，接口默认类型不是
Access 时需要手动配置为 Access
[SwitchA-GigabitEthernet1/0/1] port default vlan 2          //将接口 GE1/0/1 加入 VLAN 2
[SwitchA-GigabitEthernet1/0/1] quit
[SwitchA] interface gigabitethernet 1/0/2
[SwitchA-GigabitEthernet1/0/2] port link-type access
[SwitchA-GigabitEthernet1/0/2] port default vlan 3          //将接口 GE1/0/2 加入 VLAN 3
[SwitchA-GigabitEthernet1/0/2] quit
[SwitchA-GigabitEthernet1/0/2] interface gigabitethernet 1/0/3
[SwitchA -GigabitEthernet1/0/3] port link-type trunk        //将与上层汇聚交换机相连接口的接口类型设置为 Trunk
[SwitchA -GigabitEthernet1/0/3] port trunk allow-pass vlan 2 3    //允许在该接口上透传 VLAN 2 和 VLAN 3 到上层汇聚交换机
[SwitchA -GigabitEthernet1/0/3] quit
```

18.2.4　IEEE 802.1Q 与 QinQ

1. IEEE 802.1Q

IEEE802.1Q 是成熟的 VLAN 协议，该协议定义了基于端口的 VLAN 模型。IEEE 802.1Q 给每个需要转发的帧都添加一个"标签"，其中包含 VLAN 的编号，交换机在进行帧转发的时候，判断这些"标签"是否匹配，从而确定其互通性。另外，不支持 IEEE 802.1Q 的主机会因为无法"读懂"标签而丢弃。

IEEE 802.1Q 帧结构是在标准 IEEE 802.3 以太网标准帧中插入了 4 字节的 IEEE 802.1Q 帧标签。IEEE 802.1Q 帧格式如图 18-2-1 所示。

- 标签协议标识符（Tag Protocol Identifier，TPID）：在 IEEE 802.1Q 中规定该标记的值为 0x8100，用来识别 VLAN 和非 VLAN 数据帧。

● 标签控制信息（Tag Control Information，TCI）：包括用户优先级（3bit）、规范格式指示器（1bit）和 VLAN ID（12bit）。其中，VLAN ID 为 12 位，VID=0 用于识别帧优先级，4095（FFF）作为预留值，所以 VLAN 配置的最大可能值为 4094。

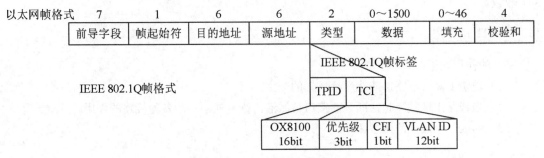

图 18-2-1　IEEE 802.1Q 帧结构

2. QinQ

QinQ 是在传统 IEEE 802.1Q VLAN 标签头的基础上，增加一层新的 IEEE 802.1Q VLAN 标签头。QinQ 帧格式如图 18-2-2 所示。

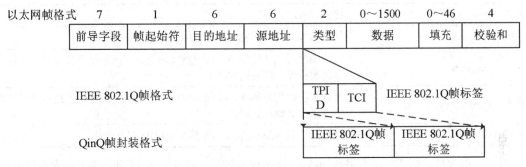

图 18-2-2　QinQ 帧格式

QinQ 最初主要是为扩展 VLAN ID 空间而产生的，但随着城域以太网的发展以及运营商精细化运作的要求，QinQ 的双层标签又有了进一步的使用场景。它的内、外层标签可以代表不同的信息，如内层标签代表用户，外层标签代表业务。另外，QinQ 数据帧带着两层标签穿越运营商网络，内层标签透明传送，也可以看作是一种简单、实用的 VPN 技术。

18.3　STP

本部分的相关知识点有 STP 的作用、STP 交换机接口状态、STP 工作原理、STP 配置。

生成树协议（Spanning Tree Protocol，STP）是一种链路管理协议，为网络提供路径冗余，同时防止产生环路。交换机之间使用网桥协议数据单元（Bridge Protocol Data Unit，BPDU）来交换

STP 信息。**BPDU** 包含了实现 STP 必要的根网桥 ID、根路径成本、发送网桥 ID、端口 ID 等信息，具有配置和通告拓扑变化的功能。

STP 收敛过程就是网络结构再变成稳态的过程，所有端口都处于转发状态或阻塞状态可以看成 STP 收敛。

18.3.1　STP 的作用

STP 的作用如下：

（1）逻辑上断开环路，防止广播风暴的产生。

（2）当线路出现故障时，断开的接口被激活，恢复通信，起备份线路的作用。

（3）形成一个最佳的树型拓扑。

18.3.2　STP 交换机接口状态

启动了 STP 的交换机的接口状态和作用如表 18-3-1 所列。

表 18-3-1　接口状态和作用

状态	用途
阻塞（Blocking）	接收 BPDU、不转发帧
侦听（Listening）	接收 BPDU、不转发帧、接收网管消息
学习（Learning）	接收 BPDU、不转发帧、接收网管消息、把终端站点位置信息添加到地址数据库（构建网桥表）
转发（Forwarding）	发送和接收用户数据、接收 BPDU、接收网管消息、把终端站点位置信息添加到地址数据库
禁用（Disable）	端口处于 shutdown 状态，不转发 BPDU 和数据帧

其中，**阻塞状态到侦听状态需要 20 秒，侦听状态到学习状态需要 15 秒，学习状态到转发状态需要 15 秒。**

18.3.3　STP 工作原理

STP 首先选择根网桥（Root Bridge），然后选择根端口（Root Port）最后选择指定端口（Designated Port）。

下面讲解具体的 STP 选择过程。

（1）选择根网桥。

每台交换机都有一个唯一的网桥 ID（BID），**最小 BID 值**的交换机为根交换机。其中 BID 由 2 字节的网桥优先级字段和 6 字节的 MAC 地址字段组成。图 18-3-1 描述了根网桥的选择过程。

（2）选择根端口。

选择根网桥后，其他的非根网桥选择一个距离根网桥最近的端口为根端口。

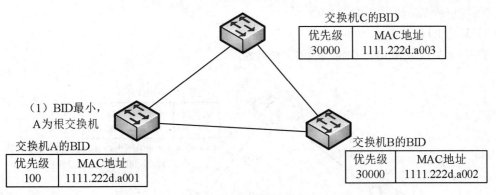

图 18-3-1 根网桥的选择

选择根端口的依据如下：

1）交换机中到根网桥总路径成本最低的端口。路径成本根据带宽计算得到，如 10Mb/s 的路径成本为 100，100Mb/s 的路径成本为 19，1000Mb/s 的路径成本为 4。开销最小的端口，即为该非根交换机的根端口。

2）如果到达根网桥的开销相同，再比较上一级（接收 BPDU 方向）发送者的桥 ID，选择发送者网桥 ID 最小的对应的端口。

3）如果上一级发送者网桥 ID 也相同，再比较发送端口 ID。端口 ID 由端口优先级（8 位）和端口编号（8 位）组成。选出优先级最小的对应的端口，若优先级相同，则选择端口号最小的。

如图 18-3-2 所示描述了根端口的选择过程。

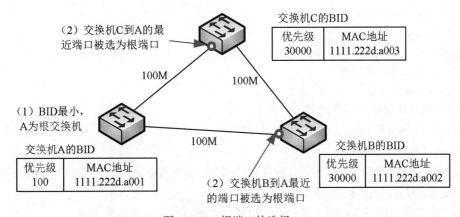

图 18-3-2 根端口的选择

（3）选择指定端口。

每个网段选择一个指定端口，根网桥的所有端口均为指定端口。

选定非根网桥的指定端口的依据如下：

1）到根网桥的路径成本最低。

2）端口所在的网桥的 ID 值较小。

3）端口 ID 值较小。

如图 18-3-3 所示描述了指定端口的选择过程。

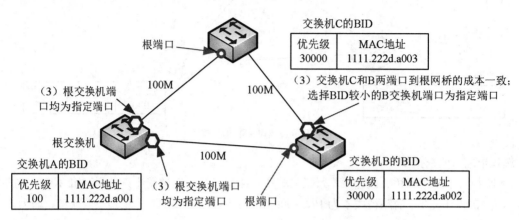

图 18-3-3 指定端口的选择

交换机中所有的根端口和指定端口之外的端口，称为非指定端口。此时非指定端口被 STP 协议设置为阻塞状态，这时没有环的网络就生成了。

18.3.4 STP 配置

生成树协议的基本原理、根网桥的选择等基本概念都在前面章节详细介绍过，这里只讨论华为交换机上的 STP 协议配置。

（1）SwitchA 交换机配置。

[SwitchA]stp enable //启动生成树协议

（2）配置本桥为根网桥。

[SwitchA]stp root primary

配置生成树协议时，需要注意以下基本信息：

（1）默认情况下交换机的优先级都是 32768，如果想人为指定某一台交换机为根交换机，可以通过修改优先级来实现。

（2）默认情况下打开生成树后，所有端口都会开启生成树协议，若想 STP 有更快的反应，可以把接 PC 的端口改为边缘端口模式。

（3）如果要控制某条链路的状态，可以通过设置端口的 cost 值来实现。

18.4 端口知识

本部分的相关知识点有接口知识、物理接口配置、逻辑接口配置、接口进阶知识。

18.4.1　接口知识

接口是设备与网络中的其他设备交换数据并相互作用的部件，分为物理接口、逻辑接口、管理接口三类。

1. 物理接口

物理接口是真实存在、有器件支持的接口。物理接口需要承担业务传输。物理接口分为两种：LAN 口和 WAN 口。

（1）LAN 口：交换机可以通过它与局域网中的网络设备交换数据。

（2）WAN 口：交换机可以通过它与远距离的外部网络设备交换数据。

2. 逻辑接口

逻辑接口是指能够实现数据交换功能但物理上不存在、需要通过配置建立的接口。逻辑接口需要承担业务传输。常见的逻辑接口如表 18-4-1 所列。

表 18-4-1　常见的逻辑接口

接口类型	功能特性
Eth-Trunk 接口	具有二层、三层特性的逻辑接口，在逻辑上将多个以太网接口看成一个逻辑接口，从而获得比物理以太口更大的带宽和可靠性
Tunnel 接口	具有三层特性的逻辑接口，隧道两端的设备利用 Tunnel 接口发送报文、识别并处理来自隧道的报文
VLANIF 接口	具有三层特性的逻辑接口，通过配置 VLANIF 接口的 IP 地址，实现 VLAN 间互访
以太网子接口	以太网子接口就是在一个主接口上配置出来的虚拟接口，主要用于实现多 VLAN 通信
Loopback 接口	接口状态永远是 Up 和可以配置 32 位子网掩码。可以配置成设备的管理地址；可作为 OSPF、BGP 协议的 Router Id；可成为 BGP 建立 TCP 连接的源地址
NULL 接口	任何送到该接口的网络数据报文都会被丢弃，主要用于路由过滤

3. 管理接口

管理接口主要为用户提供配置管理支持，也就是用户通过此类接口可以登录到设备，并进行配置和管理操作。管理接口不承担业务传输。常见的管理接口如表 18-4-2 所列。

表 18-4-2　常见的逻辑接口

接口名称	接口描述	接口用途
Console 口	遵循 EIA/TIA-232 标准，接口类型是 DCE	该接口与配置终端的 COM 串口连接，用于搭建现场配置环境
ETH 口	遵循 10/100BASE-TX 标准	该接口与配置终端或网管站的网口连接，用于搭建现场或远程配置环境

4. 物理接口的编号规则

物理接口的编号规则如下：

（1）未使能集群功能时，设备采用"槽位号/子卡号/接口序号"的编号规则来定义物理接口。

（2）使能集群功能后，设备采用"框号/槽位号/子卡号/接口序号"的编号规则来定义物理接口。

1）框号：表示集群交换机在集群系统中的 ID，值为 1 或者 2。

2）槽位号：表示单板所在的槽位号。

3）子卡号：表示业务接口板支持的子卡号。

4）接口序号：表示单板上各接口的编排顺序号。

18.4.2 物理接口配置

1. 配置 ETH 管理接口属性

管理接口 ETH0/0/0 是一种特殊的以太网接口，可以配置 IP 地址，为用户提供配置管理支持，也就是用户通过此接口可以登录到设备，并进行配置和管理操作。ETH 管理接口不承担业务传输。

```
<HUAWEI>system-view   //进入系统视图
[HUAWEI] interface ethernet 0/0/0   //进入 ETH 管理接口视图
[Switch- ethernet 0/0/0] undo negotiation auto      //配置 ETH 管理接口工作在非自协商模式
[Switch- ethernet 0/0/0]speed { 10 | 100 | 1000}    //配置 ETH 管理接口的接口速率
[Switch- ethernet 0/0/0]duplex { full | half }      //配置 ETH 管理接口的双工模式
```

2. 配置接口切换到三层模式

默认情况下，设备的以太网接口工作在二层模式，并且已经加入 VLAN1。将接口转换为三层模式后，该接口并不会立即退出 VLAN1，只有当三层协议 Up 后，接口才会退出 VLAN1。

```
<HUAWEI>system-view//进入系统视图
[HUAWEI]interfaceinterface-typeinterface-number    //进入接口视图
[Switch- interface-typeinterface-number]undo portswitch   //配置接口切换到三层模式
```

18.4.3 逻辑接口配置

1. 配置 VLANIF 接口

VLANIF 接口是三层逻辑接口，配置 IP 地址后可以实现 VLAN 间互通和部署三层业务。配置步骤如下：

```
system-view   //进入系统视图
interface vlanifvlan-id   //创建 VLANIF 接口，并进入 VLANIF 接口视图
ip addressip-address { mask | mask-length } [ sub ]   //配置 VLANIF 接口的 IP 地址
display interface vlanif vlan-id   //查看 VLANIF 接口的状态信息
```

2. 配置以太网子接口

以太网子接口就是在一个主接口上配置出来的多个逻辑上的虚拟接口，主要用于实现多个 VLAN 通信。以太网子接口共用主接口的物理层参数，又可以分别配置各自的链路层和网络层参数。用户可以禁用或者激活以太网子接口，这样不会对主接口产生影响；但主接口状态的变化会对以太网子接口产生影响，特别是只有主接口处于连通状态时，以太网子接口才能正常工作。配

置步骤如下：

二层以太网子接口配置

system-view　　//进入系统视图

interface *interface-type interface-number.sub interface-number* [**mode l2**]　　//进入指定的以太网子接口视图。*subinterface-number* 是以太网子接口的编号。**mode l2** 表示配置为 VXLAN 二层模式子接口，只有在配置 VXLAN 业务时需要指定该参数

（1）配置终结子接口

VLAN 报文分为 DOT1Q 报文（带有一层 VLAN Tag）和 QinQ 报文（带有两层 VLAN Tag）。相应的终结也分为两种：终结 DOT1Q 报文和终结 QinQ 报文。可选命令如下：

- **dot1q termination vid** *low-pe-vid* [**to** *high-pe-vid*]　　//配置以太网子接口对一层 Tag 报文的终结功能
- **qinq termination pe-vid** *pe-vid* **ce-vid** *ce-vid1* [**to** *ce-vid2*]　　//配置以太网子接口对两层 Tag 报文的终结功能

（2）配置 VXLAN

配置命令如下：

encapsulation { **dot1q** { **vid** *pe-vid* } | **default** | **untag** | **qinq** { **vid** *vlan-vid* **ce-vid** *ce-vid* } }　　//配置子接口允许通过的流封装类型，实现不同的接口接入不同的数据报文。

bridge-domain *bd-id*　　配置桥接，实现数据报文在 BD 内进行转发

三层以太网子接口配置

system-view　　//进入系统视图

interface *interface-type interface-number.sub interface-number* [**mode l2**]　　//进入指定的以太网子接口视图。*subinterface-number* 是以太网子接口的编号。**mode l2** 表示配置为 VXLAN 二层模式子接口，只有在配置 VXLAN 业务时需要指定该参数

ip address *ip-address* { *mask* | *mask-length* } [**sub**]　　//配置子接口的 IP 地址

配置终结子接口，可选命令如下：

- **dot1q termination vid** *low-pe-vid* [**to** *high-pe-vid*]　　//配置以太网子接口对一层 Tag 报文的终结功能
- **qinq termination pe-vid** *pe-vid* **ce-vid** *ce-vid1* [**to** *ce-vid2*]　　//配置以太网子接口对两层 Tag 报文的终结功能

执行命令 **arp broadcast enable**　　//使能子接口的 ARP 广播功能

3. 配置 Loopback 接口

Loopback 接口创建后一直保持 UP 状态，用户可通过配置 Loopback 接口达到提高网络可靠性的目的。

system-view　　//进入系统视图

interface loopback *loopback-number*　　//创建并进入 Loopback 接口

ip address *ip-address* { *mask* | *mask-length* } [**sub**]　　//配置 Loopback 接口的 IP 地址

display interface loopback [*loopback-number*]　　//查看 Loopback 接口的状态信息

4. 配置 NULL 接口

NULL 接口由系统自动创建，创建后一直保持 UP 状态但不转发报文。用户可通过 NULL 接口进行报文过滤。

系统会自动创建一个 NULL0 接口。NULL0 接口一直处于 UP 状态，但是不能转发数据包，任何发送到该接口的网络数据报文都会被丢弃。如果在静态路由中指定到达某一网段的下一跳为 NULL0 接口，则任何发送到该网段的数据报文都会被丢弃，因此可以将需要过滤掉的报文直接发送到 NULL0 接口而不必配置访问控制列表。

例如：

[huawei] **ip route-static 192.168.0.0 255.255.255.0 NULL 0**

//使用静态路由配置命令丢弃所有去往网段 192.168.0.0/24 的报文

配置步骤如下：

```
system-view        //进入系统视图
interface null0        //进入 NULL 接口视图
display interface null [ 0 ]        //可以查看 NULL 接口的状态信息
```

18.4.4 接口进阶知识

1. 端口汇聚

STP 只能在设备间保证一条活动链路，而其他链路将处于备用闲置状态，因此，在很大程度上浪费了宝贵的硬件和链路资源。端口汇聚多个物理链路，组成一个逻辑链路，成倍地提高设备间带宽。

2. 端口镜像

端口镜像常用于接协议分析设备，获取另一个接口上数据的完备复制。根据华为交换机的不同型号，镜像主要有以下两种方式。

（1）基于端口的镜像：基于端口的镜像是把被镜像端口的进出数据报文完全复制一份到镜像端口，这样来进行流量观测或者故障定位。

（2）基于流的镜像：基于流镜像的交换机针对某些流进行镜像，每个连接都有两个方向的数据流，对于交换机来说这两个数据流是要分开镜像的。

以下配置命令实现通过交换机端口镜像的功能，使 E0/8 端口所接设备能对 E0/1、E0/2 接的两台设备的业务报文进行监控。基于二层流的镜像配置如下：

```
• 定义一个 ACL
[SwitchA]acl num 200
• 定义规则 Rule 0 从 E0/1 发送至其他端口的数据包
[SwitchA]rule 0 permit ingress interface Ethernet0/1 egress interface Ethernet0/2
• 定义规则 rule1 从其他端口到 E0/1 端口的数据包
[SwitchA]rule 1 permit ingress interface Ethernet0/2 egress interface Ethernet0/1
• 将符合上述 ACL 的数据包镜像到 E0/8
[SwitchA]mirrored-to link-group 200 interface e0/8
```

3. Combo 接口

Combo 接口是一个光电复用接口，一个 Combo 接口对应设备面板上的一个 GE 电接口和一个 GE 光接口，而在设备内部只有一个转发接口。电接口与其对应的光接口是光电复用关系，两者不能同时工作。

4. 交换机端口隔离

端口隔离可实现同一 VLAN 内端口之间的隔离，为用户提供了更安全、更灵活的组网方案。

为了实现报文之间的二层隔离，用户可以将不同的端口加入不同的 VLAN，但这样会浪费有限的 VLAN 资源。采用端口隔离功能，可以实现同一 VLAN 内端口之间的隔离。用户只需要将端口加入到隔离组中，就可以实现隔离组内端口之间二层数据的隔离。端口隔离功能为用户提供了更安全、更灵活的组网方案。

如果用户希望隔离同一 VLAN 内的广播报文，但是不同端口下的用户还可以进行三层通信，则可以将隔离模式设置为二层隔离三层互通；如果用户希望同一 VLAN 不同端口下用户彻底无法通信，则可以将隔离模式配置为二层和三层均隔离。

第19章　路由知识

本章主要学习路由知识。本章考点知识结构图如图 19-0-1 所示。本章配置部分可帮助读者理解知识，也可以跳过阅读。

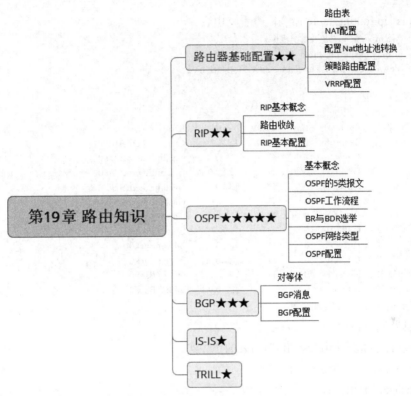

图 19-0-1　考点知识结构图

19.1　路由器基础配置

本部分的相关知识点有路由表和 NAT 配置。

19.1.1　路由表

路由表（Routing Table）供选择路由时使用，路由表为路由器进行数据转发提供信息和依据。路由表分为静态路由表和动态路由表。

（1）静态路由表。

由系统管理员事先设置好固定的路由表，称为静态（Static）路由表，一般是在系统安装时就根据网络的配置情况预先设定，不会随网络结构的改变而改变。

（2）动态路由表。

动态（Dynamic）路由表是路由器根据网络系统的运行情况自动调整的路由表。路由器根据路由选择协议（Routing Protocol）提供的功能自动学习和记忆网络运行情况，在需要时自动计算数据传输的最佳路径。

使用 display ip routing-table 命令，查看路由表。

```
<HUAWEI>system-view    //进入系统视图
<HUAWEI>display ip routing-table
R - relay, D - download to fib, T - to vpn-instance, B - black hole
route
Routing Table: _public_
Destinations : 11        Routes : 11
Destination/Mask    ProtoPre   Cost   Flags   NextHop      Interface
0.0.0.0/0           Static 60  0      D       1.1.4.2      GigabitEthernet1/0/0
1.1.1.0/24          Direct 0   0      D       1.1.1.1      GigabitEthernet2/0/0
1.1.1.1/32          Direct 0   0      D       127.0.0.1    GigabitEthernet2/0/0
1.1.1.255/32        Direct 0   0      D       127.0.0.1    GigabitEthernet2/0/0
1.1.4.0/30          OSPF 10    0      D       1.1.4.1      GigabitEthernet1/0/0
1.1.4.1/32          Direct 0   0      D       127.0.0.1    GigabitEthernet1/0/0
1.1.4.2/32          OSPF 10    0      D       1.1.4.2      GigabitEthernet1/0/0
127.0.0.0/8         Direct 0   0      D       127.0.0.1    InLoopBack0
127.0.0.1/32        Direct 0   0      D       127.0.0.1    InLoopBack0
127.255.255.255/32  Direct 0   0      D       127.0.0.1    InLoopBack0
255.255.255.255/32  Direct 0   0      D       127.0.0.1    InLoopBack0
```

- Destination：目的地址。
- Mask：网络掩码。
- ProtoPre：本条路由加入 IP 路由表的优先级。
- NextHop：下一跳 IP 地址。
- Interface：输出接口。

使用 display ip routing-table protocol { direct | ospf | isis | static | rip | bgp } [inactive | verbose]命令查看指定协议发现的路由。

默认华为路由器的优先级为：DIRECT 0、OSPF 10、IS-IS 15、STATIC 60、RIP 100、OSPF ASE 150。

19.1.2　NAT 配置

华为路由器配置 NAT 的方式有很多种，考试中可能考到的基本配置方式主要有 Easy IP 和 NAT 地址池。图 19-1-1 是一个典型的通过 Easy IP 进行 NAT 的示意图，其中 Router 的出接口 GE0/0/1 的 IP 地址为 200.100.1.2/24，接口 E0/0/1 的 IP 地址为 192.168.0.1/24。连接 Router 出接口 GE0/0/1 的对端 IP 地址为 200.100.1.1/24。内网用户通过 Router 的出接口 GE0/0/1 做 Easy IP 地址转换访问外网。

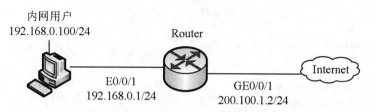

图 19-1-1　通过 Easy IP 进行 NAT

内网用户通过 Easy IP 方式访问的配置如下：

```
<HUAWEI>system-view    //进入系统视图
[HUAWEI] sysname Router   //修改设备名称
[Router]acl number 2000    //创建 ACL 2000
[Router-acl-bas-2000]rule 5 permit source 192.168.0.0 0.0.0.255   //配置允许进行 NAT 转换的内网地址段 192.168.0.0/24
[Router-acl-bas-2000]quit
[Router]interface Ethernet0/0/1
[Router-Ethernet0/0/1]undo port switch   //关闭端口的交换特性，变为路由接口
[Router-Ethernet0/0/1]ip address 192.168.0.1 255.255.255.0   //配置内网网关地址
[Router-Ethernet0/0/1] quit
[Router]interface GigabitEthernet0/0/1
[Router-GigabitEthernet0/0/1]ip address 200.100.1.2 255.255.255.0
[Router-GigabitEthernet0/0/1]nat outbound 2000    //在出接口 GE0/0/1 上做 Easy IP 方式的 NAT
[Router-GigabitEthernet0/0/1]quit
[Router]ip route-static   0.0.0.0 0.0.0.0 200.100.1.1   //配置默认路由，保证出接口到对端路由可达
```

19.1.3　配置 NAT 地址池转换

当内网用户较多、需要使用较多外部地址访问 Internet 时，可以考虑使用地址池的方式。图 19-1-2 是示例图。

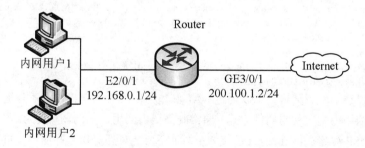

图 19-1-2　示例图

Router 配置如下：

```
<HUAWEI>system-view      //进入系统视图
[HUAWEI] sysname Router    //修改设备名称
[Router]acl number 2000    //创建 ACL 2000
[Router-acl-bas-2000]rule 5 permit source 192.168.20.0 0.0.0.255   //配置允许进行 NAT 转换的内网地址段 192.168.0.0/24
[Router-acl-bas-2000]quit
```

```
[Router]nat address-group 1 202.169.10.100 202.169.10.200    //配置 NAT 地址池
[Router]interface vlan 100    //配置内网网关的 IP 地址
[Router-vlan-interface100] ip address 192.168.20.1 255.255.255.0
[Router-vlan-interface100]quit
[Router]interface Ethernet2/0/0
[Router-Ethernet2/0/0]port link-type access    //配置接口的类型为 Access
[Router-Ethernet2/0/0]port default vlan 100    //配置接口的默认 VLAN ID
[Router-Ethernet2/0/0]quit
[Router]interface GigabitEthernet3/0/0
[Router-GigabitEthernet3/0/0]ip address 202.169.10.1 255.255.255.0
[Router-GigabitEthernet3/0/0]nat outbound 2000 address-group 1    //在出接口上配置 NAT Outbound
[Router-GigabitEthernet3/0/0]quit
[Router] ip route-static 0.0.0.0 0.0.0.0 202.169.10.2    //配置默认路由
```

内网用户通过路由器的 NAT 地址转换功能来访问 Internet，并且向外网用户提供 WWW 服务。

Router 的配置如下：

```
<HUAWEI>system-view    //进入系统视图
[HUAWEI] sysname Router    //修改设备名称
[Router]acl number 2000    //创建 ACL 2000
[Router-acl-bas-2000]rule 5 permit source 192.168.20.0 0.0.0.255    //配置允许进行 NAT 转换的内网地址段 192.168.0.0/24
[Router-acl-bas-2000]quit
[Router]nat address-group 1 202.169.10.100 202.169.10.200    //配置 NAT 地址池
[Router]interface vlan 100    //配置内网网关的 IP 地址
[Router-vlan-interface100] ip address 192.168.20.1 255.255.255.0
[Router-vlan-interface100]quit
[Router]interface Ethernet2/0/0
[Router-Ethernet2/0/0]port link-type access    //配置接口的类型为 Access
[Router-Ethernet2/0/0]port default vlan 100    //配置接口的默认 VLAN ID
[Router-Ethernet2/0/0]quit
[Router]interface GigabitEthernet3/0/0
[Router-GigabitEthernet3/0/0]ip address 202.169.10.1 255.255.255.0
[Router-GigabitEthernet3/0/0]nat outbound 2000 address-group 1    //在出接口上配置 NAT Outbound
[Router-GigabitEthernet3/0/0] nat server protocol tcp global 202.169.10.103 www inside 192.168.20.2 8080    //在出接口上
配置内网服务器 192.168.20.2 的 WWW 服务
[Router-GigabitEthernet3/0/0]quit
[Router] nat address-group 1 202.169.10.100 202.169.10.200    //配置 NAT 地址池
[Router] ip route-static 0.0.0.0 0.0.0.0 202.169.10.2    //配置默认路由
```

对于更为复杂的配置环境，可以通过 NAT 和重定向实现双出口，且对外提供 Web 服务。这在企业网络实际应用中是一种常用的方式，通常既需要内网用户上网，并且为了保证稳定和可靠，使用两个以上的 ISP 线路提供 Internet 的接入；同时还要能对外提供某些服务，如 Web、FTP 服务等。如图 19-1-3 所示的环境中，Router 的 GE1/0/0 连接校园网，GE2/0/0 连接教育网，GE3/0/0 连接 Internet。内网主机访问教育网通过 GE2/0/0，其他访问通过默认路由，通过 GE3/0/0 端口转发出去。

该校园网服务器提供内外网 Web 服务，内网地址是 192.168.1.2/24，其域名是 www.test.edu.cn，外网地址是 211.1.1.6。现要求外网主机和校园网内部主机都可以通过域名或 211.1.1.6 正常访问服务器，且要求校园网内部主机可以通过 NAT 任意访问 Internet 和教育网。其中，GE2/0/0 的对端 IP 地址是 211.1.1.2/24，GE3/0/0 的对端 IP 地址是 202.1.1.2/24。

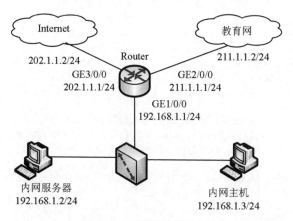

图 19-1-3　校园网配置图

　　根据网络规划，非教育网主机访问教育网主机，必须通过教育网专用通道访问，因此外网用户（包括教育网用户和非教育网用户）访问该校都是从 GE2/0/0 接入。而且如果源地址是教育网地址（如 211.1.1.6/24）的报文从 GE3/0/0 出去，会被运营商屏蔽。

　　Router 配置如下：

```
[Router] acl number 2000    //配置 ACL 规则，允许校园网中 192.168.1.0/24 网段的主机访问外网
[Router-acl-bas-2000] rule 5 permit source 192.168.1.0 0.0.0.255
[Router-acl-bas-2000]quit
[Router]acl number 3000    //用于内部主机直接使用 211.1.1.6 访问服务器，只有内网发起的服务才会在 GE1/0/0 上进行 NAT
[Router-acl-adv-3000]    rule 5 permit ip source 192.168.1.0 0.0.0.255 destination 211.1.1.6 0
[Router-acl-adv-3000] quit
[Router]acl number 3001    //内部服务器返回内部主机的数据流不需要被重定向到教育网出口
[Router-acl-adv-3001] rule 5 permit ip source 192.168.1.2 0 destination 192.168.1.0 0.0.0.255
[Router-acl-adv-3000] quit
[Router] acl number 3003    //用于将内部服务器发往外部的数据流重定向到教育网出口
[Router-acl-adv-3003] rule 10 permit ip source 192.168.1.2 0
[Router-acl-adv-3000] quit
[Router-classifier-permitover] traffic classifier permitover operator or    //定义不用重定向的数据流分类
[Router-classifier-permitover] if-match acl 3001
[Router-classifier-permitover]quit
[Router] traffic classifier redirectover operator or    //定义需要重定向的数据流分类
[Router-classifier-redirectover]    if-match acl 3003
[Router-classifier-redirectover] quit
[Router] traffic behavior permitover    //定义 permitover 的流行为
[Router-behavior -permitover] traffic behavior redirectover    //定义 redirectover 的流行为为 redirect
[Router-behavior -permitover] redirect ip-nexthop 211.1.1.2    //服务器响应外网访问的数据流都被重定向到教育网出口
[Router-behavior -permitover] quit
[Router]traffic policy redirect    //绑定流策略
[Router-policy -redirect]    classifier permitover behavior permitover    //先匹配是否是内部服务器返回内部主机的数据流
[Router-policy -redirect]    classifier redirectover behavior redirectover    //后匹配重定向到教育网出口的数据流
[Router-policy -redirect] quit
[Router] nat alg dns enable    //使能 NAT ALG（Application Level Gateway）的 DNS 功能
//通常情况下，NAT 只对报文中 IP 头部的地址信息和 TCP/UDP 头部的端口信息进行转换，不关注报文载荷的信息。
但是对于一些特殊的协议（如 FTP 协议），其报文载荷中也携带了地址或端口信息，而报文载荷中的地址或端口信息往往
```

第 3 天

是由通信双方动态协商生产的，管理员并不能为其提前配置好相应的 NAT 规则。如果提供 NAT 功能的设备不能识别并转换这些信息，则会影响到这些协议的正常使用。NAT ALG 功能可以对报文的载荷字段进行解析，识别并转换其中包含的重要信息，保证类似 FTP 的多通道协议可以顺利地进行地址转换而不影响其正常使用

[Router] nat dns-map www.test.edu.cn 211.1.1.6 80 tcp　//配置 DNS-MAP，将 DNS 的解析结果转换成内网服务器地址
[Router] nat address-group 0 202.1.1.50 202.1.1.100　//访问非教育网地址时 NAT 用
[Router] nat address-group 1 211.1.1.50 211.1.1.100　//访问教育网地址时 NAT 用
[Router] interface GigabitEthernet1/0/0
[Router- GigabitEthernet1/0/0] ip address 192.168.1.1 255.255.255.0
[Router- GigabitEthernet1/0/0] traffic-policy redirect inbound　//GE1/0/0 对入方向的数据流执行流策略 redirect
[Router- GigabitEthernet1/0/0]nat static global 211.1.1.6 inside 192.168.1.2 netmask 255.255.255.255　//内网用户直接使用 211.1.1.6 访问服务器时进行 NAT
[Router- GigabitEthernet1/0/0] nat outbound 3000　//内网用户直接访问 211.1.1.6 时做 Easy IP，将源地址改为 GE1/0/0 的地址，保证内网服务器和主机间的交互都经过 Router 转发
[Router- GigabitEthernet1/0/0]quit
[Router]interface GigabitEthernet2/0/0
[Router- GigabitEthernet2/0/0] ip address 211.1.1.1 255.255.255.0
[Router- GigabitEthernet2/0/0] nat static global 211.1.1.6 inside 192.168.1.2 netmask 255.255.255.255　//教育网出口的 NAT
[Router- GigabitEthernet2/0/0] nat outbound 2000 address-group 1　//内网访问教育网时的 NAT
[Router- GigabitEthernet2/0/0] quit
[Router] interface GigabitEthernet3/0/0
[Router- GigabitEthernet3/0/0] ip address 202.1.1.1 255.255.255.0
[Router- GigabitEthernet3/0/0] nat outbound 2000 address-group 0　//内网访问非教育网时的 NAT
[Router- GigabitEthernet3/0/0] quit
[Router] ip route-static 0.0.0.0 0.0.0.0 202.1.1.2　//默认路由

19.1.4　策略路由配置

考试中除了会考基本的静态路由协议 IP route-static、动态路由协议 RIP、OSPF 的基础配置外，还会考的一个知识点就是如何配置策略路由。策略路由的基本原理就是，根据 ACL 定义的不同数据流，经过路由器时，使用基于原地址或者基于目标地址测策略转发数据到下一个接口。例如在如图 19-1-4 所示的案例中，可实现策略路由。

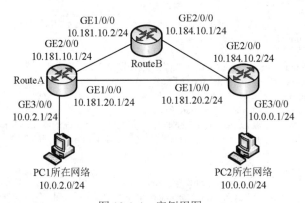

图 19-1-4　案例用图

RouterA、RouterB 和 RouterC 使用 OSPF 保证全网路由可达，并且在 RouterA 上查看路由表可以发现，到 10.0.0.0 的下一跳为 RouterC 的 GE1/0/0 接口地址。

第 3 天

在 RouterA 上应用的策略路由，使从 10.0.2.0/24 到 10.0.0.0/24 的流量重定向到 RouterB 上。

RouterA 的配置文件内容如下：

```
[RouterA] acl number 3001    //定义 ACL 匹配的目的源地址是 10.0.2.0/24，目的地址是 10.0.0.0/24
[RouterA-acl-adv-3001] rule 5 permit ip source 10.0.2.0 0.0.0.255 destination 10.0.0.0 0.0.0.255
[RouterA-acl-adv-3001] quit
[RouterA] traffic classifier   credirect   operator or   //定义需要重定向的数据流分类
[RouterA-classifier-credirect] if-match acl 3001
[RouterA-classifier-credirect]quit
[RouterA-behavior -bredirect]traffic behavior bredirect   //定义流行为为重定向到 RouterB 的 GE1/0/0 的接口地址
[RouterA-behavior -bredirect]redirect ip-nexthop 10.181.10.2
[RouterA-behavior -bredirect]quit
[RouterA]traffic policy predirect   //绑定流策略
[RouterA- policy-predirect]classifier credirect   behaviorbredirect
[RouterA- policy-predirect] quit
[RouterA]interface GigabitEthernet 1/0/0
[RouterA- GigabitEthernet 1/0/0]ip address 10.181.20.1 255.255.255.0
[RouterA- GigabitEthernet 1/0/0]quit
[RouterA]interface GigabitEthernet 2/0/0
[RouterA- GigabitEthernet 2/0/0]ip address 10.181.10.1 255.255.255.0
[RouterA- GigabitEthernet 1/0/0]quit
[RouterA]interface GigabitEthernet 3/0/0
[RouterA- GigabitEthernet3/0/0]ip address 10.0.2.1 255.255.255.0
[RouterA- GigabitEthernet3/0/0]traffic-policy pbredirect inbound   //从 10.0.2.0/24 到 10.0.0.0/24 的流量重定向到 RouterB 上
[RouterA- GigabitEthernet3/0/0]quit
[RouterA]ospf 1    //配置 OSPF 路由协议
[RouterA-ospf-1] area 0.0.0.0
[RouterA-ospf-1-area-0.0.0.0]network 10.0.2.0 0.0.0.255
[RouterA-ospf-1-area-0.0.0.0]network 10.181.20.0 0.0.0.255
[RouterA-ospf-1-area-0.0.0.0]network 10.181.10.0 0.0.0.255
[RouterA-ospf1]quit
```

配置 RouterB 的配置文件内容如下：

```
[RouterB]interface GigabitEthernet 1/0/0
[RouterB- GigabitEthernet 1/0/0] ip address 10.181.10.2 255.255.255.0
[RouterB- GigabitEthernet 1/0/0]quit
[RouterB]interface GigabitEthernet 2/0/0
[RouterB- GigabitEthernet 2/0/0]ip address 10.184.10.1 255.255.255.0
[RouterB- GigabitEthernet 2/0/0]quit[RouterB]ospf  1    //配置 OSPF 路由协议
[RouterB-ospf-1]area 0.0.0.0
[RouterB-ospf-1-area-0.0.0.0]network 10.181.10.0 0.0.0.255
[RouterB-ospf-1-area-0.0.0.0]network 10.184.10.0 0.0.0.255
[RouterB-ospf-1-area-0.0.0.0]quit
```

配置 RouterC 的配置文件内容如下：

```
[RouterC]interface GigabitEthernet 1/0/0
[RouterC- GigabitEthernet 1/0/0] ip address 10.181.20.2 255.255.255.0
[RouterC- GigabitEthernet 1/0/0]quit
[RouterC]interface GigabitEthernet 2/0/0
[RouterC- GigabitEthernet 2/0/0] ip address 10.184.10.2 255.255.255.0
[RouterC- GigabitEthernet 2/0/0]quit
```

```
[RouterC]Ospf  1              //配置 OSPF 路由协议
[RouterC-ospf-1]area 0.0.0.0
[RouterC-ospf-1-area-0.0.0.0]network 10.184.10.0 0.0.0.255
[RouterC-ospf-1-area-0.0.0.0]network 10.181.20.0 0.0.0.255
[RouterC-ospf-1-area-0.0.0.0]network 10.0.0.0 0.0.0.255
```

19.1.5 VRRP 配置

虚拟路由冗余协议（Virtual Router Redundancy Protocol，VRRP）将承担网关功能的路由器加入到同一备份组中，形成一台虚拟路由器；由 VRRP 的选举机制决定哪台路由器承担转发任务，局域网中的主机只需设置虚拟路由器地址为默认网关。

VRRP 的工作过程如下。

（1）路由器开启 VRRP 功能，根据优先级确定自己在备份组中的角色。

优先级高的路由器成为主路由器，优先级低的路由器成为备用路由器。主路由器定期发送 VRRP 通告报文，告知备份组内其他路由器说明自己工作正常。备用路由器则启动定时器等待通告报文的到来。

（2）不同的抢占方式，主路由器的替换方式不同。

- 抢占方式：当主路由器收到 VRRP 通告报文后，会将自己的优先级与通告报文中的优先级进行比较。如果大于通告报文中的优先级，则成为主路由器；否则将保持备用状态。
- 非抢占方式：只要主路由器没有出现故障，备份组中的路由器一直保持现有的状态，即使随后被配置了更高的优先级，也不会成为主路由器。

（3）如果备用路由器的定时器超时后仍未收到主路由器发送来的 VRRP 通告报文，则认为主路由器已经无法正常工作，此时备用路由器会认为自己是主路由器，并对外发送 VRRP 通告报文。备份组内的路由器根据优先级选举出主路由器，承担报文的转发功能。

这里只考虑华为设备通过部署 VRRP，实现主设备和备用设备共同分担用户业务。图 19-1-5 给出的 HostA 与 HostC 的默认网关分别指向不同的虚拟地址，以实现业务分担。

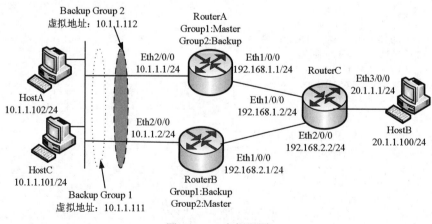

图 19-1-5 案例用图

RouterA 的配置文件内容如下：

```
<RouterA>system-view
[RouterA]interface Ethernet1/0/0
[RouterA- Ethernet1/0/0]ip address 192.168.1.1 255.255.255.0
[RouterA- Ethernet1/0/0]quit
[RouterA]interface Ethernet2/0/0
[RouterA- Ethernet2/0/0]ip address 10.1.1.1 255.255.255.0   //连接 HostA 的接口的 IP 地址
[RouterA- Ethernet2/0/0]vrrp vrid 1virtual-ip 10.1.1.111   //配置备份组 1 的虚拟网关地址
[RouterA- Ethernet2/0/0]vrrp vrid 1 priority 120          //配置 RouterA 在备份组 1 中的优先级为 120
[RouterA- Ethernet2/0/0]vrrp vrid 2 virtual-ip 10.1.1.112   //配置备份组 2 的虚拟网关地址
[RouterA- Ethernet2/0/0]quit
[RouterA]ospf 1
[RouterA-ospf-1]area 0.0.0.0
[RouterA-ospf-1-area- 0.0.0.0]network 192.168.1.0 0.0.0.255
[RouterA-ospf-1-area- 0.0.0.0]network 10.1.1.0 0.0.0.255
```

RouterB 的配置文件内容如下：

```
<RouterB>system-view
[RouterB]interface Ethernet1/0/0
[RouterB-Ethernet1/0/0]ip address 192.168.2.1 255.255.255.0
[RouterB-Ethernet1/0/0]quit
[RouterB]interface Ethernet2/0/0
[RouterB-Ethernet2/0/0]ip address 10.1.1.2 255.255.255.0   //连接 HostC 的接口的 IP 地址
[RouterB-Ethernet2/0/0]vrrp vrid 1 virtual-ip 10.1.1.111   //配置备份组 1 的虚拟网关地址
[RouterB-Ethernet2/0/0]vrrp vrid 2 virtual-ip 10.1.1.112   //配置备份组 2 的虚拟网关地址
[RouterB-Ethernet2/0/0]vrrp vrid 2 priority 120          //配置 RouterB 在备份组 2 中的优先级为 120
[RouterB]ospf 1
[RouterB-ospf-1]area 0.0.0.0
[RouterB-ospf-1-area- 0.0.0.0]network 192.168.2.0 0.0.0.255
[RouterB-ospf-1-area- 0.0.0.0]network 10.1.1.0 0.0.0.255
```

RouterC 的配置文件内容如下：

```
<RouterC>system-view
[RouterC]interface Ethernet1/0/0
[RouterC- Ethernet1/0/0]ip address 192.168.1.2 255.255.255.0
[RouterC- Ethernet1/0/0]quit
[RouterC]interface Ethernet2/0/0
[RouterC- Ethernet2/0/0]ip address 192.168.2.2 255.255.255.0
[RouterC- Ethernet2/0/0]quit
[RouterC]interface Ethernet3/0/0
[RouterC- Ethernet3/0/0]ip address 20.1.1.1 255.255.255.0
[RouterC- Ethernet3/0/0]quit
[RouterC]ospf 1
[RouterC-ospf-1] area 0.0.0.0
[RouterC-ospf-1-area- 0.0.0.0]network 192.168.1.0 0.0.0.255
[RouterC-ospf-1-area- 0.0.0.0]network 192.168.2.0 0.0.0.255
[RouterC-ospf-1-area- 0.0.0.0]network 20.1.1.0 0.0.0.255
```

在 RouterA 上执行 display vrrp 命令，可以看到 RouterA 分别作为备份组 1 的 Master 和备份组 2 的 Backup。其中备份组 1 的 "state" 为 Master，备份组 2 的 "state" 为 Backup。

配置完毕后，可通过 display vrrp 命令查看 RouterA 的 VRRP 状态，内容如下：

```
<RouterA> display vrrp
Ethernet2/0/0 | Virtual Router 1
state :
Master
Virtual IP : 10.1.1.111
Master IP : 10.1.1.1
PriorityRun : 120
PriorityConfig : 120
MasterPriority : 120
Preempt : YES Delay Time : 0 s
TimerRun : 1 s
TimerConfig : 1 s
Auth Type : NONE
Virtual Mac : 0000-5e00-2101
Check TTL : YES
Config type : normal-vrrp
Backup-forward : disabled
Create time : 2017-11-22 16:02:21
Last change time : 2017-11-22 16:02:25
Ethernet2/0/0 | Virtual Router 2
state :
Backup
Virtual IP : 10.1.1.112
Master IP : 10.1.1.2
PriorityRun : 100
PriorityConfig : 100
MasterPriority : 100
Preempt : YES Delay Time : 0 s
TimerRun : 1 s
TimerConfig : 1 s
Auth Type : NONE
Virtual Mac : 0000-5e00-2102
Check TTL : YES
Config type : normal-vrrp
Backup-forward : disabled
Create time : 2017-11-22 16:03:05
Last change time : 2017-11-22 16:03:09
```

RouterA 和 RouterB 在同一个备份组中的虚拟网关地址要配置一致。需要配置路由器在不同备份组中的优先级，以确定主从关系。

19.2　RIP

本部分的相关知识点有 RIP 基本概念、路由收敛、RIP 基本配置。

路由信息协议（Routing Information Protocol，RIP）是最早使用的**距离矢量路由**协议。因为路由是以矢量（距离、方向）的方式被通告出去的，这里的距离是根据度量来决定的，所以叫"距离矢量"。距离矢量路由算法是动态路由算法。它的工作流程是：每个路由器维护一张矢量表，表中列出了当前已知的到每个目标的最佳距离以及所使用的线路。通过在邻居之间相互交换信息，路由器不断更新其内部的表。

19.2.1　RIP 基本概念

RIP 协议基于 UDP，端口号为 520。RIPv1 报文基于广播，RIPv2 报文基于组播（组播地址为 224.0.0.9）。RIP 路由的更新周期为 **30 秒**，如果路由器 **180 秒**内没有回应，则说明路由不可达；如果 **240 秒**内没有回应，则删除路由表信息。RIP 协议的最大跳数为 15 条，16 条表示不可达，直连网络跳数为 0，每经过一个结点跳数增 1。

RIP 分为 RIPv1、RIPv2 和 RIPng 三个版本，其中 RIPv2 相对 RIPvl 的改进点有：**使用组播**而不是广播来传播路由更新报文；RIPv2 属于**无类协议，支持可变长子网掩码**（VLSM）和无类别域间路由（CIDR）；采用了**触发更新机制来加速路由收敛；支持认证**，使用经过散列的口令字来限制更新信息的传播。RIPng 协议是基于 IPv6 的路由协议。

19.2.2　路由收敛

好的路由协议必须能够快速收敛，收敛就是网络设备的路由表与网络拓扑结构保持一致，所有路由器再判断最佳路由达到一致的过程。

距离矢量协议容易导致路由循环、传递好消息快、传递坏消息慢等问题。解决这些问题可以采取以下措施：

（1）水平分割（Split Horizon）。

路由器某一个接口学习到的路由信息不再反方向传回，从而避免了路由器收到自己发送的路由信息。水平分割能够阻止路由环路的产生；能减少路由器更新信息，较少占用链路带宽资源。RIPV2 对 RIPV1 协议的改进之一是采用水平分割法。

（2）路由中毒（Router Poisoning）。

路由中毒又称为反向抑制的水平分割，不立即将不可达网络的路由信息从路由表中删除，而是将路由信息度量值置为无穷大（RIP 中设置跳数为 16），该中毒路由被发给邻居路由器以通知这条路径失效。

（3）反向中毒（Poison Reverse）。

路由器从一个接口学习到一个度量值为无穷大的路由信息，则应该向同一个接口返回一条路由不可达的信息。

（4）抑制定时器（Holddown Timer）。

一条路由信息失效后，一段时间内都不接收其目的地址的路由更新。路由器可以避免收到同一路由信息失效和有效的矛盾信息。通过抑制定时器可以有效避免链路频繁起停，增加了网络有效性。

（5）触发更新（Trigger Update）。

路由更新信息每 30 秒发送一次，当路由表发生变化时，则应立即更新报文并广播到邻居路由器。

19.2.3　RIP 基本配置

配置 RIP 的基本功能主要包括创建 RIP、指定运行 RIP 的网段以及版本号。

1．创建 RIP 进程

```
system-view         //进入系统视图
rip [ process-id ]              //创建 RIP 进程并进入 RIP 视图
（可选）description   //为 RIP 进程配置描述信息
```

2．在指定网段启动 RIP

启动 RIP 可以采用以下两种方式：

（1）在 RIP 视图下使用 network 命令，启动 RIP 进程在指定网段上发送和接收路由。

```
system-view         //进入系统视图
rip [ process-id ]              //创建 RIP 进程并进入 RIP 视图
network network-address    //在指定网段使能 RIP
```

（2）在接口视图下使用 rip enable 命令，使 RIP 进程在指定接口上的所有网段上发送和接收路由。

```
system-view         //进入系统视图
interface interface-type interface-number    //进入接口视图
rip enable process-id   //在该接口的所有网段上使能 RIP
```

3．配置 RIP 的版本号

版本号的配置方式有以下两种：

（1）配置全局 RIP 版本号。

```
system-view         //进入系统视图
rip [ process-id ]                //启动 RIP 进程并进入 RIP 视图
version version-num   //指定全局 RIP 版本
```

（2）配置接口的 RIP 版本号。

```
system-view         //进入系统视图
interface interface-type interface-number    //进入接口视图
ip version { 1 | 2 [ broadcast | multicast ] }    //指定接口接收的 RIP 版本
```

19.3　OSPF

本部分的相关知识点有基本概念、OSPF 的 5 类报文、OSPF 工作流程、BR 与 BDR 选举、OSPF 网络类型、OSPF 配置。

开放式最短路径优先（Open Shortest Path First，OSPF）是一个**内部网关协议**（Interior Gateway Protocol，IGP），用于在**单一自治系统**（Autonomous System，AS）内决策路由。OSPF 适合小型、中型或较大规模网络。OSPF 采用 Dijkstra 的**最短路径优先算法**（Shortest Path Firs，SPF）计算最小生成树，确定最短路径。OSPF 基于 IP，协议号为 89，采用组播方式交换 OSPF 包。OSPF 的组播地址为 224.0.0.5（全部 OSPF 路由器）和 224.0.0.6（指定路由器）。OSPF 使用链路状态广播（Link State Advertisement，LSA）传送给某区域内的所有路由器。

19.3.1　基本概念

（1）AS。

自治系统是指使用同一个内部路由协议的一组网络。Internet 可以被分割成许多不同的自治系统。换句话说，Internet 是由若干自治系统汇集而成的。每个 AS 由一个长度为 16 位的编码标识，由 Internet 地址授权机构（Internet Assigned Numbers Authority，IANA）负责管理分配。AS 编号分为公有 AS（编号范围 1～64511）和私有 AS（编号范围 64512～65535），公有 AS 编号需要向 IANA 申请。

（2）IGP。

内部网关协议在同一个自治系统内交换路由信息。IGP 的主要目的是发现和计算自治域内的路由信息。**IGP 使用的路由协议有 RIP、OSPF、IS-IS、EIGRP、IGRP。**

（3）EGP。

外部网关协议（Exterior Gateway Protocol，EGP）是一种连接不同自治系统的相邻路由器之间交换路由信息的协议。**EGP 使用的路由协议有 BGP。**三者关系如图 19-3-1 所示。

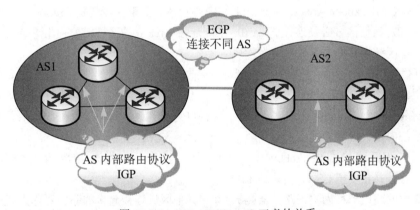

图 19-3-1　IGP、EGP、AS 三者的关系

（4）链路状态路由协议。

链路状态路由协议基于最短路径优先算法。该路由协议提供了整网的拓扑视图，根据拓扑图计算到达每个目标的最优路径；当网络变化时触发更新，发送周期性更新链路状态通告，不是相互交换各自的整张路由表。

运行距离矢量路由协议的路由器会将所有它知道的**路由信息与邻居共享**，当然只是**与直连邻居共享**。如表 19-3-1 所列给出了链路状态路由协议和距离矢量路由协议的对比。

注意：RIPv2 既支持广播，也支持组播；每一个接口都可以配置为使用不同的路由协议，但它们必须能够通过重分布路由来交换路由信息。

表 19-3-1　链路状态路由协议和距离矢量路由协议的对比

	距离矢量路由协议	链路状态路由协议
发布路由触发条件	周期性发布路由信息	网络拓扑变化发布路由信息
发布路由信息的路由器	所有路由器	指定路由器（Designated Router，DR）
发布方式	广播	组播
应答方式	不要求应答	要求应答
支持协议	RIP、IGRP、BGP（增强型距离矢量路由协议）	OSPF、IS-IS

（5）区域（Area）。

OSPF 是分层路由协议，将网络分割成一个与"主干"连接的一组相互独立的部分，这些相互独立的部分称为"区域"，"主干"部分称为"主干区域"。每个区域可看成一个独立的网络，区域的 OSPF 路由器只保存该区域的链路状态。每个路由器的链路状态数据可以保持合理大小，因此计算路由时间、报文数量不会过大。

OSFP 共有五种区域，各区域的区别在于其与外部路由器的关系。

1）标准区域（Standard Area）：可以接收链路更新信息和路由汇总。

2）主干区域（Backbone Area）：连接各区域中心实体。主干区域就是 Area 0，OSPF 的区域中必须包含 Area 0，其他区域必须连接 Area 0。不能连接 Area 0 的区域需要使用虚链路，通过中间区域连接。主干区域拥有标准区域的所有性质。

3）存根区域（Stub Area）：又称末节区域，不接收外部自治系统的路由信息。需要发送到区域外的报文采用默认路由 0.0.0.0。

4）完全存根区域（Totally Stubby Area）：思科自定义区域，它不接受外部自治系统的路由信息以及自治系统内其他区域的路由汇总。

5）不完全存根区域（Not So Stubby Area，NSSA）：与存根区域类似，但允许接收用 LSA 7 发送的外部路由信息，并且要把 LSA 7 转换成 LSA 5。

主干区域内的路由器称为主干路由器；Area 0 和其他区域连接起来的路由器称为区域边界路由器（ABR）；负责重分发来自其他路由器选择协议的路由选择信息的 OSPF 路由器称为自治系统边界路由器（ASBR）。

19.3.2　OSPF 的 5 类报文

OSPF 使用 IP 包头封装 5 类报文，用来交换链路状态广播。

注意：LSA 本身不是 OSPF 的消息，而是一类数据结构，存放在路由器的链路状态库（Link-State DataBase，LSDB）中，并可包含在 LSU 消息中进行交换。LSA 包括有关邻居和通道成本的信息。接收路由器用 LSA 维护其路由选择表。

OSPF 的主要 LSA 类型如表 19-3-2 所列。

表 19-3-2　OSPF 的主要 LSA 类型

LSA 类型	产生者	传播区域	描述
LSA1（Router LSA）	所有路由器	只在所描述的区域内泛洪	描述某区域内路由器端口链路状态的集合
LSA 2（Network LSA）	DR 或 BDR	只在 DR、BDR 所属的区域内泛洪	描述广播型网络和 NBMA 网络，包含了该网络上所连接路由器 RouteID 列表
LSA 3（Network Summary LSA）	ABR	通告给其他相关区域	区域内所有网段的路由信息
LSA 4（ASBR Summary LSA）	ABR	通告给除 ASBR 所在区域的其他相关区域	描述到 ASBR 的路由
LSA 5（Autonomous System External LSA）	ASBR	通告到所有的区域（除了 Stub 区域和 NSSA 区域）	描述到 AS 外部的路由
LSA 7（NSSA External LSA）	ASBR	只在 NSSA 区域传播	在 NSSA 区域中允许存在 ASBR，所以也就可以引入外部路由。这个外部路由在 NSSA 区域内以 LSA 7 存在。当 LSA 7 路由离开 NSSA 区域进入其他区域时，NSSA 的 ABR 会进行 LSA 7 向 LSA 5 的转换

OSPF 的 5 类报文如下：

（1）Hello。

Hello 用于**发现邻居**，保证邻居之间 keepalive，能在 NBMA 网络上**选举指定路由器**、备份指定路由器。**默认 Hello 报文的发送间隔时间是 10 秒，默认无效时间间隔是 Hello 时间间隔的 4 倍**，即如果在 **40 秒**内没有从特定的邻居接收到这种分组，路由器就认为那个邻居不存在了。Hello 包应该包含：源路由器的 RID、源路由器的 Area ID、源路由器接口的掩码、源路由器接口的认证类型和认证信息、源路由器接口的 Hello 包发送的时间间隔、源路由器接口的无效时间间隔、优先级、DR/BDR 接口的 IP 地址、5 个标记位、源路由器的所有邻居的 RID。**Hello 组播地址为 224.0.0.5。**

（2）数据库描述（DD 或 DBD）消息。

用来交换每个 LSA 的摘要版本，一般出现在初始拓扑交换中，这样路由器可以获悉邻接路由器的 LSA 列表并用于选择主从关系。LSA 描述了路由器的所有链路、接口、路由器的邻居及链路状态信息。

（3）链路状态请求消息。

请求一个或多个 LSA，向发送路由器告知邻接路由器提供 LSA 的详细信息。

（4）链路状态更新消息。

包含 LSA 的详细信息，一般用来响应 LSR 消息。

（5）链路状态应答（LSAck）消息。

用来确认已收到 LSU 消息。

上述消息可以支持路由器发现邻接路由器（Hello），学习其本身链路状态库中没有的 LSA（DD），请求并可靠交换 LSA（LSR/LSU），监测邻接路由器是否发生拓扑改变。**LSA 每 30 分钟重传 1 次。**

19.3.3 OSPF 工作流程

（1）启动 OSPF 进程的接口，发送 Hello 消息。

（2）交换 Hello 消息，建立邻居关系。

（3）每台路由器对所有邻居发送 LSA。

（4）路由器接收邻居发过来的 LSA 并保存在 LSDB 中，发送一个 LSAcopy 给其他邻居。

（5）LSA 泛洪扩散到整个区域，区域内所有路由器都会形成相同的 LSDB。

（6）当所有路由器的 LSDB 完全相同时，每台路由器将以自身为根，使用最短路径算法算出到达每个目的地的最短路径。

（7）每台路由器通过最短路径构建出自己的路由表，包含区域内路由（最优）、区域间路由、E1 外部路由和 E2 外部路由。

19.3.4 BR 与 BDR 选举

在 DR 和 BDR 出现之前，每一台路由器及其所有邻居成为全连接的 OSPF 邻接关系，关系数为 $n\times(n\text{-}1)$。在多址网络中，路由器发出的 LSA 从邻居的邻居发回来，导致网络上产生很多 LSA 的复制，所以基于这种考虑产生了 DR 和 BDR。网段中的所有路由器都从 DR 和 BDR 交换信息，而不是彼此交换信息。DR 和 BDR 将信息转交给其他所有路由器，用 DR 和 BDR 方式的连接数为 $2\times(n\text{-}1)$。

OSPF 选举 Router-ID 的规则如下：

（1）手动配置的 Router-ID 为首选。

（2）用所有 Loopback 中最大的 IP 作为 Router-ID。

（3）用所有活动物理接口中最大的 IP 作为 Router-ID（用作 Router-ID 的接口不一定非要运行 OSPF 协议）。

DR/BDR 的选举过程如下：

（1）选举路由器必须进入双向会话（Two-way）状态，优先级别必须大于 0（优先级为 0 则不参与选举）。

（2）选举优先级最高的路由器为 DR，次优的为 BDR。

（3）如果优先级相同，则选举 Router-ID 最大的路由器。

（4）如果 DR/BDR 已经存在，而又有新的 OSPF 路由器加入，即使该路由器优先级最高，也不剥夺现有 DR/BDR 的角色。

（5）如果 DR 失效，则 BDR 接管 DR，并重新激活一个新 BDR 选举进程。

注意：DR 的数据包通过 224.0.0.5 发往所有路由器，DR、BDR 监听使用地址 224.0.0.6；DROther 监听使用地址 224.0.0.5。网络上允许有 DR 而没有 BDR 的情况。

DR/BDR 的作用是减少网络通信量、为整个网络生成 LSA、减少链路状态数据库的大小。

19.3.5　OSPF 网络类型

OSPF 网络分为点到点网络（Point-to-Point）、广播型网络（Broadcast）、非广播型（NonBroadcast Multiaccess，NBMA）网络、点到多点网络（Point-to-Multicast）、虚链接（Virtual Link）。各类网络的特点对比如表 19-3-3 所列。

表 19-3-3　OSPF 网络类型

OSPF 网络类型	特点	数据传输方式
点到点网络	有效邻居总是可以形成邻居关系	组播地址为 224.0.0.5，该地址称为 All SPF Routers
点到多点网络	不选举 DR/BDR，可看作是多个 Point-to-Point 链路的集合	单播
广播型网络	选举 DR/BDR，所有路由器与 BR/BDR 交换信息。DR/BDR 不能被抢占。广播型网络有以太网、Token Ring 和 FDDI	DR、BDR 组播到 224.0.0.5；DR/BDR 侦听 224.0.0.6，该地址称为 AllDRouters
非广播型	没有广播，需手动指定邻居，Hello 消息单播。NBMA 网络有 X.25、Frame Relay 和 ATM	单播
虚链接	虚链路一旦建立，就不再发送 Hello 消息。应用：通过一个非 Area 0 连接到 Area 0；通过一个非 Area 0 连接 Area0 的两个分段骨干区域	单播

19.3.6　OSPF 配置

创建 OSPF 进程、指定路由器的 Router ID、启动 OSPF 是 OSPF 配置的前提步骤。

1.　创建 OSPF 进程

```
system-view    //进入系统视图
ospf [ process-id | router-id router-id ]    //启动 OSPF 进程，进入 OSPF 视图
//process-id 为进程号，默认值为 1；router-id router-id 是路由器的 ID 号
area area-id    //进入 OSPF 区域视图
//OSPF 区域分为骨干区域（Area 0）和非骨干区域。骨干区域负责区域之间的路由，非骨干区域之间的路由信息必须
通过骨干区域来转发
network addresswildcard-mask [ description text ]
//配置区域所包含的网段。其中，description 字段用来为 OSPF 指定网段配置描述信息
```

2.　在接口上启动 OSPF

```
system-view    //进入系统视图
interface interface-type interface-number    //进入接口视图
ospf enable [ process-id ] area area-id    //在接口上启动 OSPF
```

19.4　BGP

本部分的相关知识点有对等体、BGP 消息、BGP 配置。

早期的网络结构不大，所以只使用 IGP（Internal Gateway Protocol）就可以满足需求。但是随着网络规模不断扩大，导致路由数量不断增长，设备性能逐渐不能满足需求。为了解决这个问题，就提出了自治系统的概念。在 AS 内部使用一种协议，在 AS 之间使用另外一种路由协议。这样做的好处是：不同的网络可以选择自己的 IGP 协议，然后再通过一个统一的 AS 间协议互连就可以实现互通。

最早的 AS 之间的路由协议是 EGP（External Gateway Protocol），但是 EGP 有很多缺点，比如只传达路由信息，不做路由优选，也没有考虑避免环路。所以，EGP 很快被 BGP（Border Gateway Protocol）取代。

BGP 可作路由优选，而且从设计上避免了环路的发生，并且能够更有效率地传递路由和维护大量的路由表。另外，由于 BGP 部署在不同的 AS 之间，而不同的 AS 可能属于不同的管理者，所以出于网络安全性的考虑，需要 BGP 协议具有丰富的路由控制能力，并且可以使用一些简单的方法对 BGP 进行扩展。

目前使用的 BGP 版本为 BGP4，是一种增强的距离矢量路由协议。该协议运行在不同 AS 的路由器之间，用于选择 AS 之间花费最小的协议。BGP 协议基于 TCP 协议，端口为 179。使用面向连接的 TCP 可以进行身份认证，可靠地交换路由信息。BGP4+支持 IPv6。

BGP 的特点如下：

（1）不用周期性发送路由信息。

（2）当路由变化时发送增量路由（变化了的路由信息）。

（3）周期性发送 KEEPALIVE 报文校验 TCP 的连通性。

19.4.1　对等体

在 BGP 中，两个路由器之间的相邻连接称为对等体（Peer）连接，两个路由器互为对等体。如果路由器对等体在同一个 AS 中，就称为 IBGP 对等体；否则称为 EBGP 对等体。BGP4 网关向对等实体发布可以到达的 AS 列表。

19.4.2　BGP 消息

BGP 常见的四种报文：OPEN 报文、KEEPALIVE 报文、UPDATE 报文和 NOTIFICATION 报文。

（1）OPEN 报文：建立邻居关系。

（2）KEEPALIVE 报文：保持活动状态，周期性确认邻居关系，对 OPEN 报文进行回应。

（3）UPDATE 报文：发送新的路由信息。

（4）NOTIFICATION 报文：报告检测到的错误。

BGP 报文的工作流程如图 19-4-1 所示。

图 19-4-1　BGP 报文的工作流程

BGP 的工作流程如下：

（1）BGP 路由器直接进行 TCP 三次握手，建立 TCP 会话连接。

（2）交换 OPEN 信息，确定版本等参数，建立邻居关系。

（3）路由器交换所有 BGP 路由直到平衡，之后只交换变化了的路由信息。

（4）路由更新由 UPDATE 完成。

（5）通过 KEEPALIVE 验证路由器是否可用。

（6）出现问题时发送 NOTIFICATION 消息通知错误。

19.4.3　BGP 配置

组建 BGP 网络是为了实现网络中不同 AS 之间的通信。配置 BGP 基本功能是组建 BGP 网络最基本的要求，主要包括以下三部分。

（1）启动 BGP 进程：只有先启动 BGP 进程，才能开始配置 BGP 的所有特性。

（2）建立 BGP 对等体关系：只有成功建立了 BGP 对等体关系，设备之间才能交换 BGP 消息。

（3）配置 BGP 引入路由：BGP 协议本身不发现路由，只有引入其他协议才能产生 BGP 路由。

1. 启动 BGP 进程

```
system-view        //进入系统视图
bgp { as-number-plain | as-number-dot }        //启动 BGP（指定本地 AS 编号），进入 BGP 视图
router-id ipv4-address//（可选）
//配置 BGP 的 Router ID，配置或改变 BGP 的 Router ID 会导致路由器之间的 BGP 对等体关系重置
shutdown
//（可选）中断所有 BGP 对等体的协议会话。在系统升级、维护过程中，为了避免在配置过程中 BGP 路由频繁震荡
对网络的影响，可以中断所有 BGP 对等体的协议会话
```

prefix memory-limit

//（可选）配置 BGP 内存保护。当内存占用率达到过载阈值时，若邻居继续发送 BGP 路由，设备将会重启从而发生主备倒换，造成系统不稳定。通过配置 BGP 内存保护，当内存占用率达到过载阈值时，可以不再接收路由，生成日志

2. 建立 BGP 对等体关系

成功建立 BGP 对等体关系后，设备之间才能交换 BGP 消息。BGP 对等体之间采用 TCP 建立连接，因此在配置时需要指定对等体的 IP 地址。BGP 对等体不一定就是相邻的路由器，利用逻辑链路也可以建立 BGP 对等体关系。为了增强 BGP 连接的稳定性，推荐使用 Loopback 接口地址建立连接。

（1）配置 IBGP 对等体

system-view　　//进入系统视图
bgp *as-number*　　//进入 BGP 视图
peer *ipv4-address* **as-number** *as-number*
//指定对等体的 IP 地址及其所属的 AS 编号。指定对等体所属的 AS 编号应该与本地 AS 号相同
peer *ipv4-address* **connect-interface** *interface-type interface-number* [*ipv4-source-address*]
//（可选）指定 BGP 对等体之间建立 TCP 连接会话的源接口和源地址
peer *ipv4-address* **description** *description-text*　　//（可选）配置指定对等体的描述信息
peer *ipv4-address* **tcp-mss** *tcp-mss-number*　　//（可选）配置与对等体（组）建立 TCP 连接时所使用的 TCP MSS 值

（2）配置 EBGP 对等体

system-view　　//进入系统视图
bgp *as-number*　　//进入 BGP 视图
peer *ipv4-address* **as-number** *as-number*
//指定对等体的 IP 地址及其所属的 AS 编号。指定对等体所属的 AS 编号应该与本地 AS 号相同
peer *ipv4-address* **connect-interface** *interface-type interface-number* [*ipv4-source-address*]
//（可选）指定 BGP 对等体之间建立 TCP 连接会话的源接口和源地址。
peer *ipv4-address* **ebgp-max-hop** [*hop-count*]　　//（可选）指定建立 EBGP 连接允许的最大跳数
peer *ipv4-address* **tcp-mss** *tcp-mss-number*
//（可选）配置与对等体（组）建立 TCP 连接时所使用的 TCP MSS 值

3. 配置 BGP 引入路由

BGP 协议本身不发现路由，因此需要将其他协议路由（如 IGP 路由等）引入到 BGP 路由表中，从而将这些路由在 AS 之内和 AS 之间传播。

（1）Import 方式。

system-view　　//进入系统视图
bgp *as-number*　　//进入 BGP 视图
ipv4-family unicast　　//（可选）进入 BGP-IPv4 单播地址族视图
import-route { **direct** | **isis** *process-id* | **ospf** *process-id* | **rip** *process-id* | **static** } [**med** *med*] [**route-policy** *route-policy-name* | **route-filter** | *route-filter-name*]]
//配置 BGP 引入其他协议的路由
default-route imported　　//（可选）允许 BGP 引入本地 IP 路由表中已经存在的默认路由
//只有同时配置 **default-route imported** 命令与 **import-route** 命令时，BGP 才能引入默认路由

（2）Network 方式。

system-view　　//进入系统视图
bgp *as-number*　　//进入 BGP 视图
ipv4-family unicast　　//（可选）进入 BGP-IPv4 单播地址族视图
network *ipv4-address* [*mask* | *mask-length*] [**route-policy** *route-policy-name* | **route-filter** *route-filter-name*]
//配置 BGP 引入本地路由

19.5　IS–IS

　　IS-IS（Intermediate System to Intermediate System）属于内部网关协议，用于自治系统内部。IS-IS是一种链路状态协议，使用最短路径优先算法进行路由计算。IS-IS最初是国际标准化组织ISO为其无连接网络协议（ConnectionLess Network Protocol，CLNP）设计的一种动态路由协议。

　　IS-IS属于内部网关协议（Interior Gateway Protocol，IGP），用于自治系统内部。IS-IS是一种链路状态协议，使用最短路径优先算法进行路由计算，与OSPF协议有很多相似之处。

19.6　TRILL

　　多链接透明互联（Transparent Interconnection of Lots of Links，TRILL）协议可把三层链路状态路由技术应用到二层网络中。该协议通过扩展IS-IS路由协议实现二层路由，可很好地满足数据中心的大二层组网需求。

　　云计算时代下数据中心对网络架构要求有：

　　（1）可以任意迁移虚拟机。

　　（2）能进行无阻塞、低延迟的数据转发。

　　（3）多用户可共享物理数据中心。

　　（4）数据中心网络规模大，VLAN数需突破4096个的限制。

　　（5）网络具有可扩展性，大规模组网能有效避免环路。

　　（6）内部结点故障，整网要能快速收敛。

　　TRILL协议可以部署无阻塞网络，让虚拟主机任意迁移。相对于传统二层协议、路由协议，TRILL协议的优点有：

　　（1）实现无阻塞，高效转发。TRILL采用最短路径算法，可在多条等价链路情况下实现负载均衡。而传统的xSTP协议只能实现链路阻塞，数据单路径转发。

　　（2）支持虚拟机全数据中心的任意迁移。可以让虚拟主机迁移前后的IP、MAC一致；而传统xSTP+三层路由方式跨网段迁移虚拟机，很难保持IP地址一致。

　　（3）能避免环路。基于最短路径算法，自动构建整网共享的组播分发树，避免环路。

　　（4）快速收敛。由于二层报文没有TTL字段，xSTP收敛较慢。TRILL利用路由协议，生成转发表项。TRILL的头部字段Hop-Count允许短暂的临时环路，因此网络结点故障时的收敛速度可小于1秒。

　　（5）部署快捷。TRILL具有二层网络即插即用、方便的特点；配置参数（Nickname、systemID等）可以自动生成，协议可统一控制单播和组播，又无须维护IGP、PIM等多套路由协议。

　　（6）突破VLAN个数4096的限制。

　　（7）支持大规模网络。TRILL理论上可支持1000台交换机；支持xSTP协议网络无缝接入；支持虚拟机在整个大二层网络内的迁移。

通常的大二层网络主要包含核心层和接入层。其中核心层主要用于高速数据转发，智能路由。而接入层主要用于用户接入。其优势在于可以进行扁平化管理、采用虚拟化技术、支持高效能、高智能、有效避免环路、网络震荡快速收敛、部署方便、网络结构简单、维护方便、可以有效利用现有冗余链路带宽。

19.7　视频会议系统

视频会议系统（Video Conference System），是指两个或两个以上处于不同地理位置的个人或组织，通过传输线路及多媒体设备，互传声音、影像及文件，实现即时互动沟通的一种形式。

ITU-T 制定的适用于视频会议的标准有：H.320 协议（用于 ISDN 上的群视频会议）、H.323 协议（用于局域网上的桌面视频会议）、H.324（用于电话网上的视频会议）、H.310（用于 ATM 和 B-ISDN 网络上的视频会议）和 H.264（高度压缩数字视频编解码器标准）、HEVC/H.265（高效视频编码标准）。其中 H.323 协议成为目前应用最广的协议标准，使用的 TCP 端口为 2776、2777。

一般而言，视频会议系统通常由 MCU 多点控制器（视频会议服务器）、会议室终端、PC 桌面型终端、电话接入网关（PSTNGateway）、Gatekeeper（网闸）等几个部分组成。各种不同的终端都通过 MCU 进行集中交换，组成一个视频会议网络。

第 20 章　防火墙知识

本章主要学习防火墙知识。本章考点知识结构图如图 20-0-1 所示。

图 20-0-1　考点知识结构图

20.1　防火墙基本知识

本部分的相关知识点有常见的三种防火墙技术和防火墙区域结构。

防火墙（Fire Wall）是网络关联的重要设备，用于控制网络之间的通信。外部网络用户的访问必须先经过安全策略过滤，而内部网络用户对外部网络的访问则无须过滤。现在的防火墙还具有隔离网络、提供代理服务、流量控制等功能。

20.1.1　常见的三种防火墙技术

常见的三种防火墙技术：包过滤防火墙、代理服务器式防火墙、基于状态检测的防火墙。

（1）包过滤防火墙。

包过滤防火墙主要针对 OSI 模型中的网络层和传输层的信息进行分析。通常包过滤防火墙用来控制 IP、UDP、TCP、ICMP 和其他协议。包过滤防火墙对通过防火墙的数据包进行检查，只有满足条件的数据包才能通过，对数据包的**检查内容**一般包括**源地址、目的地址和协议**。包过滤防火墙通过规则（如 ACL）来确定数据包是否能通过。配置了 ACL 的防火墙可以看成包过滤防火墙。

（2）代理服务器式防火墙。

代理服务器式防火墙对**第四层到第七层的数据**进行检查，与包过滤防火墙相比，需要更高的开销。用户经过建立会话状态并通过认证及授权后，才能访问到受保护的网络。压力较大的情况下，代理服务器式防火墙工作很慢。ISA 可以看成是代理服务器式防火墙。

（3）基于状态检测的防火墙。

基于状态检测的防火墙检测每一个 TCP、UDP 之类的会话连接。基于状态的会话包含特定会话的源/目的地址、端口号、TCP 序列号信息以及与此会话相关的其他标志信息。基于状态检测的防火墙工作基于数据包、连接会话和一个基于状态的会话流表。基于状态检测的防火墙性能比包过滤防火墙和代理服务器式防火墙要高。思科 PIX 和 ASA 属于基于状态检测的防火墙。

20.1.2　防火墙区域结构

防火墙按安全级别不同，可划分为内网、外网和 DMZ 区，具体结构如图 20-1-1 所示。

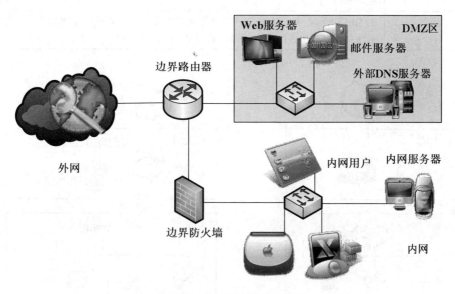

图 20-1-1　防火墙区域结构

（1）内网。

内网是防火墙的重点保护区域，包含单位网络内部的所有网络设备和主机。该区域是可信的，内网发出的连接较少进行过滤和审计。

（2）外网。

外网是防火墙重点防范的对象，针对单位外部访问用户、服务器和终端。外网发起的通信必须按照防火墙设定的规则进行过滤和审计，不符合条件的则不允许访问。

（3）DMZ 区（Demilitarized Zone）。

DMZ 区是一个逻辑区，从内网中划分出来，包含向外网提供服务的服务器集合。DMZ 中的服务器有 Web 服务器、邮件服务器、FTP 服务器、外部 DNS 服务器等。DMZ 区保护级别较低，可以按要求放开某些服务和应用。

防火墙体系结构中的常见术语有堡垒主机、双重宿主主机。

（1）堡垒主机：堡垒主机处于内网的边缘，并且暴露于外网用户的主机系统。堡垒主机可能直接面对外部用户攻击。

（2）双重宿主主机：至少拥有两个网络接口，分别接内网和外网，能进行多个网络互联。

经典的防火墙体系结构如表 20-1-1 所列，如图 20-1-2 所示。

表 20-1-1　经典的防火墙体系结构

体系结构类型	特点
双重宿主主机	以一台双重宿主主机作为防火墙系统的主体，分离内外网
被屏蔽主机	一台独立的路由器和内网堡垒主机构成防火墙系统，通过包过滤方式实现内外网隔离和内网保护
被屏蔽子网	由 DMZ 网络、外部路由器、内部路由器以及堡垒主机构成防火墙系统。外部路由器保护 DMZ 和内网，内部路由器隔离 DMZ 和内网

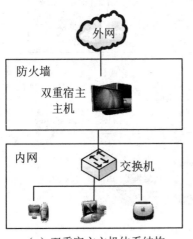

（a）双重宿主主机体系结构

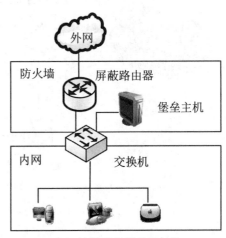

（b）被屏蔽主机体系结构

图 20-1-2　经典的防火墙体系结构

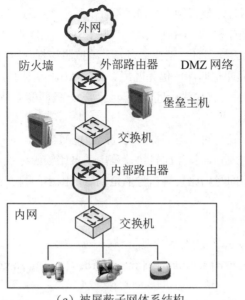

（c）被屏蔽子网体系结构

图 20-1-2　经典的防火墙体系结构（续图）

20.2　ACL

本部分的相关知识点有标准 ACL、高级 ACL、基于 MAC 的 ACL。

访问控制列表（Access Control List，ACL）是目前使用最多的访问控制实现技术。访问控制列表是路由器接口的指令列表，用来控制端口进出的数据包。ACL 适用于所有的被路由协议，如 IP、IPX、AppleTalk 等。访问控制列表可以分为**标准访问控制列表**和**扩展访问控制列表**。ACL 的默认执行顺序是自上而下，在配置时要遵循最小特权原则、最靠近受控对象原则及默认丢弃原则。

华为设备 ACL 分类如表 20-2-1 所列。

表 20-2-1　ACL 分类

分类	编号范围	支持的过滤选项
基本 ACL	2000～2999	匹配条件较少，只能通过源 IP 地址和时间段来进行流量匹配，在一些只需要进行简单匹配的功能中可以使用
高级 ACL	3000～3999	匹配条件较为全面，通过源 IP 地址、目的 IP 地址、ToS、时间段、协议类型、优先级、ICMP 报文类型和 ICMP 报文码等多个维度进行流量匹配，在大部分功能中都可使用高级 ACL 来进行精确流量匹配
基于 MAC 地址的 ACL（二层 ACL）	4000～4999	由于数据链路层使用 MAC 地址来进行寻址，所以在控制数据链路层帧时需要通过 MAC 地址来对流量进行分类。基于 MAC 地址的 ACL 就可以通过源 MAC 地址、目的 MAC 地址、CoS、协议码等维度来进行流量匹配

ACL 规则匹配方式有两种：配置顺序和自动顺序。

（1）配置顺序：配置顺序根据 ACL 规则的 ID 进行排序，ID 小的规则排在前面，优先进行匹配。当找到第一条匹配条件的规则时，查找结束。系统按照该规则对应的动作处理。

（2）自动顺序：自动顺序也叫深度优先匹配。此时 ACL 规则的 ID 由系统自动分配，规则中指定数据包范围小的排在前面，优先进行匹配。当找到第一条匹配条件的规则时，查找结束。系统按照该规则对应的动作处理。

- 对于基本访问控制规则的语句，直接比较源地址通配符，通配符相同的则按配置顺序。
- 对于高级访问控制规则，首先比较协议范围，再比较源地址通配符，相同时再比较目的地址通配符，仍相同时则比较端口号的范围，范围小的排在前面，如果端口号范围也相同则按配置顺序。

ACL 配置步骤如下：

（1）执行命令 system-view，进入系统视图。

（2）执行命令 acl [number] acl-number [match-order { config | auto }]，创建基本 ACL，并进入相应视图。

- acl-number 的取值决定了 ACL 的类型，基本 ACL 的取值范围要求在 2000～2999 之间。
- match-order 指定了 ACL 各个规则之间的匹配顺序：选择参数 config，ACL 的匹配顺序按照规则 ID 来排序，ID 小的规则排在前面，优先匹配；选择参数 auto，将使用深度优先的匹配顺序。默认值是 config，按照规则 ID 来排序。

（3）执行命令 rule [rule-id] { deny | permit } [logging | source { source-ip-address { 0 | sourcewildcard } | address-set address-set-name | any } | time-range time-name] * [description description]，创建基本 ACL 规则。

配置时没有指定编号 rule-id，表示增加一条新的规则，此时系统会根据步长自动为规则分配一个大于现有规则最大编号且为步长整数倍的最小编号。配置时指定了编号 rule-id，如果相应的规则已经存在，表示对已有规则进行编辑，规则中没有编辑的部分不受影响；如果相应的规则不存在，表示增加一条新的规则，并且按照指定的编号将其插入到相应的位置。

配置好 ACL，还需要将 ACL 应用到相应的接口才会生效。在 AR 系列路由器中可以使用下面的方式应用 ACL。

```
interface GigabitEthernet0/0/1
traffic-filter inbound acl 3000
//在接口上应用 ACL，进行报文过滤，某些类型的设备可以使用 packet-filter 3000 inbound 这种方式
```

第 **4** 天
分析案例，框架作文

第21章 高级部分知识

本章主要学习网络规划设计师高级部分知识。本章考点知识结构图如图21-0-1所示。

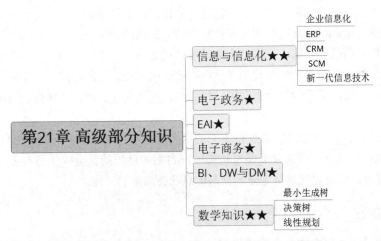

图 21-0-1 考点知识结构图

21.1 信息与信息化

诺伯特·维纳（Norbert Wiener）给出的信息的定义是：信息就是信息，既不是物质也不是能量。克劳德·香农（Claude Elwood Shanno）给出的信息的定义是：信息就是不确定性的减少。信息的传输模型如图 21-1-1 所示。

图 21-1-1　信息的传输模型

（1）信源：信息的来源。

（2）编码：把信息变换成讯息的过程，这是按一定的符号、信号规则进行的。

（3）信道：信息传递的通道，是将信号进行传输、存储和处理的媒介。

（4）噪声：信息传递中的干扰，将对信息的发送与接受产生影响，使两者的信息意义发生改变。

（5）解码：信息编码的相反过程，把讯息还原为信息的过程。

（6）信宿：信息的接受者。

信息具有价值，价值大小取决于信息的质量。质量属性包括：

（1）精确性：对事物描述的精准程度。

（2）完整性：对事物描述的全面性，完整信息包括所有重要事实。

（3）可靠性：信息的来源、收集、传输是可信任、符合预期的。

（4）及时性：指获得信息的时刻与事件发生时刻的间隔长短。

（5）经济性：指信息获取、传输的成本是可以接受的。

（6）可验证性：指信息的主要质量属性可以被证实或者证伪的程度。

（7）安全性：指在信息的生命周期中，信息可以被非授权访问的可能性，可能性越低，安全性越高。

对于信息化的定义，业内还没有严格统一的定义，但常见的有以下三种：信息化就是**计算机、通信和网络技术**的现代化；信息化就是从物质生产占主导地位的社会向**信息产业**占主导地位的社会转变的发展过程；信息化就是从工业社会向**信息社会**演进的过程。

21.1.1　企业信息化

企业信息化一定要建立在**企业战略规划**的基础之上，以企业战略规划为基础建立的**企业管理模式**是建立企业战略数据模型的依据。企业信息化就是**技术和业务**的融合。这个"融合"并不是简单地利用信息系统对手工的作业流程进行自动化，而是需要从**企业战略层面、业务运作层面、管理运作层面**这三个层面来实现。

几种常用的企业信息化方法如下：

（1）**业务流程重构方法**。重新审视企业的生产经营过程，利用信息技术和网络技术对企业的组织结构和工作方法进行"彻底的、根本性的"重新设计，以适应当今市场发展和信息社会的需求。

（2）**核心业务应用方法**。任何一个企业，要想在市场竞争的环境中生存发展，都必须有自己的核心业务，否则必然会被市场淘汰。

（3）**信息系统建设方法**。对于大多数企业来说，由于建设信息系统是企业信息化的重点和关键。因此，信息系统建设成为最具普遍意义的企业信息化方法。

（4）**主题数据库方法**。主题数据库是面向企业业务主题的数据库，也是面向企业核心业务的数据库。

（5）**资源管理方法**。

（6）**人力资本投资方法**。

企业信息化是指企业以**业务流程**的优化和重构为基础，在一定的深度和广度上利用**计算机技术**、**网络技术**和**数据库技术**，控制和集成化管理企业生产经营活动中的各种信息，实现企业内外部信息的共享和有效利用，以提高企业的经济效益和市场竞争力，这将涉及到对**企业管理理念**的创新、**管理流程**的优化、管理团队的重组和管理手段的革新。

21.1.2　ERP

ERP（Enterprise Resource Planning）是建立在信息技术的基础上，利用现代企业的先进管理思想，对企业的物流、资金流和信息流进行全面集成管理的管理信息系统，为企业提供决策、计划、控制与经营业绩评估的全方位和系统化的管理平台。

ERP 扩充了 MIS（Management Information System，管理信息系统）、MRPII（Manufacturing Resource Planning，制造资源计划）的管理范围，将供应商和企业内部的采购、生产、销售及**客户**紧密联系起来，可对**供应链**上的所有环节进行有效管理，实现对企业的动态控制及各种资源的集成和优化，提升基础管理水平，追求**企业资源**的合理高效利用。

那么企业资源又是什么呢？企业资源是指支持企业业务运作和战略运作的事物，既包括我们常说的人、财、物，也包括人们没有特别关注的信息资源；同时，不仅包括企业的内部资源，还包括企业的各种外部资源。

ERP 实质上仍然以 MRPII 为核心，但 ERP 至少在两方面实现了拓展：一是将资源的概念扩大，不再局限于企业内部的资源，而是扩大到整个供应链条上的资源，将供应链内的供应商等外部资源也作为可控对象集成进来；二是把时间也作为资源计划最关键的一部分纳入控制范畴，这使得 DSS（Decision Support System，决策支持系统）被看作是 ERP 不可缺少的一部分，将 ERP 的功能扩展到企业经营管理的决策中去。

21.1.3　CRM

CRM 建立在坚持以**客户为中心**的理念基础上，利用软件、硬件和网络技术，为企业建立一个客户信息收集、管理、分析、利用的信息系统，其目的是能够改进客户满意度、增加客户忠诚度。

市场营销和**客户服务**是 CRM 的支柱性功能。这些是客户与企业联系的主要领域，无论这些联系发生在售前、售中还是售后。**共享的客户资料库**把市场营销和客户服务连接起来，集成整个企业的客户信息会使企业从部门化的客户联络提高到与客户协调一致的高度。

一般来说，CRM 由两部分构成：**触发中心**和**挖掘中心**。前者指客户与 CRM 通过电话、传真、Web、E-mail 等多种方式"触发"进行沟通；后者则是指 CRM 记录交流沟通的信息和进行智能分析。

21.1.4　SCM

供应链是围绕核心企业，通过对**信息流、物流、资金流、商流**的控制，从采购原材料开始，制成中间产品及最终产品，最后由销售网络把产品送到消费者手中的将供应商、制造商、分销商、零售商直到最终用户连成一个整体的功能网链结构。它不仅是一条连接供应商到用户的物流链、信息链、资金链，而且是一条**增值链**，物料在供应链上因加工、包装、运输等过程而增加其价值，给相关企业带来收益。

21.1.5　新一代信息技术

新一代信息技术产业是随着人们日趋重视信息在经济领域的应用以及信息技术的突破，在以往微电子产业、通信产业、计算机网络技术和软件产业的基础上发展而来，一方面具有传统信息产业应有特征，另一方面又具有时代赋予的新的特点。

《国务院关于加快培育和发展战略性新兴产业的决定》中列出了七大国家战略性新兴产业体系，其中包括"新一代信息技术产业"。关于发展"新一代信息技术产业"的主要内容是："加快建设宽带、泛在、融合、安全的信息网络基础设施，推动新一代移动通信、下一代互联网核心设备和智能终端的研发及产业化，加快推进三网融合，促进物联网、云计算的研发和示范应用。着力发展集成电路、新型显示、高端软件、高端服务器等核心基础产业。提升软件服务、网络增值服务等信息服务能力，加快重要基础设施智能化改造。大力发展数字虚拟等技术，促进文化创意产业发展。"

大数据、云计算、互联网+、智慧城市等属于新一代信息技术。

1. 大数据

大数据（Big Data）：指无法在一定时间范围内用常规软件工具进行捕捉、管理和处理的数据集合，是需要新处理模式才能具有更强的决策力、洞察发现力和流程优化能力的海量、高增长率和多样化的信息资产。

（1）大数据的特点。

大数据的 5V 特点（IBM 提出）：Volume（大量）、Velocity（高速）、Variety（多样）、Value（低价值密度）、Veracity（真实性）。

（2）大数据关键技术。

大数据的关键技术如下。

大数据存储管理技术：谷歌文件系统 GFS、Apache 开发的分布式文件系统 Hadoop、非关系型数据库 NoSQL（谷歌的 BigTable、Apache Hadoop 项目的 HBase）。

大数据并行计算技术与平台：谷歌的 MapReduce、Apache Hadoop MapReduce 大数据计算软件平台。

大数据分析技术：对海量的结构化、半结构化数据进行高效的深度分析；对非结构化数据进行分析，将海量语音、图像、视频数据转为机器可识别的、有明确语义的信息。主要技术有人工神经网络、机器学习、人工智能系统。

2. 云计算

云计算是通过建立网络服务器集群，将大量通过网络连接的软件和硬件资源进行统一管理和调度，构成一个计算资源池，从而使用户能够根据所需从中获得诸如在线软件服务、硬件租借、数据存储、计算分析等各种不同类型的服务，并按资源使用量进行付费。

云计算服务提供的资源层次可以分为 IaaS、PaaS、SaaS。

（1）基础设施即服务（Infrastructure as a Service，IaaS）：通过 Internet 可以从完善的计算机基础设施获得服务。

（2）平台即服务（Platform as a Service，PaaS）：把服务器平台作为一种服务提供的商业模式。

（3）软件即服务（Software as a Service，SaaS）：通过 Internet 提供软件的模式，厂商将应用软件统一部署在自己的服务器上，客户可以根据自己实际需求，通过互联网向厂商定购所需的应用软件服务，按定购的服务多少和时间长短向厂商支付费用，并通过互联网获得厂商提供的服务。

3. 互联网+

"互联网+"是互联网思维的进一步实践成果，推动经济形态不断地发生演变，从而带动社会经济实体的生命力，为改革、创新、发展提供广阔的网络平台。通俗地说，"互联网+"就是"互联网+各个传统行业"，但并不是简单的两者相加，而是利用信息通信技术以及互联网平台，让互联网与传统行业进行深度融合，创造新的发展生态。

4. 智慧城市

智慧城市就是运用信息和通信技术手段感测、分析、整合城市运行核心系统的各项关键信息，从而对包括民生、环保、公共安全、实现城市服务、工商业活动在内的各种需求做出智能响应。智慧城市是以互联网、物联网、电信网、广电网、无线宽带网等网络组合为基础，以智慧技术高度集成、智慧成业高端发展、智慧服务高效便民为主要特征的城市发展新模式。

智慧城市建设参考模型包含具有依赖关系的 5 层以及 3 个支撑体系。

（1）具有依赖关系的 5 层：物联感知层、通信网络层、计算与存储层、数据及服务支撑层、智慧应用层。

（2）3 个支撑体系：安全保障体系、建设和运营管理体系、标准规范体系。

5. 物联网

物联网（Internet of Things），顾名思义就是"物物相连的互联网"。以互联网为基础，将数字化、智能化的物体接入其中，实现自组织互联，是互联网的延伸与扩展；通过嵌入到物体上的各种数字化标识、感应设备，如 RFID 标签、传感器、响应器等，使物体具有可识别、可感知、交互和响应的能力，并通过与 Internet 的集成实现物物相联，构成一个协同的网络信息系统。

物联网的发展离不开物流行业支持，而物流成为物联网最现实的应用之一。物流信息技术是指运用于物流各个环节中的信息技术。根据物流的功能和特点，物流信息技术包括条码技术、RFID技术、EDI 技术、GPS 技术和 GIS 技术。

物联网的架构可分为如下三层：

（1）感知层。负责信息采集和物物之间的信息传输，信息采集的技术包括传感器、条码和二维码、RFID 射频技术、音视频等信息；信息传输包括远近距离数据传输技术、自组织组网技术、协同信息处理技术、信息采集中间件技术等传感器网络。

（2）网络层。是利用无线和有线网络对采集的数据进行编码、认证和传输，广泛覆盖的移动通信网络是实现物联网的基础设施。

（3）应用层。提供丰富的基于物联网的应用，是物联网发展的根本目标。

各个层次所用的公共技术包括编码技术、标识技术、解析技术、安全技术和中间件技术。

6. 移动互联网

移动互联网，就是将移动通信和互联网二者结合起来，成为一体，是互联网的技术、平台、商业模式和应用与移动通信技术结合并实践的活动的总称。

移动互联网技术有：

（1）SOA（面向服务的体系结构）。SOA 是一个组件模型，是一种粗粒度、低耦合服务架构，服务之间通过简单、精确定义结构进行通信，不涉及底层编程接口和通讯模型。

（2）Web 2.0：Web 2.0 是 Web 1.0 的升级。指的是一个利用 Web 的平台，由用户主导而生成的内容互联网产品模式，为了区别传统由网站雇员主导生成的内容而定义为第二代互联网，Web 2.0 是一个新的时代。在 Web 2.0 模式下，可以不受时间和地域的限制分享、发布各种观点；在 Web 2.0 模式下，聚集的是对某个或者某些问题感兴趣的群体；平台对于用户来说是开放的，而且用户因为兴趣而保持比较高的忠诚度，他们会积极地参与其中。

（3）HTML5。互联网核心语言、超文本标记语言（HTML）的第五次重大修改。设计 HTML5 的目的是在移动设备上支持多媒体。

（4）Android。一种基于 Linux 的自由及开放源代码的操作系统，主要用于移动设备，如智能手机和平板电脑，由 Google 公司和开放手机联盟领导及开发。

（5）iOS：由苹果公司开发的移动操作系统。

21.2 电子政务

电子政务实质上是对现有的政府形态的一种改造，即利用信息技术和其他相关技术来构造更适合信息时代的政府的组织结构和运行方式。电子政务网络通常由政务内网和政务外网组成，政务内网与政务外网之间物理隔离，政务外网与互联网之间逻辑隔离，机要系统与外网隔离。

电子政务有以下几种表现形态：

（1）政府对政府，即 **G2G**，2 即 to，G 即 Government。政府与政府之间的互动包括中央和地方政府组成部门之间的互动；政府的各个部门之间的互动；政府与公务员和其他政府工作人员之间的互动。这个领域涉及的主要是政府内部的政务活动，包括国家和地方基础信息的采集、处理和利用，如人口信息、地理信息、资源信息等；政府之间各种业务流所需要采集和处理的信息，如计划管理、经济管理、社会经济统计、公安、国防、国家安全等。

（2）政府对企业，即 **G2B**，B 即 Business。政府面向企业的活动主要包括政府向企（事）业单位发布的各种方针。

（3）政府对居民，即 **G2C**，C 即 Citizen。政府对居民的活动实际上是政府面向居民所提供的服务。政府对居民的服务首先是信息服务，让居民知道政府的规定是什么、办事程序是什么、主管部门在哪里，以及各种关于社区保安和水、火、天灾等与公共安全有关的信息，户口、各种证件和牌照的管理等政府面向居民提供的各种服务。政府对居民的服务还包括各公共部门，如学校、医院、图书馆、公园等面向居民的服务。

（4）企业对政府，即 **B2G**。企业面向政府的活动包括企业应向政府缴纳的各种税款、按政府要求应该填报的各种统计信息和报表、参加政府各项工程的竞投标、向政府供应各种商品和服务，以及就政府如何创造良好的投资和经营环境、如何帮助企业发展等提出企业的意见和希望、反映企业在经营活动中遇到的困难、提出可供政府采纳的建议、向政府申请可能提供的援助等。

（5）居民对政府，即 **C2G**。居民对政府的活动除了包括个人应向政府缴纳的各种税款和费用，按政府要求应该填报的各种信息和表格以及缴纳各种罚款外，更重要的是开辟居民参政、议政的渠道，使政府的各项工作得以不断改进和完善。政府需要利用这个渠道来了解民意，征求群众意见，以便更好地为人民服务。

（6）政府到政府雇员，即 **G2E**，E 即 Employee。政府机构利用 Intranet 建立起有效的行政办公和员工管理体系，以提高政府工作效率和公务员管理水平。

21.3 　EAI

EAI 是将基于各种不同平台、用不同方案建立的异构应用集成的一种方法和技术。EAI 通过建立底层结构来联系横贯整个企业的异构系统、应用、数据源等，完成在企业内部的 ERP、CRM、SCM、数据库、数据仓库，以及其他重要的内部系统之间无缝地共享和交换数据的需要。

EAI 包括的内容很复杂，涉及到结构、硬件、软件、流程等企业系统的各个层面，具体可分为如下几个集成层面：

（1）**界面集成**。这是比较原始和最浅层次的集成，但又是常用的集成。这种方法是把用户界面作为公共的集成点，把原有零散的系统界面集中在一个新的、通常是浏览器的界面之中。

（2）**平台集成**。这种集成要实现系统基础的集成，使得底层的结构、软件、硬件及异构网络的特殊需求都必须得到集成。平台集成要应用一些过程和工具，以保证这些系统进行快速安全的通信。

（3）**数据集成**。为了完成应用集成和过程集成，必须首先解决数据和数据库的集成问题。在集成之前，必须首先对数据进行标志并编成目录，另外还要确定元数据模型，保证数据在数据库系统中的分布和共享。

（4）**应用集成**。这种集成能够为两个应用中的数据和函数提供接近实时的集成。例如，在一些 B2B 集成中实现 CRM 系统与企业后端应用和 Web 的集成，构建能够充分利用多个业务系统资源的电子商务网站。

（5）**过程集成**。当进行过程集成时，企业必须对各种业务信息的交换进行定义、授权和管理，以便改进操作、减少成本、提高响应速度。过程集成包括业务管理、进程模拟等。

21.4 电子商务

电子商务是指买卖双方利用现代开放的**因特网**，按照一定标准所进行的各类商业活动。主要包括**网上购物、企业之间的网上交易**和**在线电子支付**等新型的商业运营模式。

电子商务的表现形式主要有如下三种：①企业对消费者，即 **B2C**，C 即 Customer；②企业对企业，即 **B2B**；③消费者对消费者，即 **C2C**。

21.5 BI、DW 与 DM

BI 是企业对商业数据的搜集、管理和分析的系统过程，目的是使企业的各级决策者获得知识或洞察力，帮助他们作出对企业更有利的决策。BI 是数据仓库、OLAP（On-Line Analytical Processing，联机分析处理）和 DM（Data Mining，数据挖掘）等相关技术走向商业应用后形成的一种应用技术。

DW（Data Warehouse，数据仓库）是一个**面向主题的、集成的、非易失的、反映历史变化的数据集合**，用于支持**管理决策**。

数据仓库的特征如下：

（1）数据仓库是面向主题的。传统的操作型系统是围绕公司的应用进行组织的。如对一个电信公司来说，应用问题可能是营业受理、专业计费和客户服务等，而主题范围可能是客户、套餐、缴费和欠费等。

（2）数据仓库是集成的。数据仓库实现数据由面向应用的操作型环境向面向分析的数据仓库的集成。由于各个应用系统在编码、命名习惯、实际属性、属性度量等方面不一致，当数据进入数据仓库时，要采用某种方法来消除这些不一致性。

（3）数据仓库是非易失的。数据仓库的数据通常是一起载入与访问的，在数据仓库环境中并不进行一般意义上的数据更新。

（4）数据仓库随时间的变化性。

数据挖掘就是从存放在数据库、数据仓库或其他信息库中的大量数据中获取有效的、新颖的、潜在有用的、最终可理解的模式的非平凡过程。

数据挖掘技术可分为**描述型数据挖掘**和**预测型数据挖掘**两种，描述型数据挖掘包括数据总结、聚类及关联分析等；预测型数据挖掘包括分类、回归及时间序列分析等。

（1）数据总结：继承于数据分析中的统计分析。数据总结的目的是对数据进行浓缩，给出它的紧凑描述。传统统计方法（如求和值、平均值、方差值等）都是有效方法。另外，还可以用直方图、饼状图等图形方式表示这些值。广义上讲，多维分析也可以归入这一类。

（2）聚类：是把整个数据库分成不同的群组。它的目的是使群与群之间的差别明显，而同一个群之间的数据尽量相似。这种方法通常用于客户细分。由于在开始细分之前不知道要把用户分成几类，因此通过聚类分析可以找出客户特性相似的群体，如客户消费特性相似或年龄特性相似等。在此基础上可以制定一些针对不同客户群体的营销方案。

（3）关联分析：是寻找数据库中值的相关性。两种常用的技术是关联规则和序列模式。关联规则是寻找在同一个事件中出现的不同项的相关性；序列模式与此类似，寻找的是事件之间时间上的相关性，如对股票涨跌的分析等。

（4）分类：目的是构造一个分类函数或分类模型（也称为分类器），该模型能把数据库中的数据项映射到给定类别中的某一个。要构造分类器，需要有一个训练样本数据集作为输入。训练集由一组数据库记录或元组构成，每个元组是一个由有关字段（又称属性或特征）值组成的特征向量。此外，训练样本还有一个类别标记。一个样本的具体形式可表示为（v1,v2,...,vi;c），其中 vi 表示字段值，c 表示类别。

（5）回归：是通过具有已知值的变量来预测其他变量的值。一般情况下，回归采用的是线性回归和非线性回归这样的标准统计技术。一般同一个模型既可用于回归，又可用于分类。常见的算法有逻辑回归、决策树、神经网络等。

（6）时间序列：时间序列是用变量过去的值来预测未来的值。

21.6 数学知识

21.6.1 最小生成树

在一个具有几个顶点的连通图 G 中，如果存在子图 G' 包含 G 中的所有顶点和一部分边，且不形成回路的情况，则称 G' 为图 G 的生成树，所有边的代价和最小的生成树则称为最小生成树。

许多应用问题都是一个求无向连通图的最小生成树问题。例如，要在 n 个城市之间铺设光缆，主要目标是要使这 n 个城市的任意两个之间都可以通信，但铺设光缆的费用很高，且各个城市之间铺设光缆的费用不同；另一个目标是要使铺设光缆的总费用最低。这就需要找到带权的最小生成树。

下面给出 Prim 算法的基本思想供参考：通过每次添加一个新结点加入集合，直到所有点加入，则终止最小生成树算法；每次找出该集合到其他所有点的最短边，则可保证生成树的边权总和最小。

（1）任选一个点加入集合。

（2）用该点的所有边去刷新到其他点的最短路径。

（3）找出最短路径中最短的一条连接（且该点未被加入集合）。

（4）用该点去刷新到其他点的最短路径。

（5）重复第（3）步和第（4）步操作 $n-1$ 次。

（6）最小生成树的代价就是连接的所有边的权值之和。

[辅导专家提示] 在上午考试时，如果实在不会运用算法，就用选项中的答案去一个个验证，这样也许速度更快一些。

假设有如图 21-6-1 所示的无向图，求最小生成树。

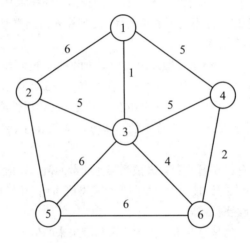

图 21-6-1 要求最小生成树的图

使用 Prim 算法求解的步骤如图 21-6-2 所示。

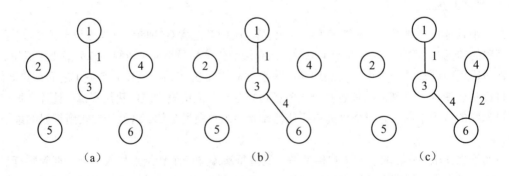

图 21-6-2 使用 Prim 算法求解的过程

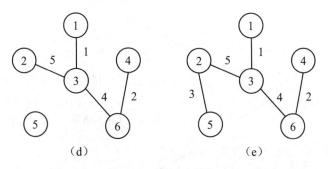

图 21-6-2　使用 Prim 算法求解的过程（续图）

21.6.2　决策树

决策树一般都是自上而下生成的。每个决策或事件（即自然状态）都可能引出两个或多个事件，导致不同的结果，把这种决策分支画成图形则很像一棵树的枝干，故称决策树。

决策树提供了一种展示类似"在什么条件下会得到什么值"这类规则的方法。其基本组成部分有决策结点、分支和叶子。

决策树中最上面的结点称为根结点，是整个决策树的开始。决策树的每个子结点的个数与决策树运用的算法有关。如 CART 算法得到的决策树每个结点有两个分支，这种树称为二叉树。允许结点含有多于两个子结点的树称为多叉树。决策树的内部结点（非树叶结点）表示在一个属性上的测试。

每个分支要么是一个新的决策结点，要么是树的结尾，这种分支称为叶子。在沿着决策树从上到下遍历的过程中，在每个结点都会遇到一个问题，对每个结点上问题的不同回答导致不同的分支，最后会到达一个叶子结点。这个过程就是利用决策树进行分类的过程，利用几个变量（每个变量对应一个问题）来判断所属的类别（最后每个叶子会对应一个类别）。

例如：某电子商务公司要从 A 地向 B 地的用户发送一批价值为 90000 元的货物。从 A 地到 B 地有水、陆两条路线。走陆路时比较安全，其运输成本为 10000 元；走水路时，一般情况下的运输成本只要 7000 元，不过一旦遇到暴风雨天气，则会造成相当于这批货物总价值的 10% 的损失。根据历年情况，这期间出现暴风雨天气的概率为 1/4，那么该电子商务公司该如何选择呢？

这是一个不确定性决策问题，其决策树如图 21-6-3 所示。

由于该问题本身带有外生的不确定因素，因此最终的结果不一定能预先确定。不过，该电子商务公司应该利用数学期望值解决概率分布与不确定性的问题，而不是盲目碰运气或一味害怕、躲避风险。

根据本问题的决策树，走水路时，成本为 7000 元的概率为 75%，成本为 16000 元的概率为 25%，因此走水路的期望成本为 $(7000 \times 75\%) + (16000 \times 25\%) = 9250$ 元。走陆路时，其成本确定为 10000 元。因此，走水路的期望成本小于走陆路的成本，所以应该选择走水路。

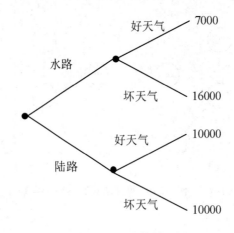

图 21-6-3　决策树示例

21.6.3　线性规划

线性规划是指组合有限资源，达到预期目标。

例题：某企业需要采用甲、乙、丙三种原材料生产Ⅰ和Ⅱ两种产品。生产两种产品所需原材料数量、单位产品可获得利润以及企业现有原材料数如表21-6-1所列。

表 21-6-1　生产两种产品所需原材料数量、单位产品可获得利润以及企业现有原材料数

资源	产品（t）		现有原材料（t）
	Ⅰ	Ⅱ	
甲	1	1	4
乙	4	3	12
丙	1	3	6
单位利润（万元/t）	9	12	

则公司可以获得的最大利润是 ___（1）___ 万元。取得最大利润时，原材料 ___（2）___ 尚有剩余。

（1）A. 21　　　　　　B. 34　　　　　　C. 39　　　　　　D. 48

（2）A. 甲　　　　　　B. 乙　　　　　　C. 丙　　　　　　D. 乙和丙

第一步：将题干变为不等式。

设生产Ⅰ和Ⅱ两种产品分别为 x 吨和 y 吨，公司获利 $z = 9x + 12y$ 万元，依据题意有：

$$\begin{cases} x+y \leq 4 & ① \\ 4x+3y \leq 12 & ② \\ x+3y \leq 6 & ③ \\ x,y \geq 0 & ④ \end{cases} \quad \rightarrow 约束条件$$

Max $z=9x+12y$ →目标函数

第二步：依据不等式作图。

将不等式①变为等式，即 $x+y=4$，依据该等式画直线。同理，画出 $4x+3y=12$，$x+3y=6$，$x=0$，$y=0$ 对应的直线。

全部约束条件相应部分，交集即为线性规划问题的可行域。具体如图 21-6-4 所示。

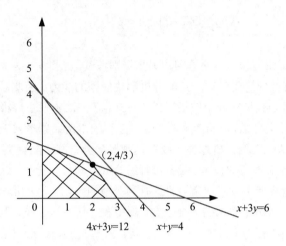

图 21-6-4 各直线与坐标轴的交集

第三步：作一条目标函数的平行线并平移。

依据目标函数 $9x+12y=z$ 任选一平行线，如 $9x+12y=3$，作直线。然后，平行移动该平行线，移动到阴影部分最边缘即找出最大值。过程如图 21-6-5 所示。

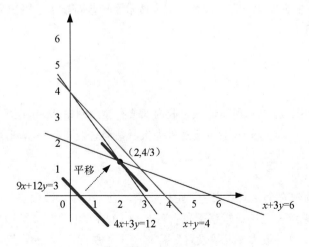

图 21-6-5 作一条目标函数的平行线并平移

顶点（2,4/3）为最优点（阴影部分最边缘），这样得到产品Ⅰ和Ⅱ分别为 2 吨和 4/3 吨时，能取得最大利润。

对应值代入目标函数 Max $z=9x+12y$，得到 Max $z=9x+12y=18+16=34$。

甲原料需要花费 2+4/3 吨，乙原料需要花费 2×4+4/3×3=12 吨,丙原料需要花费 2+4/3×3=6 吨,因此只有甲原料还有剩余。

第 22 章　下午一：经典案例讲解

网络规划设计师考试作为软考网络方向的最高级别考试,要求考生能深入掌握网络系统所涉及的各种理论、技术,并且要求考生具有一定的分析解决问题的能力。因此需要考生对常见的网络系统设计方案、使用的技术和具体实施中的指标优化等非常熟练。本章主要根据网络规划设计师考试大纲对案例分析题进行分类总结,帮助考生熟悉各种题型的主要命题形式,了解答题的规律和技巧。

网络规划设计师考试的案例分析题型主要有基础概念类、网络配置类和网络规划/优化类。通常会在考试中要求考生能对现有的技术、设备进行综合分析和优化选择。这类题型对考生的综合分析能力和实践经验的要求都比较高,通常会将这几种类型的题以小题的形式综合到一道大题中,综合考查考生的掌握程度。从历年考试的情况来看,题型并非只有这三类,偶尔会考到其他的相关知识,如机房设计和部署、流行的新技术、网络安全等。本章主要通过给出案例并进行详细的分析和解答,帮助读者掌握网规案例分析的解题方法。

22.1　基础概念类

这种题型在考试考的也是非常多,因此要特别注意平时的积累。这些题中经常涉及到电子信息系统机房的设计、服务器虚拟化、存储技术、安全技术及一些新技术,如 FCoE、CEE 等。下面通过几个典型试题来说明。

22.1.1　典型试题 1

【说明】

某企业网络拓扑如图 22-1-1 所示，该企业内部署有企业网站 Web 服务器和若干办公终端,Web 服务器(访问 http://www.xxx.com)主要对外提供网站消息发布服务,Web 网站系统采用 JavaEE 开发。

【问题 1】（6 分）

信息系统一般从物理安全、网络安全、主机安全、应用安全、数据安全等层面进行安全设计和防范,其中,"操作系统安全审计策略配置"属于__(1)__层面;"防盗防破坏、防火"属于__(2)__层面;"系统登录失败处理、最大并发数设置"属于__(3)__层面;"入侵防范、访问控制策略配置、防地址欺骗"属于__(4)__层面。

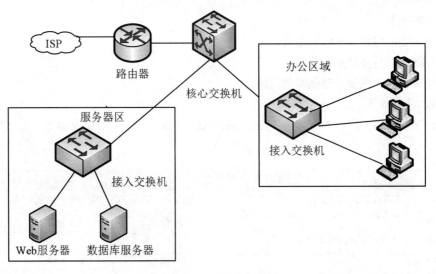

图 22-1-1　例题 1 用图

【试题分析】这就是一道典型的理论概念题，与题干没什么关系。考生只要了解信息系统中的物理安全、网络安全、主机安全、应用安全、数据安全等基本概念即可。

【参考答案】（1）主机安全　　（2）物理安全　　（3）应用安全　　（4）网络安全

【问题2】（3分）

为增强安全防范能力，该企业计划购置相关安全防护系统和软件，进行边界防护、Web 安全防护、终端 PC 病毒防范，结合图 22-1-1 中的拓扑，购置的安全防护系统和软件应包括__(5)__、__(6)__、__(7)__。

备选答案：防火墙　WAF　杀毒软件　　数据库审计　　上网行为检测

【试题分析】此题仍然属于概念题，只要知道备选设备的用途，同时能理解对应的需求需要什么解决方案。对于典型的安全防护系统和软件，进行边界防护的就是防火墙。而 Web 安全防护通常是通过 WAF 实现。终端 PC 病毒防范则主要通过杀毒软件来实现。

【参考答案】（5）防火墙　　（6）WAF　　（7）杀毒软件

【问题3】（6分）

2017 年 5 月，WannaCry 蠕虫病毒大面积爆发，很多用户遭受巨大损失。在病毒爆发之初，应采取哪些应对措施？（至少答出三点应对措施）

【试题分析】WannaCry 利用 Windows 操作系统 445 端口存在的漏洞进行传播，并具有自我复制、主动传播的特性。因此可以开启防火墙，阻止 445 端口连接。因为 WannaCry 蠕虫病毒主要是加密用户的重要数据，勒索钱财，所以应该尽量先断开网络，备份好重要数据。最后，对系统进行补丁更新，避免漏洞问题。

了解 WannaCry 蠕虫病毒的基础概念，就可以通过自己的理解来展开回答。这种题型通常没有标准答案，自由度相对较大，选几个要点描述即可。

【参考答案】

开启防火墙，阻止 445 端口连接；

先断开网络，备份好重要数据；

对系统进行补丁更新，避免漏洞问题。

【问题 4】（10 分）

采用测试软件输入网站 http://www.xxx.com/index.action，执行 ifconfig 命令，结果如图 22-1-2 所示。

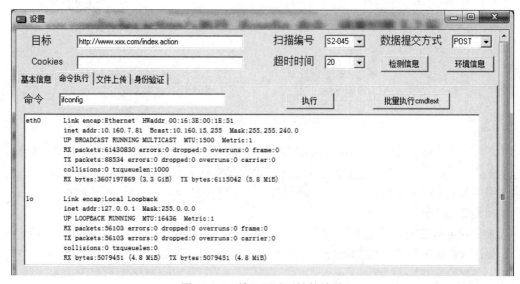

图 22-1-2　输入网站网址的结果

从图 22-1-2 可以看出，该网站存在　(8)　漏洞，请针对该漏洞提出相应防范措施。

（8）备选答案：

　A．Java 反序列化　　　　　　　　　　B．跨站脚本攻击

　C．远程命令执行　　　　　　　　　　D．SQL 注入

【试题分析】从图中可以看出，这是一个典型的利用工具远程执行命令的界面。通过该工具远程执行了本地才能执行的系统命令 ifconfig。因此正确答案是 C。

【参考答案】（8）C

通过浏览器访问网站管理系统，输入 www.xxx.com/login?f_page=-->'"'><SVGonload=prompt（/x/）>，结果如图 22-1-3 所示。

从图 22-1-3 可以看出，该网站存在　(9)　漏洞，请针对该漏洞提出相应防范措施。

（9）备选答案：

　A．Java 反序列化　　　　　　　　　　B．跨站脚本攻击

　C．远程命令执行　　　　　　　　　　D．SQL 注入

图 22-1-3 输入网址的结果

【试题分析】从浏览器的 URL 输入"<SVGonload=prompt（/x/）>"和图中弹出的"CMS 内容管理系统"对话框就可以看出，这是一个典型的插入 HTML 代码的攻击行为。在浏览器的 URL 输入的字符串"<SVGonload=prompt（/x/）>"变成了植入服务器的执行脚本，导致服务器执行了 prompt（/x/）。这是一种典型的跨站脚本攻击，其根本原因就是网站对用户的输入过滤不足。

【参考答案】（9）B

22.1.2　典型试题 2

某企业实施数据机房建设项目，机房位于该企业的业务综合楼二层，面积约 50m²。机房按照国家 B 类机房标准设计，估算用电量为 50kW，采用三相五线制电源输入，双回路向机房设备供电，对电源系统提供三级防雷保护。要求铺设抗静电地板、安装微孔回风吊项，受机房高度影响，静电地板高 20cm。机房分为配电间和主机间两个区域，分别是 15m² 和 35 m²。配电间配置市电配电柜、UPS 主机及电池柜等设备；主机间配置网络机柜、服务器机柜及精密空调等设备。

项目的功能模块如图 22-1-4 所示。

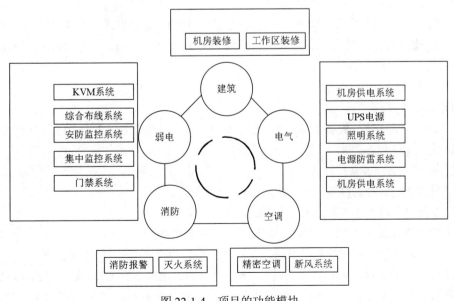

图 22-1-4　项目的功能模块

【问题 1】（4 分）

数据机房设计标准分为__(1)__类，该项目将数据机房设计标准确定为 B 类，划分依据是__(2)__。

【试题分析】依据我国《电子计算机机房设计规范》（GB50174－2008）标准，通常从机房选址、建筑结构、机房环境、安全管理及对供电电源质量要求等方面对机房分级，目前分为 A（容错型）、B（冗余型）、C（基本型）共 3 个级别。

【参考答案】（1）3　　（2）电子信息系统机房设计规范

【问题 2】（6 分）

该方案对电源系统提供第二、第三级防雷保护，对应的措施是__(3)__和__(4)__。机房接地一般分为交流工作接地、直流工作接地、保护接地和__(5)__，若采用联合接地的方式将电源保护接地接入大楼的接地极，则接地极的接地电阻值不应大于__(6)__。

（3）～（4）备选答案：

A．在大楼的总配电室电源输入端安装防雷模块

B．在机房的配电柜输入端安装防雷模块

C．选用带有防雷器的插座用于服务器、工作站等设备的防雷击保护

D．对机房中 UPS 不间断电源做防雷接地保护

【试题分析】本题是基础概念题，考查防雷的基础知识。防雷的三级保护包含三层内容：直击雷、感应雷、雷电感应干扰。相应的防雷措施也包含三级。

第一级避雷针（线），防止直击雷毁坏建筑物；第二级防雷器，防止感应雷破坏电气设备；第三级设备防雷，防止雷电感应干扰电子设备。一般是总配电安装第一级避雷器，选择相对通流容量大的 SPD（80～160kA 视情况而定），然后在下属的区域配电箱处安装第二级避雷器（10～40kA），最后在设备前端安装第三级信号避雷器。

安装 SPD（避雷器）要求安装处就近有接地扁铁，以便于雷电波通过避雷器时能够迅速泄放。需要接地电阻达到 1Ω 以下才行，有些地区有特别规定的可以放宽到 4Ω 以下，通常采用限压型 SPD，因此线路的长度不宜小于 5m。

【参考答案】（3）B　　（4）C　　（5）防雷接地　　（6）1Ω

【问题 3】（4 分）

在机房内，空调制冷一般有下送风和上送风两种方式。该建设方案采用上送风的方式，选择该方式的原因是__(7)__、__(8)__。

（7）～（8）备选答案：

A．静电地板的设计高度没有给下送风预留空间

B．可以及时发现和排除制冷系统产生的漏水，消除安全隐患

C．上送风建设成本比下送风低，系统设备易于安装和维护

D．上送风和下送风应用的环境不同，在 IDC 机房建设时要求采用上送风方式

【试题分析】机房送风包括风帽上送风、风管上送风、地板下送风等。最常用的是地板下送风方式。机柜近距离送风又称为近距离制冷、精确制冷等，包括机柜行间制冷（侧前送风、侧后回风）、

封闭机柜内部制冷等。通常数据中心常用的机房空调系统气流组织方式有下送风上回风、上送风前回风（或侧回风）等方式。

（1）风帽上送风：风帽上送风方式的安装较为简单、整体造价比较低，对机房的要求也较低，所以在中小型机房中采用较普遍。风帽上送风机组的有效送风距离较近，约 15m，两台对吹也只达到 30m 左右。由于送回风容易受到机房各种条件的影响，因此机房内的温度场相对不是很均匀。

（2）风管上送风：这种方式的造价高于风帽送风方式，而且安装维护也较为复杂，对机房的层高也有较高的要求。通常层高要大于 4m。

（3）地板下送风：地板下送风方式是目前数据中心空调制冷送风方式的主要形式，在各类数据中心、运营商 IDC 等数据中心中广泛使用。在数据中心机房内铺设静电地板，机房地板高度由原来的 300mm 调整到 400mm 甚至 600～1000mm，才能适合地板下送风的方式。

【参考答案】（7）A　　　（8）B

【问题4】（6分）

网络布线系统通常划分为：工作区子系统、水平布线子系统、配线间子系统、__（9）__、管理子系统和建筑群子系统。机房的布线系统主要采用__（10）__和__（11）__。

【试题分析】这是一道综合布线的基本概念题，这里不再赘述。

【参考答案】（9）垂直干线子系统　　　（10）管理子系统　　　（11）配线间子系统

【问题5】（5分）

判断下述观点是否正确（正确的打√，错误的打×）。

1. 机房灭火系统，主要是气体灭火，其灭火剂包括七氟丙烷、二氧化碳、气溶胶等对臭氧层无破坏的灭火剂，分为管网式和无管网式。__（12）__

2. 机房环境监控系统监控的对象主要是机房动力和环境设备，比如配电、UPS、空调、温湿度、烟感、红外、门禁、防雷、消防等设备设施。__（13）__

3. B级机房对环境温度的要求是 18℃～28℃，对相对湿度的要求是 40%～70%。__（14）__

4. 机房新风系统中新风量值的计算方法主要按房间的空间大小和换气次数作为计算依据。__（15）__

5. 机房活动地板下部的电源线尽可能地远离计算机信号线，避免并排敷设，并采取相应的屏蔽措施。__（16）__

【试题分析】《计算站场地技术条件》GB2887－89 对机房温度的要求，A级 22±2℃，B级 15℃～30℃，C级 10℃～35℃；对机房湿度的要求，A级 45%～65%，B级 40%～70%，C级 30%～80%。

【参考答案】（12）√　　（13）√　　（14）×　　（15）√　　（16）√

22.1.3　典型试题3

【说明】图 22-1-5 为某企业数据中心拓扑图，图中网络设备接口均为千兆带宽：服务器1至服务器4均配置 4 颗 CPU、256GB 内存、千兆网卡。实际使用中发现服务器的使用率较低，为提高资产利用率，进行虚拟化改造，拟采用裸金属架构，将服务器1至服务器4整合为一个虚拟资源池。图中业务存储系统共计 50TB，其中 10TB 用于虚拟化改造后的操作系统存储，20TB 用于 Oracle 数据库存储，20TB 分配给虚拟化存储用于业务数据存储。

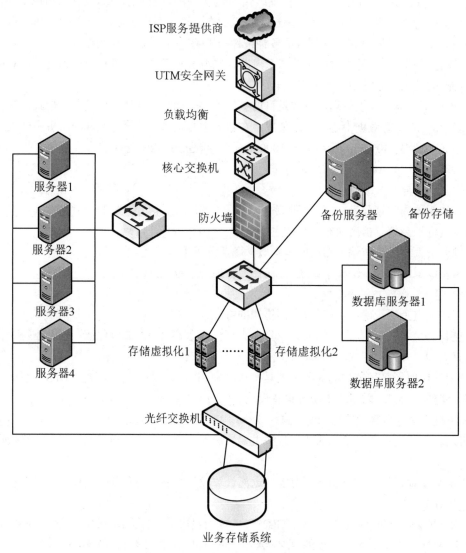

图 22-1-5　某企业数据中心拓扑图

【问题 1】（6 分）

常见磁盘类型有 SATA、SAS 等，从性价比考虑，本项目中应如何选择业务存储系统和备份存储设备的磁盘类型，请简要说明原因。若要进一步提升存储系统性能，在磁盘阵列上可以采取哪些措施？

【试题分析】这也是一道基础概念题。SAS 硬盘主要应用于线、高可用性、随机读取的情况，适用于大、中型企业关键任务资料的存储，效能高而且扩充性极高；SATA 硬盘主要应用于线、近线作业、高可用性、随机读取、循序读取的情况。

SAS 的可靠性与可用性更高，因此对数据库服务器选择 SAS 硬盘更加适合，而对备份服务器选择 SATA 更适合。

若要进一步提升存储系统性能，可以采用独立磁盘冗余阵列（Redundant Array of Independent Disk，RAID），RAID 利用一个磁盘阵列控制器和一组磁盘组成一个可靠、高速的大容量的逻辑硬盘。

RAID 分为很多级别，常见的 RAID 如下：

（1）RAID0。至少需要 2 块硬盘，可靠性仅为单独一块硬盘的 1/N。

（2）RAID1。利用率为 50%，利用率最低。实现 RAID1 至少需要 2 块硬盘。

（3）RAID2。现在几乎不再使用。实现 RAID2 至少需要 2 块硬盘。

（4）RAID3。磁盘利用率=$(n-1)/n$，其中 n 为 RAID3 中的磁盘总数。实现 RAID3 至少需要 3 块硬盘。

（5）RAID5。磁盘利用率=$(n-1)/n$，其中 n 为 RAID3 中的磁盘总数。实现 RAID5 至少需要 3 块硬盘。

（6）RAID6。磁盘利用率=$(n-2)/n$，其中 n 为 RAID3 中磁盘总数。实现 RAID6 至少需要 4 块硬盘。

（7）RAID10 或者 RAID01。RAID10 先镜像再条带，RAID01 先条带再镜像。实现 RAID10 或 RAID01 至少需要 4 块盘。

可以看出，RAID0+1 是 RAID0 与 RAID1 的结合体。在单独使用 RAID1 时也会出现类似单独使用 RAID 0 那样的问题，即在同一时间内只能向一块磁盘写入数据，不能充分利用所有的资源。为了解决这一问题，可以在磁盘镜像中建立带区集。因为这种配置方式综合了带区集和镜像的优势，所以被称为 RAID 0+1。主要用于数据容量不大，但要求速度和差错控制的数据库中。

为了提高安全性，往往做完 RAID 后，还要拿出一块硬盘成为热备盘。热备盘就是 RAID 阵列的备份盘，如果 RAID 中的一块盘损坏，该热备盘就会顶替 RAID 里的坏盘，同时利用校验算法，把坏盘的数据还原并存储在热备盘中，热备盘的工作模式通常分为以下两种：

局部热备（Local Spare）：针对某一 RAID 组，只要该组硬盘出现问题，就可以进行恢复。

全局热备（Globe Spare）：针对所有 RAID 组，只要任意一个 RAID 组出现问题，就可以进行恢复。SAS 硬盘、SATA 硬盘、SSD 硬盘分别做好 RAID 后，这些 RAID 组可以按需求、容量及不同组合组成存储池。可以从存取速度、存储性能、性价比等方面构建合乎需求的存储空间。

【参考答案】SAS 硬盘主要应用于线、高可用性、随机读取的情况，适用于大、中型企业关键任务资料的存储，效能高而且扩充性极高；SATA 硬盘主要应用于线、近线作业、高可用性、随机读取、循序读取的情况。

SAS 的可靠性与可用性更高，因此对数据库服务器选择 SAS 硬盘更加适合，而对备份服务器选择 SATA 更适合。

若要进一步提升存储系统性能，在磁盘阵列上可以采用性能与可靠性都不错的 RAID6 或

RAID5。单就追求速度而言，可以采用 RAID10 的方式。为了提高数据安全性，还可以为 RAID 增加多块热备盘。

SAS 硬盘、SATA 硬盘、SSD 硬盘分别做好 RAID 后，这些 RAID 组可以按需求、容量及不同组合组成存储池。这样可以从存取速度、存储性能、性价比等方面构建合乎需求的存储空间。

【问题 2】（3 分）

常用虚拟化实现方式有一虚多和多虚多，本例中应选择哪种方式？请说明理由。

【试题分析】虚拟化架构可分为以下两种。

（1）寄居架构（Hosted Architecture）：在已有操作系统上安装、运行虚拟化程序，该架构基于主机操作系统，才能进行设备支持、物理资源管理。

（2）裸金属架构（Bare Metal Architecture）：在服务器硬件上安装虚拟化软件，然后安装操作系统，再安装相关应用，该架构依赖虚拟层内核和服务器控制台进行管理。

服务器虚拟化的实现方式有三种：多虚一、一虚多、多虚多。

（1）多虚一：是将多台性能较差的服务器整合成一台性能较好的服务器。

（2）一虚多：是将一台服务器通过虚拟化技术分割成几台逻辑服务器，这些逻辑服务器拥有独立的 CPU、内存、硬盘和网卡等，并且可以动态地分配和调整虚拟资源，通过这种方式减少了硬件的采购、提升了硬件的整体利用度。

（3）多虚多：由于采用独立的服务器方式资源利用率低，为提高资源利用率，将多个独立的服务器进行统一调度与管理，将多台物理服务器虚拟成一台逻辑服务器，然后再将其划分为多个虚拟环境，即多个业务在多台虚拟服务器上运行。

【参考答案】本题适合采用多虚多的方式。

因为从题干中可以知道，服务器 1 至服务器 4 在实际使用中使用率较低，因此将服务器 1 至服务器 4 整合为一个虚拟资源池，可以运行多台虚拟服务器。属于多虚多的形式。

【问题 3】（8 分）

常用存储方式包括 FC-SAN 和 IP-SAN。本案例中，服务器虚拟化改造完成后，操作系统和业务数据分别采用什么方式在业务存储系统上存储？服务器本地磁盘存储什么数据？请说明原因。

【试题分析】本题也是考核基础概念。需要考生掌握主流的存储方式。目前的 SAN 主要有两种方式，分别是 FC SAN 和 IP SAN。

（1）FC SAN：主要优势在于传输带宽高、性能稳定可靠、技术成熟，是对性能有要求的关键应用领域和大规模存储网络最佳选择。但是阻碍其普及的主要因素是成本比较高。另外，需要投入光纤交换机和大量的光纤布线；维护及配置复杂，管理要求也大大提高。

（2）IP SAN：能解决 FC SAN 的高成本使用问题。IP SAN 基于以太网技术的存储网络。在 SAN 中，由于使用的指令是 SCSI 的读写指令，而不是 IP 数据包，因此使用 iSCSI 这种在 TCP/IP 上进行数据块传输的标准，能在 IP 网络上运行 SCSI 协议，使其能够在高速千兆以太网上进行快速的数据存取操作。

IP SAN 的优点主要是成本低廉，完全可以利用标准的网线和以太交换机组件；部署简单，管理难度低。

在物理环境下，操作系统和应用程序通常都是存储在物理服务器的本地磁盘上的。但是在虚拟环境下，虚拟机映象，包括客操作系统（guest operating system）、应用程序和相关的数据都是存放在网络存储器中的。但是在物理机虚拟化之前，必须在本地磁盘安装虚拟化底层软件，该物理机才能被虚拟化。因此题目中的服务器本地磁盘应该是指服务器的物理机本地磁盘。

【参考答案】

业务系统对 I/O 要求低，对存储负载要求也不高，采用 IP SAN 的方式存储。

操作系统与数据库对 I/O 要求高，可靠性要求较高，采用 FC SAN 的方式存储。

本地磁盘存储虚拟化的管理系统与虚拟化底层软件。

【问题 4】（4 分）

常见备份方式主要有 Host-Base、LAN-Base、LAN-Free、Server-Free，请为该企业选择备份方式，并说明理由。

【试题分析】目前最常见的网络数据备份系统按其架构不同可以分为四种：基于主机（Host-Base）结构、基于局域网（LAN-Base）结构、基于 SAN 结构的 LAN-Free 和 Server-Free 结构。

四种结构的优缺点可以参考本书"存储备份架构"部分。

【参考答案】LAN-Base 备份结构的优点是节省投资、磁带库共享、集中备份管理；缺点是对网络传输压力大。

在该方案中建议采用 LAN-Base 方式。

【问题 5】（4 分）

服务器虚拟化改造完成后，每台宿主机承载的虚拟机和应用会更多，可能带来什么问题？如何解决？

【试题分析】如果每台服务器的资源利用过分集中，且某些应用占用的资源多，会影响到服务器的整体性能。可以根据服务的类型，对每台服务器的资源进行限制，对于重要的服务优先占用资源。

【参考答案】可能带来资源分配不均的问题，因此需要根据服务的类型，对每台服务器的资源进行限制，对于重要的服务优先占用资源。

22.1.4　典型试题 4

【说明】图 22-1-6 是某制造企业的网络拓扑图，该网络包括生产制造部、研发设计部、管理及财务部、服务器群和销售部五个部分。该企业通过对路由器的配置、划分 VLAN、使用 NAT 技术以及配置 QoS 和 ACL 等，实现对企业网络的安全防护与管理。随着信息技术与企业信息化应用的深入融合，一方面提升了企业的管理效率，另一方面企业在经营中面临的网络安全风险也在不断增加。为了防范网络攻击、保护企业的重要信息数据，企业重新制订了网络安全规划，提出了改善现有网络环境的几项要求。

（1）优化网络拓扑，改善网络影响企业安全运行的薄弱环节。

（2）分析企业网络，防范来自外部的攻击，制订相应的安全措施。

（3）重视企业内部控制管理，制订技术方案，降低企业重要数据信息的泄露风险。

（4）在保证 IT 投资合理的范围，解决远程用户安全访问企业网络的问题。

（5）制订和落实对服务器群安全管理的企业内部标准。

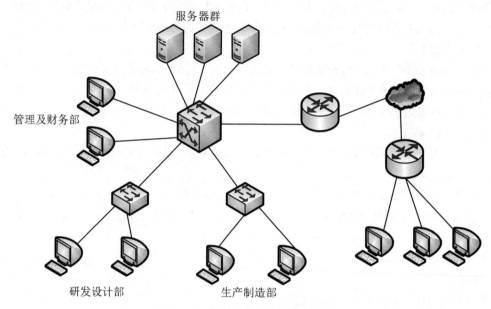

图 22-1-6　某制造企业的网络拓扑图

【问题 1】（5 分）

请分析说明该企业现有的网络安全措施是如何规划与部署的，应从哪些角度实现对网络的安全管理。

【试题分析】企业原有安全措施主要通过对路由器的配置、划分 VLAN、使用 NAT 技术以及配置 QoS 和 ACL 等，实现对企业网络的安全防护与管理，这些基本技术无法满足企业对网络信息安全的需求。例如网络拓扑中没有防火墙，无法有效地抵御来自外部网络的安全威胁。服务器群直接接入核心交换机，最多能通过 VLAN 和 ACL 进行隔离，一旦对外提供服务的服务器被攻陷，整个内部网络全部暴露在黑客的面前。对研发设计部门的相关机密信息没有任何的安全保证，对用户没有任何的接入访问控制和应用授权。因此，该网络从底层的网络技术架构到上层的应用系统都存在安全问题。

【参考答案】现有安全部署比较欠缺，服务器区直接接入核心交换机，缺乏有效的防火墙和 IDS 的保护。对管理及财务部门的重要数据的保护也不能仅仅使用 VLAN 和 ACL 隔离技术。

安全管理的重点可以放在边界路由器部署 NAT，屏蔽内网的子网与地址信息；还可以从接入访问控制、身份认证、操作系统安全、应用系统授权等方面进行处理。

【问题 2】（5 分）

请分析说明该企业的网络拓扑是否存在安全隐患，原有网络设备是否可以有效抵御外来攻击。

【试题分析】对于这一类题目的分析，首先我们要找到一个标准的拓扑图与之对比，看看与标准拓扑之间的区别，进一步判断这种区别是否会产生相应的安全隐患。我们的标准拓扑是三层网络结构：核心层、汇聚层与接入层。其中核心层可以接内网的服务器。连接 Internet 区域的部分通常会设置防火墙，防火墙的 DMZ 区域用于对外服务器的部署。为了更多地考虑内部 Web 应用的服务器的安全，还可以单独设置一个在线 WAF 设备。同时，内部网络也可以使用 IDS 系统提升安全水准。为了控制用户上网的行为，还可以设置用户上网行为管理系统。

从本题题干给出的网络拓扑结构可以看出，该企业的网络拓扑存在较大的安全隐患，比如核心层设备没有冗余，可能会存在单点故障。一般的三层网络拓扑结构，为了提高其可靠性性，都会设置双核心。在连接到 Internet 的区域，仅通过路由器的 ACL 无法有效地抵御外来攻击，通常建议设置防火墙设备，提升对外部网络攻击的防御能力。

【参考答案】拓扑结构存在的安全隐患如下：

（1）核心层设备没有冗余，存在单点故障。

（2）接入层设备到核心层设备的链路也存在单点故障，应配置冗余链路。

（3）制造生产部应该双链路直接连接到核心交换机上，而不是接入研发部的交换机上。

（4）如有条件，应该在服务器群设置专门的服务器区（DMZ 区），添加防火墙、IDS/IPS 设备进行保护。

（5）原有设备不能提供有效的防御，应该在出口路由器外添加防火墙设备。

（6）采用网闸系统隔离财务和涉密部分信息。

【问题 3】（5 分）

入侵检测系统是一种对网络传输进行即时监视，在发现可疑传输时发出警报或者采取主动反应措施的网络安全设备。请简要说明该企业部署 IDS 的必要性以及如何在该企业网络中部署 IDS。

【试题分析】IDS 是依照一定的安全策略，通过软、硬件，对网络、系统的运行状况进行监视，尽可能发现各种攻击企图、攻击行为或者攻击结果，以保证网络系统资源的机密性、完整性和可用性的系统。

IDS 主要用于防范来自内部网络的攻击，同时也可以防止因为防火墙失效或者防火墙被攻破之后来自外围的攻击行为。IDS 是企业网络安全中的重要技术。

内部部署：通常放置于内部网络中需要重点保护的位置，如服务器群和其他的核心部门。通常以旁路的形式接入网络。

【参考答案】必要性：①IDS 主要用于防范来自内部网络的攻击；②防止因为防火墙失效或者防火墙被攻破之后来自外围的攻击行为；③攻击发生后取证。

内部部署：通常放置于内部网络中需要重点保护的位置，如服务器群和其他的核心部门。通常以旁路的形式接入网络。

【问题 4】（5 分）

销售部用户采用 VPN 的方式接入企业网，数据通过安全的加密隧道在公共网络中传播，具有节省成本、安全性高、可以实现全面控制和管理等特点。简要说明 VPN 采用了哪些安全技术以及主要的 VPN 隧道协议有哪些。

【试题分析】本题是考查 VPN 的基础概念题。目前 VPN 主要采用四项技术来保证安全，分别是隧道技术（Tunneling）、加解密技术（Encryption & Decryption）、密钥管理技术（Key Management）、使用者与设备身份认证技术（Authentication）。

【参考答案】VPN 主要采用的技术有身份认证技术、数据加密技术、密钥管理技术、隧道技术等，主流的 VPN 隧道技术有 2 层的 L2TP、PPTP 和 3 层 IPSec。

【问题 5】（5 分）

请结合自己做过的案例，说明在进行企业内部服务器群的安全规划时需要考虑哪些因素。

【试题分析】由于服务器的运行情况直接影响到整个网络应用，尤其需要分析企业的核心业务对应的服务器，进行重点保护。

同时划分信息安全级别，依据安全级别考虑 DMZ 安全、机房安全、主机系统安全、数据安全、安全制度等。

【参考答案】合理组织多台服务器形成服务器集群，在集群上创建原来的多个服务，从而提高其稳定性和可靠性。

进行合理的负载均衡，保证服务器的性能；重点保护数据安全，部署 IDS 系统和数据备份、恢复系统；部署 IDS 系统和其他相关的安全设备，完善服务器日志系统，建立安全审计等。

划分信息安全级别，依据安全级别考虑 DMZ 安全、机房安全、主机系统安全、数据安全、安全制度等。

22.2　网络配置类

这一类题型的共同点就是根据某个具体的网络拓扑环境和实际应用场景，对网络中的部分配置进行设置。这种题型通常不会像网络工程师考试那样要填写具体的配置命令，而是根据网络的实际使用情况，填写一些基本的 IP 地址规划、防火墙规则、ACL 配置参数等。不会具体到某种设备，而是虚拟到一个较高的层次，形成一种独立于设备层的配置。这种形式符合网络规划设计师分析问题和解决问题的方式。但是在实际中，单纯考这种配置类型的题目比较少，通常作为其他类型的大题中的一个小题。在某些情况下，也会考到具体设备的配置命令行，但是非常少。以下面的典型试题来说明。

典型试题

政府部门网络用户包括有线网络用户、无线网络用户和有线摄像头若干，组网拓扑如图 22-2-1 所示，设备说明如表 22-2-1 所列。访客通过无线网络接入互联网，不能访问办公网络及管理网络，摄像头只能与 DMZ 区域服务器互访。

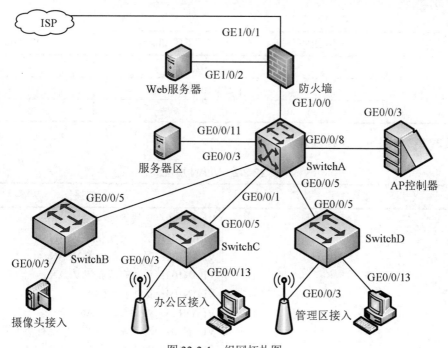

图 22-2-1　组网拓扑图

表 22-2-1　设备说明

设备名	接口编号	所属 VLAN	IP 地址
防火墙	GE1/0/0	—	10.107.1.2/24
	GE1/0/1	—	109.1.1.1/24
	GE1/0/2	—	10.106.1.1/24
AP 控制器	GE0/0/3	100	vlanif100:10.100.1.1/24
SwitchA	GE0/0/1	101,102,103,105	vlanif105:10.105.1.1/24
	GE0/0/3	104	vlanif104:10.104.1.1/24
	GE0/0/5	101,102,103,105	vlanif101:10.101.1.1/24 vlanif102:10.102.1.1/24 vlanif103:10.103.1.1/24
	GE0/0/8	100	vlanif100:10.100.1.1/24
	GE0/0/11	108	vlanif108:10.108.1.2/24
	GE 0/0/13	107	vlanif107:10.107.1.2/24
SwitchC	GE 0/0/3	101,102, 105	—
	GE 0/0/5	101,102,103,105	—
	GE 0/0/13	103	—

第 4 天

设备名	接口编号	所属 VLAN	IP 地址
SwitchD	3	101,102, 105	—
	5	101,102,103,105	—
	13	103	—

如表 22-2-2 所列为 VLAN 规划。

表 22-2-2   VLAN 规划

项目	描述
VLAN 规划	VLAN100：无线管理 VLAN VLAN101：访客无线业务 VLAN VLAN102：员工无线业务 VLAN VLAN103：员工有线业务 VLAN VLAN104：摄像头 VLAN VLAN105：AP 所属 VLAN VLAN107：对应 VLANIF 接口上行防火墙 VLAN108：业务区接入 VLAN

【问题 1】（6 分）

进行网络安全设计，补充防火墙数据规划表 22-2-3 中的空缺项。

表 22-2-3   防火墙数据规划表

安全策略	源安全域	目的安全域	源地址/区域	目的地址/区域
egress	trust	untrust	__(1)__	—
dmz_camera	dmz	trust	10.106.1.1/24	10.104.1.1/24
untrust_dmz	untrust	dmz	—	10.106.1.1/24
源 NAT 策略 egress	trust	untrust	srcip	__(2)__
源 NAT 策略 camera_dmz	trust	dmz	camera	__(3)__

备注：NAT 策略转换方式为地址池中地址，IP 地址 109.1.1.2。

【试题分析】本题是一道典型的网络规划配置类的试题。要充分阅读题干，掌握题干中的主要要求。在本题中，要求补充防火墙数据规划表中的空缺项，实际上就是要根据表中给出的信息进行填空，这种表一般会抽象出来，独立于设备。我们解题时，可以充分利用上下文的提示进行作答。第（1）空是从 trust 区域到 untrust 区域的配置，根据我们的理解，trust 区域是内部网络区域，untrust 区域是外部网络区域，再结合前面的安全策略名字是 egress，也就是外出的意思，并且目的地址区域为 "—"，表示所有的其他地址，因此可以认定这是一条默认外出的安全规则。第（1）空根据上下文提示的填空内容可以知道，需要填写内部网络的地址 SrcIP。第（2）和第（3）空的情况类似，也可以根据上下文来确定。

【参考答案】（1）srcip 　　（2）一 　　（3）10.106.1.1/24

【问题 2】（8 分）

进行访问控制规则设计，补充 SwichA 数据规划表 22-2-4 中的空缺项。

表 22-2-4　SwichA 数据规划表

项目	VLAN	源 IP	目的 IP	动作
ACL	101	___（4）___	10.100.1.0/0.0.0.255	丢弃
		10.100.1.0/0.0.0.255	10.108.1.0/0.0.0.255	___（5）___
	104	10.104.1.0/0.0.0.255	10.106.1.0/0.0.0.255	___（6）___
		10.104.1.0/0.0.0.255	___（7）___	丢弃

【试题分析】本题根据题干"访客通过无线网络接入互联网，不能访问办公网络及管理网络"的说明，可以从表 22-2-4 中确定"访客无线业务 VLAN"对应的 VLAN101 不能访问办公网络和管理网络对应的地址，而从表中可以看出 10.100.1.0/24 表示的是访客无线业务 VLAN 所在的网段，必须对这一部分的数据执行丢弃策略。因此第（4）空就是 10.101.1.0/24，第（5）空填写"丢弃"。

而题干中"摄像头只能跟 DMZ 区域服务器互访"说明只能访问 DMZ 区的服务器，其地址是 10.106.1.0/24。因此第（6）空是"允许"，而到其他任何网段的全部丢弃，因此第（7）空是"any"或者"一"。

【参考答案】（4）10.101.1.0/0.0.0.255　（5）丢弃　（6）允许　（7）一或者 any

【问题 3】（8 分）

补充路由规划内容，填写表 22-2-5 中的空缺项。

表 22-2-5　路由规划表

设备名	目的地址/掩码	下一跳	描述
防火墙	___（8）___	10.107.1.1	访问访客无线终端路由
	___（9）___	10.107.1.1	访问摄像头路由
SwitchA	0.0.0.0/0.0.0.0	10.107.1.2	默认路由
AP 控制器	___（10）___	___（11）___	默认路由

【试题分析】从拓扑图和表 22-2-5 中的接口地址分配可以看出，第（8）空对应的访客无线终端所在的网段的 VLANIF 接口地址是 10.101.1.1/24，因此可以知道其所在的网段是 10.101.1.0/24。同理，摄像头的网络是 10.104.1.0/24。AP 控制器所在的 VLAN100 的接口 IP 是 10.100.1.1/24，这个地址就是 AP 控制器的默认网关。所以第（11）空的下一跳就是这个地址。并且描述部分指明是默认路由，则说明目的网络和掩码就是 0.0.0.0/0.0.0.0。

【参考答案】

（8）10.101.1.0/24　　（9）10.104.1.0/24　　（10）0.0.0.0/0.0.0.0　　（11）10.100.1.1

【问题 4】（3 分）

配置 SwitchA 时，下列命令片段的作用是（　　）。

[SwitchA] interface vlanif 105

[SwitchA-vlanifl05] dhcp server option 43 sub-option 3 ascii 10.100.1.2

[SwitchA-vlanifl05] quit

【试题分析】option43 是 DHCP 的一个选项，表示供应商特定信息。这条命令的作用就是配置 Option 43，使 VLAN105 所接的 AP 能够获得 AP 控制器的 IP 地址 10.100.1.2。

【参考答案】配置 Option 43，使 VLAN105 所接的 AP 能够获得 AP 控制器的 IP 地址。

22.3　网络规划、网络优化类

这一类题型的共同点是根据某个具体的网络应用环境，对网络中的设备、线缆、技术等进行选择和填空，尤其是一些安全类的设备和存储类的设备。需要考生了解这些设备的特性、部署方式、优缺点等。这种题型通常会结合某些具体技术、应用等进行命题，要求考生掌握一些基本的网络类设备、安全类的设备、存储类的设备的特性、部署方式、优缺点等，在考试中考得非常多，要重点掌握这些内容。作为网络规划设计师，在平时的工作中会经常用到这些内容，难度相对较小。但是对于那些经验不足的考生，一定要在平时注意积累这些基础设备的特性。下面以几个典型试题来说明。

22.3.1　典型试题 1

【说明】

如图 22-3-1 所示为某企业桌面虚拟化设计的网络拓扑。

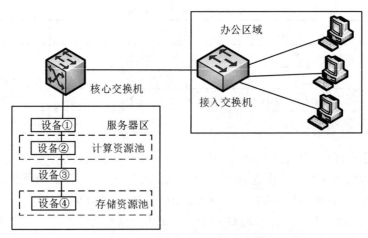

图 22-3-1　某企业桌面虚拟化设计的网络拓扑

【问题1】（6分）

结合拓扑图和桌面虚拟化部署需求，①处应部署（　　），②处应部署（　　），③处应部署（　　），④处应部署（　　）。

 A．存储系统 B．网络交换机 C．服务器 D．光纤交换机

【试题分析】从拓扑图中可以看出，存储资源池一定有相关的存储系统，而选项中只有 A 是存储系统。在计算资源池与存储资源池之间，应该有一个交换设备。在云平台中，虚拟机以文件的形式统一存放在存储资源中，每台虚拟机通过物理相连的光纤交换机与统一存储资源池进行数据传输，确保虚拟机与存储资源池的可靠通信。

【参考答案】①处应部署（B） ②处应部署（C） ③处应部署（D） ④处应部署（A）

【问题2】（4分）

该企业在虚拟化计算资源设计时，宿主机 CPU 的主频与核数应如何考虑？请说明理由。设备冗余上如何考虑？请说明理由。

【试题分析】这道题属于基础概念性的题。实际虚拟化中，可分配给虚拟机的虚拟最大 CPU 数取决于主机的逻辑 CPU 数、主机许可证及虚拟机上的操作系统类型。

当底层虚拟化后，VCPU 均为物理 CPU 总数的百分比，空余的 CPU 时间与内存作为资源池，为虚拟机在负荷突然增加时提供动态资源。CPU 实际不会有 100% 的利用率，为合理利用空闲资源，理论分配值以不超过 1.5 倍为宜。

简单来说，设备冗余就是为增加系统的可靠性，而采取两套或以上相同、相对独立配置的设备。在虚拟化计算环境中，所有的计算资源都依赖于宿主机，因此要考虑宿主机设备的冗余，建立两套以上的相关宿主机设备。

【参考答案】根据实际的计算资源的需求，考虑宿主机的主频与核数。通常情况下，就性能而言，核数比主频更重要。

在虚拟化计算环境中，所有的计算资源都依赖于宿主机，因此要考虑宿主机设备的冗余，建立两套或者以上的相关宿主机设备。

【问题3】（6分）

图 22-3-1 中的存储网络方式是什么？结合桌面虚拟化对存储系统的性能要求，从性价比角度考虑应如何选择磁盘？请说明原因。

【试题分析】这是一道典型的基础概念题与综合分析题的结合，要求从桌面虚拟化的性能分析，从性价比的角度给出磁盘的选择方案。对于基础概念题，可以通过图中所使用的光交换机知道，确定存储资源池使用的是 FC SAN 的方式。

目前的磁盘主要有以下几类：

（1）SAS 硬盘。串行连接 SCSI 技术与 SATA 硬盘类似，都是采用串行技术以获得更高的传输速度，并通过缩短连线改善内部空间等。SAS 是并行 SCSI 接口之后开发出的全新接口，与 SATA 硬盘兼容，但价格较贵。

（2）SATA 硬盘。又叫串口硬盘，有较强的纠错能力，能大大地提高数据传输的安全性。

（3）NL SAS 硬盘。也叫作近线 SAS。由于 SAS 盘的价格高昂，一些厂家就对 SATA 盘片进行改装，实现了 SATA 的盘体结合 SAS 的传输协议，形成了一种高容量低价格的硬盘。

（4）SSD。固态硬盘，该盘性能最好，但存在使用寿命不长和价格昂贵的问题。

（5）SCSI 硬盘。老式传输接口硬盘，目前已经停用。

综上所述，从性价比的角度来看，性价比最高的当属近线 SAS，有较高的容量和较低的价格，传输速度快，性能也很好，是目前大容量存储的首选。

【参考答案】

（1）存储资源池使用的是 FC SAN 的方式。

（2）从性价比的角度来看，性价比最高的当属近线 SAS，有较高的容量和较低的价格，传输速度，性能也非常好，是目前的大容量存储首选。

【问题 4】（4 分）

对比传统物理终端，简要谈谈桌面虚拟化的优点和缺点。

【试题分析】这是一道基础概念与综合分析题。首先要了解桌面虚拟化的主要技术，并且能根据实际使用的一些情况分析其优缺点。桌面虚拟化相对于传统物理终端，主要优点如下：

（1）长远来看，可以降低企业的 IT 运营成本。

（2）便于企业对终端桌面的集中管理，提升管理和生产效率。

（3）确保 IT 系统的运维安全、保证业务连续性。

（4）避免兼容问题产生的 IT 系统故障。

但是缺点也比较明显，主要缺点如下：

（1）初始成本较高，不适用于小型企业。

（2）虚拟桌面的性能不如物理桌面。

（3）虚拟桌面的高度管控可能引起使用者不适。

【参考答案】

优点：

（1）长远来看，可以降低企业的 IT 运营成本。

（2）便于企业对终端桌面的集中管理，提升管理和生产效率。

（3）确保 IT 系统的运维安全、保证业务连续性。

（4）避免兼容问题产生的 IT 系统故障。

缺点：

（1）初始成本较高，不适用于小型企业。

（2）虚拟桌面的性能不如物理桌面。

（3）虚拟桌面的高度管控可能引起使用者不适。

【问题 5】（5 分）

桌面虚拟化可能会带来 __（5）__ 等风险和问题，可以进行 __（6）__ 等对应措施。

（5）A．虚拟机之间的相互攻击　　　　　　B．防病毒软件的扫描风暴

C．网络带宽瓶颈　　　　　　　D．扩展性差

（6）A．安装虚拟化防护系统　　　B．不安装防病毒软件

　　　C．增加网络带宽　　　　　　D．提高服务器配置

【试题分析】桌面虚拟化之后，每个用户都会获得较充分的计算、存储资源，但存在共用网络带宽的问题，因此会对网络传输带宽有一定的要求。

【参考答案】（5）C　　　（6）C

22.3.2　典型试题 2

图 22-3-2 是某互联网服务企业的网络拓扑图，该企业主要对外提供网站消息发布、在线销售管理服务，Web 网站和在线销售管理服务系统采用 JavaEE 开发，中间件使用 WebLogic，采用访问控制、NAT 地址转换、异常流量检测、非法访问阻断等网络安全措施。

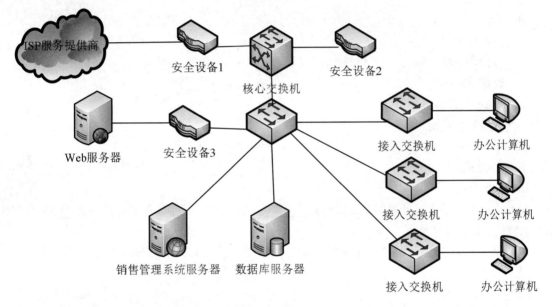

图 22-3-2　某互联网服务企业的网络拓扑

【问题 1】（6分）

根据网络安全防范需求，需在不同位置部署不同的安全设备，进行不同的安全防范，为图中的安全设备选择相应的网络安全设备。

在安全设备 1 处部署　（1）　；

在安全设备 2 处部署　（2）　；

在安全设备 3 处部署　（3）　。

（1）～（3）备选答案：

A．防火墙　　　　B．入侵检测系统　　　　C．入侵防御系统

【试题分析】我们必须清楚地知道这几种常用的安全设备的作用是什么、适合什么方式部署在什么位置、基本特性有哪些。

简单来说，防火墙通常以在线方式部署在内网与外部的边界，用于阻止来自外网的安全威胁。因此安全设备 1 处最适合部署防火墙。

入侵检测系统通常以旁路方式部署在内部网络，用于监控来自内网的安全威胁。因此在设备 2 这个位置部署最合适。

入侵防御系统通常以在线方式部署在网络的入口或者某些重要的网络区域,如公司的财务部门或者某个服务器区域。

【参考答案】（1）A　　　（2）B　　　（3）C

【问题 2】（6 分，多选题）

在网络中需要加入如下安全防范措施：

A．访问控制

B．NAT

C．上网行为审计

D．包检测分析

E．数据库审计

F．DDoS 攻击检测和阻止

G．服务器负载均衡

H．异常流量阻断

I．漏洞扫描

J．Web 应用防护

其中，在防火墙上可部署的防范措施有＿＿(4)＿＿；在 IDS 上可部署的防范措施有＿＿(5)＿＿；在 IPS 上可部署的防范措施有＿＿(6)＿＿。

【试题分析】本题考查基本的网络安全设备的特点、如何部署网络安全设备等基本概念。

【参考答案】（4）A、B、G　　　（5）D、F、I　　　（6）C、E、H、J

【问题 3】（5 分）

结合上述拓扑，请简要说明入侵防御系统的缺点。

【试题分析】IPS 是一台能够监视网络信息传输行为的计算机网络安全设备，能够即时中断、调整或隔离一些不正常的网络信息传输行为。目前的 IPS 系统主要存在以下几个方面的问题。

（1）单点失效问题。在线安装虽然对阻断攻击相当有效，但若 IPS 设备本身发生故障，将会中断网络连接，直接影响网络正常运行。所以大部分 IPS 设备都具备 Fail Open 功能，以保证在 IPS 系统出现故障时网络可以正常使用。

（2）性能瓶颈问题。IPS 以在线形式部署，在加载大量的检测特征库时会给网络增加负荷，产生额外的延时。当网络流量较大时，为避免成为网络性能的瓶颈，IPS 须具有高速处理数据能力。

（3）误报和漏报问题。IPS 面临的另一个重要的问题是误报和漏报。在准确性方面，一旦 IPS

作出错误判断，就会放过真正的攻击或阻断合法的事务而造成不必要的损失。

（4）攻击阻断的管理问题。主动阻断攻击是 IPS 的重要技术优势，但若处理不好也会增加管理负担。另外，攻击流阻断的恢复需要人工解决，因误警而被阻断的合法流量需要一定的等待时间来发现及恢复。

【参考答案】

（1）会加大网络的延迟，形成瓶颈。

（2）网络中部署一个 IPS 会存在有单点故障。

（3）存在误报和漏报问题。

（4）攻击阻断的管理问题。

【问题4】（8分）

该企业网络管理员收到某知名漏洞平台转发在线销售管理服务系统的漏洞报告，报告内容包括：

（1）利用 Java 反序列化漏洞，可以上传 jsp 文件到服务器。

（2）可以获取到数据库链接信息。

（3）可以链接数据库，查看系统表和用户表，获取到系统管理员登录账号和密码信息，其中登录密码为明文存储。

（4）使用系统管理员账号登录销售管理服务系统后，可以操作系统的所有功能模块。

针对上述存在的多处安全漏洞，提出相应的改进措施。

【试题分析】针对这种题型，在答题的时候要注意逐条回答，阅卷是分步记分的。因此必须进行针对性的分析和回答，可提高得分率。

【参考答案】

（1）针对此安全及时更新补丁，采取相应措施防止反序列化漏洞。

（2）软件代码设计严谨，避免不安全代码执行。

（3）数据库相关安全设置，账号密码采用密文等加密手段。

（4）各个系统的登录账号密码采取不同的字符。

22.3.3 典型试题3

【说明】

传统业务结构下，由于多种技术之间存在孤立性，使得数据中心服务器总是提供多个对外 I/O 接口。在云计算模式发展的推动下，数据中心正在从过去的存储处理中心演变成为应用中心，并逐步向服务中心和运营中心转变。而对客户来说，由于技术、经验、资金等的限制，在转变过程中会遇到各种挑战，如虚拟化带来的技术复杂性、规模扩大带来的运维压力、系统和数据迁移的困难以及数据中心的高能耗等。

传统业务结构存储下的数据中心网络扑结构图如图 22-3-3 所示。

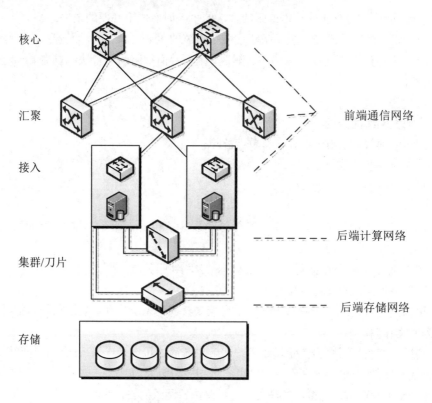

图 22-3-3　数据中心网络拓扑结构图

【问题 1】（9 分）

（1）本题中，数据中心有多个网络，一个是前端用户通信网络，一个是后端做数据更新或者做集群计算的通信网络，还有后台光纤存储网络。针对这三种网络分别举出一个例子。

（2）如上所述，除以上三种网络外，有的数据中心还有专门用于虚拟机迁移的网络，都会在服务器上做集中。这样一台服务器最多需要几块网卡与之相连？随着 TRILL 等技术的出现，这个专用网络还需要吗？

（3）网络成为数据中心资源的交换枢纽，当前数据中心分为 IP 数据网络、存储网络、服务器集群网络。随着数据中心规模的逐步增大，简单分析其带来的问题。

【试题分析】数据中心前端是用户通信网络，通常就是 IP 网络；后端通常是光纤网络，都在服务器上做集中。因此服务器上既有以太网卡也有光纤网卡，当与外部数据交互时使用 IP 网络，而与后端存储通信时使用光纤网络。

更为复杂的大型数据中心通常有如下 4 层：

（1）前端的用户通信网络（以太网）。

（2）后台存储网络光纤的通道（FC 光纤网络）。

（3）后端做数据更新或者做集群计算的通信网络（高性能计算 InfiniBand 网络等）。

（4）专门用于虚拟机迁移的网络，就是在每台服务器上使用一个普通的以太网网卡，连接到独立的交换机组成网络，这个网络仅仅用于虚拟机迁移。

因此这四种网络都在服务器上集中时，每个服务器都会有两张以太网卡，一张是 FC 网卡，另一张是 InfiniBand 网卡。通常会使用冗余链路双备份，因此有两套设备与之相连，这样一台服务器最多需要 8 块网卡与之相连。

目前，随着 TRILL 等技术的出现，用于虚拟机迁移的专用网络已经不再需要。

随着数据中心规模的逐步增大，也带来以下问题：

（1）每台服务器需要多个专用网卡和不同的布线系统。

（2）多套网络无法统一管理，需要不同的维护人员。

（3）导致部署、配置、管理、运维困难。

因此出现了专门为低延迟性、高性能、二层数据中心网络提供服务的协议 FCoE。

【参考答案】

（1）

1）前端的用户通信网络（以太网）。

2）后台存储网络光纤的通道（FC 光纤网络）。

3）后端做数据更新或者做集群计算的通信网络（高性能计算 InfiniBand 网络等）。

（2）

1）8 块网卡。

2）随着 TRILL 等技术的出现，用于虚拟机迁移的专用的网络已经不再需要。

（3）

1）每台服务器需要多个专用网卡和不同的布线系统。

2）多套网络无法统一管理，需要不同的维护人员。

3）导致部署、配置、管理、运维困难。

4）机房需要支持更多设备：空间、耗电、制冷。

【问题 2】（4 分）

FCoE 采用增强型以太网作为物理网络传输架构，是专门为低延迟性、高性能、二层数据中心网络所设计的网络协议。目前国际标准化组织开发了针对以太网标准的扩展协议簇，即"融合型增强以太网（CEE）"，这些扩展协议簇可以进行所有类型的传输。试简述 FCoE 技术的优点。

【试题分析】以太网光纤通道（Fiber Channel over Ethernet，FCoE）采用增强型以太网作为物理网络传输架构，能够提供标准的光纤通道有效载荷。

使用 FCoE 技术能统一 I/O，服务器只需用少量聚合网络适配器（Converged Network Adapter，CNA）代替较多的 NIC、HBA、HCA，所有流量通过 CAN 在以太网上传输；服务器只需要一块网卡、一套网络（以太网）系统，不再需要多套网络（以太网和光纤网）和多块网络适配器。设备、网络简化后，维护更加简单，部署、配置、管理也更简单。

FCoE 与现有的 SAN 兼容，可使用软件配置 I/O。

【参考答案】光纤存储和以太网可以共享同一端口；只需要配置更少的线缆和适配器；FCoE 与现有的 SAN 兼容，可使用软件配置 I/O。

【问题 3】（6 分）

为了实现统一管理、简化运维，采用基于 FCoE 技术的数据中心统一 I/O 能够实现用少数的 CNA 代替数量较多的 NIC、HBA、HCA，所有的流量通过 CNA 万兆以太网传输。

以 18 台服务器（单网卡）为例，使用 FCoE 后每台服务器只需要一块专用适配器（网卡）、一套布线（以太网）系统，统一管理维护简单。表 22-3-1 为使用 FCoE 前 18 台服务器需要的网卡、交换机、电缆以及上联端口的数量；请核算出使用 FCoE 后的相应部件数量，填充表 22-3-2。

表 22-3-1　使用 FCoE 之前

18 台服务区	Ethernet	FC	合计
网卡	18	18	36
交换机	2	2	4
电缆	36	36	72
上联端口	2	4	6

表 22-3-2　使用 FCoE 之后

18 台服务器	CEE	Ethernet	FC	合计
网卡	18	（1）	（5）	（9）
交换机	2	（2）	（6）	（10）
电缆	36	（3）	（7）	（11）
上联端口	2	（4）	（8）	（12）

【试题分析】使用前，这 18 台服务器每一台都需要有以太网网卡和 FC 卡，分别用于连接以太交换机和 FC 交换机。通常使用 2 台以太网交换机和 2 台 FC 光纤交换机连接，一共需要 4 台交换机。需要 72 根光纤、36 个网卡（36 根以太网光纤、36 个以太网网卡、18 根 FC 光纤、18 个 FC 光纤网卡）、上联端口（6 个，以太网交换机要 2 个，光纤交换机需要 4 个）。

使用 FCoE 之后，采用基于 FCoE 技术的数据中心统一 I/O 能够实现用少数的 CNA 代替数量较多的 NIC、HBA、HCA，所有的流量通过 CNA 万兆以太网传输。因此这 18 台服务器只需要 18 个 CNA 网卡，连接到 FCoE 交换机上即可。不再需要以太网卡和 FC 网卡。因此只需要 36 根光纤，将这 18 个网卡连接到 2 台 FCoE 交换机，上联端口还是 6 个，其中以太网交换机要 2 个、光纤交换机需要 4 个。

【参考答案】

18 台服务器	CEE	Ethernet	FC	合计
网卡	18	0	0	18
交换机	2	0	0	2
电缆	36	0	0	36
上联端口	2	0	4	6

【问题 4】（6 分）

（1）随着数据中心的发展，数据中心的能耗已经成为一个严峻的问题，PUE 已经成为国际上比较通行的数据中心电力使用效率的衡量指标。请问 PUE 是什么？它的基准是多少？其越接近多少表示一个数据中心的绿色化程度越高？

（2）在现代机房的机柜布局中，人们为了美观和便于观察会将所有的机柜朝同一个方向摆放。如果按照这种摆放方式，机柜盲板有效阻挡冷热空气的效果将大打折扣。正确的摆放方式是什么？请简述原因。

（3）水冷空调系统是目前新一代大型数据中心制冷的首选方案，采用水冷空调在部分地区可以采取免费冷却技术以节能。免费冷却技术是什么？

【试题分析】PUE（Power Usage Effectiveness）是评价数据中心能源效率的指标，是数据中心消耗的所有能源与 IT 负载使用的能源之比。可以这样表示：

$$PUE = 数据中心总设备能耗/IT 设备能耗$$

因为 PUE 是一个比值，没有单位。其基准值是 2，但是这个值越接近 1，表明数据中心能源主要用于 IT 资源负载，而不是浪费在机房的制冷、通风、照明等用途上，说明其能效水平就越好。要使 PUE 的值接近 1，主要从机房的制冷等方面改进入手。

当机柜朝统一方向摆放时，就形成了第一排机柜背面正对着第二排机柜的正面，这样两排机柜中间的通道就会出现冷热气流混合循环，形成冷热气流短路，致使第二排机柜的冷风进口温度大大提高，严重破坏了冷风通道的环境温度。因此正确的摆放方式是将服务器机柜面对面或背对背摆放，这样便形成了冷风通道和热风通道。机柜之间的冷热风不会混合在一起，形成短路气流，大大提高了制冷效果，保护好了冷热通道不被破坏。

机房中采用的传统的风冷制冷方式是比较耗电的运行方式。现在在大的 IDC 中基本上都采用水冷式的机房空调系统，比风冷系统节能 20%左右。当然也可以通过新的空调技术实现比水冷空调再节能 30%以上的空调系统，如非电空调等，这样可以做到大幅度节约用电。而所谓的免费冷却技术，实际是直接借助外界的空气或者江河中的水作为冷却的媒介，只需要使用循环泵的电能，不需要使用压缩机，可以大大降低冷却技术的运行费用。

【参考答案】

（1）PUE（Power Usage Effectiveness）是评价数据中心能源效率的指标，是数据中心消耗的所有能源与 IT 负载使用的能源之比。它的基准是 2，其越接近 1 表示一个数据中心的绿色化程度越高。

（2）正确的摆放方式是将服务器机柜面对面或背对背摆放。

其原因是当机柜朝统一方向摆放时，就形成了第一排机柜背面正对着第二排机柜的正面，这样两排机柜中间的通道就会出现冷热气流混合循环，形成冷热气流短路，致使第二排机柜的冷风进口温度大大提高，严重破坏了冷风通道的环境温度。

（3）免费冷却技术是实际是直接借助外界的空气或者江河中的水作为冷却的媒介，可以大大降低冷却技术的运行费用。

22.3.4　典型试题 4

【说明】某学校拥有内部数据库服务器 1 台、邮件服务器 1 台、DHCP 服务器 1 台、FTP 服务器 1 台、流媒体服务器 1 台、Web 服务器 1 台，要求为所有的学生宿舍提供有线网络接入服务，对外提供 Web 服务、邮件服务、流媒体服务，内部主机和其他服务器对外不可见。

【问题 1】（5分）

请划分防火墙的安全区域，说明每个区域的安全级别，指出各台服务器所处的安全区域。

【试题分析】防火墙通常分为三个区域：外部网络区域、内部网络区域和非军事化区。由于考试使用华为设备，因此还需要了解一下华为的防火墙。华为的防火墙通常分为非受信区（Untrust）（也就是常说的外部网络区域）、非军事化区（DMZ）及受信区（Trust）（内网网络区域）。

防火墙的不同区域的安全级别各不相同，通常在防火墙中，安全级别用于表明一个接口相对于另一个接口是可信还是不可信的。如果一个接口的安全级别高于另一个接口的安全级别，则这个接口是可信的，如果一个接口的安全级别低于另一个接口的安全级别，则这个接口是不可信的。在防火墙中，安全级别的基本访问规则是：具有较高安全级别的接口可以访问较低安全级别的接口；反之，较低安全级别的接口默认不能访问较高安全级别的接口，除非设置了 ACL。安全级别的范围不同，设备可能不同，大部分都是定义成 0～100。内部网络区域的安全级别最高，通常设置成 100。外部网络的安全级别最低，通常设置成 0。DMZ 区的安全级别可以自己定义成一个 1～99 之间的值。

【参考答案】防火墙通常分为三个区域：外部网络区域、内部网络区域和非军事化区。

内部网络区域的安全级别最高，通常设置成 100。外部网络的安全级别最低，通常设置成 0。DMZ 区的安全级别可以自己定义成一个 1～99 之间的值。

对外提供 Web 服务、邮件服务、流媒体服务设置在 DMZ 区域。内部数据库服务器、DHCP服务器、FTP 服务器设置在内部网络区域。

【问题 2】（5分）

请按照你的思路为该校进行服务器和防火墙部署设计，对该校网络进行规划，画出网络拓扑结构图。

【试题分析】这种题目，主要是从题干中获得相关要求，根据要求作答。本题中主要是考虑服务器和防火墙的部署，因此画拓扑图的时候，一定要突出服务器相对于防火墙的区域。可以画得较为详细，也可以只画出相对关系，但是一定要突出防火墙的区域和服务器所在的位置。

【参考答案】

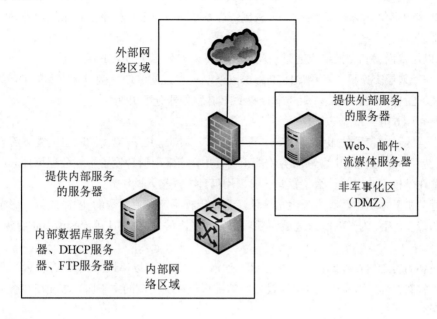

【问题 3】（5 分）

学校在原有校园网络基础上进行了扩建，采用 DHCP。服务器动态分配 IP 地址，运行一段时间后，网络时常出现连接不稳定、用户所使用的 IP 地址被"莫名其妙"修改、无法访问校园网的现象。经检测发现网络中出现多个未授权的 DHCP 地址。

请分析上述现象及遭受攻击的原理，指出该如何防范。

【试题分析】根本原因是网络中存在非授权的 DHCP 服务器、带 DHCP 功能的家用路由器，为网络中的 DHCP 客户提供非法的 IP 地址、子网掩码等参数，导致客户机不能正常地使用网络。

（1）可以在路由器和交换机上通过访问控制列表来屏蔽非法 DHCP 服务器，或者在合法 DHCP 服务器所在的端口上传输 DHCP 数据包，而其他端口均限制 DHCP 服务数据包的传输，可以很好的起到防范的作用。

（2）若非法 DHCP 服务器采用的是 Windows 系统，则可以通过"域"的方式对非法 DHCP 服务器进行过滤。将合法的 DHCP 服务器添加到活动目录（Active Directory）中，通过这种认证方式就可以有效制止非法 DHCP 服务器。其基本原理就是没有加入域中的 DHCP 服务器在响应请求前，会向网络中的其他 DHCP 服务器发送 DHCPINFORM 查询包，如果其他 DHCP 服务器有响应，那么这个 DHCP 服务器就不能对客户的要求作出响应，也就是说，网络中加入域的 DHCP 服务器的优先级比没有加入域的 DHCP 服务器要高。这样当合法 DHCP 存在时，非法的 DHCP 就不起任何作用了，但需要域的支持。

（3）在接入层交换机上启用 DHCP Snooping 功能，过滤非信任接口接收到的 DHCP OFFER、DHCP ACK、DHCP NCK 报文，阻止非授权 DHCP 服务器分配 IP 地址。

【参考答案】因为网络中存在非授权的 DHCP 服务器、带 DHCP 功能的家用路由器，为网络中的 DHCP 客户提供非法的 IP 地址、子网掩码等参数，导致客户机不能正常地使用网络。

防范手段有：

（1）以在路由器和交换机上通过访问控制列表来屏蔽非法 DHCP 服务器

（2）在接入层交换机上启用 DHCP Snooping 功能，过滤非信任接口接收到的 DHCP OFFER、DHCP ACK、DHCP NCK 报文，阻止非授权 DHCP 服务器分配 IP 地址。

【问题 4】（6 分）

学生宿舍区经常使用的服务有 Web、即时通信、邮件、FTP 等，同时也因视频流导致大量的 P2P 流量，为了保障该区域中各项服务均能正常使用，应采用何种设备合理分配每种应用的带宽？该设备部署在学校网络中的什么位置？一般采用何种方式接入网络？

【试题分析】本例中，因为学生宿舍区经常使用视频流导致大量的 P2P 流量，影响了正常的业务数据的带宽，因此为了保障该区域中各项服务均能正常使用，应使用流控设备进行流量的分类、调配和监控。

流控设备通常部署在控制流量的主干区，通常在网络出口以串连方式接入网络。

【参考答案】可采用流控设备。该设备通常部署在控制流量的主干区，通常在网络出口以串连方式接入网络。

【问题 5】（4 分）

当前防火墙中，大多集成了 IPS 服务，提供防火墙与 IPS 的联动。区别于 IDS，IPS 主要增加了什么功能？通常采用何种方式接入网络？

【试题分析】入侵防御系统（Intrusion Prevention System，IPS）是一个能够监视网络或网络设备的通信传输行为的计算机网络安全设备，能够即时中断、调整或隔离一些不正常或是具有破坏性的网络通信行为。IDS 只对那些异常的、可能是入侵行为的数据进行检测和报警，报告网络中的实时状况，是一种侧重于风险管理的安全产品。旁路部署的 IDS 可以及时发现那些穿透防火墙的深层攻击行为，作为防火墙的有益补充，但是无法进行实时的阻断。IPS 对那些被明确判断为攻击行为、会对网络、数据造成危害的恶意行为进行检测和防御，降低使用者对异常状况的处理资源开销，是一种侧重于风险控制的安全产品。IPS 通常是以在线、串行的形式部署在网络中。

【参考答案】串行部署在网络中。主要增加对那些被明确判断为攻击的行为进行即时的检测和防御，并能阻断正在发生的攻击。

22.3.5　典型试题 5

某高校拟对学生公寓网络（已知主机超过 3000 台）进行改造。该校网络部门在技术讨论过程中，提出了以太网接入、ADSL 接入和 GPON 接入三种思路，该部门主管在对三种方案的建设成本、网络安全、系统维护、宽带综合业务等方面综合考虑后，决定采用 GPON 接入方式，并给出了基于 GPON 的学生公寓宽带初步设计方案，如图 22-3-4 所示。

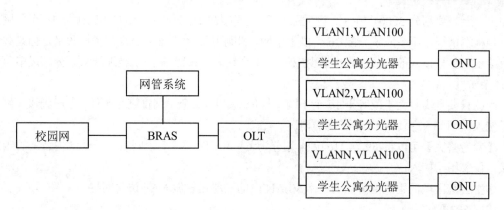

图 22-3-4 习题用图

【问题 1】（5 分）

请比较以太网接入、ADSL 接入及 GPON 接入三种方式的特点，并简要说明选择 GPON 接入方式的理由。

【试题分析】以太网接入技术的优点是技术非常成熟、标准化、平均端口成本低、带宽高、用户端设备成本低，将一个小区作为一个局域网来处理，方便高效。

ADSL 接入的特点是利用已有的电话线路作为传输介质，不需要改造或者重新布线，安装方便。但是传输数据是不对称的，上行 1Mb/s，下载最大 8Mb/s，适合在 3～5kM 的小范围内使用。

GPON 是一种无源光网络标准，由局端 OLT、光分配网 ODN 及用户端 ONT/ONU 组成，最大特点是宽带高、效率高、覆盖范围大、用户接口丰富等，能用 QoS 保证的全业务接入，很好地支持 TDM 业务，具有简单、高效的适配封装及强大的 OAM 能力。

【参考答案】以太网接入技术的优点是技术非常成熟、标准化、平均端口成本低等，但是对宽带综合业务的支持不太好，网络安全性存在一定的问题。

ADSL 接入的特点是利用已有的电话线路作为传输介质，但是传输数据是不对称的。在校园网络中，不具备使用既有电话线的条件，因此不适宜。

GPON 是一种无源光网络标准，最大特点是带宽高、效率高、覆盖范围大、用户接口丰富等，能用 QoS 保证的全业务接入。综合来看，网络安全、系统维护、宽带综合业务都比其他两种方式好。

【问题 2】（5 分）

已知网络部门对学生公寓网络分配了一个地址段 59.74.116.0/24。请给出学生公寓的网络地址规划与设计方案。

【试题分析】从题干可知，学生公寓网络的规模超过 3000 个接入点。而网络部门对学生公寓网络分配的地址段是 59.74.116.0/24，仅仅只是一个 C 类地址的范围。因此这个地址段只能用作学生公寓的 VLAN 与校园网连接的接入网络，学生用户在公寓内再使用私有地址，通过 NAT 的方式访问校园网。接下来考虑划分子网的个数，按照 3000 个接入点规模，每个子网最多有 250 个左右的用户，至少要划分 3000/250=12 个以上的子网，取大于或等于 12 的 2^N，也就是 16 个子网。这是一种极端情况，至少应该分配 16 个以上子网。实际还要考虑学生公寓的楼栋数量，但是题干并没有给出。另外接入的子网的规模最少应该有 4 个地址，按照一个 C 类地址来划分，最多可以划分 64 个子网。

因此只要是满足大于或等于 16 个子网、小于或等于 64 个子网都满足条件。考虑到该子网仅仅用于接入，因此考虑使用 64 个子网的情况。

【参考答案】可以将 59.74.116.0/24 划分为 64 个子网，每个子网对应一个学生公寓的 VLAN 连接，仅仅用于接入。

学生公寓区域的用户则可以通过本 VLAN 段的三层设备做 NAT 访问网络。

【问题 3】（6 分）

请依据图 22-3-4 的设计方案，结合用户上网方式是拨号上网、网络安全控制以及采用带内管理方式管理网络等技术因素。说明 BRAS 和 OLT 的设备性能及配置。

【试题分析】宽带远程接入服务器（Broadband Remote Access Server，BRAS）配置 PPPoE 主要实现宽带网络用户的接入、认证、计费、管理的网络设备。

光线路终端（Optical Line Terminal，OLT）用于连接光纤干线的终端设备，一端连接用户，另一端连接 BRAS。

BRAS 的性能指标主要有 PPP 会话数、可配置用户数、L2TP 隧道数、背板交换带宽等。

OLT 主要有分光比、连接带宽等性能指标。

【参考答案】

BRAS 的性能指标主要有 PPP 会话数、可配置用户数、L2TP 隧道数、背板交换带宽等。

OLT 主要有分光比、连接带宽等性能指标。

【问题 4】（5 分）

如果将图 22-3-4 中的 BRAS 设备用路由器替换，请分析在学生公寓网络规划上可能有哪些变化。

【试题分析】BRAS 是面向宽带网络应用的接入网关，它通常位于骨干网的边缘层，用于宽带网络的认证、计费、控制、管理等。

使用路由器代替 BRAS 之后，通常需要根据接入网络的规模来确定其变化，对于较大规模的网络，内部网络会采用路由器或者多层交换机进行网络的划分，因此路由器只要考虑路由优化与快速检测等问题即可。而规模较小的接入网可能是普通的 2 层网络，需要路由器提供较灵活的接入方式。

【参考答案】路由器代替 BRAS 之后，需要根据接入网络的规模来确定其具体变化，对于较大规模的网络，内部网络会采用路由器或者多层交换机进行网络的划分，因此路由器只要考虑路由优化与快速检测等问题即可。而规模较小的接入网可能是普通的 2 层网络，需要路由器提供较灵活的接入方式。

【问题 5】（4 分）

请简要说明相比 EPON 接入，GPON 接入对支持"三网合一"的发展有什么优势。

【试题分析】EPON 是基于以太网的 PON 技术。采用点到多点结构、无源光纤传输，在以太网之上提供多种业务。

GPON 比 EPON 带宽更大、业务承载更高效、分光能力更强，可以传输更大的带宽业务，实现更多用户接入，更注重多业务和 QoS 保证，但实现更复杂，这样导致其成本也更高。

【参考答案】GPON 比 EPON 带宽更大、业务承载更高效、分光能力更强，可以传输更大带宽业务，实现更多用户接入，更注重多业务和 QoS 保证。

第 23 章　下午二：论文讲解

根据考试大纲的规定，网络规划与设计的论文考试涉及如下内容：

（1）网络技术应用与对比分析。包括交换技术类、路由技术类、网络安全技术类、服务器技术类、存储技术类。

（2）网络技术应用对应用系统建设的影响。包括网络计算模式、应用系统集成技术、P2P 技术、容灾备份与灾难恢复、网络安全技术、基于网络的应用系统开发技术。

（3）专用网络需求分析、设计、实施和项目管理。包括工业专用网络、电子政务网络、电子商务网络、保密网络、无线数字城市网络、应急指挥网络、视频监控网络、机房工程。

（4）下一代网络技术分析。包括 IPv6、全光网络、3G、B3G、4G、WiMAX、WMN 等无线网络以及多网融合。

历年网络规划设计师考试涉及的论文题目如表 23-0-1 所列。

表 23-0-1　历年网络规划设计师考试的论文题

分类	论文题目
网络规划与设计	论电子政务专用网络的规划与设计（2009） 论网络规划与设计中的可扩展性问题（2010.05） 论大中型网络的逻辑网络设计（2010.05） 论校园网/企业网的网络规划与设计（2010.11） 论网络规划与设计中新技术的使用（2010.11） 论计算机网络系统的可靠性设计（2011） 校园网设计关键技术及解决方案（2012） 大型企业集团公司网络设计解决方案（2014） 论园区网的升级与改造（2016） 网络升级与改造中设备的重用（2018）
网络安全	论网络系统的安全设计（2009） 论无线网络中的安全问题及防范技术（2013） 局域网中信息安全方案设计及攻击防范技术（2015）

分类	论文题目
无线	论无线网络中的安全问题及防范技术（2013） 智能小区 Wi-Fi 覆盖解决方案（2015）
存储与备份	论数据灾备技术与应用（2016） 论网络存储技术与应用（2017）
机房	论网络中心机房的规划与设计（2014）
VPN	论网络规划与设计中的 VPN 技术（2012）
接入技术	论计算机网络系统设计中接入技术的选择（2011）
云计算	云计算的体系架构和关键技术（2013）
数字化与信息化	数字化技术的运用及关键技术（2013）
传输技术	论网络规划与设计中的光纤传输技术（2017）
网络监控	网络监控系统的规划与设计（2018）
IPv6	IPv6 在企业网络中的应用（2019）
虚拟化	网络虚拟化技术在企业网络中的应用（2019）

23.1　论文训练方法

　　网络规划设计师考试下午考试的论文题对于广大考生来说，是比较头痛的一件事情。首先从根源上讲，国内的工程师对文档的重视度不够，因此许多人没有机会（也可能是时间不允许等原因）在考前锻炼写作能力；再则由于缺少相应的文档编写实战训练，很难培养出清晰、多角度思考的习惯，所以，在 2 个小时的时间里写作一篇合格的论文很不容易。因此，考前准备是绝对必要的。

　　首先要多看。即看范文，看他人的网络管理经验、成熟网络技术介绍材料，看现成的网络集成项目文档，自己没有经验就多看他人的；自己有网络集成项目经验、设备集成经验、网络调试经验，也要看他人的范文来整理自己的写作思路。

　　其次要多写，"讲千万句不如动手写一千字"。一定要在考前动手写几篇，根据编者历年辅导学生的情况来看，至少要写 6 篇，不要贪多，简单的方法是找 6 篇历年论文题目逐一练习。还要练习写作速度，2 小时要写将近 3000 字，不练习速度的话考试时写的文章极可能不饱满。

　　最后要请老师批阅。写好后最好请一位老师来批阅，总不能孤芳自赏吧。需要注意的是，这里的论文毕竟不是学术论文，而是网络工程与项目管理的经验论文，更偏向于一篇工作汇报，因此最好请辅导老师来批阅。批阅后再反复修订，直到每一篇都合格为止。

23.2　论文的写作格式

　　考试时，论文试题纸上会有绘制好的方格供写作，如图 23-2-1 所示。

试题一至试题二为选答题

考生姓名		考生条形码粘贴处	考场记录	缺考 ☐
准考证号				违纪 ☐

注意事项

1、请用黑色字迹的签字笔填写"考生姓名"、"准考证号"。
2、请将"考生条形码"粘贴在正确的位置。
3、保持答题纸整洁，禁止折叠。
4、所有答案均填写在本答题纸答题框内，试卷上答题无效。

正确填涂 ▬

错误填涂 ⬒ ⬓ ⬕

选答题说明

试题一至试题二为选答题，请从中任选一题解答，并将标识框涂黑。若试题多选、少选或未选，则对题号最小的一道试题进行评分。

选答题：　试题一 ☐　　试题二 ☐

摘要

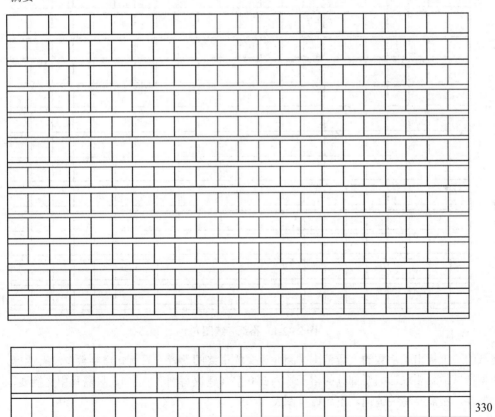

330

图 23-2-1　格纸

正文

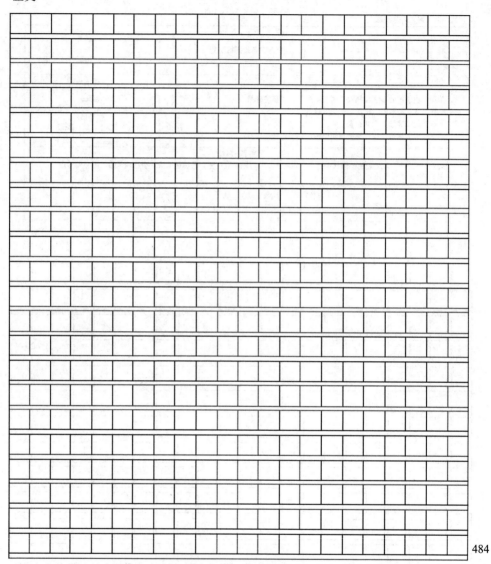

484

图 23-2-1　格纸（续图）

　　格纸的边上标出了字数的大致范围，因此论文的最终阅卷者一看就知道字数有没有达标。

　　根据考试最新要求，摘要部分的格子数为 330 字（建议写到 320 字）。只需写中文摘要，不用写英文摘要，不需要写关键词，不允许有图表。

　　正文部分的格子数为 2750 字（建议写到 2200～2500 字左右），文中可以分条描述，但不能全篇分条描述。

　　最好保持卷面清洁，可先在草稿纸上将论文写作提纲勾勒出来，再在答题纸上写正文。

23.3　建议的论文写作步骤与方法

对写作步骤没有具体的规定，如胸有成竹就可以直接书写。不过，大多数情况下建议按以下步骤展开：

（1）从给出的论文题目中选择试题（5 分钟）。

（2）论文构思，写出纲要（10 分钟）。

（3）写摘要（15 分钟）。

（4）正文撰写（80 分钟）。

（5）检查修正（10 分钟）。

通过对考试的研究，我们在论文教学过程中会有专题去讲解论文写作的方法。一般来说，当听完老师对论文写作的方法及典型论文的分析后，学生普遍觉得论文很好写，但实际往往是"知难行易"，你知道了怎么写并不意味着你会写。除了授课过程中常见的论文写作错误外，关键点在于如何下笔。因此，我们提炼出论文写作的几种方法。

23.3.1　通过讲故事来提炼素材

有一次，我们在教学的过程中反向行之，即先不讲解论文写作，也不需要学生了解论文的写作方法，而是与他们探讨系统集成、网络工程、机房建设等项目如何做，探讨工程实施中的细节问题。采用的形式是学生陈述项目，老师插入自己的提问，学生作答。

当然这种提问是有意设计的，目的是让学员自己回答出"论文写作的要点"。这种方法极其有效，当第一轮问答结束后，学生实际上就已经回答出了论文的背景、关键控制点、主要经验等关键写作要素。

在这个阶段，考生务必不要想论文如何写，仅仅从故事角度思考，如何呈现一个精彩的故事即可，完成此阶段的构思则大局既定。后续的精化阶段、成文阶段只是提炼和展现工作而已。

本书不对该部分详细展开，仅提一些常规的问题，如表 23-3-1 所列，烦请读者自己细细揣摩。

表 23-3-1　常规思考的问题

Q1：你的角色是什么？

Q2：当你接到任命后，你着手做的工作有哪些？

Q3：你认为主要的工作是什么？

Q4：实际接手后，你认为主要的工作是什么？

Q5：如果有偏差，为什么会产生这样的偏差？

Q6：网络工程中有哪些独特的特点？采用了哪些特色的技术？

Q7：项目过程中采取的措施有哪些？

Q8：你计划采取哪些措施？

Q9：你实际采取了哪些措施？

Q10：你觉得哪些经验值得推广？

23.3.2　框架写作法

框架写作法的核心就是提供一个论文框架，让学生"照葫芦画瓢"。而且框架写作法的核心实际上从阅读者的心理总结出来，假设（实际也是如何）阅读者在阅读论文的时候，时间有限的情况下会关注哪些点。

我们把论文分为摘要、背景、论点论据、收尾四个部分。

（1）摘要。

摘要是重中之重，尤其不可忽视。摘要反映的是学生提炼、总结的能力，是阅卷者对答题者的第一印象，如果摘要中的语句不通、逻辑不顺、词不达意还有错别字，我们很难想象这是一个合格的高级网络工程项目的管理者。

（2）背景。

对于背景的写作，无外乎几个关键要素：项目时间、项目干系人、交付的产品或功能的介绍、在论文主题方面的情况。比如，论文主题是关于安全的，则描述安全项目方面的大致情况。

在背景的准备过程中，要注意将关键点交待清楚。

（3）论点论据。

按照框架写作法的要求，论点即为每一段的主题句，如果选择 3 个论点，则有 3 个主题句。也就是写 3～4 个题目，涉及网络技术的几个主流方向。

当主题句写得得心应手的时候，实际上论文就形成了，剩下的工作是在主题句后面填充一些无关宏旨的扩展句子。

（4）收尾。

收尾是经验总结部分，这部分近乎通用，而且经验部分其实是可以适用于不同主题的。当然，能与主题紧密相扣更好，如果事前准备好的收尾不能扣主题甚至有偏离，则稍微作些修改，总比临时拼凑强得多。

我们一般建议考生准备两段收尾的总结句子，一段 200 字左右，用于正常收尾；一段 400 字左右，在论文字数不足的情况下起到凑字数的作用。

23.3.3　参考框架

例题 1：论网络中心机房的规划与设计

随着计算机的发展和网络的广泛应用，越来越多的单位建立了自己的网络，网络中心机房的建设是其中一个重要环节。它不仅集建筑、电气、安装、网络等多个专业技术于一体，更需要丰富的工程实施和管理经验。网络中心机房设计与施工的优劣直接关系到机房内计算机系统是否能稳定可靠地运行，是否能保证各类信息通信的畅通。

请以"网络中心机房的规划与设计"为题，依次对以下三个方面进行论述。

1. 概要叙述你参与设计实施的网络项目以及你所担任的主要工作。

2. 具体讨论在网络中心机房的规划与设计中的主要工作内容和你所采用的原则、方法和策略，以及遇到的问题和解决措施。

3. 分析你所规划和设计网络中心机房的实际运行效果。你现在认为应该做哪些方面的改进以及如何加以改进。

针对上述题目，我们给出参考的写作框架如下。

（1）摘要（300～330 字）。

___年___月，我参加了_____机房项目的规划和设计，担任_____（自己的工作角色）。该项目背景是____，该项目目标是____，该项目特点是____、_____、_____。

（约 100 字）

在机房项目设计中，我遵循了_____、_____、_____原则，取得了_____、_____、_____成果。

该机房设计中，我将项目分为_____、_____、_____等共_____个子项目。

其中，_____部分采用了_____、_____、_____技术，主要完成_____、_____、_____等几个方面的任务。

……

项目完成得十分顺利，基本达到预期的（成本、周期管理等）目标，取得了_____、_____、_____效果，并得到客户、我方领导的正面肯定。

（约 150 字）

该项目由于_____原因，在（设计/管理/实施/维护）中出现了_____问题。在项目（后期/运维/二期）中，可以考虑通过_____手段来解决。另外，我认为现有的_____做法有待改进，在未来的机房项目实施中，我们打算进行_____改进。

（约 100 字）

（2）正文（2200～2500 字）。

1）背景（正文部分，500 字左右）。

1. 机房项目基本信息（大环境、项目内容、金额、干系人、工期等）。
2. 机房项目构成（简述机房项目各子项目特点、特性、功能）。
3. 机房项目团队组成（人员组成、个人角色）。

注：该部分应该比摘要的第一段更详细。

2）论点论据（正文部分，1500 字左右）。

具体叙述你在参与机房建设中遵守的安全原则、目标（可以考虑的原则有实用性和先进性、安全可靠性、灵活性与可扩展性、舒适性、标准化、经济性/投资保护、可管理性）。

可以考虑的机房建设方面有以下几点：

1．建筑工程部分（抗静电活动地板敷设；不锈钢饰边框大玻璃隔断安装；铝塑板装饰墙面；铝合金微孔方形吊顶安装；各类门、窗安装；消防与安全设施）。

2．电气工程部分（机房动力配电系统：市电、柴油发电机、自动切换柜；机房 UPS 电源配电系统：UPS；机房照明及应急照明系统；机房直流地极、直流地网及静电泄漏地网；输入、输出配电柜制作安装）。

3．空调新风系统部分（精密空调机是否考虑安装，如何安装；新风系统制作安装、新风机安装）。

4．机房综合布线系统（双绞线的选取、管理、标识；光纤的选取、管理、标识）。

5．门禁系统的建设。

6．漏水检测系统的建设（对空调机及其上下水管设置定位漏水检测系统）。

7．设备监控系统的建设。

机房项目中，_____、_____、_____问题是要解决的重要问题，该问题非常重要，如果解决不好，会导致_____、_____、_____的后果。项目实际中，我们计划通过_____、_____、_____手段解决。

3）收尾（正文部分，200 字左右）。

通过全面细致的设计，机房项目取得_____正面的效果，并在成本、时间、质量管理方面达到了预期的_____效果。

但是，我们仍然不满足于现状，发现了很多的不足：

1．阐述不足。

2．未来新项目中计划解决的思路。

（约 200 字）

例题 2：论无线网络中的安全问题及防范技术

随着网络技术的飞速发展和普及，无线网络也逐步发展起来。近年来，无线网络已经成为网络扩展的一种重要方式，人们对无线网络依赖的程度也越来越高。无线网络安装简便，具有可移动性、开放性、高灵活性等，这些都为人们带来了极大的方便。但也正是因为这些特点，决定了无线网络面临许多安全问题，这些安全问题迫使技术人员开发了相应的安全防范技术和方法。

请围绕"无线网络中的安全问题及防范技术"论题，从以下四个方面进行论述。

1．简要论述无线网络面临的安全问题。

2．详细论述针对无线网络主要安全问题的防范技术。

3．详细论述你参与设计和实施的无线网络项目中采用的安全防范方案。

4．分析和评估你所采用的安全防范的效果以及进一步改进的措施。

针对上述题目，我们给出参考的写作框架如下。

（1）摘要（300～330 字）。

___年___月，我参加了_____无线网络安全加固项目的建设，担任_____（自己的工作角色）。该项目背景是___，该项目目标是___，该项目特点是___、_____、_____。

（约80字，项目应具备一定规模）

_____无线网络安全加固项目设计中可采用的防范技术有_____、_____、_____等。_____技术特点是_____、_____、_____，可以解决_____问题；_____技术特点是_____、_____、_____，可以解决_____问题；_____技术特点是_____、_____、_____，可以解决_____问题。

（约70字）

_____无线网络安全加固项目安全安全防范方案中，我将方案分为_____、_____、_____等共_____个部分。

其中，_____部分主要完成_____、_____、_____等几个方面的任务。

_____部分主要完成_____、_____、_____等几个方面的任务，解决_____问题。

_____部分主要完成_____、_____、_____等几个方面的任务，需采用_____方法，实现_____目的。

……

（约80字）

项目完成得十分顺利，基本达到预期的（成本、安全、质量等）目标，取得了_____、_____、_____效果，并得到客户、我方领导的正面肯定。

（约30字）

另外，我认为现有的_____做法有待改进，在未来的无线网络项目实施中，我们打算进行_____改进。

（约80字）

（2）正文（2200～2500字）。

1）背景（正文部分，500字左右）。

1. 无线网络安全加固项目基本信息（大环境、项目内容、金额、干系人、工期等）。
2. 无线网络安全加固项目组成（简述无线网络安全加固项目各子项目特点、特性、功能）。
3. 无线网络安全加固项目团队组成（人员组成、个人角色）。

注：该部分应该比摘要的第一段更详细。

2）论点论据（正文部分，1500字左右）。

简述当前无线局域网面临的安全问题。

1.

> *2.*
>
> *3.*
>
> 详细叙述 2～3 个可采用的无线网络安全防范技术，技术特点，可解决的问题。
>
> *如利用 ESSID、MAC 限制，防止非法无线设备入侵；限制接入终端的 MAC 地址；身份实名认证；WAPI；IEEE 802.11i；端口访问控制技术（IEEE 802.1x）和可扩展认证协议（EAP）。*
>
> 无线网络安全加固项目安全安全防范方案中，项目方案分为_____、_____、_____等共_____个部分。其中，_____部分主要完成_____、_____、_____等几个方面的任务。
>
> *详细叙述每个部分技术特点，采用的安全手段。*
>
> 无线网络安全加固项目中，_____、_____、_____问题是要解决的重要安全问题，该问题非常重要，如果解决不好，会导致_____、_____、_____的后果。
>
> 项目实际中，我们计划通过_____、_____、_____手段解决。

3）收尾（正文部分，200 字左右）。

> 通过全面细致的设计，_____无线网络安全加固项目取得_____正面的效果，并在成本、时间、质量管理方面达到了预期的_____效果。
>
> 但是，我们仍然不满足于现状，发现了很多的不足：
>
> *1．阐述不足。*
>
> *2．未来新项目中计划解决的思路。*
>
> （约 200 字）

例题 3：大型企业集团公司网络设计解决方案

公司为了发展业务、提高核心竞争能力，希望新建一个快捷安全的通信网络综合信息系统。该公司网络的基本需求如下：

1．公司办公地点分布在多个地方。在 A 域市除了公司本部外还有一个相距 10 公里的生产工厂，在相距 1000 公里外的 B 城市有一个研发部门，还有遍布全国 30 个大中城市的营销公司也需要联网。

2．网络用户除固定的桌面系统外，还有移动终端上网需求。

3．公司本部包括经理办公室、生产部、市场部、人力资源部等多个办公部门，共有信息点 3000 个（不包括移动终端，下同），生产工厂和研发部也划分为一些科室，各有信息点 1000 个左右。

4．建立一个符合开放性规范的综合业务通信网络，集成 OA 办公和企业管理，能够进行数据、声音、图像综合传输的网络平台。

5．网络要符合下列要求：先进性、通用性和容错性，可扩展可升级，便于维护管理，性价比高。

请以"大型企业集团公司网络设计解决方案"为题，依次对以下四个方面进行论述。

1．根据你自己参与的网络规划和建设项目，参考常见的网络设计方案，按照以上要求给出本网络的解决方案。

2．描述网络连接拓扑结构、设备选型和地址分配等具体方案。

3．概述网络安全解决方案，分析方案的优缺点及选择依据。

4．在实际网络设计项目中需重点解决的问题。

针对上述题目，我们给出参考的写作框架如下：

（1）摘要（300～330 字）。

___年___月，我参加了_____公司网络项目的建设，担任_____（自己的工作角色）。该项目背景是___，该项目目标是___，该项目特点是___、_____、_____。

　　（约 80 字，此类题项目描述一定要结合题干来描述）

为保障公司网络项目切实符合需求，我们前期做了大量的调查研究工作，在分析当前技术、设备、公司现有的资产前提下。

为确保公司网络具备_____特性 1。我们采用了_____、_____、_____等技术、方法，解决了_____问题，提升了公司网络的_____特性。

为确保公司网络具备_____特性 2。我们采用了_____、_____、_____等技术、方法，解决了_____问题，提升了公司网络的_____特性。

……

（约 160 字）

项目完成得十分顺利，基本达到预期的_____目标，取得了____、____、____效果，并得到客户、我方领导的正面肯定。

（约 30 字）

该项目由于_____原因，在（设计/管理/实施/维护）中还出现了_____问题。在项目（后期/运维/二期）中，采用通过_____手段来解决。另外，我认为现有的_____做法有待改进，在未来的大型企业网络项目设计与实施中，我们打算进行_____改进。

（约 80 字）

（2）正文（2200～2500 字）。

1）背景（正文部分，500 字左右）。

1．公司网络项目基本信息（大环境、项目内容、金额、干系人、工期等）。

2．公司网络项目组成（简述公司网络项目各子项目特点、特性、功能）。

3．公司网络项目团队组成（人员组成、个人角色）。

注：该部分应该比摘要的第一段更详细。

2）论点论据（正文部分，1500 字左右）。

公司网络项目设计方案中，项目方案分为_____、_____、_____等共_____个部分。其中，_____部分主要完成_____、_____、_____等几个方面的任务。

首先，网络项目方案_____部分中，由于公司具有_____、_____、_____等特点。所以公司广域网接入部分考虑_____技术。该技术具有特点有_____、_____、_____。鉴于该技术的_____、_____、_____等特性，我们采用了该接入技术。

其次，由于公司网络具有_____、_____、_____等特点。所以公司园区无线部分考虑_____技术。该技术具有特点有_____、_____、_____。无线网设计可以分_____步骤展开，具体有_____。网络计费和认证可以考虑_____技术。

……

再次，由于公司网络具有_____、_____、_____等特点。所以公司园区 IP 地址分配与划分可以参考_____、_____策略；VLAN 的设计与划分可以考虑_____策略。

由于公司要求建立一个符合开放性规范的综合业务通信网络，集成 OA 办公和企业管理，能够进行数据、声音、图像综合传输的网络平台。我们采用_____、_____、_____等方法、技术来解决。

为确保公司网络具备_____特性 1。我们采用了_____、_____、_____等技术、方法，解决了_____问题，提升了公司网络的_____特性。为确保公司网络具备_____特性 2。我们采用了_____、_____、_____等技术、方法，解决了_____问题，提升了公司网络的_____特性。

……

3）收尾（正文部分，200 字左右）。

通过全面细致的设计，_____公司网络建设项目取得_____正面的效果，并在成本、时间、质量管理方面达到了预期的_____效果。

但是，我们仍然不满足于现状，发现了设计与建设方案中的很多不足：

1. 阐述不足。

2. 未来新项目中计划解决的思路。

（约 200 字）

23.4　阅卷办法

论文阅卷的给分点如下：

（1）全文陈述完整，论文结构合理、语言流畅，字迹清楚，得 5 分。

（2）所述项目切题真实，介绍清楚，得 10 分（项目要真实，描述清晰，并符合题意，文章中的论点和方法是针对该项目展开的）。

（3）对题目所涉及的理论进行阐述，得 5～10 分（比如阐述成本管理概念）。

（4）文章的论点有理论论点的支持，并对对应论点结合项目实际进行阐述，得 25～40 分（一般要涉及 3～5 点与题目相干的理论知识，阐述一条论点得 8 分，精辟的阐述可提高分值）。

（5）分析总结得 15～20 分（总结工作中的心得与体会、项目实施中的不足以及考虑的解决方法，这部分杜绝空话）。

不及格论文特点如下：

（1）走题。

（2）虚构情节、文章不真实。

（3）没有体现实际经验，通篇纯理论表述。

（4）文章涉及的内容与方法过于陈旧，或者项目管理水准低下。

（5）正文与摘要的篇幅过于短小。

（6）文理很不通顺、错别字很多、条理与思路不清晰、字迹过于潦草等情况相对严重。

（7）项目太小。

（8）内容有明显的错误。

23.5　总结

很多考生在听完面授的论文课后，突然发现论文写作"如此简单"，但由于没有进行实际写作，我们所提到的常见问题在实际写作的过程中仍会不断地出现。

因此关键在于"写"，从现在开始练习写作吧！读者也可以加入到我们的微信公众号（扫描以下二维码），我们将给大家提供一些范文供参考。也可以将你写好的文章投递到邮箱 *syhnjs@qq.com* 中，我们会就文章与读者进行一定互动。

第 **5** 天
模拟考试，检验自我

第 24 章　模拟试题

24.1　上午一

- ___(1)___开发过程模型最不适用于开发初期对软件需求缺乏准确全面认识的情况。

  （1）A. 瀑布　　　　　B. 演化　　　　　C. 螺旋　　　　　D. 增量

- 下列___(2)___不是增量式开发的优势。

  （2）A. 软件可以快速地交付

  　　B. 早期的增量作为原型，从而可以加强对系统后续开发需求的理解

  　　C. 具有最高优先级的功能首先交付，随着后续的增量不断加入，使得更重要的功能得到更多的测试

  　　D. 很容易将客户需求划分为多个增量

- 逆向工程从源代码或目标代码中提取设计信息，通常在原软件生命周期的___(3)___阶段进行。

  （3）A. 需求分析　　B. 软件设计　　　C. 软件设计　　　D. 软件维护

- UML 的设计视图包含了类、接口和协作，其中，设计视图的静态方面由___(4)___和___(5)___表现；动态方面由交互图、___(6)___表现。

  （4）A. 类图　　　　　B. 状态图　　　　C. 活动图　　　　D. 用例图

  （5）A. 状态图　　　　B. 顺序图　　　　C. 对象图　　　　D. 活动图

（6）A．状态图和类图　　　　　　　　　B．类图和活动图

　　　C．对象图和状态图　　　　　　　　D．状态图和活动图

● 在软件测试中，假定 X 为整数，$10 \leq X \leq 100$，用边界值分析法，那么 X 在测试中应该取___（7）___边界值。

（7）A．$X=9$，$X=10$，$X=100$，$X=101$　　　　B．$X=10$，$X=100$

　　　C．$X=9$，$X=11$，$X=99$，$X=101$　　　　D．$X=9$，$X=10$，$X=50$，$X=100$

● 程序员在编程时将程序划分为若干个关联的模块。第一个模块在单元测试中没有发现缺陷，程序员接着开发第二个模块。第二个模块在单元测试中有若干个缺陷被确认。对第二个模块实施了缺陷修复后，下列___（8）___符合软件测试的基本原则。

（8）A．用更多的测试用例测试模块一；模块二暂时不需要再测，等到开发了更多模块后再测

　　　B．用更多的测试用例测试模块二；模块一暂时不需要再测，等到开发了更多模块后再测

　　　C．再测试模块一和模块二，用更多的测试用例测试模块一

　　　D．再测试模块一和模块二，用更多的测试用例测试模块二

● 决策树分析法通常用决策树图表进行分析，根据下面的决策树分析法计算，图 24-1-1 中机会结点的预期收益 EMV 分别是 90 和___（9）___（单位：万元）。

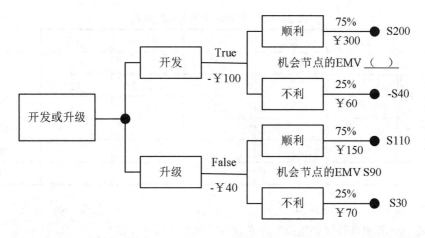

图 24-1-1　决策树

（9）A．160　　　　　　B．150　　　　　　C．140　　　　　　D．100

● 假定某农贸市场上鸡蛋的需求和供给曲线可以由下列方程表示：

$$Q_d = 100 + 10p$$

$$Q_s = 540 - 40p$$

其中，Q_d 为该市场鸡蛋的需求量（公斤），Q_s 为该市场鸡蛋的供给量（公斤），p 为每公斤鸡蛋的价格，则市场上鸡蛋价格 p 为___（10）___/公斤时，达到供需平衡。

（10）A．10　　　　　　B．9.2　　　　　　C．8.8　　　　　　D．14

● 某公司现有 400 万元用于投资甲乙丙三个项目，投资额以百万元为单位，已知甲、乙、丙三项投资的可能方案及获得的相应收益如表 24-1-1 所列。

表 24-1-1　收益表

收益 项目	投资额 1	2	3	4
甲	4	6	9	10
乙	3	9	10	11
丙	5	8	11	15

则该公司能够获得的最大收益是＿＿＿（11）＿＿＿百万元。

（11）A. 17　　　　　　B. 18　　　　　　　　C. 20　　　　　　D. 21

● 某公司从甲地向丁地运送物质，运输过程中先后需经过乙、丙两个中转站，其中乙中转站可以选择乙 1 和乙 2 两个可选地点，丙中转站可以选择丙 1、丙 2、丙 3 三个可选地点，各相邻两地之间的距离如表 24-1-2 所列，则甲地到丁地之间最短距离是＿＿＿（12）＿＿＿。

表 24-1-2　各相邻两地之间的距离

	乙 1	乙 2	丙 1	丙 2	丙 3	丁
甲	26	30				
乙 1			18	28	32	
乙 2			30	32	26	
丙 1						30
丙 2						28
丙 3						20

（12）A. 64　　　　　　B. 74　　　　　　　　C. 76　　　　　　D. 68

● 依据《计算机软件保护条例》，对软件的保护包括＿＿＿（13）＿＿＿。

（13）A. 计算机程序，但不包括用户手册等文档

　　　B. 计算机程序及其设计方法

　　　C. 计算机程序及其文档，但不包括开发该软件所用的思想

　　　D. 计算机源程序，但不包括目标程序

● 通信子网为网络源结点与目的结点之间提供了多条传输路径的可能性，路由选择是指＿＿＿（14）＿＿＿。

（14）A. 建立并选择一条物理链路

　　　B. 建立并选择一条逻辑链路

C. 网络中间节点收到一个分组后，确定并转发分组的路径

D. 选择通信介质

● 非对称数字用户线 ADSL 是采用＿＿＿(15)＿＿＿调制，通过双绞线向用户提供宽带业、交互式数据业务和普通电话服务的接入技术。ADSL 接入互联网的两种方式是＿＿＿(16)＿＿＿。

(15) A. TDM　　　　　B. FDM　　　　　C. WDM　　　　　D. CDM

(16) A. 固定接入和虚拟拨号　　　　　　B. 专线接入和 VLAN 接入

　　　C. 固定接入和 VLAN 接入　　　　　D. 专线接入和虚拟拨号

● 实现 VPN 的关键技术主要有隧道技术、加解密技术、＿＿＿(17)＿＿＿和身份认证技术。

(17) A. 入侵检测技术　　　　　　　　　　B. 病毒防治技术

　　　C. 安全审计技术　　　　　　　　　　D. 密钥管理技术

● 下列隧道协议中，工作在网络层的是＿＿＿(18)＿＿＿。

(18) A. SSL　　　　B. L2TP　　　　C. IPSec　　　　D. PPTP

● 采用 ADSL 虚拟拨号接入方式中，用户端需要安装＿＿＿(19)＿＿＿软件。

(19) A. PPP　　　　B. PPPoE　　　　C. PPTP　　　　D. L2TP

● IP 头和 TCP 头的最小开销合计为＿＿＿(20)＿＿＿字节，以太网最大帧长为 1518 字节，则可以传送的 TCP 数据最大为＿＿＿(21)＿＿＿字节。

(20) A. 20　　　　B. 30　　　　C. 40　　　　D. 50

(21) A. 1434　　　　B. 1460　　　　C. 1480　　　　D. 1500

● TCP 是一个面向连接的协议，它提供连接的功能是＿＿＿(22)＿＿＿的，采用＿＿＿(23)＿＿＿技术来实现可靠数据流的传送。为了提高效率，又引入了滑动窗口协议，协议规定重传＿＿＿(24)＿＿＿的分组，这种分组的数量最多可以＿＿＿(25)＿＿＿，TCP 协议采用滑动窗口协议解决了＿＿＿(26)＿＿＿。

(22) A. 全双工　　　B. 半双工　　　C. 单工　　　D. 单方向

(23) A. 超时重传

　　　B. 肯定确认（捎带一个分组的序号）

　　　C. 超时重传和肯定确认（捎带一个分组的序号）

　　　D. 丢失重传和重复确认

(24) A. 未被确认及至窗口首端的所有分组　B. 未被确认

　　　C. 未被确认及至退回 N 值的所有分组　D. 仅丢失的

(25) A. 是任意的　　　　　　　　　　　　B. 1 个

　　　C. 大于滑动窗口的大小　　　　　　D. 等于滑动窗口的大小

(26) A. 端到端的流量控制

　　　B. 整个网络的拥塞控制

　　　C. 端到端的流量控制和网络的拥塞控制

　　　D. 整个网络的差错控制

● IEEE 802.11 采用了类似于 IEEE 802.3 CSMA/CD 协议的 CSMA/CA 协议，不采用 CSMA/CD 协议的原因是___(27)___。

(27) A. CSMA/CA 协议的效率更高　　　B. 为了解决隐蔽终端问题
　　　C. CSMA/CD 协议的开销更大　　　D. 为了引进其他业务

● 正在发展的第四代无线通信技术推出了多个标准，下面的选项中不属于 4G 标准的是___(28)___。

(28) A. LTE　　　B. WiMAXII　　　C. WCDMA　　　D. UMB

● IPv6 地址 12AB:0000:0000:CD30:0000:0000:0000:0000/60 可以表示成各种简写形式，下面的选项中，写法正确的是___(29)___。

(29) A. 12AB:0:0:CD30::/60　　　　　B. 12AB:0:0:CD3/60
　　　C. 12AB::CD30/60　　　　　　　D. 12AB::CD3/60

● 为了确定一个网络是否可以连通，主机应该发送 ICMP___(30)___报文。

(30) A. 回声请求　　B. 路由重定向　　C. 时间戳请求　　D. 地址掩码请求

● ICMP 协议属于 TCP/IP 网络中的___(31)___协议，ICMP 报文封装在___(32)___包中传送。

(31) A. 数据链路层　　B. 网络层　　　C. 传输层　　　D. 会话层
(32) A. IP　　　　　B. TCP　　　　　C. UDP　　　　D. PPP

● 当 DHCP 客户机首次启动时，将向 DHCP 服务器发送一个服务请求包；当 DHCP 服务器收到后，将通过___(33)___报文返回一个未分配的 IP 地址。当客户机获得了 IP 地址后，会在租约时间过了___(34)___时开始更新租约。

(33) A. DHCP Offer　　　　　　　　　B. DHCP Ack
　　　C. DHCP Discover　　　　　　　D. DHCP Quest
(34) A. 50%　　　B. 75%　　　　　C. 87.5%　　　D. 95%

● 在 Windows 用户管理中，使用组策略 A-G-DL-P，其中 A 表示___(35)___，G 表示___(36)___。

(35) A. 用户账号　　B. 资源访问权限　　C. 域本地组　　D. 全局组
(36) A. 用户账号　　B. 资源访问权限　　C. 域本地组　　D. 全局组

● S/MIME 是一个用于发送安全报文的 IETF 标准。它采用了 PKI 数字签名技术并支持消息和附件的加密，无须收发双方共享相同密钥。S/MIME 委员会采用___(37)___技术标准来实现 S/MIME，并适当扩展了___(37)___的功能。目前该标准包括密码报文语法、报文规范、证书处理以及证书申请语法等方面的内容。

(37) A. PKI　　　B. KPI　　　　　C. BGP　　　　D. CPI

● 在进行域名解析过程中，由___(38)___获取的解析结果耗时最短。

(38) A. 主域名服务器　　　　　　　　B. 辅域名服务器
　　　C. 本地缓存　　　　　　　　　　D. 转发域名服务器

● DNS 通知是一种推进机制，其作用是使得___(39)___。

（39）A．辅助域名服务器及时更新信息

　　　B．授权域名服务器向管区内发送公告

　　　C．本地域名服务器发送域名解析申请

　　　D．递归查询迅速返回结果

● 在 DNS 资源记录中，___（40）___记录类型的功能是把 IP 地址解析为主机名。

（40）A．A　　　　　B．NS　　　　　C．CNAME　　　D．PTR

● 在 IPv6 的单播地址中有两种特殊地址，其中地址 0:0:0:0:0:0:0:0 表示___（41）___；地址 0:0:0:0:0:0:0:1 表示___（42）___。

（41）A．不确定地址，不能分配给任何结点

　　　B．回环地址，结点用这种地址向自身发送 IM 分组

　　　C．不确定地址，可以分配给任何结点

　　　D．回环地址，用于测试远程结点的连通性

（42）A．不确定地址，不能分配给任何结点

　　　B．回环地址，结点用这种地址向自身发送 IPv6 分组

　　　C．不确定地址，可以分配给任何结点

　　　D．回环地址，用于测试远程结点的连通性

● RSA 是一种十分常用的公钥加密算法，它的理论基础是数论中的___（43）___。

（43）A．大素数分解　B．离散对数　　　C．背包问题　　　D．椭圆曲线

● 按照 RSA 算法，若选两个奇数 $p=5$，$q=3$，公钥 $e=7$，则私钥 d 为___（44）___。

（44）A．6　　　　　B．7　　　　　C．8　　　　　D．9

● 杂凑函数 SHA1 的输入分组长度为___（45）___比特。

（45）A．128　　　　B．258　　　　C．512　　　　D．1024

● 两个密钥三重 DES 加密：$C = E_{k_1}[D_{K_2}[E_{K_1}[P]]]$，K1≠K2，其中有效的密钥为___（46）___。

（46）A．56　　　　　B．128　　　　C．168　　　　D．112

● 以下关于数字证书的叙述中，错误的是___（47）___。

（47）A．证书通常由 CA 安全认证中心发放

　　　B．证书携带持有者的公开密钥

　　　C．证书的有效性可以通过验证持有者的签名获知

　　　D．证书通常携带 CA 的公开密钥

● 甲不但怀疑乙发给他的信息被篡改，而且怀疑乙的公钥也是冒充的，为了消除甲的疑虑，甲和乙决定找一个双方都信任的第三方来签发数字证书，这个第三方为___（48）___。

（48）A．国际电信联盟电信标准分部（ITU-T）

　　　B．国家安全局（NSA）

　　　C．认证中心（CA）

　　　D．国家标准化组织（ISO）

● 以下关于 IPSec 协议的叙述中，正确的是___（49）___。

（49）A．IPSec 协议是解决 IP 协议安全问题的一种方法

     B．IPSec 协议不能提供完整性

     C．IPSec 协议不能提供机密性保护

     D．IPSec 协议不能提供认证功能

● 图 24-1-2 为 IPSec 数据包的一种，该数据类型属于___（50）___。下面说法，___（51）___是正确的。

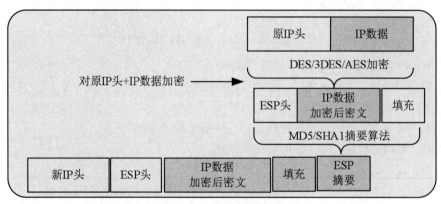

图 24-1-2　IPSec 数据包格式

（50）A．传输模式 AH 封装　　　　　　B．传输模式 ESP 封装

     C．隧道模式 AH 封装　　　　　　D．隧道模式 ESP 封装

（51）A．AH 可以做摘要，也可以进行数据加密

     B．AH 不可以做摘要，但可以进行数据加密

     C．ESP 可以做摘要，也可以进行数据加密

     D．ESP 可以做摘要，不可以进行数据加密

● 通常，公钥密码系统的应用有三种场景，即密钥交换、加密/解密和数字签名。下列算法中，___（52）___对上述三种应用都适用，而___（53）___只适用于密钥交换。

（52）A．Diffie-Hellman　　　　　　　B．DSS

     C．椭圆曲线　　　　　　　　　　D．DES

（53）A．Diffie-Hellman　　　　　　　B．DSS

     C．椭圆曲线　　　　　　　　　　D．DES

● 下列___（54）___不包含在 PPP 协议中。

（54）A．封装协议

     B．链路控制协议（LCP）

     C．网络控制协议（NCP）

     D．点对点隧道协议（PPTP）

- 安全备份的策略不包括___（55）___。

（55）A．所有网络基础设施设备的配置和软件

　　　 B．所有提供网络服务的服务器配置

　　　 C．网络服务

　　　 D．定期验证备份文件的正确性和完整性

- 数据安全的目的是实现数据的___（56）___。

（56）A．唯一性、不可替代性、机密性

　　　 B．机密性、完整性、不可否认性

　　　 C．完整性、确定性、约束性

　　　 D．不可否认性、备份、效率

- 某公司拟配置存储容量不少于 9TB 的磁盘阵列用于存储数据。假设只能购买每块存储容量为 2TB 的磁盘，以下说法正确的是___（57）___。

（57）A．如果配置 RAID 5 的磁盘阵列，需要购买 6 块磁盘。在使用过程中当任何一块磁盘出现故障时，数据的完整性不受影响

　　　 B．如果配置 RAID 0 的磁盘阵列，需要购买 5 块磁盘，在使用过程中当任何一块磁盘出现故障时，数据的完整性不受影响

　　　 C．如果配置 RAID 0+1 的磁盘阵列，需要购买 7 块磁盘，在使用过程中当任何两块磁盘出现故障时，数据的完整性不受影响

　　　 D．如果配置 RAID 1+0 的磁盘阵列，需要购买 9 块磁盘，在使用过程中当任何两块磁盘出现故障时，数据的完整性不受影响

- Alice 向 Bob 发送数字签名的消息 M，则下列说法不正确的是___（58）___。

（58）A．Alice 可以保证 Bob 收到消息 M

　　　 B．Alice 不能否认发送过消息 M

　　　 C．Bob 不能编造或改变已发送的消息 M

　　　 D．Bob 可以验证消息 M 确实来源于 Alice

- 网络系统设计过程中，物理网络设计阶段的任务是___（59）___。

（59）A．依据逻辑网络设计的要求，确定设备的具体物理分布和运行环境

　　　 B．分析现有网络和新网络的各类资源分布，掌握网络所处的状态

　　　 C．根据需求规范和通信规范，实施资源分配和安全规划

　　　 D．理解网络应该具有的功能和性能，最终设计出符合用户需求的网络

- 下列说法___（60）___是不正确的。

（60）A．网桥是一种在数据链路层实现互联的设备，在网段之间进行数据帧的接收、存储与转发

　　　 B．网桥的作用主要是异构局域网络互联、数据帧转发、路径选择等

　　　 C．透明网桥支持冗余桥设备，具有自学习功能，可以根据学习到的 MAC 地址分布情

况进行数据帧转发，在网络互联时，通过生成树算法避免网桥环路的出现

  D. 源路由网桥是指在帧内包含了帧的路由信息，从而使网桥根据路由信息进行帧转发，而路由信息则是依据侦测数据帧进行广播后目标主机响应的最优路径产生

- 网络设计包括逻辑网络设计和物理网络设计两个阶段，每个阶段都要产生相应的文档。以下选项中，___(61)___属于逻辑网络设计文档，___(62)___属于物理网络设计文档。

（61）A. 网络 IP 地址分配方案　　　　　B. 设备列表清单
　　　 C. 集中访谈的信息资料　　　　　　D. 网络内部的通信流量分布

（62）A. 网络 IP 地址分配方案　　　　　B. 设备列表清单
　　　 C. 集中访谈的信息资料　　　　　　D. 网络内部的通信流量分布

- 在计算机网络中，通信是通信模式和通信量的组合。应用软件按照网络处理模型，可分为单机软件、对等网络软件、C/S 软件、B/S 软件、分布式软件，而对于网络设计来说，其数据的网络传递模式就是通信模式。___(63)___模式中，参与的网络结点都是平等角色，既是服务的提供者，也是服务的享受者。由于参与通信的结点有相似的应用程序和通信能力，因此在对等通信模式中，流量通常是双向对称的。

（63）A. 对等通信模式

　　　 B. 客户机－服务器通信模式

　　　 C. 分布式计算通信模式

　　　 D. 浏览器－服务器通信模式

- 在网络的分析和设计过程中，通信规范分析处于第二个阶段，通过分析网络通信流量和通信模式，发现可能导致网络运行瓶颈的关键技术点，从而在设计工作避免这种情况发生。下列___(64)___不属于通信规范分析。

（64）A. 编写通信规范　　　　　　　　　B. 通信量分析
　　　 C. 网络需求分析　　　　　　　　　D. 网络基准分析

- 假设生产管理网络系统采用 B/S 工作方式，经常上网的用户数为 150 个，每个用户每分钟产生 8 个事务处理任务，平均事务量大小为 0.05MB，则这个系统需要的信息传输速率为___(65)___。

（65）A. 4Mb/s　　　　　B. 6Mb/s　　　　　C. 8Mb/s　　　　　D. 12Mb/s

- 丢包率是指网络在___(66)___流量负荷情况下，由于网络性能问题造成部分数据包无法被转发的比例。在进行丢包率测试时，需按照不同的帧长度（包括 64、128、256、512、1024、1280、1518 字节）分别进行测量。

（66）A. 50%　　　　　B. 70%　　　　　C. 65%　　　　　D. 60%

- 网络系统生命周期可以划分为 5 个阶段，实施这 5 个阶段的合理顺序是___(67)___。

（67）A. 需求规范、通信规范、逻辑网络设计、物理网络设计、实施阶段

　　　 B. 需求规范、逻辑网络设计、通信规范、物理网络设计、实施阶段

　　　 C. 通信规范、物理网络设计、需求规范、逻辑网络设计、实施阶段

　　　 D. 通信规范、需求规范、逻辑网络设计、物理网络设计、实施阶段

● 以太网协议可以采用非坚持型、坚持型和 P 坚持型三种监听算法。下面关于这三种算法的描述中，正确的是___（68）___。

（68）A. 坚持型监听算法的冲突概率低，但可能引入过多的信道延迟

　　　 B. 非坚持型监听算法的冲突概率低，但可能浪费信道带宽

　　　 C. P 坚持型监听算法实现简单，而且可以到达最佳性能

　　　 D. 非坚持型监听算法可以及时抢占信道，减少发送延迟

● IEEE 802.11ac 标准理论的最高数据速率可达___（69）___Mb/s。

（69）A. 500　　　　　 B. 100　　　　　 C. 540　　　　　 D. 1000

● IEEE 802.11 标准定义的 Peer to Peer 网络是___（70）___。

（70）A. 一种需要 AP 支持的无线网络

　　　 B. 一种不需要有线网络和接入点支持的点对点网络

　　　 C. 一种采用特殊协议的有线网络

　　　 D. 一种高速骨干数据网络

● IPv6 is ___（71）___ for "Internet Protocol Version 6". IPv6 is the "next generation" protocol designed by the IETF to ___（72）___ the current version Internet Protocol, IP Version 4 ("IPv4").

Most of today's Internet uses IPv4, which is now nearly twenty years old. IPv4 has been remarkably resilient in spite of its age, but it is beginning to have problems. Most importantly, there is a growing ___（73）___ of IPv4 addresses, which are needed by all new machines added to the Internet.

IPv6 fixes a number of problems in IPv4, such as the ___（74）___ number of available IPv4 addresses. It also adds many improvements to IPv4 in areas such as routing and network auto configuration. IPv6 is expected to gradually replace IPv4, with the two coexisting for a number of years during a transition ___（75）___.

（71）A. short　　　　 B. abbreviate　　 C. abbreviation　　 D. initial

（72）A. substitution　 B. replace　　　 C. switchover　　　 D. swap

（73）A. scarcity　　　 B. lack　　　　　 C. deficiency　　　 D. shortage

（74）A. restrict　　　 B. limited　　　 C. confine　　　　 D. imprison

（75）A. days　　　　　 B. period　　　　 C. phase　　　　　 D. epoch

24.2 下午一

试题一（25分）

阅读下列说明，回答问题 1 至问题 5，将解答填入答题纸的对应栏内。

【说明】

图 24-2-1 是某企业的网络系统拓扑图。

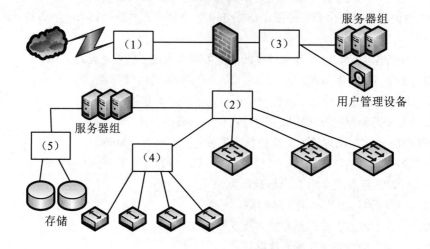

图 24-2-1 某企业的网络系统拓扑图

【问题 1】（8 分）

设备选型是网络方案规划设计的一个重要基础，请简要叙述设备选型的基本原则。

【问题 2】（5 分）

从表 24-2-1 中为题中的拓扑图（1）～（5）处选择合适设备（每一设备限选一次）

表 24-2-1 设备列表

设备类型	设备名称	数量	性能描述
路由器	Router1	1	模块化路由器，固定的广域网接口＋可选广域网接口，固定的局域网接口：100/1000Base-T/TX
交换机	Switch1	1	模块化交换机，交换容量：2.0TB，转发性能：315Mp/s，支持接口100/1000BaseT、GE、10GE，电源冗余：1+1
	Switch2	1	交换容量：180GB，转发性能：130Mp/s，可支持接口类型 GE，20 百/千兆自适应电口
	Switch3	1	交换容量：100GB，转发性能：66Mp/s，可支持接口类型：FE、GE，24 千兆光口
	Switch4	1	SAN 交换机：12 口 16Gb/s，2 口 E_Ports

【问题 3】（4 分）

简述 SAN 系统扩展性包括哪些方面。

【问题 4】（6 分）

数据备份是保证企业业务系统信息安全可靠的重要手段，试简述目前数据备份有哪几种方式。

【问题 5】（2 分）

为了提升业务系统的服务性能，要求备份技术能全面释放网络和服务器资源，应该选择

（　　）。

A．网络备份　　B．LAN-Free 备份　　C．主机备份　　D．Server-Free 备份

试题二（25 分）

阅读下列说明，回答问题 1 至问题 5，将解答填入答题纸的对应栏内。

【说明】

图 24-2-2 是某企业的网络系统拓扑图。要求各个部分之间实现二层隔离，并且第三层之间通过 ACL 进行控制。同时管理员设计采用动态和静态结合的方式进行 IP 地址的管理和分配。运行一段时间后，发现生产部经常产生大量的视频业务应用流量，影响到生产部的业务系统运行。

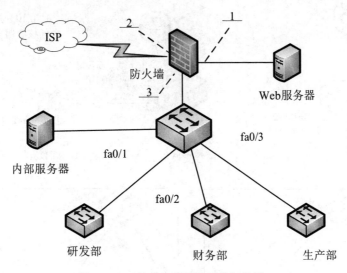

图 24-2-2　某企业的网络系统拓扑图

【问题 1】（共 6 分）

如图 24-2-2 所示，通常防火墙有三个区域，其中区域 1 是___（1）___、区域 2 是___（2）___、区域 3 是___（3）___。

【问题 2】（共 4 分）

Web 服务器部署在区域 1 的原因是什么？

【问题 3】（共 4 分）

管理员对各个部门动态分配地址、服务器区静态分配地址相结合的方式，DHCP 服务器应该部署在什么位置，应该采用什么技术简化 DHCP 服务器的管理？

【问题 4】（4 分）

简述 DHCP Snooping 的工作原理和作用。

【问题 5】（7 分）

从拓扑结构上分析该网络存在的问题，并给出相应的改进措施。

试题三（25分）

阅读下列说明，回答问题 1 至问题 5，将解答填入答题纸的对应栏内。

【说明】

某企业是一家全国性连锁公司，目前在全国范围内有 30 家左右的分公司。各分公司的业务系统必须接入总部的核心服务器才能正常工作。其拓扑图如图 24-2-3 所示。

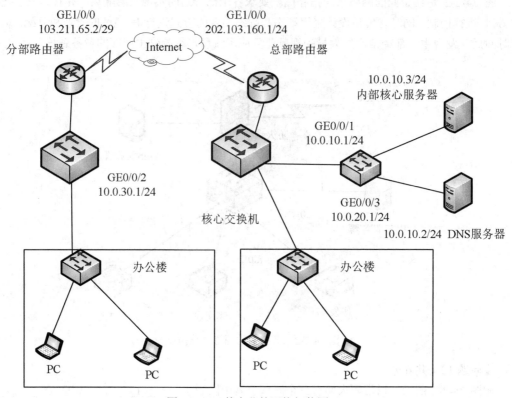

图 24-2-3　某企业的网络拓扑图

【问题 1】（4 分）

各个分公司如何才能安全、可靠地接入总公司的内部核心服务器，试分析可用的技术。

【问题 2】（6 分）

IPSec 有哪两种工作模式？简述这两种模式的优缺点，并根据题干的要求给出合适的选择。

【问题 3】（4 分）

简述 IPSec 中使用 IKE 的通信过程。

【问题 4】（6 分）

以下是总部路由器与分部路由通过密钥 huawei 实现 VPN 通信的命令片段，将命令补充完整，并简述其作用。

[Router] ike peer spu v1

[Router-ike-peer-spu] pre-shared-key simple ____（1）____

[Router-ike-peer-spu] remote-address ____（2）____

[Router-ike-peer-spu] quit

【问题4】（5分）

常用的 VPN 协议比较多，根据协议工作的层次，补充完成表 24-2-2。

表 24-2-2　常用的 VPN 协议

协议层次	协议名	特点
二层	____（3）____	通过拨号连接访问内部子网的隧道协议
三层	____（4）____	____（5）____
四层	____（6）____	协议运行速度较慢

24.3　下午二

试题一　局域网络中信息安全方案设计及攻击防范技术

信息化的发展与信息安全保障是密切相关的，两者相辅相成、密不可分。信息安全在国家安全中占有极其重要的战略地位，已经成为国家安全的基石和核心，并迅速渗透到国家的政治、经济、文化、军事安全中去，成为影响政治安全的重要因素。

（请围绕"局域网络中信息安全方案设计及攻击防范技术"论题，依次对以下四个方面进行论述）

1. 简要论述你参与建设的局域网络环境及建立在网络之上的业务。

2. 详细论述局域网络中信息安全涉及到的主要问题及相应防范技术。

3. 详细论述你参与设计和实施的网络项目中采用的安全方案。

4. 分析所采用方案遵循的原则，评估安全防范方案的效果以及进一步改进的措施。

试题二　智能小区 Wi-Fi 覆盖解决方案

Wi-Fi 使用无线传输介质，是实现移动计算机网络的关键技术之一。智能小区规划与设计常用的无线接入解决方案是对有线网络接入方式的一种补充。目前，Wi-Fi 网络已经成为人们日常生活中不可或缺的组成部分。

（请围绕"智能小区覆盖解决方案"论题，依次对以下四个方面进行论述）

1. 概述 WLAN 的通信技术、体系结构、工业标准及安全措施。

2. 简要阐述你参与建设的智能小区无线网络的需求分析。

3. 根据需求详细论述你参与设计和实施的无线网络组网方案，包括中心机房、有线骨干网、有线／无线中间层、节点交换机，无线接入点的分布，网络拓扑结构图和无线覆盖效果图，用户认证、访问控制和计费管理、AP 的控制和管理等。

4．分析你在网络建设和管理过程中遇到的问题，评估安全防范方案的效果以及进一步改进的措施。

第 25 章　模拟试题分析与答案

25.1　上午一分析与答案

试题（1）分析

瀑布模型是一种经典的开发模型，开发过程是通过设计一系列阶段顺序展开的。该模型的突出缺点是不适应用户需求的变化。

参考答案　（1）A

试题（2）分析

增量式开发主要优点有：

（1）软件可以快速地交付。

（2）早期的增量作为原型，从而可以加强对系统后续开发需求的理解。

（3）具有最高优先级的功能首先交付，随着后续的增量不断加入，使得更重要的功能得到更多的测试

主要缺点有：

（1）各个构件逐渐并入已有的软件体系结构中，该过程不能破坏已构造好的系统部分，这需要软件具备开放式的体系结构。

（2）如果增量包之间存在相交的情况且未很好地处理，则必须作全盘系统分析，这种模型将功能细化后分别开发的方法较适用于需求经常改变的软件开发过程。

参考答案　（2）D

试题（3）分析

逆向工程就是根据已经存在的产品，反向推出产品设计数据（包括各类设计图或数据模型）的过程。逆向工程是在需求分析阶段进行的。

参考答案　（3）A

试题（3）～（6）分析

UML 图可以分为表示系统静态结构的静态模型（包括对象图、类图、构件图、部署图）和表示系统动态结构的动态模型（包括顺序图、协作图、状态图、活动图），其中顺序图和协作图统称为交互图。

在第（4）空的备选答案中，类图是明显的静态图，而第（5）空选项中的对象图是明显的静态图。对于第（6）空，可将静态图（类图和对象图）排除，得到选项 D "状态图和活动图"属于动

态图。

参考答案 （4）A　（5）C　（6）D

试题（7）分析

边界值分析是一种黑盒测试方法，是对等价类划分方法的补充。人们从长期的测试工作经验得知，大量的错误发生在输入或输出范围的边界上，而不是在输入范围的内部。因此针对各种边界情况设计测试用例，可以查出更多的错误。**使用边界值方法设计测试用例，应当选取正好等于、刚刚大于或刚刚小于边界的值作为测试数据。**

根据以上原则，在测试时，针对 $X=9$、$X=10$、$X=100$、$X=101$ 的情况都要进行测试。

参考答案 （7）A

试题（8）分析

选项 A 中，模块二进行了修复，因此需要测试，论证缺陷是否修复，因此 A 不正确。

选项 B 中，模块二和模块一相互关联，模块二修复后可能引入新的缺陷，造成模块一不能正常运行，因此需要测试。

由于模块二测试中发现缺陷，而模块一没有，因此模块二需要更多的测试用例。

参考答案 （8）D

试题（9）分析

期望货币值是一个统计概念，用以计算在将来某种情况发生或不发生情况下的平均结果（即不确定状态下的分析）。机会的期望货币值一般表示为正数，而风险的期望货币值一般表示为负数。每个可能结果的数值与其发生概率相乘之后加总，即得出期望货币值。

每种情况的损益期望值为：

$$\mathrm{EMV} = \sum_{i=1}^{m} P_i X_i$$

其中，P_i 是情况 i 发生的概率，X_i 为 i 情况下风险的期望货币价值。

$$\mathrm{EMV}=200 \times 75\% - 40 \times 25\% = 140$$

参考答案 （9）C

试题（10）分析

供需平衡时，$Q_d = Q_s$，即 $100+10p=540-40p => p=8.8$

参考答案 （10）C

试题（11）分析

本题使用穷举法，即甲、乙、丙从投入 100 万、200 万、300 万、400 万，但总共只能投 400 万来计算收益。

最后发现甲、丙分别投入 100 万，乙投入 200 万，能收获最大收益 1800 万。

参考答案 （11）B

试题（12）分析

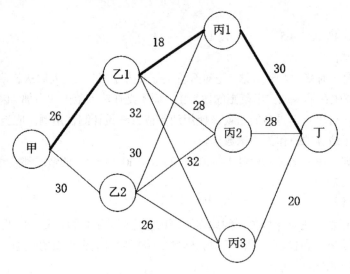

图 25-1-1 计算最短路径

由图 25-1-1 可以知道，甲→乙 1→丙 1→丁为最短路径，长度为 74。

参考答案 （12）B

试题（13）分析

《计算机软件保护条例》

第二条 本条例所称计算机软件（以下简称软件），是指计算机程序及其有关文档。

所以选项 A、D 是错误的。

第六条 本条例对软件著作权的保护不延及开发软件所用的思想、处理过程、操作方法或者数学概念等。

所以选项 B 是错误的，选项 C 是正确的。

参考答案 （13）C

试题（14）分析

路由选择是分组交换网中的一个重要概念。在分组交换网中，分组经由通信子网传输存在多条可能的路径，路由选择值的目的是为到来的分组选择一条传输的路径。

参考答案 （14）C

试题（15）～（16）分析

ADSL 使用 FDM 和回波抵消技术实现频带分隔，线路编码为 DMT 和 CAP。在 ADSL 的接入方式中有虚拟拨号和专线接入两种接入方式。

参考答案 （15）B   （16）D

试题（17）分析

虚拟专用网络（VPN）提供了一种通过公用网络安全地对企业内部专用网络进行远程访问的连接方式。

实现 VPN 的关键技术如下：

（1）安全隧道技术（Tunneling）。隧道技术是一种通过使用互联网络的基础设施在网络之间传递数据的方式。隧道协议将这些其他协议的数据帧或包重新封装在新的包头中发送。新的包头提供了路由信息，从而使封装的负载数据能够通过互联网络传递。

（2）加解密技术。VPN 利用已有的加解密技术实现保密通信。

（3）密钥管理技术。建立隧道和保密通信都需要密钥管理技术的支撑，密钥管理负责密钥的生成、分发、控制和跟踪，以及验证密钥的真实性。

（4）身份认证技术。假如 VPN 的用户都要通过身份认证，通常使用用户名和密码或者智能卡实现。

（5）访问控制技术。由 VPN 服务的提供者根据在各种预定义的组中的用户身份标识，来限制用户对网络信息或资源的访问控制的机制。

参考答案 （17）D

试题（18）分析

表 25-1-1 常见的隧道协议

协议层次	实例
数据链路层	L2TP、PPTP、L2F
网络层	IPSec
传输层	SSL

参考答案 （18）C

试题（19）分析

采用 ADSL 虚拟拨号接入方式中，用户端需要安装 PPPoE 软件。

参考答案 （19）B

试题（20）～（21）分析

对于 IP 数据报来说，头部长度（Internet Header Length，IHL）为 4 位。该字段表示数的单位是 32 位，即 4 字节。常用的值是 5，也是可取的最小值，表示报头为 20 字节；可取的最大值是 15，表示报头为 60 字节。

对于 TCP 报文，报头长度又称为数据偏移字段，长度为 4 位，单位 32 位。没有任何选项字段的 TCP 头部长度为 20 字节，最多可以有 60 字节的 TCP 头部。

以太帧头长 18 个字节，以太帧的数据字段最长为 1500 字节。以太帧的数据字段再减去最小IP 报头和 TCP 报头就等于 TCP 数据最大值。

参考答案 （20）C （21）B

试题（22）～（26）分析

TCP 协议是一个面向连接的可靠传输协议，具有面向数据流、虚电路连接、有缓冲的传输、无结构的数据流、全双工连接五大特点。而实现可靠传输的基础是采用具有重传功能的肯定确认、超时重传技术，而通过使用滑动窗口协议则解决了传输效率和流量控制问题。

参考答案 （22）A （23）C （24）B （25）D （26）A

试题（27）分析

IEEE 802.11 采用了类似于 IEEE 802.3 CSMA/CD 协议的载波侦听多路访问/冲突避免协议（Carrier SenseMultiple Access/Collision Avoidance，CSMA/CA），不采用 CSMA/CD 协议的原因有两点：

（1）无线网络中，接收信号的强度往往远小于发送信号，因此实现碰撞的花费过大。

（2）隐蔽站（隐蔽终端问题），并非所有站都能听到对方。如图 25-1-2（a）所示。而暴露站问题是检测信道忙碌，但是未必影响数据发送，如图 25-1-2（b）所示。

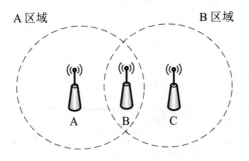
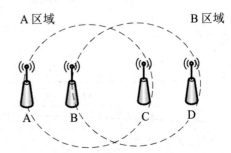

（a）A、C 同时向 B 发送信号，发送碰撞　　（b）B 向 A 发送信号，避免碰撞，阻止 C 向 D 发送数据

图 25-1-2　隐蔽站和暴露站问题

参考答案 （27）B

试题（28）分析

目前，世界三大 3G 标准是 CDMA 2000、WCDMA、TD-SCDMA。

ITU（国际电信联盟）对 4G 的定义是：移动状态下能够达到 100Mb/s 的传输速率，静止状态下能够实现 1Gb/s 的速率。初步确定的标准有 UMB、LTE、WiMAX。

（1）LTE 是 GSM 超越 3G 和 HSDPA 阶段、迈向 4G 的进阶版本。LTE 俗称为 3.9G。2010 年 12 月 6 日，国际电信联盟把 LTE 正式称为 4G。

（2）UMB（超级移动宽带）是 CDMA 2000 系列标准的演进升级版本。

（3）全球微波互联接入（Worldwide Interoperability for Microwave Access，WiMAX）。也叫 IEEE 802.16 无线城域网标准，是 IEEE 推出的 4G 标准。

参考答案 （28）C

试题（29）分析

IPv6 简写法：

（1）字段前面的 0 可以省去，后面 0 不可以省。例如：00351 可以简写为 351，35100 不可以简写为 351。

（2）一个或者多个字段 0 可以用"::"代替，但是只能替代一次。

参考答案　（29）A

试题（30）分析

回应请求/应答 ICMP 报文对用于测试目的主机或路由器的可达性。

参考答案　（30）A

试题（31）～（32）分析

Internet 控制报文协议（Internet Control Message Protocol，ICMP）是 TCP/IP 协议簇的一个子协议，是网络层协议，用于在 IP 主机、路由器之间传递控制消息。控制消息是指网络通不通、主机是否可达、路由是否可用等网络本身的消息。这些控制消息虽然并不传输用户数据，但是对于用户数据的传递起着重要的作用。该协议属于网络层协议，ICMP 报文**封装在 IP 数据报**内传输。

参考答案　（31）B　　（32）A

试题（33）～（34）分析

DHCP 整个工作流程如图 25-1-3 所示，可得出答案。

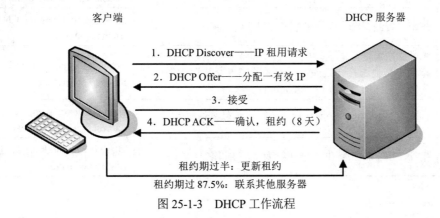

图 25-1-3　DHCP 工作流程

参考答案　（33）A　（34）A

试题（35）～（36）分析

组策略 A-G-DL-P，A 是用户账号，G 表示全局组，DL 表示域本地组，P 表示资源访问权限。

参考答案　（35）A　（36）D

试题（37）分析

略

参考答案　（37）A

试题（38）分析

域名系统（DNS）是把主机域名解析为 IP 地址的系统，解决了 IP 地址难记的问题。该系统是由解析器和域名服务器组成的。本地缓存改善了网络中 DNS 服务器的性能，减少了反复查询相同域名的时间，提高了解析速度，节约了出口带宽。获取解析结果耗时最短，没有域名数据库。

参考答案 （38）C

试题（39）分析

DNS 通知是一种推进机制，其作用是使得辅助域名服务器及时更新信息。

参考答案 （39）A

试题（40）分析

DNS 数据库包括 DNS 服务器所使用的一个或多个区域文件，每个区域都拥有一组结构化的资源记录。常见资源记录如表 25-1-2 所列。

表 25-1-2　常见资源记录

资源记录 名称	作用	举例 （Windows 系统下的 DNS 数据库）
A	将 DNS 域名映射到 IPv4 的 32 位地址中	host1.itct.com.cn. IN A 202.0.0.10
AAAA	将 DNS 域名映射到 IPv4 的 128 位地址中	ipv6_ host2.itct.com.cn. IN AAAA 2002:0:1:2:3:4:567:89ab
CNAME	规范名资源记录，允许多个名称对应同一主机	aliasname.itct.com.cn. CNAME truename.itct.com.cn
MX	邮件交换器资源记录，其后的数字首选参数值（0～65535）指明与其他邮件交换服务器有关的邮件交换服务器的优先级。较低的数值被授予较高的优先级	example.itct.com.cn. MX 10 mailserver1.itct.com.cn
NS	域名服务器记录，指明该域名由哪台服务器来解析	example.itct.com.cn. IN NS nameserver1.itct.com.cn.
PTR	指针，用于将一个 IP 地址映射为一个主机名	202.0.0.10.in-addr.arpA.PTR host.itct.com.cn

参考答案 （40）D

试题（41）～（42）分析

在 IPv6 的单播地址中有两种特殊地址，其中地址 0:0:0:0:0:0:0:0 表示不确定地址，不能分配给任何结点；地址 0:0:0:0:0:0:0:1 表示回环地址，结点用这种地址向自身发送 IPv6 分组。

参考答案 （41）A　（42）B

试题（43）分析

RSA 的的理论基础是数论中大素数分解。

参考答案 （43）A

试题（44）分析

按 RSA 算法求公钥和密钥：

（1）选两质数 $p=5$，$q=3$。

（2）计算 $n=p×q=5×3=15$。

（3）计算 $(p-1)×(q-1)=8$。

（4）公钥 $e=7$，则依据 ed=1mod$(p-1)×(q-1)$，即 $7d$=1mod8。

结合四个选项，得到 $d=7$，即 49mod8=1。

参考答案　（44）B

试题（45）分析

安全哈希算法（Secure Hash Algorithm）主要适用于数字签名标准（Digital Signature Standard，DSS）里面定义的数字签名算法（Digital Signature Algorithm，DSA）。对于长度小于 2^{64} 位的消息，SHA1 会产生一个 160 位的消息摘要。当接收到消息的时候，这个消息摘要可以用来验证数据的完整性。在传输的过程中，数据很可能会发生变化，那么这时候就会产生不同的消息摘要，果原始的消息长度超过了 512 比特，我们需要将它补成 512 的倍数。然后我们把整个消息分成一个一个 512 位的数据块，分别处理每一个数据块，从而得到消息摘要。

参考答案　（45）C

试题（46）分析

3DES 是 DES 的扩展，是执行了三次的 DES。3DES 的安全强度较高，可以抵抗穷举攻击，但是用软件实现起来速度比较慢。

3DES 有两种加密方式：

（1）第一、第三次加密使用同一密钥，这种方式的密钥长度为 128 位（112 位有效）。

（2）三次加密使用不同密钥，这种方式的密钥长度为 192 位（168 位有效）。

参考答案　（46）D

试题（47）分析

验证证书可以从以下三个方面着手：

（1）验证证书的有效期。

证书中会包含有效期，使用时间必须在证书起始和结束日期之间才有效。

（2）验证证书是否被吊销。

验证证书是否被吊销有 CRL 和 OCSP 两种方法。

CRL 即证书吊销列表。证书被吊销后会被记录在 CRL 中，CA 会定期发布 CRL。应用程序可以依靠 CRL 来检查证书是否被吊销。CRL 有两个缺点，一是有可能会很大，下载很麻烦。针对这种情况有增量 CRL 这种方案。二是有滞后性，就算证书被吊销了，应用也只能等到发布最新的 CRL 后才知道。增量 CRL 也能解决一部分问题，但没有彻底解决。

OCSP 是在线证书状态检查协议。应用按照标准发送一个请求，对某张证书进行查询，之后服务器返回证书状态。OCSP 可以认为是即时的（实际实现中可能会有一定延迟），所以没有 CRL 的缺点。不过对于一般的应用来说，实现 OCSP 还是有些难度的。

（3）验证证书是否是上级 CA 签发的。

每一张证书都是由上级 CA 证书签发的，上级 CA 证书可能还有上级，最后会找到根证书。根证书即自签证书，自己签自己。当验证一张证书是否由上级 CA 证书签发的时候，验证者必须有这张上级 CA 证书。通常这张证书会内置在浏览器或者是操作系统中，有些场景下应用系统也会保留。

参考答案　（47）C

试题（48）分析

如果甲和乙都在可信任的第三方发布自己的公开密钥，那么它们都可以用彼此的公开密钥加密进行通信。通常第三方就是证书授权中心（Certification Authority，CA）。

参考答案　（48）C

试题（49）分析

Internet 协议安全性（Internet Protocol Security，IPSec）是通过对 IP 协议的分组进行加密和认证来保护 IP 协议的网络传输协议簇（一些相互关联的协议的集合）。IPSec 工作在 TCP/IP 协议栈的网络层，为 TCP/IP 通信提供访问控制机密性、数据源验证、抗重放、数据完整性等多种安全服务。

参考答案　（49）A

试题（50）～（51）分析

IPSec 的两种工作模式分别是**传输模式**和**隧道模式**。具体如图 25-1-4 所示

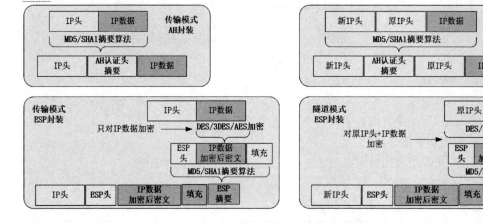

图 25-1-4　IPSec 的两种工作模式

可以知道传输模式下 AH、ESP 处理后的 IP 头部不变，而隧道模式下 AH、ESP 处理后需要新封装一个新的 IP 头。AH 只作摘要，因此只能验证数据完整性和合法性；而 ESP 既做摘要，也做加密，因此除了验证数据完整性和合法性之外，还能进行数据加密。

参考答案　（50）D　　（51）C

试题（52）～53 分析

通常，公钥密码系统的应用有三种场景，即密钥交换、加密/解密和数字签名。表 25-1-3 给出了常见公钥密码系统算法的适用场景。

表 25-1-3　常见公钥密码系统算法的适用场景

算法	密钥交换	加密/解密	数字签名
Diffie-Hellman	是	否	否
数字签名（DSS）	否	否	是
RSA	是	是	是
椭圆曲线（ECC）	是	是	是

参考答案　（52）C　（53）A

试题（54）分析

对点隧道协议（PPTP）不包含在 PPP 协议中。

参考答案　（54）D

试题（55）分析

安全备份的策略不包括网络服务。

参考答案　（55）C

试题（56）分析

数据安全的目的是实现数据的机密性、完整性、不可否认性。

参考答案　（56）B

试题（57）分析

（1）RAID 0。

RAID 0 是无容错设计的条带磁盘阵列（Striped Disk Array without Fault Tolerance）。数据并不是保存在一个硬盘上，而是分成数据块保存在不同驱动器上。因为将数据分布在不同驱动器上，所以数据吞吐率大大提高。**N 块硬盘，则读取相同数据时间减少为 1/N。**由于**不具备冗余技术**，坏一块盘，阵列数据全部丢失。实现 RAID0 至少需要 2 块硬盘。由于 RAID0 没有校验功能，所以利用率最高。

　　所以 B 选项是错误的。

（2）RAID 1。

磁盘镜像，可并行读数据，由于在不同的两块磁盘写相同数据，写入数据比 RAID 0 慢一些。安全性最好，但空间利用率为 50%，利用率最低。实现 RAID 1 至少需要 2 块硬盘。

（3）RAID 10。

高可靠性与高性能的组合。RAID 10 是建立在 RAID 0 和 RAID 1 基础上的，即为一个条带结构加一个镜像结构，这样即利用的 RAID 0 极高的读写效率，又利用了 RAID 1 的高可靠性。磁盘利用率为 50%。

　　RAID0+1 和 RAID1+0 需要购买 10 块磁盘。由此可知选项 C 和选项 D 的说法是错误的。

（4）RAID 5。

具有与 RAID 0 相似的数据读取速度，只是多了一个奇偶校验信息，写入数据的速度比 RAID 0 稍慢，但保障程度比 RAID 0 要高。**由此可知选项 A 的说法是正确的。**

参考答案 （57）A

试题（58）分析

数字签名功能有信息身份认证、信息完整性检查、信息发送不可否认性，但不提供原文信息加密，不能保证对方能收到消息，也不对接收方身份进行验证。

参考答案 （58）A

试题（59）分析

物理网络设计阶段的任务就是确定物理的网络结构,依据逻辑网络设计的要求，确定设备的具体物理分布和运行环境。

参考答案 （59）A

试题（60）分析

网桥是一种在数据链路层实现互联的设备，在网段之间进行数据帧的接收、存储与转发。网桥互联的网络可以是异构网络，其异构性表现为相同的逻辑链路控制子层，而媒体访问控制子层不一致。网桥的作用主要是异构局域网络互联、数据帧转发、路径选择等，在早期的网络互联中是增加网络跨度的主要手段，现在已逐步被网络交换机所代替。

网桥按连接范围分为本地桥和远程网桥；按实现方式分为内部桥和外部桥；根据路径选择方法分为透明网桥和源路由网桥。在这三种分类方式中，按路径选择方法进行分类的意义较大，不同网桥的原理及实现方法也不同。

透明网桥不允许冗余桥设备出现，具有自学习功能，可以根据学习到的 MAC 地址分布情况进行数据帧转发，在网络互联时，通过生成树算法避免网桥环路的出现。源路由网桥是指在帧内包含了帧的路由信息，从而使网桥根据路由信息进行帧转发，而路由信息则是依据侦测数据帧进行广播后目标主机响应的最优路径产生。

参考答案 （60）C

试题（61）～（62）分析

需求规范阶段的任务是进行网络需求分析。需求分析阶段的任务有集中访谈和收集信息资料。通信规范阶段的任务是进行网络体系分析。通信规范阶段的任务是网络内部通信流量分析。

逻辑网络设计阶段的任务是确定逻辑的网络结构。逻辑网络设计阶段的任务是网络 IP 地址分配方案的制定。

物理网络设计阶段的任务是确定物理的网络结构,依据逻辑网络设计的要求，确定设备的具体物理分布和运行环境。这一阶段，网络设计者需要确定具体的软硬件、连接设备、布线和服务。

实施阶段的任务是进网络设备安装、调试，以及网络运行时的维护工作。

参考答案 （61）A （62）B

试题（63）分析

通信模式基本与应用软件的网络处理模型相同，也分为四种：

（1）对等通信模式。在这种模式中，参与的网络结点都是平等角色，既是服务的提供者，也是服务的享受者。由于参与通信的结点有相似的应用程序和通信能力，因此在对等通信模式中，流量通常是双向对称的。

（2）客户机－服务器通信模式。在网络中存在一个服务器和多个客户机，由服务器负责进行应用计算、客户机进行用户交互的通信模式，也是目前应用最为广泛的一种通信方式。

（3）浏览器－服务器通信模式。三层模式与四层模式的典型代表，其展现是通过客户端的浏览器，应用服务器负责业务逻辑，数据库服务器完成数据存储、计算、处理和检索。

（4）分布式计算通信模式。多个计算节点协同工作来完成一项共同任务的应用，在解决分布式应用，提高性能价格比，提供共享资源的实用性、容错性以及可伸缩性方面有着巨大的发展潜力。

参考答案　　（63）A

试题（64）分析

通信规范分析的工作有通信模式分析、通信边界分析、通信流分布分析、通信量分析、网络基准分析、编写通信规范。

参考答案　　（64）C

试题（65）分析

总信息传输速率＝平均事务量大小×每字节位数×每个会话事务数×平均用户数／平均会话时长=0.05×8×8×150/60=8Mb/s。

参考答案　　（65）C

试题（66）分析

丢包率是指网络在 70%流量负荷情况下，由于网络性能问题造成部分数据包无法被转发的比例。在进行丢包率测试时，需按照不同的帧长度（包括 64、128、256、512、1024、1280、1518字节）分别进行测量。

参考答案　　（66）B

试题（67）分析

网络系统生命周期可以划分为 5 个阶段，实施这 5 个阶段的合理顺序是需求规范、通信规范、逻辑网络设计、物理网络设计、实施阶段。

参考答案　　（67）A

试题（68）分析

坚持（监听）算法可以分为三类：

（1）**1-持续 CSMA（1-persistent CSMA）**。当信道忙或发生冲突时，要发送帧的站一直持续监听，一旦发现信道有空闲（即在帧间最小间隔时间内没有检测到信道上有信号），便可发送。

特点：有利于抢占信道，减少信道空闲时间；较长的传播延迟和同时监听，会导致多次冲突，降低系统性能。

（2）**非持续 CSMA**。发送方并不持续侦听信道，而是在冲突时，等待随机的一段时间 N 再发送。

特点：有更好的信道利用率，由于随机时延后退，从而减少了冲突的概率；然而，可能出现的问题是因后退而使信道闲置较长一段时间，这会使信道的利用率降低，而且增加了发送时延。

（3）**p-持续 CSMA（p-persistent CSMA）**。发送方按 P 概率发送帧。即信道空闲时（即在帧间最小间隔时间内没有检测到信道上有信号），发送方不一定发送数据，而是按照 P 概率发送；以 $(1-P)$ 概率不发送。若不发送数据，下一时间间隔 τ 仍空闲，同理进行发送；若信道忙，则等待下一时间间隔 τ，若冲突，则等待随机的一段时间，重新开始。**τ 为单程网络传输时延。**

参考答案 （68）B

试题（69）分析

IEEE 802.11 系列标准主要有 5 个子标准，具体如表 25-1-4 所列。

表 25-1-4　IEEE 802.11 系列标准

标准	运行频段	主要技术	数据速率
IEEE 802.11	2.400～2.483GHz	DBPSK、DQPSK	1Mb/s 和 2Mb/s
IEEE 802.11a	5.150～5.350GHz、5.725～5.850GHz，与 IEEE 802.11b/g 互不兼容	OFDM 调制技术	54Mb/s
IEEE 802.11b	2.400～2.483GHz，与 IEEE 802.11a 互不兼容	CCK 技术	11Mb/s
IEEE 802.11g	2.400～2.483GHz	OFDM 调制技术	54Mb/s
IEEE 802.11n	支持双频段，兼容 IEEE 802.11b 与 IEEE 802.11a 两种标准	MIMO（多入多出）与 OFDM 技术	300～600Mb/s
IEEE 802.11ac	2.400～2.483GHz，5.150～5.350GHZ，5.725～5.825GHZ	MIMO（多入多出）与 OFDM 技术	理论可达 1Gb/s

参考答案 （69）D

试题（70）分析

IEEE 802.11 定义了无线局域网的两种工作模式：**基础设施网络（Infrastructure Networking）** 和自主网络（**Ad Hoc Networking**）。基础网络是预先建立起来的，具有一系列的能覆盖一定地理范围的固定基站。自主网络是网络组建不需要使用固定的基础设施,仅靠自身就可以临时构建网络。自主网络就是一种不需要有线网络和接入点（AP）支持的点对点网络。

参考答案 （70）B

试题（71）～（75）分析

IPv6 是 Internet Protocol Version 6 的**缩写（abbreviate）**。IPv6 是 IETF 设计来**替代（swap）**当前版本的 Internet 协议（Ipv4）的"下一代协议"。

现在在 Internet 上最常用的 IPv4 已经有接近 20 年的历史了。虽然 IPv4 应用很久了，其弹性还是很明显的，但现在开始出现问题了。最重要的是，当很多新的机器添加到 Internet 上时，IPv4 地址日益**缺乏（shortage）**。

IPv6 修正了 IPv4 中的许多问题，例如受限的（**limited**）可用 IPv4 地址数量。它还加入了一些对 IPv4 的改进，诸如路由和网络自动配置。IPv6 将逐渐替代 IPv4，在转换**期（period）**内它们还将共存许多年。

参考答案 （71）B　　（72）D　　（73）D　　（74）B　　（75）B

25.2　下午一分析与答案

试题一分析：

【问题 1】一般而言，在选择网络设备时可从可靠性、高性能、可管理性、灵活性、可扩展性、QoS 控制能力和性价比等方面进行考虑。

【问题 2】要求考生掌握网络方案设计中设备部署的基础知识，关于 Router1 的性能描述"固定的广域网接口+可选广域网接口"可知，试题图中空（1）处的网络设备应选择路由器（Router1）。通过 Router1 的广域网接口连接到 Internet。

根据交换容量、包转发能力、可支持接口类型、电源冗余模块等方面，对比表中交换机设备 Switch1、Switch2、Switch3 可知，设备 Switch1 的性能和可靠性最好，设备 Switch2 的性能次之，设备 Switch3 的性能稍差一些。仔细分析该校园网的拓扑结构，可知空（2）处的网络设备是校园网的核心层，它必须提供稳定可靠的高速交换，并且能够连接各种接口类型，因此空（2）处的设备应为 Switch1。空（3）处的网络设备至少需要提供一个百兆/千兆电口用于连接至防火墙的 DMZ 接口，若干个快速以太网电口或光口用于连接服务器组、用户管理器和网络管理工作站。表 24-2-1 中从交换机设备 Switch2 的性能描述"可支持接口类型：GE，20 百/千兆自适应电口"可知满足以上网络连接要求，因此空（3）处的网络设备应选择交换机 Switch2。

从空（4）和空（5）的位置可知，该设备位于汇聚层。考虑到综合布线系统中各大建筑物之间通常采用光纤作为传输介质，结合交换机设备 Switch3 的性能描述"可支持接口类型：FE、GE，24 千兆光口"可知，空（4）处的网络设备应选择交换机 Switch3。空（5）处是连接服务器组与存储区域的设备，因此应该是 FC 交换机，也就是表中给出的 SAN 交换机。

【问题 3】SAN 系统的扩展性主要包含两个方面：一方面是随着存储网络规模的扩大，原有的 SAN 系统不能满足用户需求时，需要扩展为一个更大的光纤存储网络；另一方面是跟紧跟技术发展，可以顺利升级符合新技术与应用的需求。

【问题 4】常见的网络数据备份系统架构有基于主机（Host-Base）结构、基于局域网（LAN-Base）结构、基于 SAN 结构的 LAN-Free 和 Server-Free 结构。

【问题 5】LAN-Free 和 Server-Free 的备份系统基于 SAN。基于 SAN 的备份彻底解决了传统备份方式需要占用 LAN 带宽的问题。LAN-Free 备份需要占用备份主机的 CPU 资源。Server-Free 备份方式下，虽然服务器仍然需要参与备份过程，但负担已大大减轻。

题目要求能全面释放网络和服务器资源的 Server-Free 方式。因此选 D。

试题一参考答案：

【问题 1】一般而言，在选择网络设备时可从可靠性、高性能、可管理性、灵活性、可扩展性、QoS 控制能力和性价比等方面进行考虑。

【问题 2】（1）Router1　　（2）Switch1　　（3）Switch2　　（4）switch3　　（5）Switch4

【问题 3】SAN 系统的扩展性主要包含两个方面：一方面是随着存储网络规模的扩大，原有的

SAN 系统不能满足用户需求时，需要扩展为一个更大的光纤存储网络；另一方面是跟紧跟技术发展，可以顺利升级符合新技术与应用的需求。

【问题 4】常见的网络数据备份系统架构可以有基于主机（Host-Base）结构、基于局域网（LAN-Base）结构、基于 SAN 结构的 LAN-Free 和 Server-Free 结构。

【问题 5】D

试题二分析：

【问题 1】防火墙按安全级别的不同，可划分为内部网络、外部网络和 DMZ 区。

（1）内部网络。

内网包含单位网络内部的所有网络设备和主机。该区域是可信的。

（2）外部网络。

外网是防火墙重点防范的对象，针对外网发起的通信必须按照防火墙设定的规则进行过滤和审计，不符合条件的则不允许访问。

（3）DMZ 区（Demilitarized Zone）。

DMZ 区是一个逻辑区，从内网中划分出来，包含向外网提供服务的服务器集合。

【问题 2】这是一个基本概念，在防火墙的不同区域中有着不同的安全级别，内网的安全级别最高，外网的安全级别最低。通常会在防火墙上设置一个处于中间安全级别的区域，也就是 DMZ 区，也叫作非军事化区，用于部署对外提供服务的各种服务器。

【问题 3】因为内网各个部门已经进行了二层隔离，也就是划分了不同的 VLAN 限制二层的通信，只能在 ACL 的控制之下进行三层之间的通信。而 DHCP 是进行二层广播来实现通信的，因此必须每个网段都配置一个 DHCP 服务器，在管理和实现上都比较麻烦。更合适的方式是采用 DHCP 中继的形式，将各个子网段的 DHCP 分配集中到一台 DHCP 服务器上，部署在核心交换机上。

【问题 4】略。

【问题 5】将题干的拓扑与标准企业网络拓扑结构进行对比，进一步判断这种区别是否会产生相应的安全隐患。从本题给出的网络拓扑结构可以看出存在较大的安全隐患，比如核心层设备没有冗余，可能会存在单点故障。一般为了提高可靠性性，三层网络拓扑结构都会设置双核心。在内部网络区域，通过 IDS 防御来自内部的攻击，对各种应用流量使用用户上网行为管理等设备进行精细化控制。

试题二参考答案：

【问题 1】（1）非军事区　　（2）外部网络　　（3）内部网络

【问题 2】Web 服务器部署在区域 1 的原因是，DMZ 区域是防火墙专门留在企业网络中给外部用户提供 Internet 服务的服务器区，有较好的安全性。

【问题 3】部署在核心交换机上，采用 DHCP 中继的方式实现各个网段 DHCP 服务器的集中统一部署和管理。

【问题 4】工作原理：DHCP Snooping 通过对 DHCP 报文进行侦听，从接收到的 DHCP Request 或 DHCP Ack 报文中提取并记录 IP 地址和 MAC 地址信息。根据需要，将某个物理端口设置为信任端口或不信任端口。信任端口可以正常接收并转发 DHCP Offer 报文，而不信任端口会将接收到的 DHCP Offer 报文丢弃。

DHCP Snooping 的作用有：

（1）保证 DHCP 客户端从合法的 DHCP 服务器处获取 IP 地址。

（2）记录 DHCP 客户端 IP 地址与 MAC 地址的对应关系。

（3）可解决应用 DHCP 时遇到的各种网络攻击，如中间人攻击、DHCP 仿冒服务器攻击、IP/MAC Spooping 攻击等。

【问题 5】拓扑结构存在的安全隐患及改进措施：

（1）核心层设备没有冗余，存在单点故障。

（2）接入层设备到核心层设备的链路也存在单点故障，应配置冗余链路。

（3）内部服务器群应该设置专门的服务器区，添加防火墙、IDS/IPS 设备进行保护。

（4）采用网络隔离系统隔离财务与其他部门。

试题三分析：

【问题 1】因为公司的内部核心服务器必然部署在内部网络中，外网无法访问到。尽管可以通过 NAT 映射到外部地址，但是存在的问题是内部服务器公开于 Internet 之中将变得非常危险。不能实现安全、可靠的访问总部服务器，因此不建议使用这种方式。另一种常用的方式是通过建立 VPN 的形式，确保分公司和总公司的网络可以内部互联。并且通过使用隧道技术，加解密技术等确保数据在 Internet 上传输的可靠性。

【问题 2】IPSec 的两种工作模式分别是**传输模式**和**隧道模式**。

因为传输模式只要增加 AH 和 ESP 处理即可，可以确保 IP 头部不变，而使用隧道模式时需要新封装一个新的 IP 头。隧道模式可以较好的保护内部的数据，但开销较大，适合在路由器与路由器之间的连接。而传输模式适合在 PC 与 PC 之间的连接。本题中总公司与分公司之间采用路由器固定连接，因此适合采用隧道模式。

【问题 3】Internet 密钥交换协议（Internet Key Exchange Protocol，IKE）属于一种混合型协议，是由 ISAKMP 框架、OAKLEY 密钥交换模式以及 SKEME 的共享和密钥更新技术组成。

IKE 使用了两个阶段的 ISAKMP：①协商创建一个通信信道（IKE SA）并对该信道进行验证，为双方进一步的 IKE 通信提供机密性、消息完整性及消息源验证服务；②使用已建立的 IKE SA 建立 IPSec SA。

【问题 4】**考试中直接考配置的形式不多见，但是要注意这种方式是存在的。**需要考生对华为设备的配置，尤其是安全配置、IPSec VPN 相关的配置有所了解。本题中从字面意思基本也可以了解要填写的主要信息。这个配置命令段设置的预共享密钥是 huawei。对端的 ID 实际上就是对端的 IP 地址。可以从题干给出的拓扑图中看到分部的路由接口 IP 地址是 103.211.65.2.

【问题 5】VPN 主要隧道协议有 PPTP、L2TP、IPSec、SSL VPN、TLS VPN。

（1）PPTP（点到点隧道协议）。

PPTP 是一种用于让远程用户拨号连接到本地的 ISP，是通过 Internet 安全访问内网资源的技术。它能将 PPP 帧封装成 IP 数据包，以便能够在基于 IP 的互联网上进行传输。该协议是第 2 层隧道协议。

（2）L2TP 协议。

L2TP 是 PPTP 与 L2F（第二层转发）的一种综合，是由思科公司推出的一种技术。该协议是第 2 层隧道协议。

（3）IPSec 协议。

IPSec 协议在隧道外面再封装，保证了隧道在传输过程中的安全。该协议是第 3 层隧道协议。

（4）SSL VPN、TLS VPN。

这两类 VPN 使用了 SSL 和 TLS 技术，在传输层实现 VPN 的技术。该协议是第 4 层隧道协议。由于 SSL 需要对传输数据加密，因此 SSL VPN 的速度比 IPSec VPN 慢。SSL VPN 的配置和使用又比其他 VPN 简单。

试题三参考答案：

【问题 1】可以采用 VPN 技术，确保分公司安全、可靠的接入总公司内部服务器。

【问题 2】IPSec 有两种工作模式，隧道模式与传输模式。因为传输模式只要增加 AH 和 ESP 处理即可，可以确保 IP 头部不变，而使用隧道模式时需要新封装一个新的 IP 头。隧道模式可以较好的保护内部的数据，但开销较大，适合在路由器与路由器之间的连接。而传输模式适合在 PC 与 PC 之间的连接。

本题适合选择隧道模式，因为总公司与分公司之间采用路由器固定连接。

【问题 3】IKE 使用了两个阶段的 ISAKMP：

（1）协商创建一个通信信道并对该信道进行验证，为双方进一步的 IKE 通信提供安全服务。

（2）使用已建立的 IKE SA 建立 IPSec SA。

【问题 4】（1）huawei　（2）103.211.65.2

【问题 5】（3）PPTP　　（4）IPSec

（5）在隧道外层再封装，能确保传输过程中的安全　　（6）SSL VPN 或者 TLS VPN

25.3　下午二分析与答案

1．试题一分析

针对论文题目，我们给出参考的写作框架如下：

（1）摘要（300～330 字）。

　　___年___月，我参加了_____局域网信息安全建设项目的规划和设计，担任_____（自己的工作角色）。该园区网络建设的背景是____，网络运行的业务系统有____，网络安全现状是____、_____、_____。

　　（约 100 字）

本方案采用了____、_____、_____标准。局域网采用的拓扑结构为_____。

公司的业务有____、_____、_____等特征，因此具有____、_____、_____几个方面的安全需求。

针对____、_____、_____等问题，我们采取____、_____、_____等措施进行应对。

……

针对全网安全问题，我们采用的安全方案是____。

项目完成十分顺利，基本达到预期的(成本、周期、质量管理等)目标，取得了_____、_____、_____效果，并得到客户、我方领导的正面肯定。

(约150字)

另外，我认为现有的_____做法有待改进，在未来的局域网信息安全建设项目实施中，我们打算进行_____改进。

(约100字)

(2) 正文（2200～2500字）。

1) 背景（正文部分，500字左右）。

1. 局域网信息安全项目基本信息（大环境、项目内容、金额、干系人、工期等）。
2. 局域网信息与安全现状（简述各业务系统特点、特性、功能；简述用户网络特点、特性、功能；简述用户局域网安全特性）。
3. 局域网信息安全项目团队组成（人员组成、个人角色）。

注：该部分应该比摘要的第一段更详细。

2) 论点论据（正文部分，1500字左右）。

总述安全方案遵循的标准与原则。简述方案采用的拓扑结构和分层模型。

在网络网络层架构中，由于_____技术不能解决_____。于是我们采用_____技术，使用了_____设备，对网络进行了_____改造。改造之后，由于_____技术的特性，能有效解决类问题。

在数据网络的构建中，由于用户需要_____，在实际中容易出现_____问题；因此，采用_____技术，使用了_____设备，对数据网络进行了_____改造。改造之后，由于_____、_____、_____等问题解决得不错，有效的满足了用户的需求。

……

详细阐述所采用的安全方案。可以考虑以下几个方面：
1. 出口安全。
2. 网站安全。
3. 数据安全。

4．邮件安全。

5．认证计费安全。

6．软件系统安全。

......

3）收尾（正文部分，200 字左右）。

通过全面细致的设计，项目取得_____正面的效果，并在成本、时间、质量管理方面达到了预期的_____效果。

但是，我们仍然不满足于现状，发现了很多的不足：

1．阐述不足。

2．未来新项目中计划解决的思路。

（约 200 字）

2．试题二分析

针对论文题目，我们给出参考的写作框架如下：

（1）摘要（300～330 字）。

___年___月，我参加了_____小区的智能小区 Wi-Fi 覆盖项目的规划和设计，担任_____（自己的工作角色）。该小区 Wi-Fi 项目建设背景是____，希望通过项目建设达到____、_____、___等效果。

（约 100 字）

WLAN 建设方案采用的通信技术、体系结构、工业标准、安全手段有____、_____、_____。

小区的无线建设需求是____、_____、_____；针对用户具体需求，所采用的组网方案由____、_____、_____部分组成。

该项目实施和管理中由于____、_____、_____原因，在项目实施中遇到了_____问题 1，我们通过____进行了评估，采用____手段解决了这类问题 1。

该项目实施和管理中由于____、_____、_____原因，在项目实施中遇到了_____问题 2，我们通过____进行了评估，采用____手段解决了这类问题 2。

......

项目完成十分顺利，基本达到预期的（成本、周期、质量管理等）目标，取得了_____、_____、_____效果，并得到客户、我方领导的正面肯定。

（约 150 字）

另外，我认为现有的_____做法有待改进，在未来的小区 Wi-Fi 建设项目实施中，我们打算进行_____改进。

（约 100 字）

（2）正文（2200～2500 字）。

1）背景（正文部分，500 字左右）。

> 1．智能小区 WIFI 覆盖项目基本信息（大环境、项目内容、金额、干系人、工期等）。
>
> 2．智能小区 WIFI 覆盖项目背景（简述改造前用户网络特点、特性、功能；简述用户需求）。
>
> 3．局域网信息安全项目团队组成（人员组成、个人角色）。
>
> *注：该部分应该比摘要的第一段更详细。*

2）论点论据（正文部分，1500 字左右）。

> 概述 WLAN 的通讯技术、体系结构、工业标准、安全措施。
>
> 对园区的无线网络建设进行深入的需求分析。
>
> 根据需求分析，一一给出组网解决方案。
>
> 1．中心机房建设。
>
> 2．骨干网建设、有线/无线中间层构建、接入层交换机的部署。
>
> 3．AP 的部署（室内外设备选型、安装、供电，频率规划，覆盖方式）；AP 的控制和管理。
>
> 4．网络拓扑结构。
>
> 5．用户认证、访问控制、计费管理（IEEE 802.1x、PPPoE 和 Web 认证、AAA 和 Radius 认证）。有条件的项目，可以写统一身份认证。
>
> 介绍网络建设和管理过程中出现的问题及解决方法：
>
> 1．流量检测及报警。
>
> 2．安全管理和防雷措施。
>
> 3．漫游切换。
>
> 4．可扩展性。
>
> 5．信号强度。
>
> ……

3）收尾（正文部分，200 字左右）。

> 通过全面细致的设计，项目取得_____正面的效果，并在成本、时间、质量管理方面达到了预期的_____效果。
>
> 但是，我们仍然不满足于现状，还发现了很多的不足：
>
> *1．阐述不足。*
>
> *2．未来新项目中计划解决的思路。*
>
> *（约 200 字）*

附录一

公式、要点汇总表

- 码元：在数字通信中常用时间间隔相同的符号来表示一位二进制数字，这样的时间间隔内的信号称为二进制码元。
- 码元速率（波特率）：即单位时间内载波参数（相位、振幅、频率等）变化的次数，单位为波特，常用符号 Baud 表示，简写成 B。
- 比特率（信息传输速率、信息速率）：是指单位时间内在信道上传送的数据量（即比特数），单位为比特每秒（bit/s），简记为 b/s 或 bps。
- 波特率与比特率有如下换算关系：

比特率=波特率×单个调制状态对应的二进制位数=波特率×$\log_2^N$，其中 N 是码元总类数。

- 信道带宽 W=最高频率−最低频率
- 信噪比与分贝关系 $1dB=10\times\log S/N$
- 无噪声情况下，数据速率依据尼奎斯特定理计算：

$$最大数据速率=2W\log_2 N=B\log_2 N$$

其中，W 是带宽，B 是波特率，N 是码元总的种类数。

- 有噪声情况下，数据速率依据香农公式计算：

$$极限数据速率=带宽\times\log_2(1+S/N)$$

其中，S 是信号功率，N 是噪声功率。

- 误码率：是指接收到的错误码元数在总传送码元数中所占的比例。

$$P_C=\frac{错误码元数}{码元总数}$$

- 异步通信数据速率=每秒钟传输字符数×（起始位+终止位+校验位+数据位）
- 异步通信有效数据速率=每秒钟传输字符数×数据位
- E1 的一个时分复用帧（其长度 T=125μs）共划分为 32 个相等的时隙，每秒传送 8000 个帧，因此 PCM 一次群 E1 的数据率就是 2.048Mb/s。

- T1 系统共有 24 个语音话路，每个时隙传送 8bit（7bit 编码加上 1bit 信令），因此共用 193bit（192bit+1bit 帧同步位）。每秒传送 8000 个帧，因此 PCM 一次群 T1 的数据率=8000×193b/s＝1.544Mb/s

- E1 和 T1 可以使用复用方法，4 个一次群可以构成 1 个二次群（称为 E2、T2）。

- SONET 和 PCM 都是每秒钟传送 8000 帧，STS-1 的帧长为 810 字节，因此基础速率为 8000×810×8=51.84Mb/s。

- SONET 中 OC-1 为最小单位，值为 51.84Mb/s，OC-N 则代表 N 倍的 51.84Mb/s。

- STM-1 速率为 155.2Mb/s，与 OC-3 速率相同，STM-N 则代表 N 倍的 STM-1。

- 一帧包含 m 个数据位（报文）和 r 个冗余位（校验位）。假设帧总长度为 n，则有 $n=m+r$。包含数据和校验位的 n 位单元通常称为 n 位码字（codeword）。

- 海明码距（码距）：两个码字中不相同的位的个数。

- 两个码字的码距：一个编码系统中任意两个合法编码（码字）之间不同的二进制位数。

- 编码系统的码距：整个编码系统中任意两个码字的码距的最小值。

- 为了检测 d 个错误，则编码系统码距≥$d+1$；为了纠正 d 个错误，则编码系统码距>$2d$。

- 设海明码校验位为 k，信息位为 m，则它们之间的关系应满足 $m+k+1≤2^k$。

- 以太帧头长 18 个字节，以太帧的数据字段最长为 1500 字节，以太网最小帧长为 64 字节。

- MAC 地址为 48 位，前 24 位是厂商编号。

- 以太网规定了帧间最小间隔为 9.6μs。

- 电磁波在 1km 电缆传播的时延约为 5μs。

- 冲突检测最长时间为两倍的总线端到端的传播时延（2τ），2τ 称为争用期（contention period），又称为碰撞窗口。

- 10Mb/s 以太网的争用期为 51.2μs。对于 10Mb/s 网络，51.2μs 可以发送 512bit 数据，即 64 字节。

- 以太网规定 10Mb/s 以太网最小帧长为 64 字节，最大帧长为 1518 字节（如果还带有 4 个字节的 VLAN 标签，则应该是 1522 字节），最大传输单元（MTU）为 1500 字节。小于 64 字节的都是由于冲突而异常终止的无效帧，接收这类帧后应该丢弃（千兆以太网和万兆以太网的最小帧长为 512 字节）。

- 最小帧长=网络速率×2×（最大段长/信号传播速度+站点延时），往往站点延时为 0。

- 吞吐率：单位时间实际传送数据位数。

吞吐率=帧长/（传输数据帧所花费的时间+1 帧发送到网络所花费的时间）=帧长/（网络段长/传播速度+1 帧长/网络数据速率）

- 网络利用率=吞吐率/网络数据速率

- 强化碰撞：当发生碰撞时，发送数据的站除了立刻停止发送当前数据外，还需要发送 32bit 或 48 比特的干扰信号（Jamming Signal），所有站都会收到阻塞信息（连续几个字节的全 1）。

- **传输一个数据帧所需时间**=一个数据帧传输时间+一个应答帧传输时间=（一个数据帧

长/传输速率）+两站点间传输距离/信号传播速率+（应答帧帧长/传输速率）+两站点间传输距离/信号传播速率。通常传输速率=200m/μs。

- 快速以太网（Fast Ethernet）：快速以太网的最小帧长不变，数据速率提高了10倍，所以冲突时槽缩小为5.12μs。以太网计算冲突时槽的公式为

$$slot \approx 2S/0.7C+2tphy$$

其中，S表示网络的跨距（最长传输距离），0.7C为0.7倍光速（信号传播速率），tphy是发送站物理层时延，由于往返需要通过站点两次，所以取其时延的两倍值。

- IP报头固定长度为20个字节。
- A类地址范围：1.0.0.0～126.255.255.255。
- 10.X.X.X是私有地址。
- 127.X.X.X是保留地址，用作环回（Loopback）地址。
- B类地址范围：128.0.0.0～191.255.255.255。
- 172.16.0.0～172.31.255.255是私有地址。
- 169.254.X.X是保留地址。
- C类地址范围：192.0.0.0～223.255.255.255。
- 192.168.X.X是私有地址。地址范围：192.168.0.0～192.168.255.255。
- D类地址范围：224.0.0.0～239.255.255.255。
- E类地址范围：240.0.0.0～247.255.255.255。
- 早期IP地址结构为两级地址：IP地址::={<网络号>,<主机号>}。
- RFC 950文档发布后，增加一个子网号字段，变成三级网络地址结构。

  IP地址::={<网络号>,<子网号>,<主机号>}

- 子网能容纳的最大主机数=$2^{主机位}-2$
- 子网范围=[子网地址]～[广播地址]
- IPv6地址为128位长，但通常写作8组，每组为4个十六进制数的形式。
- IPv6全球单播地址最高位为001（二进制）。
- IPv6链路本地单播地址起始10位固定为1111111010（FE80::/10）。
- IPv6地区本地单播地址起始10位固定为1111111011（FEC0::/10）
- IPv6组播分组的前8比特设置为1，十六进制值为FF。
- TCP的头部长度为20字节。
- 传输层系统端口取值范围为[0,1023]。
- 传输层登记端口取值范围为[1024,49151]。
- 传输层客户端使用端口[49152,65535]。
- 假定SNMP网络管理中，轮询周期为N，单个设备轮询时间为T，网络没有拥塞，则

$$支持的设备数 X = \frac{N}{T}$$

- MTTF、MFBF、MTTR 三者之间的关系：MTBF= MTTF+ MTTR。
- 失效率：单位时间内失效元件和元件总数的比率，用 λ 表示，MTBF=$1/\lambda$。
- 可靠性和失效率的关系 $R=e^{-\lambda}$。
- 可靠性和失效率的计算如下表：

	可靠性	失效率
串联系统	$\displaystyle\prod_{i=1}^{n}R_i$	$\displaystyle\sum_{i=1}^{n}\lambda_i$
并联系统	$\displaystyle R=1-\prod_{i=1}^{n}(1-R_i)$	$\displaystyle\frac{1}{\frac{1}{\lambda}\sum_{j=1}^{n}\frac{1}{j}}$
模冗余系统	$\displaystyle R=\sum_{i=n+1}^{m}C_m^i\times R^i\times(1-R)^{m-1}$	

- DES 明文分为 64 位一组，密钥 64 位（实际位是 56 位的密钥和 8 位奇偶校验）。

注意：考试中填写实际密钥位（即 56 位）。

- 3DES 是 DES 的扩展，是执行了三次的 DES。其中，在第一次和第三次加密使用同一密钥的方式下，密钥长度扩展到 128 位（112 位有效）；三次加密使用不同密钥，密钥长度扩展到 192 位（168 位有效）。
- IDEA 明文和密文均为 64 位，密钥长度为 128 位。
- 消息摘要算法 5（MD5）把信息分为 512 比特的分组，并且创建一个 128 比特的摘要。
- 安全 Hash 算法（SHA-1）把信息分为 512 比特的分组，并且创建一个 160 比特的摘要。
- 网络需要的传输速率=用户数×每单位时间产生事务的数量×事务量大小
- 吞吐量（Mb/s）=万兆端口数量×14.88Mb/s+千兆端口数量×1.488Mb/s+百兆端口数量×0.1488Mb/s
- 背板带宽（Mb/s）=万兆端口数量×10000Mb/s×2+千兆端口数量×1000Mb/s×2+百兆端口数量×100Mb/s×2+其他端口×端口速率×2
- 阻塞状态到侦听状态需要 20 秒，侦听状态到学习状态需要 15 秒，学习状态到转发状态需要 15 秒。
- RIP 路由更新周期为 30 秒，如路由器 180 秒没有回应，则标志路由不可达；如 240 秒内没有回应，则删除路由表信息。RIP 协议的最大跳数为 15 条，16 条则表示不可达，直连网络跳数为 0，每经过一个结点跳数增 1。
- OSPF 默认的 Hello 报文发送间隔时间是 10 秒，默认无效时间间隔是 Hello 时间间隔的 4 倍，即如果在 40 秒内没有从特定的邻居接收到这种分组，路由器就认为那个邻居不存在了。Hello 组播地址为 224.0.0.5。

- ISATAP 地址中，前 64 位是向 ISATAP 路由器发送请求得到的；后 64 位由两部分构成，其中前 32 位是 0:5EFE，后 32 位是 IPv4 单播地址，即 ISATAP 接口 ID 必须为::0:5ffe:IPv4 地址形式。

- 1 字节（B）=8bit

- 1MB=1024KB，1GB=1024MB，1TB=1024GB。

- 1Mb=1024kb，1Gb=1024Mb，1Tb=1024Gb。

- 1Mb/s=1024kb/s，1Gb/s=1024Mb/s，1Tb/s=1024Gb/s。

- 总线数据传输速率=（时钟频率（Hz）/每个总线包含的时钟周期数）×每个总线周期传送的字节数（b）

- 每秒指令数=时钟频率/（每个总线周期包含时钟周期数×指令平均占用总线周期数）

- 每秒总线周期数=主频/时钟周期

- 执行程序所需时间=编译后产生的机器指令数×指令所需平均周期数×每个机器周期时间

- 流水线周期值等于最慢的那个指令周期。

- 流水线执行时间=首条指令的执行时间+（指令总数–1）×流水线周期值

- 流水线吞吐率=任务数/完成时间

- 流水线加速比=不采用流水线的执行时间/采用流水线的执行时间

- 存储器带宽=每周期可访问的字节数/存储器周期（ns）

- 需要内存片数=（W/w）×（B/b）

其中，W 和 B 分别表示要组成的存储器的字数和位数，w 和 b 表示内存芯片的字数和位数。

- 存储器地址编码=（第二地址–第一地址）+1，如（CFFFFH–90000H）+1

- Cache 平均访存时间=Cache 命中率×Cache 访问周期时间+Cache 失效率×主存访问周期时间

- Cache 访存命中率=Cache 存取次数/（Cache 存取次数+主存存取次数）

- **磁带**数据传输速率（B/s）=磁带记录密度（B/mm）×带速（mm/s）

- **磁盘**非格式化容量＝位密度×π×最内圈地址径×总磁道数

- 总磁道数=记录面数×磁道密度×（外直径–内直径）/2

- **磁盘**格式化容量＝每道扇区数×扇区容量×总磁道数

- 寻道时间=移动道数×每经过一条磁道所需时间

- 等待时间=移动扇区数×每转过一道扇区所需时间

- 读取时间=目标的块数×读一块数据的时间

- 数据读出时间=等待时间+寻道时间+读取时间

- 平均等待时间=（最长时间+最短时间）/2

- 平均寻道时间=（最大磁道的平均最长寻道时间+最短时间）/2

- 位：计算机中采用二进制代码来表示数据，代码只有 0 和 1 两种，无论是 0 还是 1，在 CPU 中都是 1 位。

- 字长：CPU 在单位时间内能一次处理的二进制数的位数叫字长。通常能一次处理 16bit 数据的 CPU 通常就叫 16 位的 CPU。

- 设流水线由 N 段组成，每段所需时间分别为 Δt_i（$1 \leqslant i \leqslant N$），完成 M 个任务的实际时间可以计算如下：$\sum\limits_{i=1}^{n} \Delta t_i + (M-1)\Delta t_j$，其中 Δt_j 为时间最长的那一段的执行时间。

- **吞吐率**：指的是计算机中的流水线在单位时间内可以处理的任务或执行指令的个数。

- **加速比**：是指某一流水线采用串行模式的工作速度和流水线模式的工作速度的比值。

- **效率**：是指流水线中各个部件的利用率。

- 高速缓存中，若直接访问主存的时间为 M 秒，访问高速缓存的时间为 N 秒，CPU 访问内存的平均时间为 L 秒，设命中率为 H，则满足下列公式：$L=M \times (1-H) + N \times H$。

- 内存容量=最高地址−最低地址+1

- 存储器的地址总线中，地址线的根数与存储器的容量大小之间有密切的关系，若设地址线的根数为 N，则此地址总线可以访问的最大存储容量 $M=2^N$ 字节。

附录二

常用术语汇总表

OSI 参考模型

系统网络体系结构（System Network Architecture，SNA）

国际标准化组织（International Organization for Standardization，ISO）

开放系统互连基本参考模型（Open System Interconnection Reference Model，OSI/RM）

物理层（Physical Layer）

数据终端设备（Data Terminal Equipment，DTE）

数据通信设备（Data Communications Equipment，DCE）

数据链路层（Data Link Layer）

逻辑链路控制（Logical Link Control，LLC）

介质访问控制（Media Access Control，MAC）

网络层（Network Layer）

传输层（Transport Layer）

会话层（Session Layer）

表示层（Presentation Layer）

应用层（Application Layer）

公共应用服务元素（Common Application Service Element，CASE）

特定应用服务元素（Specific Application Service Element，SASE）

协议数据单元（Protocol Data Unit，PDU）

服务数据单元（Service Data Unit，SDU）

物理层

分贝（decibel，dB）

脉冲编码调制（Pulse Code Modulation，PCM）

幅移键控（Amplitude Shift Keying，ASK）

频移键控（Frequency Shift Keying，FSK）

相移键控（Phase Shift Keying，PSK）

交替反转编码（Alternate Mark Inversion，AMI）

归零码（Return to Zero，RZ）

不归零码（Not Return to Zero，NRZ）

不归零反相编码（No Return Zero-Inverse，NRZ-I）

通用串行总线（Universal Serial Bus，USB）

时分复用（Time Division Multiplexing，TDM）

波分复用（Wavelength Division Multiplexing，WDM）

频分复用（Frequency Division Multiplexing，FDM）

同步光纤网（Synchronous Optical Network，SONET）

第 1 级同步传送信号（Synchronous Transport Signal，STS-1）

第 1 级光载波（Optical Carrier，OC-1）

同步数字系列（Synchronous Digital Hierarchy，SDH）

混合光纤－同轴电缆（Hybrid Fiber-Coaxial，HFC）

电缆调制解调器（Cable Modem，CM）

有线电视网络（Cable TV，CATV）

电缆调制解调器终端系统（Cable Modem Terminal System，CMTS）

光线路终端（Optical Line Terminal，OLT）

光网络单元（Optical Network Unit，ONU）

光网络终端（Optical Network Terminal，ONT）

光纤到交换箱（Fiber To The Cabinet，FTTCab）

光纤到路边（Fiber To The Curb，FTTC）

光纤到大楼（Fiber To The Building，FTTB）

光纤到户（Fiber To The Home，FTTH）

无源光纤网络（Passive Optical Network，PON）

以太网无源光网络（Ethernet Passive Optical Network，EPON）

千兆以太网无源光网络（Gigabit-Capable PON，GPON）

美国电子工业协会（Electrical Industrial Association，EIA）

异步传输模式（Asynchronous Transfer Mode，ATM）

固定比特率（Constant Bit Rate，CBR）

可变比特率（Variable Bit Rate，VBR）

有效比特率（Available Bit Rate，ABR）

不定比特率（Unspecified Bit Rate，UBR）

非对称数字用户线路（Asymmetrical Digital Subscriber Line，ADSL）

以太网光纤通道 (Fiber Channel over Ethernet，FCoE)

数据链路层

循环冗余校验码（Cyclical Redundancy Check，CRC）

点到点协议（the Point-to-Point Protocol，PPP）

链路控制协议（Link Control Protocol，LCP）

网络控制协议（Network Control Protocol，NCP）

密码验证协议（Password Authentication Protocol，PAP）

挑战－握手验证协议（ChallengeHandshake Authentication Protocol，CHAP）

逻辑链路控制（Logical Link Control，LLC）

媒体接入控制层（Media Access Control，MAC）

载波监听多路访问/冲突检测（Carrier Sense Multiple Access/Collision Detect，CSMA/CD）

生成树协议（Spanning Tree Protocol，STP）

虚拟局域网（Virtual Local Area Network，VLAN）

多生成树协议（Multiple Spanning Tree Protocol，MSTP）

快速生成树协议（Rapid Spanning Tree Protocol，RSTP）

快速以太网（Fast Ethernet）

千兆以太网（Gigabit Ethernet）

万兆以太网（10 Gigabit Ethernet）

令牌总线网（Token-Passing Bus）

集成数据和语音网络（Voice over Internet Protocol，VoIP）

无线个人局域网（Personal Area Network，PAN）

宽带无线接入（Broadband Wireless Access）

网络层

互连协议（Internet Protocol，IP）

数据报头（Packet Header）

区分服务（Differentiated Services，DS）

区分代码点（DiffServ Code Point，DSCP）

显式拥塞通知（Explicit Congestion Notification，ECN）

可变长子网掩码（Variable Length Subnet Masking，VLSM）

无类别域间路由（Classless Inter-Domain Routing，CIDR）

路由汇聚（Route Summarization）

Internet 控制报文协议（Internet Control Message Protocol，ICMP）

地址协议（Address Resolution Protocol，ARP）

反向地址解析（Reverse Address Resolution Protocol，RARP）

IPv6（Internet Protocol Version 6）

网络地址转换（Network Address Translation，NAT）

网络地址端口转换（Network Address Port Translation，NAPT）

传输控制协议（Transmission Control Protocol，TCP）

初始序号（Initial Sequence Number，ISN）

协议端口号（Protocol Port Number）

应用层

域名系统（Domain Name System，DNS）

顶级域名（Top Level Domain，TLD）

动态主机配置协议（Dynamic Host Configuration Protocol，DHCP）

万维网（World Wide Web，WWW）

统一资源标识符（Uniform Resource Locator，URL）

超文本传送协议（HyperText Transfer Protocol，HTTP）

文本标记语言（HyperText Markup Language，HTML）

万维网协会（World Wide Web Consortium，W3C）

Internet 工作小组（Internet Engineering Task Force，IETF）

电子邮件（Electronic mail，E-mail）

简单邮件传输协议（Simple Mail Transfer Protocol，SMTP）

邮局协议（Post Office Protocol，POP）

Internet 邮件访问协议（Internet Message Access Protocol，IMAP）

文件传输协议（File Transfer Protocol，FTP）

简单文件传送协议（Trivial File Transfer Protocol，TFTP）

性能管理（Performance Management）

配置管理（Configuration Management）

故障管理（Fault Management）

安全管理（Security Management）

计费管理（Accounting Management）

公共管理信息服务/公共管理信息协议（Common Management Information Service/Protocol，

CMIS/CMIP）

管理信息库（Management Information Base，MIB）

简单网络管理协议（Simple Network Management Protocol，SNMP）

管理信息结构（Structure of Management Information，SMI）

对象命名树（Object Naming Tree）

TCP/IP 终端仿真协议（TCP/IP Terminal Emulation Protocol，Telnet）

网络虚拟终端（Net Virtual Terminal，NVT）

代理服务器（Proxy Server）

安全外壳协议（Secure Shell，SSH）

网络安全

平均无故障时间（Mean Time To Failure，MTTF）

平均修复时间（Mean Time To Repair，MTTR）

平均失效间隔（Mean Time Between Failure，MTBF）

拒绝服务（Denial of Service，DOS）

分布式拒绝服务攻击（Distributed Denial of Service，DDOS）

报文摘要算法（Message Digest Algorithms）

证书颁发机构（Certification Authority，CA）

注册机构（Registration Authority，RA）

证书撤销列表（Certification Revocation List，CRL）

身份鉴别（Authentication）

密钥分配中心（Key Distribution Center，KDC）

票据（ticket-granting ticket）

单点登录（Single Sign On，SSO）

鉴别服务器（Authentication Server，AS）

票据授予服务器（Ticket-Granting Server，TGS）

公钥基础设施（Public Key Infrastructure，PKI）

安全电子交易（Secure Electronic Transaction，SET）

安全套接层（Secure Sockets Layer，SSL）

传输层安全（Transport Layer Security，TLS）

安全超文本传输协议（HyperText Transfer Protocol over Secure Socket Layer，HTTPS）

远程用户拨号认证系统（Remote Authentication Dial In User Service，RADIUS）

虚拟专用网络（Virtual Private Network，VPN）

Internet 协议安全协议（Internet Protocol Security，IPSec）

Internet 密钥交换协议（Internet Key Exchange Protocol，IKE）

Internet 安全关联和密钥管理协议（Internet Security Association and Key Management Protocol，ISAKMP）

认证头（Authentication Header，AH）

封装安全载荷（Encapsulating Security Payload，ESP）

多协议标记交换（Multi-Protocol Label Switching，MPLS）

边缘路由器（Label Edge Router，LER）

标记交换通路（Label Switch Path，LSP）

标签交换路由器（Lab Switch Router，LSR）

统一威胁管理（Unified Threat Management，UTM）

入侵检测系统（Intrusion Detection System，IDS）

高级持续性威胁（Advanced Persistent Threat，APT）

Web 应用防火墙（Web Application Firewall，WAF）

跨站攻击（Cross Site Script Execution，XSS）

无线

基础设施网络（Infrastructure Networking）

自主网络（Ad Hoc Networking）

基本服务集（Basic Service Set，BSS）

基本服务区（Basic Service Area，BSA）

分配系统（Distribution System，DS）

扩展服务集（Extended Service Set，ESS）

服务集标识符（Service Set Identifier，SSID）

无线电通信部门（ITU Radio Communication Sector，ITU-R）

跳频（Frequency-Hopping Spread Spectrum，FHSS）

红外技术（InfraRed，IR）

直接序列（Direct Sequence Spread Spectrum，DSSS）

正交频分复用技术（Orthogonal Frequency Division Multiplexing，OFDM）

高速直接序列扩频（High Rate Direct Sequence Spread Spectrum，HR-DSSS）

载波侦听多路访问/冲突避免协议（Carrier Sense Multiple Access/Collision Avoidance，CSMA/CA）

分布协调功能（Distributed Coordination Function，DCF）

点协调功能（Point Coordination Function，PCF）

帧间隔（InterFrame Space，IFS）

无线网的安全协议（Wired Equivalent Privacy，WEP）

Wi-Fi 保护接入（Wi-Fi Protected Access，WPA）

码分多址（Code-Division Multiple Access，CDMA）

宽带分码多址存取（Wideband CDMA，WCDMA）

时分同步的码分多址技术（Time Division-Synchronous Code Division Multiple Access，TD-SCDMA）

3GPP 长期演进技术（3GPP Long Term Evolution，LTE）

独立磁盘冗余阵列（Redundant Array of Independent Disks，RAID）

网络附属存储（Network Attached Storage，NAS）

存储区域网络及其协议（Storage Area Network and SAN Protocols，SAN）

面向对象的存储设备（Object-Based Storage Devices，OSD）

4G（The 4th Generation communication system）

全球微波互联接入（Worldwide Interoperability for Microwave Access，WiMAX）

无线公钥基础设施（Wireless Public Key Infrastructure，WPKI）

无线局域网鉴别和保密基础结构（Wireless LAN Authentication and Privacy Infrastructure，WAPI）

射频识别（Radio Frequency IDentification，RFID）

NFC 近场通信（Near Field Communication，NFC）

交换机

多层交换（MultiLayer Switching，MLS）

命令行接口（Command Line interface，CLI）

规范格式指示器（Canonical Format Indicator）

生成树协议（Spanning Tree Protocol，STP）

网桥协议数据单元（Bridge Protocol Data Unit，BPDU）

根网桥（Root Bridge）

根端口（Root Port）

指定端口（Designated Port）

路由器

松散源路由（Loose Source Route）

严格源路由（Strict Source Route）

已注册的插孔（Registered Jack，RJ）

高速同步串口（Serial Peripheral Interface，SPI）

路由表（Routing Table）

路由选择协议（Routing Protocol）

路由信息协议（Routing Information Protocol，RIP）

水平分割（Split Horizon）

路由中毒（Router Poisoning）

反向中毒（Poison Reverse）

触发更新（Trigger Update）

开放式最短路径优先（Open Shortest Path First，OSPF）

单一自治系统（Autonomous System，AS）

最短路径优先算法（Shortest Path First，SPF）

OSPF 使用链路状态广播（Link State Advertisement，LSA）

因特网地址授权机构（Internet Assigned Numbers Authority，IANA）

内部网关协议（Interior Gateway Protocol，IGP）

外部网关协议（Exterior Gateway Protocol，EGP）

链路状态库（Link-State DataBase，LSDB）

链路状态广播（Link State Advertisement，LSA）

点到点（Point-to-Point）

广播型（Broadcast）

非广播型（Non-Broadcast，NB）

点到多点（Point-to-Multicast）

虚链接（Virtual Link）

路由度量（metric）

通用路由封装协议（Generic Routing Encapsulation，GRE）

站内自动隧道寻址协议（Intra-Site Automatic Tunnel Addressing Protocol，ISATAP）

多链接透明互联（Transparent Interconnection of Lots of Links，TRILL）

宽带远程接入服务器（Broadband Remote Access Server，BRAS）

防火墙

防火墙（Fire Wall）

DMZ 区（Demilitarized Zone）

访问控制表（Access Control Lists，ACL）

VPN

安全关联（Security Association，SA）

安全参数索引（Security Parameter Index，SPI）

IKE 策略（IKE Policy）

变换集（Transform Set）

计算机硬件知识

中央处理单元（Central Processing Unit）

微处理器（Microprocessor）

复杂指令集（Complex Instruction Set Computer，CISC）

精简指令集（Reduced Instruction Set Computer，RISC）

一级缓存（L1 Cache）

二级缓存（L2 Cache）

三级缓存（L3 Cache）

流水线（pipeline）

随机存取存储器（Random Access Memory，RAM）

只读存储器（Read Only Memory，ROM）

顺序存取存储器（Sequential Access Memory，SAM）

相联存储器（Content Addressable Memory，CAM）

计算机软件知识

代码行（line of code）

功能点分析法（Function Point Analysis，FPA）

国际功能点用户协会（International Function Point Users' Group，IFPUG）

德尔菲法（Delphi Technique）

构造性成本模型（Constructive Cost Model，COCOMO）

模型描述图（diagram）

软件开发模型（Software Development Model）

元模型（meta-model）

系统测试（System Testing）

α 测试（Alpha Testing）

β 测试（Beta Testing）

白盒测试（White Box Testing）

黑盒测试（Black Box Testing）

计划评审技术（Program Evaluation and Review Technique，PERT）

软件统一过程（Rational Unified Process，RUP）

极限编程（Extreme Programming，XP）

能力成熟度模型（Capability Maturity Model for Software，CMM）

Windows 部分

域（Domain）

域控制器（Domain Controller，DC）

活动目录（Active Directory）

主文件目录（Master File Directory，MFD）

用户目录（User File Directory，UFD）

文件配置表（File Allocation Table，FAT）

新网络技术文件系统（New Technology File System，NTFS）

nslookup 命令（name server lookup）

管理控制台（Microsoft Management Console，MMC）

信息化

基础设施即服务（Infrastructure as a Service，IaaS）

平台即服务（Platform as a Service，PaaS）

软件即服务（Software as a service，Saas）

参考文献

[1]　（美）Jeff Doyle 著．TCP/IP 路由技术．葛建立等译．北京：人民邮电出版社，2009．

[2]　谢希仁．计算机网络（第五版）．北京：电子工业出版社，2008．

[3]　（美）Andrew S.Tanenbaum 著．计算机网络（第四版）．潘爱民译．北京：清华大学出版社，2009．

[4]　黄传河．网络规划设计师教程．北京：清华大学出版社，2009．

[5]　刘晓辉．网络设备规划、配置与管理大全．北京：电子工业出版社，2009．